现代仪器分析

XIANDAI YIQI FENXI

付　敏　程弘夏　主　编
许腊英　主　审

化学工业出版社
·北京·

全书共15章，分别是绪论、光谱分析法、紫外-可见分光光度法、红外分光光度法、荧光分析法、原子光谱法、核磁共振波谱法、质谱法、波谱综合解析、色谱法、气相色谱法、经典液相色谱法、高效液相色谱法、高效毛细管电泳、电化学分析法。本书较全面地介绍了现代仪器分析学科的基本概念、基础理论和应用，涵盖了相关专业必须掌握的现代仪器分析知识，同时注重理论与实践相结合。每章结尾设置本章小结，全面概述基本知识点，总结相关的原理和公式，并编写了适量习题以巩固所学内容。

本书适用于应用型本科院校化学工程与工艺、制药工程、生物制药、环境工程等专业的师生，也可作为从事相关专业研究人员的参考书。

图书在版编目（CIP）数据

现代仪器分析/付敏，程弘夏主编. —北京：化学工业出版社，2018.8（2021.1重印）

ISBN 978-7-122-32385-9

Ⅰ.①现… Ⅱ.①付…②程… Ⅲ.①仪器分析 Ⅳ.①O657

中国版本图书馆CIP数据核字（2018）第127444号

责任编辑：姚晓敏 甘九林　　文字编辑：孙凤英

责任校对：边 涛　　装帧设计：刘丽华

出版发行：化学工业出版社（北京市东城区青年湖南街13号 邮政编码100011）

印 装：北京虎彩文化传播有限公司

787mm×1092mm 1/16 印张20 字数508千字 2021年1月北京第1版第4次印刷

购书咨询：010-64518888　　售后服务：010-64518899

网 址：http://www.cip.com.cn

凡购买本书，如有缺损质量问题，本社销售中心负责调换。

定 价：54.00元

《现代仪器分析》编写人员

主　　编　付　敏　程弘夏

副 主 编　杨艾玲　毛淑芳　王　敬

编写人员（按姓氏笔画排列）

王　敬　毛淑芳　邓仕英　付　敏　杨艾玲

周国华　翁德会　郭灵芳　程弘夏

主　　审　许腊英

前言

FOREWORD

“现代仪器分析”是高等院校化学、化工、制药工程、生物制药、环境工程等专业的一门重要的学科基础课程。随着分析化学学科的迅速发展、新技术新方法不断出现，现代仪器分析课程内容不断丰富。本教材对现代仪器分析的大量内容精选取舍，使之既能满足本科学生对仪器分析课程教学内容的需要，又能够体现应用型能力培养的特点；既能体现学科发展的先进性，又能与实例相结合，具有较广泛的适用性。

本教材不但注重对各种现代仪器分析方法基本原理的介绍，还尽可能体现各类现代仪器分析方法的研究热点、发展及创新趋势。如荧光分析法用于药物小分子与生物大分子的相互作用，各种联用技术等。又如在高效液相色谱法中，增加了对超高效液相色谱法的介绍。本教材的内容覆盖面较广，增加了现代仪器分析在化工、制药、生物、环保领域应用的实例，增强了教材的针对性，有利于学生应用能力的培养。同时在编写过程中考虑到了讲授内容的基础部分和选修部分。对于必修内容，在每章前面的教学要求中给予明确说明。为了便于学生从整体上掌握每章内容，在每章结尾对知识内容进行了小结，全面概述了基本知识点，总结相关的原理与公式。在每章的最后，结合工科的特色，联系实际，编写了适量的习题以巩固所学的内容。

本教材由武汉华夏理工学院的付敏、程弘夏主编，武汉华夏理工学院的杨艾玲、毛淑芳、王敬、翁德会，长江大学的郭灵芳，长江大学工程技术学院的邓仕英，湖北工业大学工程技术学院的周国华参与编写。第 1 章和第 5 章由程弘夏编写，第 2 章和第 3 章由郭灵芳编写，第 4 章和第 7 章由周国华编写，第 6 章和第 15 章由杨艾玲编写，第 8 章和第 9 章由毛淑芳编写，第 10 章和第 11 章由邓仕英编写，第 12 章和第 13 章由付敏编写，第 14 章由王敬编写，翁德会参与校稿。编者均为长期从事教学一线工作的骨干教师或技术骨干，在编写过程中对编写内容进行认真的研讨和反复修改。教材中选用的部分实例由武汉药明康德新药开发有限公司提供。

全书由许腊英教授审阅，并提出了宝贵的意见，在此表示由衷感谢。本教材在编写过程中参考了国内外出版的优秀教材和专著，在此向相关作者表示感谢。

由于编者水平有限，书中难免存在疏漏之处，恳请读者批评指正。

编者

2018 年 5 月

目录

CONTENTS

第1章 绪论

【本章教学要求】

- 掌握仪器分析的定义、特点。
- 熟悉仪器分析的分类。
- 了解仪器分析的发展过程。

分析化学（analytical chemistry）是研究物质化学组成、含量、结构和形态等信息的分析方法及有关理论的科学，是化学学科的一个重要的分支。分析化学分为化学分析和仪器分析两大部分。化学分析是以物质的化学反应及计量关系为基础的分析方法，是分析化学的基础，又称为经典分析方法。仪器分析（instrument analysis）是以测量物质的物理或物理化学性质、参数及其变化为基础，采用比较复杂或特殊的仪器设备，获取物质的化学组成、成分含量及化学结构的分析方法。仪器分析法较化学分析法具有重现性好、灵敏度高、分析速度快、自动化程度高、试样用量少的特点，近几十年发展迅速，已占据分析化学主导地位。

1.1 仪器分析的发展过程

20世纪快速发展的电子工业、精密机械加工工业、化学工业，逐渐兴起的材料科学、环境科学、生命科学都对分析化学提出了新的挑战，极大促进了仪器分析的产生和发展。

分析化学经历了三次重大变革，仪器分析的产生和发展涉及分析化学的后两次变革。仪器分析是分析化学与物理学、电子学结合的产物，为分析化学带来革命性的变化，是分析化学的发展方向。在20世纪40年代之前仪器分析种类少且精度低，化学分析一直占主导地位。40年代至60年代，由于物理学和电子学的发展，半导体工业、原子能工业、化学工业的大规模连续化生产需要，使得仪器分析进入了大发展阶段。这一时期重大的科学发现，如F. Bloch和E. M. Purcell发明了核磁共振测定方法、A. J. P. Martin和R. L. M. Synge建立了气相色谱分析法，为仪器分析的建立和发展奠定了科学基础。20世纪70年代末，计算机的出现标志着分析化学第三次变革的到来，计算机给科学技术的发展带来了巨大的冲击。计算机作为分析仪器的一部分，实现了分析数据采集、处理、显示的自动化，使传统分析过程更连续、快速、实时、准确。计算机同时促进新分析仪器的出现，如傅里叶变换红外光谱仪、色-质谱联用仪、二维核磁共振波谱仪等。计算机提高了仪器的性能（如色谱图中重叠峰的处理、数据结果三维图形显示），最终实现了分析仪器智能化、网络化、人性化的现代仪器分析技术。

1.2 仪器分析的分类及特点

仪器分析内容丰富、发展迅速，特别是 20 世纪中后期，各种新理论、新方法、新仪器不断出现和快速发展，大规模集成电路、激光、计算机等新技术更推动了现代分析仪器和仪器分析方法的巨大变革。

1.2.1 仪器分析的分类

目前仪器分析方法较多，其原理、仪器结构、操作、适用范围均不相同，根据仪器分析特性分为如下几类。

(1) 光学分析法

光学分析法（optical analysis）是借助电磁辐射与物质相互作用后，电磁辐射或物质的某些特性发生变化释放的信息来测量物质的性质、含量和结构的一类分析方法。光学分析法是仪器分析的重要分支，应用范围非常广，通常光学分析法又分为光谱法和非光谱法。光谱法是指利用物质与辐射能作用时物质内部发生能级跃迁，对产生的发射、吸收、散射光谱的波长和强度进行分析的方法。光谱法包括吸收光谱法（如紫外-可见吸收光谱法、红外吸收光谱法、核磁共振波谱法等）、发射光谱法（如荧光分析法、原子发射光谱法、磷光分析法、化学发光分析法等）、散射光谱法（拉曼光谱分析法）。非光谱法是指利用辐射线照射物质后产生的在传播方向上或物理性质上的变化进行分析的方法，如比浊法、折射法、衍射法、旋光法、偏振法等。

(2) 色谱分析法

色谱分析法（chromatography analysis）是一种物理或物理化学分离分析法，是利用样品中性质相近的组分在不同相态中的分配、吸附、离子交换、排斥渗透等性能方面的差异，进行分离分析的方法。色谱分析法主要包括气相色谱法（GC）、液相色谱法（LC）、超临界流体色谱法（SFC）和高效毛细管电泳（HPCE）。

(3) 电化学分析法

电化学分析法（electrochemical analysis）是应用电化学的基本原理和实验技术，依据物质的电化学性质来测定物质组成及含量的分析方法。电化学分析是最早的仪器分析技术，主要包括电导法、电位法、库仑法、伏安法、极谱法等。

(4) 其他仪器分析方法

其他仪器分析方法主要包括：利用离子质荷比（m/z）不同进行测定的质谱法；利用放射性同位素及核辐射测量对元素进行微量和痕迹测定的放射化学分析法；通过指定控温程序控制样品的加热过程，检测加热过程中产生的各种物理、化学变化的热分析法；利用惯性的差异进行离心分离，然后再由光学式检测器进行检测的分析式超速离心法等。

分析仪器种类繁多，每种仪器都有各自的特点，也有一定的局限性，面对复杂的分析任务，需要采用多种分析方法来达到分析目的。另外，将两种或多种分析仪器结合可得到更好的分析效果，因此联用技术也形成了新的现代仪器分析方法。

1.2.2 仪器分析的特点

仪器分析法与经典化学分析法比较，主要的特点体现在如下几个方面：①灵敏度高，试样用量少，仪器分析法的检测限相当低，灵敏度可达 10^{-8}～10^{-12}g/mL，甚至更低，试样用量可降低至 μg 或 μL 级，因此，仪器分析法特别适用于微量和痕量组分的分析；②选择性高，某些仪器分析方法不需要对样品进行处理，只需选择适当的测定条件，即可对混合物中一种或多种组分进行分析，因此，特别适合复杂组分的分析；③分析速度快，由于分析仪器的智能化、自动化，能短时间收集数据并对其进行计算和处理，特别适合大批量试样的快速分析；④用途广泛，能适应各种分析要求，现代仪器分析可用于定性、定量，还可用于化合物结构、价态与形态分析，分子量测定等；⑤相对误差大，化学分析相对误差一般小于0.3%，适合于常量和高含量组分分析，仪器分析相对误差为 3%～5%，但对微量组分测定绝对误差小，适合于微量组分分析；⑥设备复杂昂贵，分析仪器结构复杂，一次性投入大，分析成本高。另外，大部分仪器设备对环境条件要求较高。对于操作者来说，要有较高的理论基础、一定的工作经验和高度的责任感。

1.3 仪器分析的发展趋势

科学技术的发展、核心原理的发现、相关技术的产生与仪器分析的出现和发展密切相关，现代仪器分析已突破了纯化学领域，将数学、物理学、电子学、计算机科学等现代科学技术紧密地结合起来成为综合性科学。该分析方法已广泛应用于药物研究与质量控制、医学检验、食品分析、环境保护、生命科学等领域，可以预测，其今后的发展将日益广泛。

现代仪器分析未来发展趋势包括以下几个方面：①更高的灵敏度和选择性，各种新材料、新技术将进一步在分析仪器中使用，在提高分析仪器的灵敏度和选择性的同时，遥感、远程在线分析、微型化系统、机器人将进入现代仪器分析领域，动态分析检测、无损伤探测技术将有新的发展，具有在苛刻的原位条件下进行分析的能力；②进一步的智能化、微型化，如高级三维微量、纳米和亚表面分析；③更具创新性的分析方法联用，成为解决复杂体系分析，推动蛋白组学、基因组学、代谢组学等科学发展的重要手段。

第❷章

光谱分析法

【本章教学要求】

- 掌握电磁辐射的能量、波长、波数、频率之间的关系及光谱法的分类。
- 熟悉光谱分析仪器的主要部件与操作流程。
- 了解光谱法基本特征。

【导入案例】

北京时间2010年3月10日，据美国《连线》杂志网站报道，天文学家近日根据欧洲航天局“赫歇尔”天文望远镜所获得的最新光谱数据发现，猎户座星云中存在生命所需的所有要素。猎户座星云距离地球大约1300光年，但其中非活跃的恒星形成区距离地球更近。M42猎户座大星云直径约为24光年。据天文学家介绍，通过分析射入光线光谱的细微差别，他们能够检测出水和甲醇等分子的化学迹象。天文学家们根据分析结果绘制了一幅光谱分析图，图中曲线上的各尖峰分别代表了相应化学分子的存在。

最新光谱数据是由欧洲航天局的“赫歇尔”天文望远镜所获得的。“赫歇尔”天文望远镜于2009年被发射升空，该望远镜上的高保真设备采用了一种最新科技，可以实现更为敏感的光谱学分析，它能够帮助科学家们更好地理解太空的化学成分。

光学分析法是根据物质发射电磁辐射，或对辐射的相互作用，建立物质的浓度、结构或某种性质与上述光学性质的关联，并借以对物质做定性、定量的测定和结构分析的一类分析方法。随着光学、电子学、数学和计算机技术的发展，各种光学分析方法已成为分析化学中的主要组成部分。

2.1 电磁辐射的性质

2.1.1 波动性和微粒性

光是一种电磁波，是一种不需要任何物质作为传播媒介就可以以巨大速度通过空间的光子流（量子流）。光具有波粒二象性，即波动性与微粒性。

(1) 波动性

光的波动性体现在反射、折射、干涉、衍射以及偏振等现象。在描述光的波动性时我们经常用波长 λ、波数 σ 和频率 ν 来表征。波长 λ 是光在波的传播路线上具有相同振动相位的相邻两点之间的线性距离，如图 2-1 所示，单位常用 nm。波数 σ 是每厘米长度中波的数目，单位为 cm^{-1}。频率 ν 是每秒内的波动次数，单位为 Hz。波长、波数和频率的关系如下：

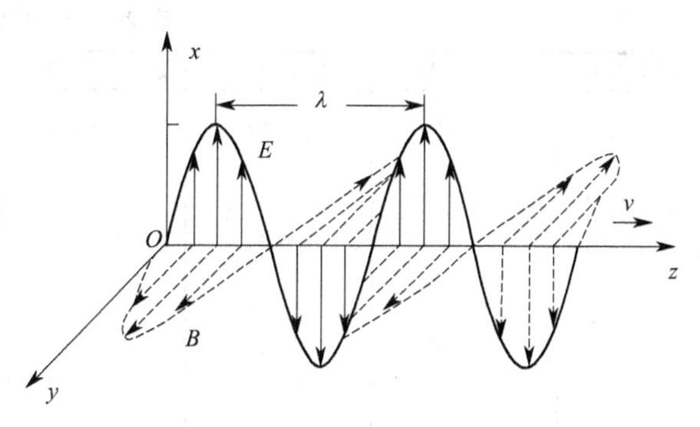

图 2-1 电磁波的传播

$$\nu = c/\lambda \tag{2-1}$$

$$\sigma = 1/\lambda = \nu/c \tag{2-2}$$

c 是光在真空中的传播速度，$c=3.0\times10^8 m/s$。

(2) 微粒性

光的微粒性体现在吸收、发射、热辐射、光电效应、光压现象以及光的化学作用等方面。光是不连续的粒子流，这种粒子称为光子（或光量子）。光的微粒性用每个光子具有的能量 E 作为表征。光子的能量与频率成正比，与波长成反比。它们的关系为：

$$E = h\nu = hc/\lambda = hc\sigma \tag{2-3}$$

h 是普朗克常数，其值等于 $6.6262\times10^{-34} J\cdot s$。能量 E 的单位常用 eV 和 J（$1eV=1.6\times10^{-19}J$）。

2.1.2 电磁波谱

若将光按照波长或频率排列，则可得如表 2-1 所示的电磁波谱表。根据能量的高低，电磁波谱可分为三个区域。

① 高能区　包括 γ 射线区和 X 射线区。高能辐射的粒子性比较突出。

② 中能辐射区　包括紫外区、可见光区和红外光区。由于对这部分辐射的研究和应用要使用一些共同的光学实验技术，例如，用透镜聚焦，用棱镜或光栅分光等，故又称此光谱区为光学光谱区。

③ 低能辐射区　包括微波区和射频区，通常称为波谱区。

2.1.3 电磁辐射与物质的相互作用

不同种类的电磁辐射与物质相互间发生复杂的物理作用。这些相互作用中，有涉及物质内能变化的吸收、产生荧光、磷光和拉曼散射等，也有不涉及物质内能变化的透射、反射、非拉曼散射、衍射和旋光等。

常见的电磁辐射与物质相互作用有：

① 吸收　原子、分子或离子吸收光子的能量（等于基态和激发态能量之差），从基态跃迁至激发态的过程。

② 发射　物质从激发态跃迁回至基态，并以光的形式释放出能量的过程。

③ 散射　光通过介质时会发生散射。散射中多数是光子与介质分子之间发生弹性碰撞

表 2-1 电磁波谱表

能量/eV	频率/Hz	辐射区段	波长(常用单位)	波数/cm^{-1}	光谱类型	跃迁类型
4.1×10^{6}	1×10^{21}	γ射线	0.0003nm	3.3×10^{10}	γ 射线发射	核反应
4.1×10^{4}	1×10^{19}	X射线	0.03nm	3.3×10^{8}	X 射线吸收发射	电子(内层)
410	1×10^{17}		3nm	3.3×10^{6}		
4.1	1×10^{15}	紫外	300nm	3.3×10^{4}	真空紫外吸收	
		可见			紫外可见 吸收发射荧光	电子(外层)
0.0	1×10^{13}	红外	30μm	3.3×10^{2}	红外吸收拉曼	分子振动
4.1×10^{-4}	1×10^{11}	微波	3mm	3.3×10^{0}	微波吸收；电子自旋共振	分子转动；磁场诱导电子自旋能级跃迁
4.1×10^{-6}	1×10^{9}		30cm	3.3×10^{-2}	核磁共振	
4.1×10^{-8}	1×10^{7}	无线电波	30m	3.3×10^{-4}		磁场诱导核自旋能级跃迁

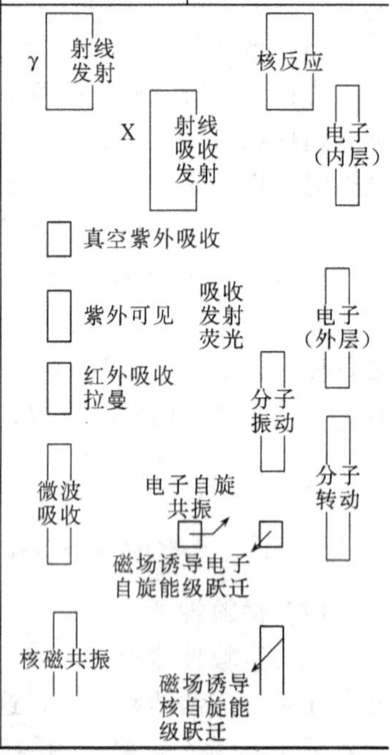

所致，碰撞时没有能量变换，光频率不变，但光子的运动方向改变。

④ 拉曼散射　光子与介质分子之间发生非弹性碰撞，碰撞时光子不仅改变了运动方向，而且还有能量的交换，光频率发生变化。

⑤ 折射和反射　当光从介质 1 照射到介质 2 的界面时，一部分光在界面上改变方向返回介质 1，称为光的反射；另一部分光则改变方向，以一定的折射角度进入介质 2，此现象称为光的折射。

⑥ 干涉和衍射　在一定条件下光波会相互作用，当其叠加时，将产生一个其强度视各波的相位而定的加强或减弱的合成波，称为干涉。当两个波长的相位差 180°时，发生最大相消干涉。当两个波同相位时，则发生最大相长干涉。光波绕过障碍物或通过狭缝时，以约 180°的角度向外辐射，波前进的方向发生弯曲，此现象称为衍射。

2.2 光谱分析法及其分类

不同能量的电磁辐射，与物质间发生作用的机理不同，所产生的物理现象也不同，由此可建立各种不同的光学分析方法。

2.2.1 光谱法

光谱（也称波谱）是当物质与辐射能相互作用时，其内部的电子、质子等粒子发生能级跃迁，对所产生的辐射能强度随波长（或相应单位）变化作图而得。利用物质的光谱进行定性、定量和结构分析的方法称为光学分析法或光谱法。光谱法种类很多，发射光谱法、吸收光谱法和散射光谱法是光谱法的三种基本类型，在药物分析、化工分析、卫生分析、生化检验等诸多领域有极广泛的应用。

（1）发射光谱法

发射光谱是指构成物质的原子、离子或分子受到辐射能、热能、电能或化学能的激发，跃迁到激发态后，由激发态回到基态时以辐射的方式释放能量，而产生的光谱。物质发射的光谱有三种：线状光谱、带状光谱和连续光谱。线状光谱是由气态或高温下物质在离解为原子或离子时被激发而发射的光谱；带状光谱是由分子被激发而发射的光谱；连续光谱是由炽热的固体或液体所发射的。

利用物质的发射光谱进行定性、定量分析的方法称为发射光谱法。常见的发射光谱法有原子发射、原子荧光、分子荧光和磷光光谱法等。

① 原子发射光谱法　在正常状态下，原子外层价电子处于基态，在受到外部能量作用而被激发后，由能量较低的基态跃迁到能量较高的激发态。处于激发态的电子十分不稳定，在极短时间内返回到基态或其他较低的能级时，特定元素的原子可发射出一系列不同波长的特征光谱线，这些谱线按一定的顺序排列，并保持一定强度比例，通过这些谱线的特征来识别元素，测量谱线的强度来进行定量，这就是原子发射光谱法。

② 荧光或磷光　光谱法气态金属原子和物质分子受电磁辐射（一次辐射）激发后，能以发射辐射的形式（二次辐射）释放能量返回基态，这种二次辐射称为荧光或磷光，测量由原子发射的荧光和分子发射的荧光或磷光强度和波长所建立的方法分别称为原子荧光光谱法、分子荧光光谱法和分子磷光光谱法。同样作为发射光谱法，这三种方法与原子发射光谱法的不同之处是以辐射能（一次辐射）作为激发源，然后再以辐射跃迁（二次辐射）的形式返回基态。

分子荧光和分子磷光的发光机制不同，荧光是由单线态-单线态跃迁产生的。由于激发三线态的寿命比单线态长，在分子三线态寿命时间内更容易发生分子间碰撞导致磷光猝灭，所以测定磷光光谱需要用特殊溶剂或刚性介质“固定”三线态分子，以减少无辐射跃迁，达到定量测定的目的。

（2）吸收光谱法

吸收光谱是指物质吸收相应的辐射能而产生的光谱。其产生的必要条件是所提供的辐射能量恰好满足该吸收物质两能级间跃迁所需的能量。利用物质的吸收光谱进行定性、定量及结构分析的方法称为吸收光谱法。根据物质对不同波长的辐射能的吸收，建立了各种吸收光谱法。

① 原子吸收光谱法　原子中的电子总是处于某一种运动状态之中。每一种状态具有一定的能量，属于一定的能级。当原子蒸气吸收紫外-可见光区中一定能量光子时，其外层电子就从能级较低的基态跃迁到能级较高的激发态，从而产生所谓的原子吸收光谱。通过测量处于气态的基态原子对辐射能的吸收程度来测量样品中待测元素含量的方法，称为原子吸收光谱法。

② 分子吸收光谱法　分子吸收光谱产生的机理与原子吸收光谱相似，也是在辐射能的作用下，由分子内的能级跃迁所引起。但由于分子内部的运动所涉及的能级变化比较复杂，因此分子吸收光谱比原子吸收光谱要复杂得多。根据照射辐射的波谱区域不同，分子吸收光谱法可分为紫外分光光度法、可见分光光度法和红外分光光度法等。

a. 紫外分光光度法（ultraviolet spectrophotometry，UV），又称紫外吸收光谱法。紫外线波长范围为10～400nm，其中10～200nm为远紫外区，又称真空紫外区；200～400nm为近紫外区。与之对应的方法有远紫外分光光度法和近紫外分光光度法。远紫外线能被空气中的氧气和水强烈地吸收，利用其进行分光光度分析时需将分光光度计抽真空，因此远紫外分光光度法的研究与应用不多。通常所说的紫外分光光度法指的是近紫外分光光度法。近紫外线光子能量约为6.2～3.1eV，能引起分子外层电子（价电子）的能级跃迁并伴随振动能级与转动能级的跃迁，故吸收光谱表现为带状光谱。

b. 可见分光光度法（visible spectrophotometry，VIS），可见光波长范围为400～760nm，光子能量为3.1～1.6eV。能引起具有长共轭结构的有机物分子或有色无机物的价电子能级跃迁，同时伴随分子振动和转动能级跃迁，吸收光谱也为带状。

紫外分光光度计上一般具有可见波段，因此常把紫外分光光度法和可见分光光度法合称为紫外-可见分光光度法（UV-VIS）。

c. 红外分光光度法（infrared spectrophotometry，IR），又称红外吸收光谱法，简称红外光谱法。红外线波长为0.76～1000μm，分近、中、远红外三个波段。其中中红外区（2.5～50μm）最为常用，通常所指的红外分光光度法即中红外分光光度法（Mid-IR；MIR）。中红外光子能量约为0.5～0.025eV，可引起分子振动能级跃迁并伴随着转动能级跃迁，因此，其吸收光谱属于振-转光谱，为带状光谱。红外光谱因由基团中原子间振动而引起，故主要用于分析有机分子中所含基团类型及相互之间的关系。

(3) 散射光谱法

当光照射到物质上时，会发生非弹性散射，在散射光中除有与激发光波长相同的弹性成分（瑞利散射）外，还有比激发光波长长的和短的成分，后一现象统称为拉曼效应。这种现象于1928年由印度科学家拉曼所发现，因此这种产生新波长的光的散射被称为拉曼散射，所产生的光谱被称为拉曼光谱或拉曼散射光谱。

2.2.2 非光谱法

非光谱法不涉及物质内部能级的跃迁，仅是测量电磁辐射的某些基本性质（反射、折射、干涉、衍射和偏振）的变化，主要有折射法、旋光法、浊度法、X射线衍射法和圆二色法等。

2.3 光谱分析仪器

光谱分析法一般基于吸收、荧光、磷光、散射、发射和化学发光六种现象。各种仪器的组成略有不同，但都包含五个部分：①光源；②样品室；③单色器；④检测器；⑤信号处理显示器或记录仪。五个部分的三种不同搭配方式构成了六种光谱测量的分析仪器（图2-2）。

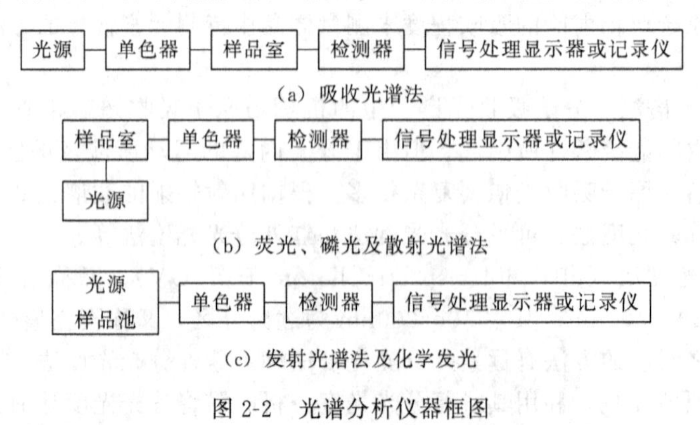

图2-2 光谱分析仪器框图

2.3.1 光源

光谱测量使用的光源要求稳定，强度大。一般采用高压放电或加热的方式获得，而且用稳压装置以保证获得稳定的外加电压。光源有连续光源、线光源等，也可将光源分为激发光源和背景光源。

(1) 原子发射光谱仪的光源

原子发射光谱仪的光源主要有火焰、直流电弧、交流电弧、火花、电感耦合高频等离子体（ICP）、微波等离子体、激光光源等。其性质及应用见表 2-2。

表 2-2 几种常见原子发射光源的性质及应用

光源	蒸发温度/K	激发温度/K	放电稳定性	用途
火焰	低	1000～3000	好	溶液、碱金属、碱土金属的定量分析
直流电弧	800～3800	4000～7000	较差	难挥发元素的定性、半定量及低含量杂质的定量分析
交流电弧	比直流电弧低	比直流电弧略高	较好	矿物、低含量金属的定性、定量分析
火花	比交流电弧低	10000	好	高含量金属、难激发元素的定量分析
ICP	很高	6000～8000	很好	溶液中痕量元素的定量分析

(2) 原子吸收光谱仪的光源

原子吸收光谱仪的光源主要采用空心阴极灯。空心阴极灯的结构如图 2-3 所示。

它是一种阴极呈空心圆柱形的气体放电管，在阴极内腔衬上或熔入被测元素的金属或其化合物，阳极材料用钨、镍、钛或钽等有吸气性能的金属制成，灯内充有一定压力的惰性气体氖或氩，这种气体也称载气。空心阴极灯就是以中空圆柱体为阴极的辉光放电灯。在电极间加上电压（200～500V）后，从阴极发出的电子在电场作用下被加速，并向阳极运动。这些原子与载气原子实现碰撞电离，产生离子和电子。其中正离子向阴极移动，由于高电位梯度，正离子被大大加速而获得很大能量，撞击在阴极表面并溅射出阴极材料原子。这些溅射出来的原子与充入气体的原子、电子或离子发生非弹性碰撞而被激发发光。

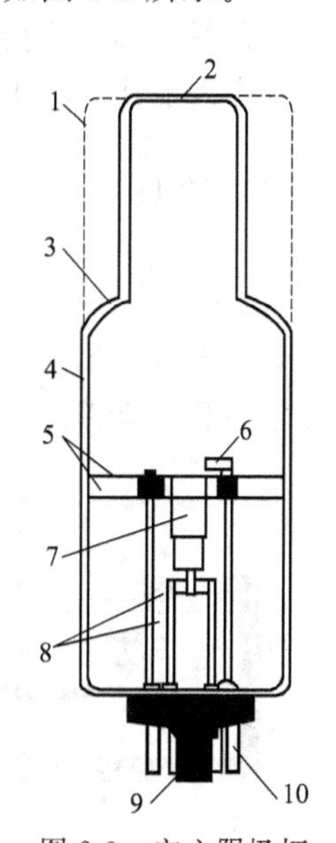

图 2-3 空心阴极灯结构示意图
1—紫外玻璃窗口；2—石英窗口；3—密封；4—玻璃套；5—云母屏蔽；6—阳极；7—阴极；8—支架；9—管座；10—连接管脚

(3) 紫外-可见分光光度计的光源

① 氘灯　紫外连续光源主要采用氢灯或氘灯。氘灯的灯管内充有氢的同位素氘，它们在低压下以电激发的方式所产生的连续光谱的范围为 160～375nm，在同样的条件下，氘灯产生的光谱强度比氢灯大 3～5 倍，而且寿命也比氢灯长。

② 钨灯　可见光源通常使用钨灯和碘钨灯。在大多数仪器中，使用的工作温度约为 2870K，光谱波长范围为 320～2500nm。

(4) 红外光谱仪的光源

① 能斯特灯　能斯特灯是由铈、锆、钍和钇等氧化物烧结而成的长约 2cm、直径约 1mm 的实心或空心棒组成，工作温度可达 1300～1700℃，其发射的波长范围约为 1～30μm，它的寿命较长、稳定性好。对短波范围辐射效率优于硅碳棒，但价格较贵，操作不如硅碳棒方便。

② 硅碳棒　硅碳棒是由碳化硅烧结而成的实心棒，工作温度达 1200～1500℃。对于长波，其辐射效率高于能斯特灯，其使用波长范围比能斯特灯宽，发光面大，操作方便、

廉价。

(5) 荧光光谱仪的光源

高压氙弧灯是目前荧光分光光度计中应用最广泛的一种光源。这种光源是一种短弧气体放电灯，外套为石英，内充氙气，室温时其压力为 5×10^5Pa，工作时压力约为 20×10^5Pa。在 250～800nm 光谱区呈连续光谱。工作时，在相距约 8mm 的钨电极间形成一强阳电子流（电弧），氙原子与电子流相撞而离解为氙正离子，氙正离子与电子复合而发光。

氙灯需用优质电源，以便保持氙灯的稳定性和延长其使用寿命。氙灯的电源亦很危险，例如 450W 氙灯的电流为 25A，电压为 20V，启动氙灯需用 20～40kV 电压，这种电压可能击穿皮肤，强电流能威胁人的生命安全。

2.3.2 样品室

紫外-可见分光光度计和荧光分光光度计的样品室内装有比色皿，可以是玻璃或石英比色皿。可见光范围用玻璃比色皿，紫外光范围用石英比色皿。原子吸收光谱仪的样品室为原子化器，常用的原子化器有火焰和石墨炉。

2.3.3 单色器

单色器又称波长控制器，其作用是把光源辐射的复合光分解成按波长顺序排列的单色光。它由入射狭缝和出射狭缝、准直镜以及色散元件组成。

2.3.4 检测器

(1) 硒光电池

硒光电池，如图 2-4 所示，将一层半导体硒涂在铁或铝的金属底板上。在硒表面再涂一层导电性和透光性良好的金属薄膜（如金、银等）作为收集极，然后再在金属薄膜表面涂一层保护层。

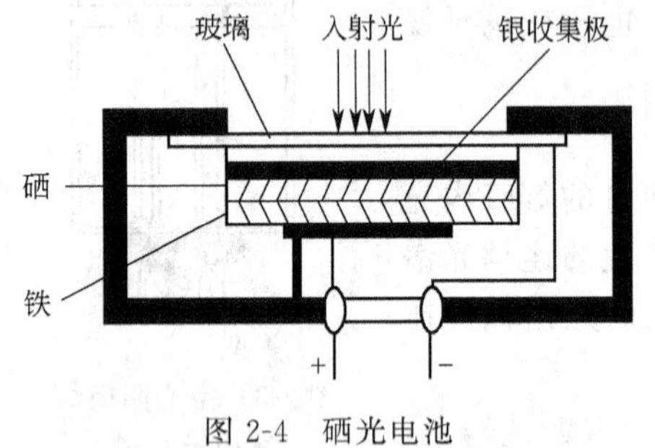

图 2-4 硒光电池

当光透过金属薄膜照射到半导体硒时，硒将释放出电子。在硒层中的电子只能向金属膜流动，电子的流动产生了电流，其大小为 10～100A。外电路的电阻小于 200Ω 时，其电流的大小与入射光强度呈线性关系。硒光电池光谱响应的波长范围为 350～750nm，在 550nm 左右波长处最灵敏。

(2) 光电管

光电管也称真空光电二极管，它是由一个半圆筒状的金属阴极和一个丝状阳极密封在透明的真空套管中组成，见图 2-5。在阴极的内表面涂有碱金属氧化物，或碱金属氧化物与其他金属氧化物，如氧化铯，或氧化钾与氧化银等光电发射物质，从而组成光电阴极。当光照射光电阴极时将发射出电子，电子被加在两电极间的外加电压（约 90V 直流电压）加速，并被阳极收集而产生电流。

(3) 光电倍增管

光电倍增管如图 2-6 所示。它的阴极与光电管的阴极相似，但它还有一组称为打拿极的附加电极，打拿极的电位比阴极正。在光照射下，阴极发射的电子在高真空中被电场加速并向第一打拿极运动，当电子飞向第一个打拿极时，每一个入射电子将平均使打拿极表面发射出几个电子，这就是二次发射过程。然后二次发射的电子又被加速并向第二个打拿极运动，电子数目再次被二次发射过程倍增。此过程多次重复，最后电子被收集在阳极上。

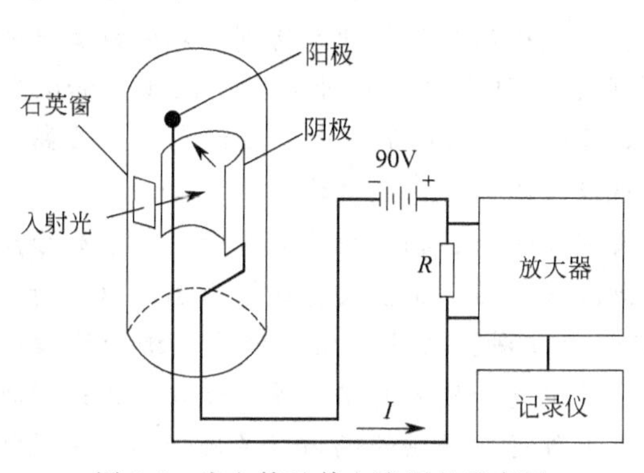

图 2-5　光电管及其电流测量示意图

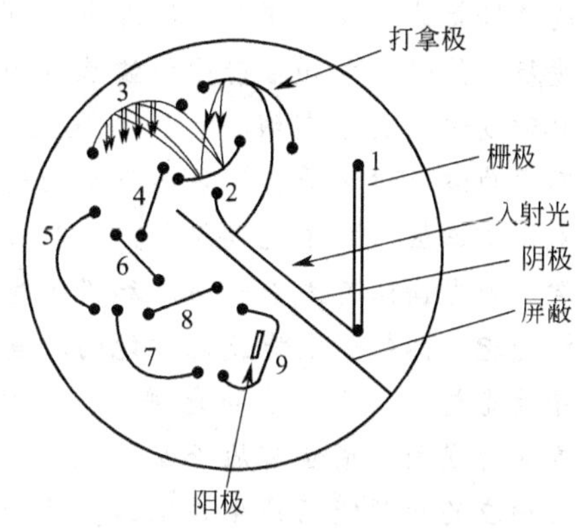

图 2-6　光电倍增管示意图

（1～9 为打拿极）

（4）热电偶

如图 2-7 所示，热电偶是由两根温差电位不同的金属丝焊接在一起，并将一接点安装在涂黑的接受面上。吸收了红外辐射的接受面及接点温度上升，就使它与另一接点之间产生了电位差。此电位差与红外辐射强度成比例。

（5）测热辐射计

将极薄的黑化金属片作受光面并作为惠斯顿电桥的一臂，当红外辐射投射到受光面而使它的温度改变，进而引起电阻值改变时，电桥就有信号输出，此信号大小与红外辐射强度成比例。

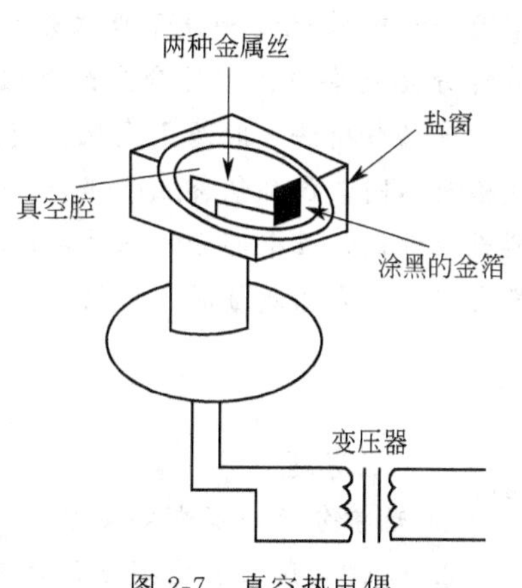

图 2-7　真空热电偶

（6）热释电检测器

它是利用硫酸三苷肽（TGS）这类热电材料的单晶薄片作检测元件，将 10～20μm 厚的硫酸三苷肽薄片的正面镀铬，反面镀金，形成两电极，并连接至放大器，将 TGS 与放大器一同封入带有红外透光窗片的高真空玻璃外壳内，当红外辐射投射至 TGS 薄片上，温度上升，TGS 表面电荷减少。这相当于 TGS 释放了一部分电荷，释放的电荷经放大后记录。

2.3.5　信号处理器和读出装置

检测器将光信号转变为电信号后，电信号通过模数转换器送于计算机处理打印或用记录仪、数字显示屏显示测量结果。

【本章小结】

每种元素都有自己的特征谱线，根据光谱来鉴别物质和确定它们的化学组成，这种方法叫光谱分析，其是基于物质的电磁辐射或电磁辐射与物质相互作用建立起来的一类分析方法，这种方法的优点是非常灵敏而且迅速。某种元素在物质中含量大，就可以从光谱中发现它的特征谱线，而且能够把它检查出来。

按照经典物理学的观点，电磁辐射是在空间传播着的交变电磁场，称之为电磁波。整个电磁波包括无线电波、微波、红外光、可见光、紫外光、X射线、γ射线等。这些电磁波都具有波粒二象性。电磁辐射按照波长（频率、能量）大小的顺序排列就得到电磁波谱。一般可将电磁波谱分成γ射线区、X射线区、紫外光区、可见光区、红外光区、微波区和射频区；不同的波长对应着物质不同类型的能级跃迁，根据能量的高低，电磁波谱又可分为高能区、光学光谱区（或中能辐射区）以及波谱区（低能辐射区）三个区域。

常用的光谱法有发射光谱法和吸收光谱法。发射光谱是指构成物质的原子、离子或分子受到辐射能、热能、电能或化学能的激发，跃迁到激发态后，由激发态回到基态时以辐射的方式释放能量，从而产生的光谱。物质发射的光谱有三种：线状光谱、带状光谱和连续光谱。常见的发射光谱法有原子发射、原子荧光、分子荧光和磷光光谱法等。吸收光谱是指物质吸收相应的辐射能而产生的光谱。其产生的必要条件是所提供的辐射能量恰好满足该吸收物质两能级间跃迁所需的能量。利用物质的吸收光谱进行定性、定量及结构分析的方法称为吸收光谱法。根据物质对不同波长的辐射能的吸收，建立了各种吸收光谱法。常见的吸收光谱有原子吸收光谱和分子吸收光谱，根据照射辐射的波谱区域不同，分子吸收光谱法可分为紫外分光光度法、可见分光光度法和红外分光光度法等。

光谱分析法一般基于吸收、荧光、磷光、散射、发射和化学发光六种现象。各种仪器的组成略有不同，但都包含五个部分：①光源；②样品室；③单色器；④检测器；⑤信号处理显示器或记录仪。五个部分的三种不同搭配方式构成了吸收、荧光、磷光、散射、发射光谱法及化学发光六种光谱测量的分析仪器。

【习题】

一、思考题

1. 光学分析法有哪些类型？

2. 吸收光谱法和发射光谱法有哪些异同？

3. 什么是分子光谱法？什么是原子光谱法？

4. 列出以发射为原理的光学分析法，并将其分类。

5. 简述下列术语的含义：电磁波谱、发射光谱、吸收光谱、荧光光谱。

6. 请按能量递增和波长递增的顺序，分别排列下列电磁辐射区：红外、无线电波、可见光、紫外、X射线、微波。

二、填空题

1. 光速 $c=3\times10^{8}\,m/s$ 是在________中测得的。

2. 原子内层电子跃迁的能量相当于________光，原子外层电子跃迁的能量相当于________光和________光。

3. 分子振动能级跃迁所需的能量相当于______光，分子中电子跃迁的能量相当于________光和________光。

4. ____________、____________和____________三种光分析方法是利用线光谱进行检测的。

三、计算题

1. 完成下表（填写表中所缺的数据）。

序号	λ/nm	λ/cm	λ/μm	ν/Hz
1				1.0×10^{19}
2			0.3	
3		6.0×10^{-5}		
4	2.5×10^{3}			

2. 670.7nm 的锂线，其频率（ν）应为多少？ （4.47×10^{14} Hz）

3. 波数为 $3300cm^{-1}$，其波长应为多少纳米？ （3030nm）

4. 可见光相应的能量范围应为多少电子伏特？ （3.1～1.7eV）

第3章

紫外-可见分光光度法

【本章教学要求】

- 掌握紫外-可见光谱产生的原因及特征，电子跃迁类型、吸收带的类型，Lambert-Beer 定律的物理意义及有关计算，单组分定量的各种方法。
- 熟悉各种电子跃迁所产生的吸收及其特征；运用伍德沃德-菲泽规则，判断不同的化合物；紫外-可见分光光度计的基本部件和操作。
- 了解紫外光谱与有机物分子结构的关系、比色法的原理与应用。

【导入案例】

光致变色材料作为一类新型功能材料，有着十分广阔的应用前景。例如可以作为光信息存储材料、光开关、光转换器等，这些材料在机械、电子、纺织、国防等领域都大有作为。光致变色涂料、光致变色玻璃、光致变色墨水的研制和开发，具有现实性的应用意义。除了以上的应用，光致变色材料还可以作为自显影感光胶片、全息摄影材料、防护和装饰材料、印刷版、印刷电路和伪装材料等。特别要指出的是，光致变色化合物作为可擦写光存储材料的研究，是近些年来光致变色领域中研究的热点之一。作为可擦写光存储材料的光致变色光存储介质，应满足在半导体激光波长范围具有吸收、非破坏性读出、良好的热稳定性、优良的抗疲劳性和较快的响应速度等条件。光致变色性能的测试，就利用了紫外光谱。

通过紫外光谱进行测试，研究在光的照射下颜色发生可逆变化的现象。如螺噁嗪类化合物 A 的环己烷溶液是没有颜色的，但在 365nm 连续的紫外光的照射下，溶液变成蓝色，在可见光区域产生吸收。随照射时间的延长，吸收峰的强度逐渐变大，直至不再变化为止，将化合物的溶液放在暗处，其在可见光区域的吸收会逐渐下降。

紫外-可见分光光度法（ultraviolet-visible spectrophotometry，UV-VIS），亦称紫外-可见分子吸收光谱法（ultraviolet-visible molecular absorption spectrometry），属于分子光谱，它是分子在紫外-可见光作用下外层价电子发生能级跃迁而产生的吸收光谱，是研究物质电子光谱的分析方法。紫外-可见光谱是指 200～800nm 紫外光区和可见光区的分子吸收光谱。该法的灵敏度较高，一般可达 10^{-4}～10^{-7}g/mL，甚至更低。紫外-可见分光光度法可以进行定性、定量和结构分析。紫外-可见分光光度法具有仪器普及、设备简单、操作方便等优点，广泛地应用于有机化合物和无机化合物的鉴定和定量分析中。

3.1 基本原理

3.1.1 紫外-可见吸收光谱

(1) 紫外-可见吸收光谱的产生

分子运动有不同的类型，如分子内各种电子的运动、分子作为整体的平动、分子围绕其重心所做的转动以及分子内的原子在其平衡位置附近所做的振动等。每种运动状态都属于一定的能级，因此分子有电子能级、平动、转动和振动能级等。一个分子的总能量（E）由内能（$E_{内}$）、平动能（$E_{平}$）、振动能（$E_{振}$）、转动能（$E_{转}$）及外层价电子跃迁能（$E_{电子}$）之和决定，如图 3-1 所示，即

$$E=E_{内}+E_{平}+E_{振}+E_{转}+E_{电子} \tag{3-1}$$

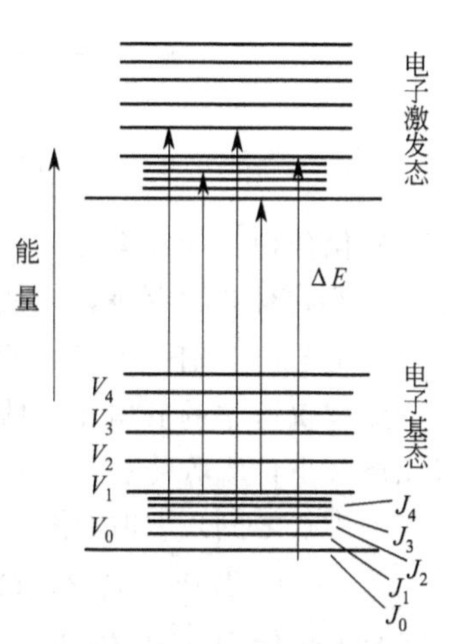

图 3-1　分子能级跃迁示意图
（V 表示振动能级；J 表示转动能级）

$E_{内}$ 是分子固有的内能，$E_{平}$是连续变化的，不具有量子化特征，因而它们的改变不会产生光谱。所以当分子吸收了辐射能之后，其能量变化（ΔE）仅是振动能、转动能和价电子跃迁能之总和，即

$$\Delta E=\Delta E_{振}+\Delta E_{转}+\Delta E_{电子} \tag{3-2}$$

式(3-2) 中 $\Delta E_{电子}$最大，一般为 1～20eV，相应的波长范围为 1250～60nm。因此，由分子的外层电子（价电子）跃迁而产生的光谱位于紫外-可见光区，称为紫外-可见吸收光谱。由图 3-1 可以看出，由于分子内部运动所涉及的能级变化较复杂，价电子的跃迁还伴随着振动、转动能级的跃迁，所以紫外-可见吸收光谱也就比较复杂，形成带状光谱。

(2) 电子跃迁的类型

紫外吸收光谱是由于分子中价电子的跃迁而产生的。按分子轨道理论，在有机化合物中主要有三种类型的价电子：形成单键的 σ 电子；形成双键或三键的 π 电子及未成键的 n 电子（亦称 p 电子）。根据分子轨道理论，分子中这三种电子的成键和反键分子轨道能级高低顺序是：

$$\sigma<\pi<n<\pi^{*}<\sigma^{*}$$

σ、π 表示成键分子轨道，n 表示未成键分子轨道（亦称非键轨道），σ^{*}、π^{*} 表示反键分子轨道。分子中不同轨道的价电子具有不同的能量，处于较低能级的价电子吸收一定的能量后，可以跃迁到较高能级。在紫外-可见光区内，有机化合物的吸收光谱主要由 $\sigma\rightarrow\sigma^{*}$、$\pi\rightarrow\pi^{*}$、$n\rightarrow\sigma^{*}$ 及 $n\rightarrow\pi^{*}$ 跃迁产生。图 3-2 定性地表示了各种不同类型的电子跃迁所需能量及所处波段的差异。

① $\sigma\rightarrow\sigma^{*}$ 跃迁　处于成键轨道上的 σ 电子吸收光能后跃迁到 σ^{*} 反键轨道，称为 $\sigma\rightarrow\sigma^{*}$ 跃迁。分子中 σ 键较为牢固，跃迁所需的能量最大，因而所吸收的辐射波长最短，吸收峰在远紫外区。饱和烃类分子中只含有 σ 键，因此只能产生 $\sigma\rightarrow\sigma^{*}$ 跃迁，吸收峰位一般都小于 150nm。

② $\pi\rightarrow\pi^{*}$ 跃迁　处于成键轨道上的 π 电子跃迁到 π^{*} 反键轨道上，称为 $\pi\rightarrow\pi^{*}$ 跃迁。一般孤立的 $\pi\rightarrow\pi^{*}$ 跃迁，吸收峰的波长在 200nm 附近，其特征是吸收强度大（$\varepsilon>10^{4}$）。不饱

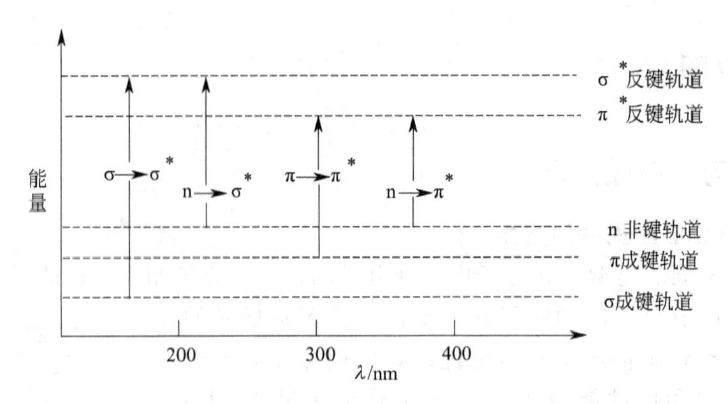

图 3-2 不同类型电子跃迁能量与波段示意图

和有机化合物，如具有 C═C 或 C≡C 、C═N 等基团的有机化合物都会产生 $\pi \to \pi^*$ 跃迁。分子中若具有共轭双键，可使 $\pi \to \pi^*$ 跃迁 λ_{max} 增加，使其大于 210nm。

③ $n \to \pi^*$ 跃迁 含有杂原子的不饱和基团，如含 C═O、C═S、N═N 等的化合物，其未成键轨道中的 n 电子吸收能量后，向 π^* 反键轨道跃迁，称为 $n \to \pi^*$ 跃迁。这种跃迁所需能量最小，吸收峰位通常都处于近紫外光区，甚至在可见光区，其特征是吸收强度弱（ε 在 10～100 之间）。如丙酮的 λ_{max} =279nm，即由此种跃迁产生，ε 为 10～30。

④ $n \to \sigma^*$ 跃迁 如含—OH、—NH_2、—X、—S 等基团的化合物，其杂原子中的 n 电子吸收能量后向 σ^* 反键轨道跃迁，这种跃迁所需的能量也较低，吸收峰位一般在 200nm 附近，处于末端吸收区。

（3）常用名词术语

① 发色团 发色团是指能在紫外-可见光波长范围内产生吸收的原子团，如 C═C、C═O、—C═S、—NO_2、—N═N—等，该原子团的特点是有机化合物分子结构中含有 $\pi \to \pi^*$ 或 $n \to \pi^*$ 跃迁的基团。

② 助色团 助色团是指本身不能吸收波长大于 200nm 的辐射，但与发色团相连时，可使发色团所产生的吸收峰向长波长方向移动并使吸收强度增加的原子或原子团，如—OH、—OR、—NH_2、—SH、—X 等。例如，苯的 λ_{max} 在 256nm 处，而苯胺的 λ_{max} 移至 280nm 处。

③ 蓝移和红移 因化合物的结构改变或溶剂效应等引起的吸收峰向短波方向移动的现象称蓝移（或紫移），亦称短移。因化合物的结构改变或溶剂效应等引起的吸收峰向长波方向移动的现象称红移，亦称长移。

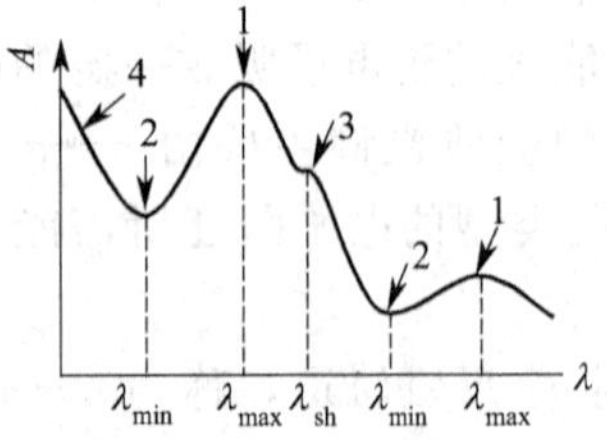

图 3-3 吸收光谱示意图
1—吸收峰；2—吸收谷；
3—肩峰；4—末端吸收

④ 浓色效应和淡色效应 因某些原因使化合物吸收强度增加的效应称为浓色效应，亦称增色效应；使吸收强度减弱的效应称为淡色效应，亦称减色效应。

⑤ 吸收光谱 又称吸收曲线，是以波长 λ（nm）为横坐标，以吸光度 A 为纵坐标所绘制的曲线，如图 3-3 所示。吸收光谱的特征可用以下光谱术语加以描述。

a. 吸收峰 吸收曲线上的峰称为吸收峰，所对应的波长称为最大吸收波长（λ_{max}）。

b. 吸收谷 吸收曲线上的谷称为吸收谷，所对应的波长称为最小吸收波长（λ_{min}）。

c. 肩峰　吸收峰上的曲折处称为肩峰（shoulder peak），通常用 λ_{sh} 表示。

d. 末端吸收　在吸收曲线的 200nm 波长附近只呈现强吸收而不呈峰形的部分称为末端吸收（end absorption）。

⑥ 吸收带　紫外-可见光谱为带状光谱，故将紫外-可见光谱中的吸收峰称为吸收带。吸收带与化合物的结构密切相关。通常将紫外-可见光区的吸收带（absorption band）分为四类：

a. R 带　从德文 radikal（基团）得名，是由 $n\to\pi^*$ 跃迁引起的吸收带。R 带是杂原子的不饱和基团，如 C＝O、—NO、—NO_2、—N＝N—等这一类发色团的特征。其特点是吸收峰处于较长波长范围（250～500nm），吸收强度弱（$\varepsilon<100$）。当有强吸收峰在其附近时，R 带有时红移，有时被掩盖。

b. K 带　从德文 konjugation（共轭作用）得名，是由共轭双键中 $\pi\to\pi^*$ 跃迁引起的吸收带。吸收峰出现在 200nm 以上，吸收强度大（$\varepsilon>10^4$）。随着共轭双键的增加，K 带吸收峰红移，吸收强度有所增加。

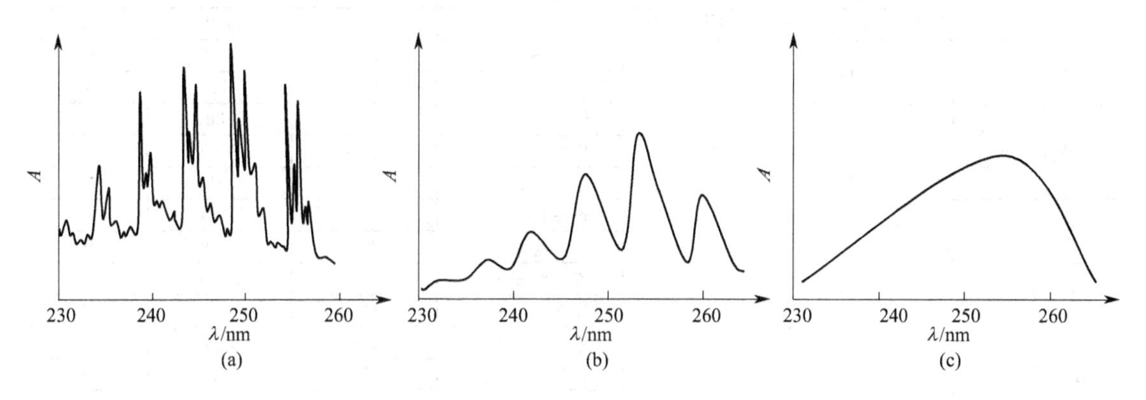

图 3-4　苯的 B 带吸收光谱

（a）苯蒸气；（b）苯的己烷溶液；（c）苯的乙醇溶液

c. B 带　从 benzenoid（苯）得名，是由苯等芳香族化合物的骨架伸缩振动与苯环状共轭系统叠加的 $\pi\to\pi^*$ 跃迁所引起的吸收带之一，是芳香族（包括杂芳香族）化合物的特征吸收带。苯蒸气 B 带的吸收光谱在 230～270nm 处出现精细结构，亦称苯的多重吸收带，是由于在蒸气状态下分子间相互作用弱，反映了孤立分子振动、转动能级的跃迁，如图 3-4(a) 所示。在苯的己烷溶液（非极性溶液）中，因分子间相互作用增强，转动跃迁消失，B 带仅出现部分振动跃迁，所以谱带变宽，如图 3-4(b) 所示。在极性溶剂中，溶质与溶剂间的相互作用更大，振动跃迁消失，使得苯的精细结构消失而成一宽峰，其中心在 256nm 附近，$\varepsilon=220$，如图 3-4(c) 所示。

d. E 带　芳香族化合物的特征吸收带，可细分为 E_1 及 E_2 两个吸收带。E_1 带为苯环上孤立乙烯基的 $\pi\to\pi^*$ 跃迁，E_2 带为苯环上共轭二烯基的 $\pi\to\pi^*$ 跃迁。E_1 带的吸收峰约在 180nm（$\varepsilon\approx6\times10^4$，远紫外区）；$E_2$ 带的吸收峰在 200nm（$\varepsilon\approx8\times10^3$）以上，均属于强带吸收。当苯环上有发色团取代并与苯环产生共轭时，E_2 带便与 K 带合并使吸收带红移，同时也使 B 带发生红移。当苯环上有助色团取代时，E_2 带也产生红移，但通常吸收带的波长不超过 210nm。

部分化合物的电子结构、跃迁类型和可能出现的波长范围及吸收带的关系如表 3-1 所示。

需要指出的是：上述吸收带的位置并不是固定不变的，而是易受分子中结构因素和测定条件等多种因素的影响，在较宽的波长范围内变动。其中分子结构的影响因素包括位阻效应和跨环效应，其核心是对分子中电子共轭结构的影响；测定条件的影响因素包括溶剂的极性和体系的 pH 值。

表 3-1　部分化合物的电子结构、跃迁类型和吸收带

电子结构	化合物	跃迁	λ_{max}/nm	ε_{max}	吸收带
σ	乙烷	$\sigma\rightarrow\sigma^*$	135	10000	
n	1-己硫醇	$n\rightarrow\sigma^*$	224	120	
	碘丁烷	$n\rightarrow\sigma^*$	257	486	
π	乙烯	$\pi\rightarrow\pi^*$	165	10000	
	乙炔	$\pi\rightarrow\pi^*$	173	6000	
π 和 n	丙酮	$\pi\rightarrow\pi^*$	约 160		
		$n\rightarrow\sigma^*$	194	9000	
		$n\rightarrow\pi^*$	279	15	R
π-π	$CH_2=CH-CH=CH_2$	$\pi\rightarrow\pi^*$	217	21000	K
	$CH_2=CH-CH=CH-CH=CH_2$	$\pi\rightarrow\pi^*$	258	35000	K
π-π 和 n	$CH_2=CH-CHO$	$\pi\rightarrow\pi^*$	210	11500	K
		$n\rightarrow\pi^*$	315	14	R
芳香族 π	苯	芳香族 $\pi\rightarrow\pi^*$	约 180	60000	E_1
		芳香族 $\pi\rightarrow\pi^*$	约 200	8000	E_2
		芳香族 $\pi\rightarrow\pi^*$	255	215	B
芳香族 π-π		芳香族 $\pi\rightarrow\pi^*$	244	12000	K
		芳香族 $\pi\rightarrow\pi^*$	282	450	B
芳香族 π-σ		芳香族 $\pi\rightarrow\pi^*$	208	2460	E_2
		芳香族 $\pi\rightarrow\pi^*$	262	174	B
芳香族 π-π,n		芳香族 $\pi\rightarrow\pi^*$	240	13000	K
		芳香族 $\pi\rightarrow\pi^*$	278	1110	B
		$n\rightarrow\pi^*$	319	50	R
芳香族 π-n		芳香族 $\pi\rightarrow\pi^*$	210	6200	E_2
		芳香族 $\pi\rightarrow\pi^*$	270	1450	B

3.1.2 Lambert-Beer 定律

当一束平行的单色光照射到有色溶液时，光的一部分将被溶液吸收，一部分透过溶液，还有一部分被器皿表面所反射。由于在实际测量时，都是采用同样质料及宽度的比色皿，因而反射光的强度基本不变，故其影响可以不予考虑。在吸收光谱中有两个重要的参数，即透光率与吸光度。当一束光强为 I_0 的入射光照射到吸光物质上后，光强度由 I_0 减弱为 I_t，如图 3-5 所示，则透光率 T、百分透光率 $T\%$、吸光度 A 分别表示如下：

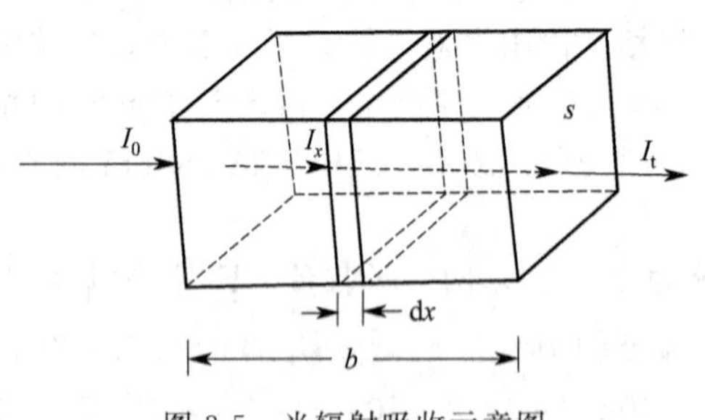

图 3-5　光辐射吸收示意图

$$T=\frac{I_t}{I_0} \qquad T\%=\frac{I_t}{I_0}\times 100 \qquad A=-\lg T=\lg\frac{I_t}{I_0}$$

Lambert-Beer 定律是物质对光吸收的基本定律，是分光光度分析法的定量依据和基础。Lambert 定律说明了物质对光的吸光度与吸光物质的液层厚度成正比，Beer 定律说明了物质对光的吸光度与吸光物质的浓度成正比。二者合起来称为 Lambert-Beer 定律，简称吸收定律。

$$A = Elc \tag{3-3}$$

式(3-3) 是 Lambert-Beer 定律的数学表达式，它的物理意义是：当一束平行单色光通过均匀溶液时，溶液的吸光度 A 与液层厚度 l 和吸光物质的浓度 c 成正比关系。

在含有多组分的体系中，各组分对同一波长的光可能都有吸收。这时，溶液总的吸光度等于各组分的吸光度之和：

$$A = A_1 + A_2 + A_3 + \cdots + A_n \tag{3-4}$$

这就是吸光度的加和性。据此，常可以在同一溶液中进行多组分的测定。

式(3-3) 中 E 值为吸收系数，其物理意义为吸光物质在单位浓度及单位液层厚度时的吸光度。在给定单色光、溶剂和温度等条件下，吸收系数是物质的特性常数，表明物质对某一特定波长光的吸收能力。不同物质对同一波长的单色光，可有不同的吸收系数，吸收系数愈大，表明该物质的吸光能力愈强，灵敏度愈高，所以吸收系数可以作为吸光物质定性分析的依据和定量分析灵敏度的估量。吸收系数随浓度所取单位不同而不同，常用的有摩尔吸收系数和百分吸收系数，分别用 ε 和 $E_{1\mathrm{cm}}^{1\%}$ 表示。

① 摩尔吸收系数　如果浓度 c 以物质的量浓度（mol/L）表示，则式(3-3) 可以写成

$$A = \varepsilon lc \tag{3-5}$$

式中，ε 为摩尔吸收系数，单位为 L/(mol・cm)。

其物理意义为溶液浓度为 1mol/L、液层厚度为 1cm 时的吸光度。物质的摩尔吸收系数一般不超过 10^5 数量级，通常大于 10^4 为强吸收，小于 10^3 为弱吸收，介于两者之间的为中强吸收。

② 百分吸收系数　如果浓度 c 以质量百分浓度（g/100mL）表示，则式(3-3) 可以写成

$$A = E_{1\mathrm{cm}}^{1\%} lc \tag{3-6}$$

式中，$E_{1\mathrm{cm}}^{1\%}$ 称为百分吸收系数，单位为 100mL/(g・cm)。

其物理意义为当溶液浓度为 1%（即 1g/100mL）、液层厚度为 1cm 时的吸光度。百分吸收系数在药物定量分析中应用广泛，我国现行版药典均采用百分吸收系数，尤其适用于摩尔质量（M）不清的待测组分。

两种吸收系数表示方式之间的关系是：

$$\varepsilon = \frac{M}{10} E_{1\mathrm{cm}}^{1\%} \tag{3-7}$$

3.2　光度法的误差

3.2.1　偏离 Beer 定律的因素

根据上述 Beer 定律，当波长和入射光强度一定时，吸光度 A 与吸光物质的浓度 c 应成正比，即 A-c 曲线应为一条通过原点的直线。但在实际工作中，特别是当溶液浓度较高时，A-c 曲线常会出现偏离直线的情况（图 3-6），即发生偏离 Beer 定律的现象。若所测试的溶液浓度在标准曲线的弯曲部分，必将产生较大的误差。偏离 Beer 定律的因素主要有化学因素与光学因素。

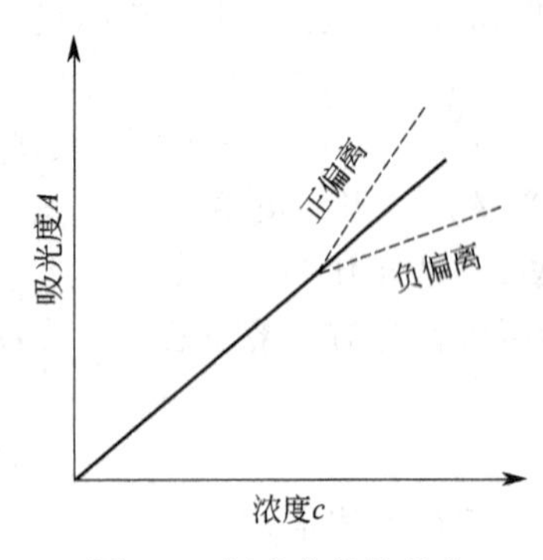

图 3-6 标准曲线的偏离

(1) 化学因素

Beer 定律成立的前提通常应是稀溶液，随着溶液浓度的改变，溶液中的吸光物质可因浓度的改变而发生离解、缔合、溶剂化以及配合物生成等变化，使吸光物质的存在形式发生变化，影响物质对光的吸收能力，因而偏离 Beer 定律。

如重铬酸钾的水溶液中存在以下平衡：$Cr_2O_7^{2-}+H_2O \rightleftharpoons 2H^{+}+2CrO_4^{2-}$，若将溶液严格地稀释 2 倍，则溶液中 $Cr_2O_7^{2-}$ 的浓度不是恰好减少为原来的一半，而是受稀释平衡向右移动的影响，$Cr_2O_7^{2-}$ 浓度的减少多于原来的一半，结果导致偏离 Beer 定律而产生误差。不过若在强酸性溶液中测定 $Cr_2O_7^{2-}$ 或在强碱性溶液中测定 CrO_4^{2-}，则可避免上述偏离现象。由化学因素引起的偏离，有时可通过控制实验条件加以避免。

(2) 光学因素

① 非单色光　由 Beer 定律的物理意义可知，Beer 定律只适用于单色光。但事实上真正的单色光是难以得到的，实际应用中采用的光包含了所需波长的光和附近波长的光，即为具有一定波长范围的光。这一宽度称为谱带宽度，常用半峰宽表示，即最大透光度一半处曲线的宽度（图 3-7）。实际应用于测量的都是具有一定谱带宽度的复合光，因吸光物质对不同波长的光的吸收能力不同，遂导致了对 Beer 定律的偏离。

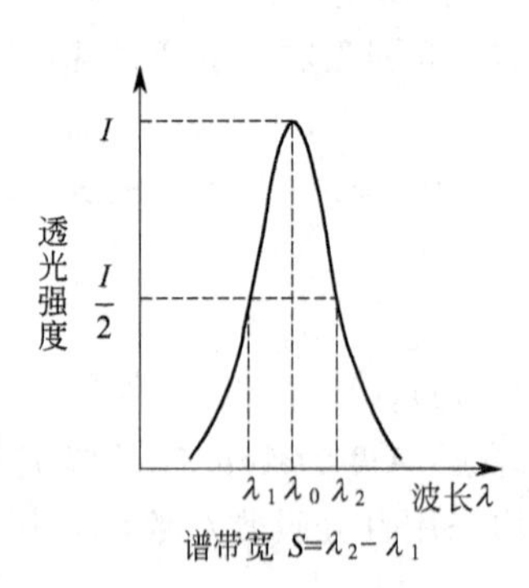

图 3-7 单色光的谱带宽度

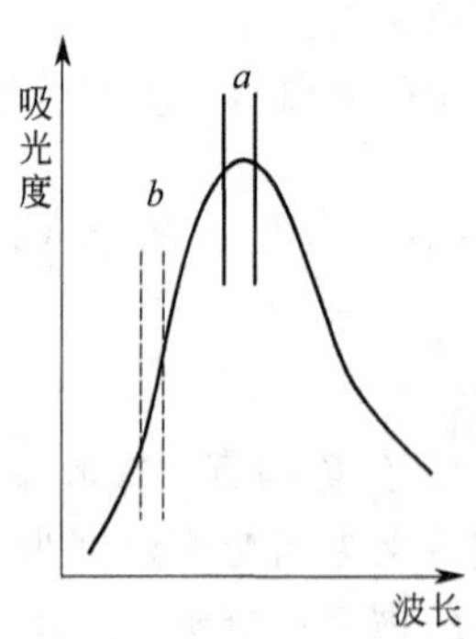

图 3-8 测定波长的选择

例如，按图 3-8 所示的吸收光谱，用谱带 a 所对应的波长进行测定，A 随波长的变化不大，引起的偏离就比较小。用谱带 b 对应的波长进行测定，A 随波长的变化较明显，就会产生较大的偏离。所以为了减小因非单色光所带来的误差，通常选择吸光物质的最大吸收波长作为测定波长，同时应尽量避免采用尖锐的吸收峰进行定量分析。这样既可以保证对 Beer 定律的偏离较小，又能保证测定有较高的灵敏度。

② 杂散光　从单色器得到的单色光中，还有一些不在谱带范围内的与所需波长相隔甚远的光，称为杂散光。它是因仪器光学系统的缺陷或光学元件受灰尘、霉蚀的影响而引起的，特别是在透光率很弱的情况下，会产生明显的干扰作用。设入射光的强度为 I_0、透过光的强度为 I_t、杂散光强度为 I_s，则观测到的吸光度为：

$$A=\lg\frac{I_0+I_s}{I_t+I_s} \tag{3-8}$$

若样品不吸收杂散光，则 $(I_0+I_s)/(I_t+I_s)<I_0/I_t$，使 A 变小，产生负偏离。这种

情况是分析中经常遇到的。随着仪器制造工艺的提高，绝大部分波长内杂散光的影响可忽略不计，但在接近紫外末端处，杂散光的比例相对增大，干扰增强，甚至还会出现假峰。

③ 散射光和反射光　入射光通过吸收池内外界面之间时，界面产生反射作用，同时吸光质点对入射光又有散射作用。散射光和反射光均由入射光谱带宽度内的光产生，对透射光强度有直接影响，均导致透射光强度减弱。真溶液散射作用较弱，可用空白溶液进行补偿。浑浊溶液散射作用较强，一般不易制备相同的空白溶液，常使测得的吸光度产生偏离。

④ 非平行光　Beer定律适用的另一个条件是平行光，但在实际检测中，通过吸收池的光，通常都不是真正的平行光。倾斜光通过吸收池的实际光程将比垂直照射的平行光的光程长，使吸光度增加。这也是同一物质用不同仪器测定吸收系数时，产生差异的主要原因之一。

3.2.2 测量误差

任何分光光度计都有一定的测量误差，这是由于光源不稳定、读数不准确等因素造成的。一般来说，透射比读数误差 ΔT 是一个常数，但在不同的读数范围内所引起的浓度的相对误差却是不同的，浓度测定结果的相对误差与透光率测量误差间的关系可由定律导出：

$$c=\frac{A}{El}=-\frac{\lg T}{El}$$

微分后并除以上式，可得浓度的相对误差 $\Delta c/c$ 为：

$$\frac{\Delta c}{c}=\frac{0.434\Delta T}{T\lg T} \tag{3-9}$$

式(3-9) 表明，浓度测量的相对误差，取决于透光率 T 和透光率测量误差 ΔT 的大小。上式表明，浓度测量的相对误差，不但与分光光度计的读数误差 ΔT 有关，而且与透光率 T 也有关。ΔT 由分光光度计透光率读数精度所确定，以仪器的读数误差 ΔT 代入式(3-9)，计算不同透光率或吸光度时的浓度相对误差列于表 3-2。

表 3-2　不同 T 或 A 时的浓度相对误差

T/%		95	90	80	70	65	60	50	40	30	20	10	5
A		0.022	0.046	0.097	0.155	0.187	0.222	0.301	0.398	0.523	0.699	1.000	1.30
$\frac{\Delta c}{c}\times 100\%$	ΔT=1%	20.5	10.5	5.60	4.00	3.57	3.26	2.88	2.73	2.77	3.10	4.34	6.67
	ΔT=0.5%	10.3	5.27	2.80	2.00	1.78	1.63	1.44	1.36	1.38	1.55	2.17	3.34

若以浓度相对误差对 T 作图可得到如图 3-9 所示的函数曲线。从图 3-9 中可见，溶液的透光率很大或很小时所产生的相对误差都很大。只有中间一段即 T 值在 65%～20%或 A 值在 0.2～0.7 之间时，浓度相对误差较小，是测量的适宜范围。将式(3-9) 求极值可得到浓度相对误差最小时的透光率或吸光度，即 A=0.434，T=36.8%。但在实际工作中没有必要去寻求这一最小误差点，只要求测量的吸光度 A 在 0.2～0.7 适宜范围内即可。

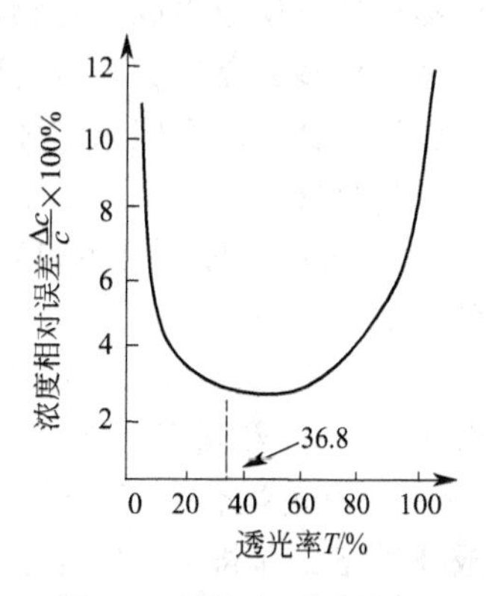

图 3-9　浓度相对误差与透光率的关系

3.2.3 测量条件的选择

(1) 入射光波长的选择

入射光波长选择的依据是吸收曲线，一般以最大吸收波长 λ_{max} 为测量的入射光波长。若被测物质存在干扰，且干扰物在 λ_{max} 处也有吸收，则根据“吸收最大，干扰最小”的原则，在干扰最小的条件下选择吸光度最大的波长。例如：$KMnO_4$ 的测定一般选择 $\lambda_{max}=525nm$，此时灵敏度最高。但若在 $K_2Cr_2O_7$ 存在下测量 $KMnO_4$ 时，则不选择 $\lambda_{max}=525nm$，而是选择另一最大吸收波长 $\lambda=545nm$，因为此波长处 $K_2Cr_2O_7$ 不干扰 $KMnO_4$ 溶液吸光度的测定。

(2) 吸光度范围的选择

当溶液的吸光度不在 0.2～0.7 范围内时，可以通过改变称样量、稀释溶液以及选择不同厚度的比色皿来控制吸光度。

(3) 参比溶液的选择

选择参比溶液的总原则是使试样的吸光度能真正反映待测物的浓度。通常利用空白试验来消除因溶剂或器皿对入射光反射和吸收带来的误差。参比溶液的选择方法如下：

① 纯溶剂空白　在测定入射光波长下，溶液中只有被测组分对光有吸收，而显色剂或其他组分对光没有吸收，或虽有少许吸收，但所引起的测定误差在允许范围内，在此种情况下可用溶剂作为空白溶液。

② 试剂空白　试剂空白是指在相同条件下只是不加试样溶液，而依次加入各种试剂和溶剂所得到的空白溶液。试剂空白适用于在测定条件下，显色剂或其他试剂、溶剂等对待测组分的测定有干扰的情况。

③ 试样空白　试样空白是指在与显色反应同样条件下取同样量试样溶液，只是不加显色剂所制备的空白溶液。试样空白适用于试样基体有色并在测定条件下有吸收，而显色剂溶液不干扰测定，也不与试样基体显色的情况。

3.3 显色反应及显色条件的选择

3.3.1 显色反应

有些被测物质的溶液颜色很淡或者根本没有颜色，因此需要在被测溶液中加入某些物质，使被测物质转变为颜色较深的有色物质，便于在可见光范围内测定。这种加入试剂与被测物质定量反应生成有色物质的反应叫显色反应，显色反应所用的试剂称为显色剂。常见的显色反应多数是生成配合物的反应，少数是氧化还原反应和增加吸光能力的生化反应。应用时应选择合适的反应条件和显色剂，以提高显色反应的灵敏度和选择性。

显色反应一般要满足下列要求：

① 选择性好　所用的显色剂仅与被测组分显色而与其他共存组分不显色，或对其他组分干扰少。

② 灵敏度足够高　要求显色反应中所生成的有色化合物有大的摩尔吸收系数，一般应有 10^3～10^5 数量级，才有足够的灵敏度。

③ 有色配合物组成恒定　显色剂与被测物质的反应要定量进行，生成有色配合物的组成要恒定，即符合一定化学式。

④ 有色配合物稳定性好　要求生成的配合物有较大的稳定常数，这样显色反应进行得比较完全。

⑤ 色差大　有色配合物与显色剂之间颜色差别要大，这样试剂空白小，显色时颜色变化才明显。

3.3.2 显色条件的选择

影响显色反应的条件一般为显色剂用量、溶液酸度、显色时间、温度、溶剂等。

(1) 显色剂用量

为了使显色反应进行完全，常需要加入过量的显色剂。但显色剂用量过大对有色化合物的组成亦有影响。

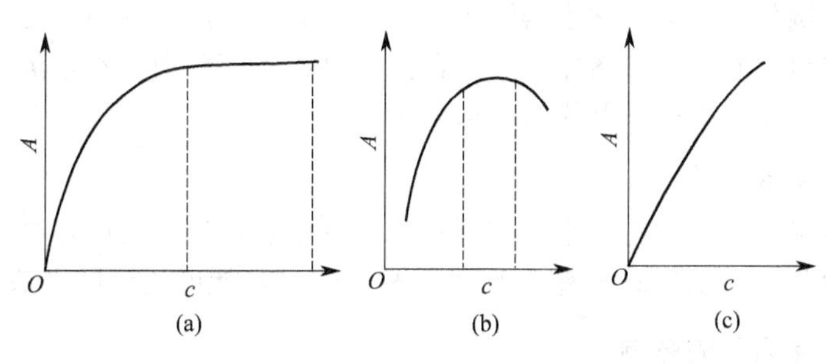

图 3-10　吸光度与显色剂浓度曲线

显色剂用量一般是通过实验确定的。其方法是将被测组分浓度及其他条件固定，然后加入不同量的显色剂，测定其吸光度，绘制吸光度（A）-显色剂浓度（c）曲线，选恒定吸光度值时的显色剂用量。常见的曲线形式如图 3-10 所示。曲线（a）表明，显色剂用量达到某一值时，吸光度达到最大，并趋于稳定，然后曲线呈水平状；曲线（b）表明，当显色剂用量超过某一值时，溶液的吸光度反而下降；曲线（c）表明，不断地增加显色剂用量，吸光度一直在增加。对于曲线（a）、(b)，显色剂用量选择显色稳定、曲线平坦处；对于曲线（c），必须严格控制显色剂用量，以保证结果的准确。

(2) 溶液酸度

很多显色剂是有机弱酸或弱碱，溶液的酸度会直接影响显色剂存在的形式和显色产物的浓度变化，从而引起溶液颜色的改变。其他如氧化还原反应、缩合反应等，溶液的酸碱性也有重要的影响，常常需要用缓冲溶液保持溶液在一定 pH 值下进行显色反应。

Fe^{3+} 与磺基水杨酸（$C_7H_4SO_6^{2-}$）在不同 pH 条件下生成配比不同的配合物，见表 3-3。

表 3-3　Fe^{3+} 与磺基水杨酸（$C_7H_4SO_6^{2-}$）在不同 pH 条件下配合物生成表

pH 值范围	配合物组成	颜色
1.8～2.5	$Fe(C_7H_4SO_6)^+$	红色(1∶1)
4～8	$Fe(C_7H_4SO_6)_2^-$	橙色(1∶2)
8～11.5	$Fe(C_7H_4SO_6)_3^-$	黄色(1∶3)

当 pH＞12 时，则生成 $Fe(OH)_3$ 沉淀。因此在用此类反应进行测定时，控制溶液 pH 值是至关重要的。

(3) 显色时间

由于各种显色反应的反应速率不同，所以完成反应所需要的时间存在较大差异，同时显色产物在放置过程中也会发生不同的变化。有的显色产物颜色能保持长时间不变，有的颜色会逐渐减退或加深，有的需要经过一定时间才能显色。因此，必须在一定条件下通过实验，绘制显色产物吸光度-时间关系曲线，选择显色产物吸光度数值较大且恒定的时间确定为适宜的显色时间。

(4) 温度

显色反应的进行与温度有关，有些反应需要加热才能进行完全。但有些显色剂或有色配合物在高温下易分解褪色。同样需固定被测组分浓度及其他条件，绘制显色产物吸光度-反应温度关系曲线，选择显色产物吸光度数值较大且恒定的温度确定为适宜的显色温度。

(5) 溶剂

溶剂的性质可直接影响被测组分对光的吸收，相同的物质溶解于不同的溶剂中，有时会出现不同的颜色。例如，苦味酸在水溶液中呈黄色，而在三氯甲烷中呈无色。同时显色反应产物的稳定性也与溶剂有关，如硫氰酸铁红色配合物在正丁醇中比在水溶液中稳定。在萃取比色中，应选用分配比较高的溶剂作为萃取溶剂。

(6) 副反应的影响

显色反应应该尽可能地进行完全，但是，当溶液中有各种副反应存在时，便会影响主反应的完全程度。通常，当金属离子有99%以上被配位时，就可认为反应基本上是完全的。

(7) 溶液中共存离子的影响

如果共存离子本身有颜色或共存离子与显色剂生成有色配合物，会使吸光度增加，造成正干扰。如果共存离子与被测组分或显色剂生成无色配合物，则会降低被测组分或显色剂的浓度，从而影响显色剂与被测组分的反应，引起负干扰。

3.3.3 干扰的消除

在显色反应中，干扰物质的存在往往会影响显色反应的结果。干扰物质的影响一般有以下几种情况：

① 干扰物质本身有颜色或无色但与显色剂形成有色化合物，在测定条件下也有吸收。

② 在显色条件下，干扰物质水解，析出沉淀使溶液浑浊，致使吸光度的测定无法进行。

③ 干扰物质与待测离子或显色剂形成更稳定的化合物，使显色反应不能进行完全。

通常可以采用以下几种方法来消除这些干扰作用：

① 控制酸度　根据配合物的稳定性，可以利用控制酸度的方法提高反应的选择性，保证主反应进行完全。例如，双硫腙能与Hg^{2+}、Pb^{2+}、Cu^{2+}、Ni^{2+}、Cd^{2+}等十多种金属离子形成有色配合物，其中与Hg^{2+}形成的配合物最稳定，在0.5mol/L H_2SO_4介质仍能定量进行，而上述其他离子在此条件下不发生反应。

② 选择适当的掩蔽剂　使用掩蔽剂消除干扰是常用的有效方法。选取的条件是，掩蔽剂不与待测离子作用，掩蔽剂以及它与干扰物质形成的配合物的颜色应不干扰待测离子的测定。

③ 利用生成惰性配合物　如钢铁中微量钴的测定，常用钴试剂作为显色剂，但钴试剂不仅与Co^{2+}有灵敏反应，而且与Ni^{2+}、Zn^{2+}、Mn^{2+}、Fe^{2+}等都有反应。但钴试剂与Co^{2+}在弱酸性介质中一旦完成反应，即使再用强酸酸化溶液，该配合物也不会分解，而Ni^{2+}、Zn^{2+}、Mn^{2+}、Fe^{2+}等与钴试剂形成的配合物在强酸介质中会很快分解。

④ 选择适当的测量波长　选择测定波长的原则是“吸收最大，干扰最小”。

⑤ 选择适宜的参比溶液　采用光学性质相同、厚度相同的吸收池装入空白溶液作为参比，调节仪器，使透过参比吸收池的吸光度$A=0$或透光率$T=100\%$。然后将装有待测溶液的吸收池移入光路中测量，得到被测物质的吸光度。也就是说，将透过参比吸收池的光强作为测量溶液的入射光强度，这样测得的溶液的吸光度数值就比较真实地反映了被测物质对

光的吸收，从而可以比较真实地反映出被测物质的浓度。在显色反应中，溶剂、试剂、器皿及试样都可能引入相应的干扰，而参比溶液的作用正是消除各种干扰因素的吸收。

⑥ 分离　当上述方法均不宜采用时，也可以采用预先分离的方法来除去干扰物质，如利用沉淀反应、萃取、离子交换、蒸发和蒸馏以及色谱分离法等来消除干扰。

此外，还可以利用化学计量学方法实现多组分的同时测定。

3.4 紫外-可见分光光度计

紫外-可见分光光度计是在紫外-可见光区可任意选择不同波长的光测定吸光度的仪器。一般由五个主要部件构成，即光源、单色器、吸收池、检测器和信号显示系统，如图 3-11 所示。

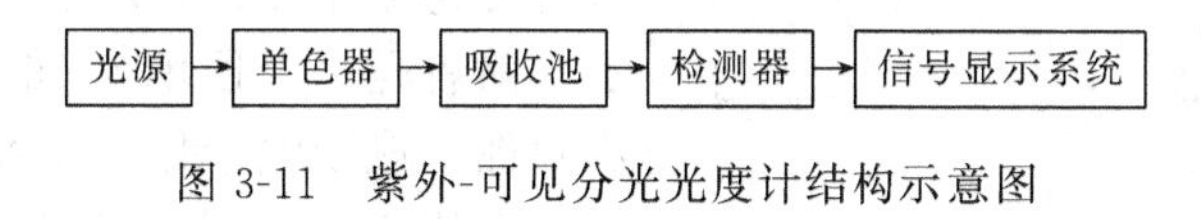

图 3-11　紫外-可见分光光度计结构示意图

3.4.1 主要部件

(1) 光源

紫外-可见分光光度计对光源的基本要求是在仪器操作所需要的光谱范围内能够发射强度足够而且稳定的连续光源。

可见光区的光源是钨灯或卤钨灯，发射 350nm 以上的连续光谱。紫外光区的光源是氢灯或氘灯，发射 150～400nm 的连续光谱。

① 钨灯和卤钨灯　钨灯是固体炽热发光的光源，又称白炽灯。卤钨灯的灯泡内含碘和溴的低压蒸气，可延长钨丝的寿命，且发光强度比钨灯高。白炽灯的发光强度与供电电压的 3～4 次方成正比，所以供电电压要稳定。

② 氢灯和氘灯　氢灯是一种气体放电发光的光源，发射 150～400nm 范围内的连续光谱。氘灯比氢灯昂贵，但发光强度和灯的使用寿命比氢灯增加 2～3 倍，现在仪器多用氘灯。气体放电发光需先激发，同时应控制稳定的电流，所以都配有专用的电源装置。

(2) 单色器

单色器的作用是从来自光源的连续光谱中分离出所需要的单色光。通常由进光狭缝、准直镜、色散元件、聚焦镜和出光狭缝组成。简单原理见图 3-12。聚焦于进光狭缝的光，经

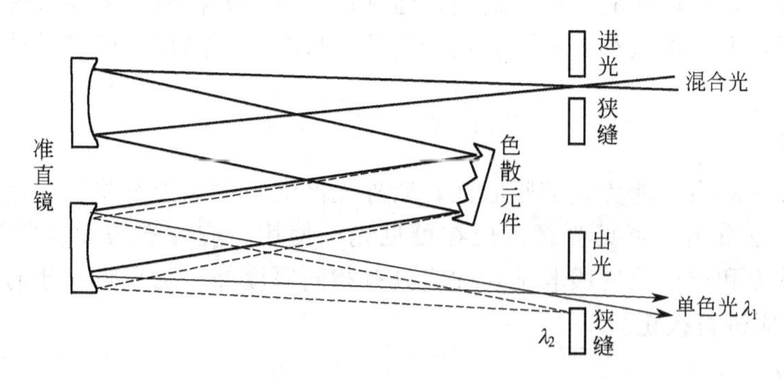

图 3-12　单色器光路示意图

准直镜变成平行光，投射于色散元件。色散元件的作用是将复色光分解为单色光。再经与准直镜相同的聚焦镜将色散后的平行光聚焦于出光狭缝上，形成按波长排列的光谱。转动色散元件或准直镜方位可在一个很宽的范围内，任意选择所需波长的光从出光狭缝分出。

① 色散元件　在单色器中，最重要的是色散元件。常用的色散元件有棱镜和光栅。

a. 棱镜　早期生产的仪器多用棱镜，棱镜的色散作用是依据棱镜材料对不同的光有不同的折射率，因此可将混合光中所包含的各个波长从长波到短波依次分散成为一个连续光谱。折射率差别愈大，色散作用（色散率）愈大。由棱镜分光得到的光谱的光距与各条波长是非线性的，按波长排列，长波长区密，短波长区疏。棱镜材料有玻璃和石英，因玻璃吸收紫外光，故只可用于可见光的色散。

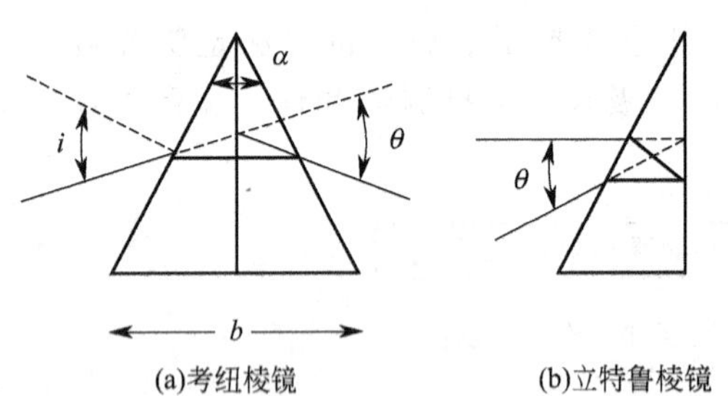

图 3-13　镜的折射

棱镜的色散作用是基于构成棱镜的光学材料对不同波长的光具有不同的折射率，常用的棱镜有考纽棱镜和立特鲁棱镜，如图 3-13 所示。前者是一个顶角为 60°的棱镜，为了防止生成双像，该 60°棱镜是由两个 30°棱镜组成。一边为左旋石英，另一边为右旋石英。后者由左旋或右旋石英做成 30°棱镜，在其纵轴表面上镀上铝或银。

b. 光栅　光栅是利用光的衍射与干涉作用，使不同波长的光有不同的方向，从而达到将连续光谱的光进行色散的目的。光栅色散后的光谱与棱镜不同，其光谱是由紫到红，各谱线间距离相等且均匀分布的连续光谱。

光栅分为平面透射光栅和反射光栅，反射光栅应用更广泛。反射光栅又可分为平面反射光栅（或称闪耀光栅）和凹面反射光栅。

② 准直镜　准直镜是以狭缝为焦点的聚光镜。其作用是将进入单色器的发散光变成平行光，也常用作聚焦镜，将色散后的平行单色光聚集于出光狭缝。在紫外-可见分光光度计中一般用镀铝的抛物柱面反射镜作为准直镜。铝面对紫外光反射率比其他金属高，可以减少光强的损失，但铝易受腐蚀，应注意保护。

③ 狭缝　狭缝分进光狭缝和出光狭缝两种。进光狭缝的作用是将光源发出的光形成一束整齐的细光束照射到准直镜上；出光狭缝的作用是选择色散后的“单色光”。但实际上，从出光狭缝射出的并不是严格意义上的单色光，而是有一定的波长范围的光谱。因此狭缝宽度直接影响分光质量，狭缝过宽，单色光不纯，可引起对 Beer 定律的偏离。狭缝太窄，光通量小，灵敏度降低，此时若单纯依靠增大放大器放大倍数来提高灵敏度，则会使噪声同步增大，影响准确度。所以狭缝宽度要恰当，通常用于定量分析时，主要考虑光通量，宜采用较大的狭缝宽度，但以误差小为前提；用于定性分析时，更多地考虑光的单色性，宜采用较小的狭缝宽度。

(3) 吸收池

可见光区使用的吸收池为玻璃吸收池，紫外光区的吸收池为石英吸收池，该吸收池既适用于紫外光区，也适用于可见光区。但在可见光区使用，应首选玻璃吸收池。在分析测定中，用于盛放试液和空白液的吸收池，除应具有相同厚度外，两只吸收池的透光率之差应小于 0.5%，否则应进行校正。

(4) 检测器

紫外-可见光区的检测器，一般常用光电效应检测器，它是将接收到的辐射功率变成电流的转换器，如光电池、光电管和光电倍增管。近年来采用了光多道检测器，在光谱分析检测器技术中，出现了重大革新。

光二极管阵列检测器（photodiode array detector）是在晶体硅上紧密排列一系列光二极管检测管，如图 3-14 所示。阵列的每一单元中有一只光敏二极管和一只与之并联的电容器。它们通过场效应开关接入一条公共输出线。开关由移位寄存器扫描电路控制，使之顺序地开与关。在一次扫描的整个周期中，每个单元的场效应开关只开、关一次；每一时刻又只有一个单元的场效应开关是开着的。在场效应开关关着的时候，一定强度的光照射在单元表面形成光电流，使电容器放电。电容器上电荷的失落相当于照在单元上光的总量。在场效应开关开着的时候，单元与电源接通，使电容器重新充电至标准电位，相应于给电容器重新充电所需电流的信号，被送入公共输出线，得到脉冲信号。随着具有 N 个单元的阵列中的 N 个场效应开关顺序地开、关 N 次，在扫描中就得到 N 个脉冲信号。每个脉冲与相应的二极管所接收到的光强值成正比。二极管阵列中，每一个二极管，可在 1/10s 的极短时间内获得 190～820nm 范围内的全光光谱。

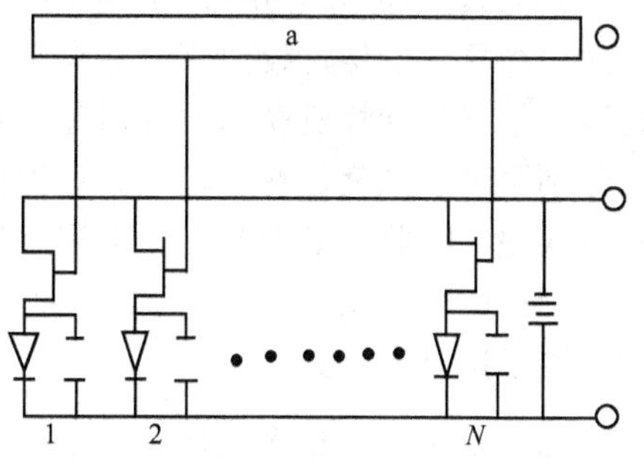

图 3-14　线性阵列检测器示意图
a—移位寄存器

(5) 信号显示系统

检测器输出的电信号很弱，需经过放大才能将测量结果以某种方式显示出来。信号处理过程同时也包含如对数函数、浓度因素等运算乃至微分、积分等处理。现代的分光光度计多具有荧屏显示、结果打印及吸收曲线扫描等功能。显示方式通常都有透光率与吸光度可供选择，有的还可转换成浓度、吸收系数等。

3.4.2 分光光度计的类型

紫外-可见分光光度计的光路系统，目前一般可分为单光束、双光束和二极管阵列等几种。

(1) 单光束分光光度计

在单光束光学系统中，采用一个单色器，获得可以任意调节的一束单色光，通过改变参比池和样品池位置，使其进入光路，进行参比溶液和样品溶液的交替测量，在空白溶液进入光路时，将吸光度调零，然后移动吸收池架的拉杆，使样品溶液进入光路，就可在读数装置上读出样品溶液的吸光度，其光路图如图 3-15 所示。

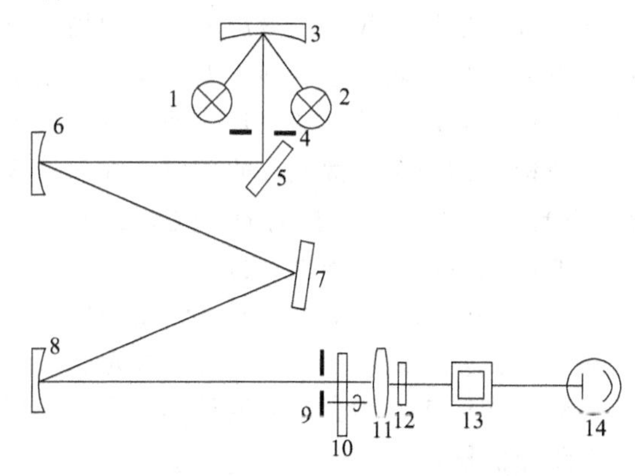

图 3-15　单光束分光光度计光路图
1—溴钨灯；2—氘灯；3—凹面镜；4—入射狭缝；5—平面镜；6，8—准直镜；7—光栅；9—出射狭缝；10—调制器；11—聚光镜；12—滤色片；13—样品池；14—光电倍增管

单光束紫外-可见分光光度计的波段范围为 190(210)～850(1000)nm，钨灯和氢灯两种光源互换使用，大多数仪器用光电倍增管作检测器，也有的用光电管作检测器，用棱镜或光栅作色散元件，采用数字显示或仪表

读出。

单光束紫外-可见分光光度计的优点是具有较高的信噪比，光学、机械及电子线路结构都比较简单，价格比较便宜，适合于在给定波长处测量吸光度或透光率，但不能做全波段的光谱扫描（与计算机联用的仪器除外）。欲绘制一个全波段的吸收光谱，需要在一系列波长处分别测量吸光度，费时较长。这种仪器由于光源强度的波动和检测系统的不稳定性易引起测量误差。因此，必须配备一个很好的稳压电源以利仪器的稳定工作。

国产的751型、752型等属于这类仪器。目前，国内普遍应用的72系列可见分光光度计也属于这类光路。

(2) 双光束分光光度计

双光束分光光度计是将单色器分光后的单色光分成两束，一束通过参比池，一束通过样品池，一次测量即可得到样品溶液的吸光度（或透光率），其光路图如图3-16所示。

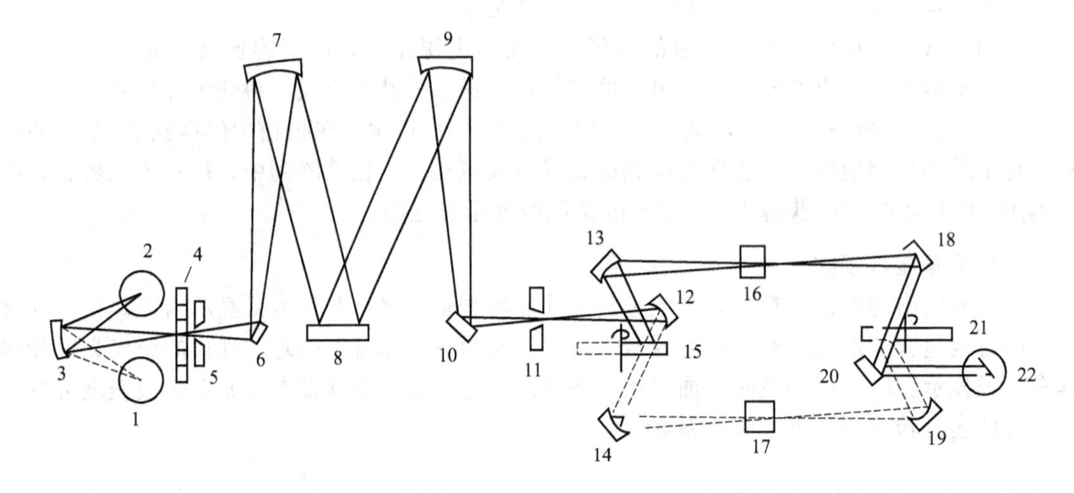

图3-16 双光束分光光度计光路图

1—钨灯；2—氘灯；3，12～14，18，19—凹面镜；4—滤色片；5—入射狭缝；6，10，20—平面镜；7，9—准直镜；8—光栅；11—出射狭缝；15，21—扇面镜；16—参比池；17—样品池；22—光电倍增管

双光束分光光度计通常采用固定狭缝宽度，使光电倍增管接收器的电压随波长扫描而改变，这样既可使参比光束在不同波长处有恒定的光电流信号，同时也有利于差示光度和差示光谱的测定。近年来，大多数高精度双光束分光光度计均采用双单色器设计，即利用两个光栅或一个棱镜加一个光栅，中间串联一个狭缝。因所使用的两个色散元件的色散特性非常接近，所以这种装置能有效地提高分辨率并降低杂散光。采用计算机控制的双光束分光光度计，不仅操作简便，具有数据处理功能，而且仪器的性能指标也有很大改善。

双光束分光光度计的特点是便于进行自动记录，可在较短的时间内（0.5～2min）获得全波段的扫描吸收光谱。由于样品和参比信号进行反复比较，因而消除了光源不稳定、放大器增益变化以及光学、电子学元件对两条光路的影响。国产730型分光光度计即是采用泽尼特（Czerny-Turne）式色散系统和对称式双光束光路的仪器。

(3) 双波长分光光度计

就测量波长而言，单光束和双光束分光光度计都属单波长检测。而双波长分光光度计则是将同一光源发出的光分为两束，分别经过两个单色器，从而可以同时得到两个波长（λ_1和λ_2）的单色光，这两个波长的单色光交替地照射同一溶液，然后经过光电倍增管和电子控制系统检测信号，其简化光路图如图 3-17 所示。

双波长分光光度计的特点是不仅能测定高浓度试样、多组分混合试样，而且能测定一般分光光度计不宜测定的浑浊试样。用双波长法测量时，两个波长的光通过同一吸收池，这样可以消除因吸收池的参数不同、位置不同、污垢及制备参比溶液等带来的误差，使测定的准确度显著提高，而且操作简便。另外，双波长分光光度计是用同一光源得到的两束单色光，故可以减小因光源电压变化产生的影响，得到高灵敏度和低噪声的信号。

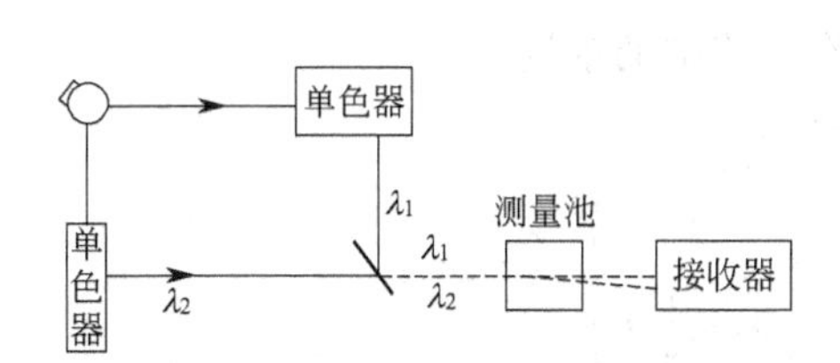

图 3-17　双波长分光光度计简化光路图

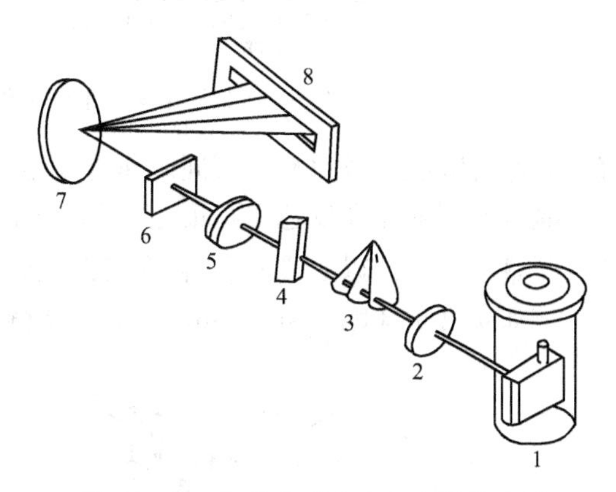

图 3-18　二极管阵列分光光度计光路图
1—光源（钨灯或氘灯）；2，5—消色差聚光镜；
3—光闸；4—吸收池；6—入光狭缝；
7—全息光栅；8—二极管阵列检测器

(4) 二极管阵列检测的分光光度计

二极管阵列检测的分光光度计是一种具有全新光路系统的仪器，其光路原理如图 3-18 所示。由光源发出并经消色差聚光镜聚焦后的复色光通过样品池，聚焦于入光狭缝，其透射光经全息光栅表面色散并投射到二极管阵列检测器上，从而得到样品的紫外-可见光谱信息。

3.5　定性与定量分析方法

3.5.1　定性方法

利用紫外光谱对有机化合物进行定性鉴别的主要依据是吸收光谱的形状，吸收峰的数目，各吸收峰的波长、强度和相应的吸收系数等。通常采用比较的方法进行鉴别，即将测定样品与对照品的紫外光谱进行对照、比较；也可以将测定样品与文献所载的紫外标准图谱进行比较。

(1) 比较吸收光谱

两个化合物如果相同，则其吸收光谱应完全一致。可将试样与对照品用同样的方法配制成相同浓度的溶液，分别测定其吸收光谱，然后比较光谱图是否完全一致，从而加以判断。

例如醋酸可的松、醋酸氢化可的松与醋酸泼尼松的 λ_{max}（240nm）、ε 值（1.57×10^4）与 $E_{1cm}^{1\%}$ 值（390），几乎完全相同，但从它们的吸收曲线（图 3-19）上可以看出某些差别，据此可以得到鉴别。

(2) 比较吸收光谱的特征数据

最常用于鉴别的光谱特征数据是吸收峰所在的波长 λ_{max}。若一个化合物中有几个吸收

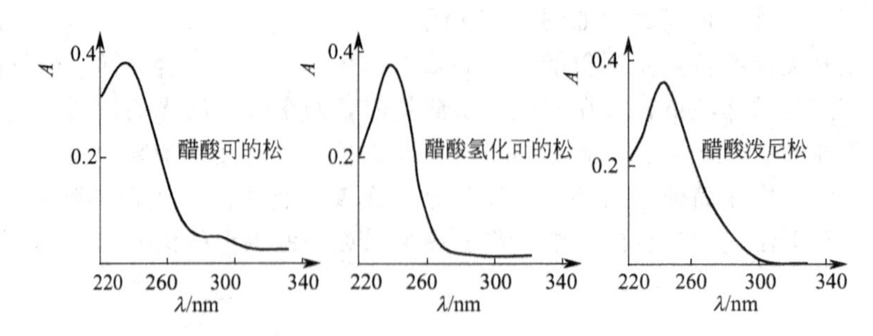

图 3-19 3 种甾体激素的紫外吸收光谱（10g/mL 甲醇溶液）

峰，并存在吸收谷或肩峰，可同时作为鉴定依据。

具有不同或相同发色团与助色团的不同化合物，可能具有相同的 λ_{max} 值。但由于它们的分子量不同，所以 ε 或 $E_{1cm}^{1\%}$ 存在着差别，可以作为鉴别的依据。

例如安宫黄体酮（M=386.5）和炔诺酮（M=298.4）

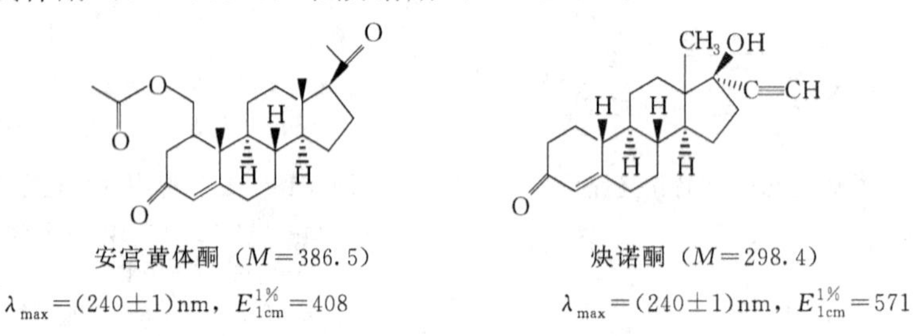

安宫黄体酮（M=386.5）　　炔诺酮（M=298.4）

λ_{max}=(240±1)nm，$E_{1cm}^{1\%}$=408　　λ_{max}=(240±1)nm，$E_{1cm}^{1\%}$=571

(3) 比较吸光度比值

有些化合物不只一个吸收峰，可用在不同吸收峰（或峰与谷）处测得吸光度的比值 A_1/A_2 或 $\varepsilon_1/\varepsilon_2$ 作为鉴别的依据。

例如《中华人民共和国药典》（2015 年版）对维生素 B_{12} 采用下述方法鉴别：将检品按规定方法配成 25μg/mL 的溶液，分别测定 278nm、361nm 和 550nm 处的吸光度 A_1、A_2 和 A_3，A_2/A_1 应为 1.70～1.88；A_2/A_3 应为 3.15～3.45。

3.5.2 单组分定量方法

常用的单组分定量分析方法有标准曲线法、标准对照法、吸收系数法等。

(1) 标准曲线法

标准曲线法又称工作曲线法或校正曲线法。本法在药物分析中应用广泛，简便易行，而且对仪器精度的要求不高。

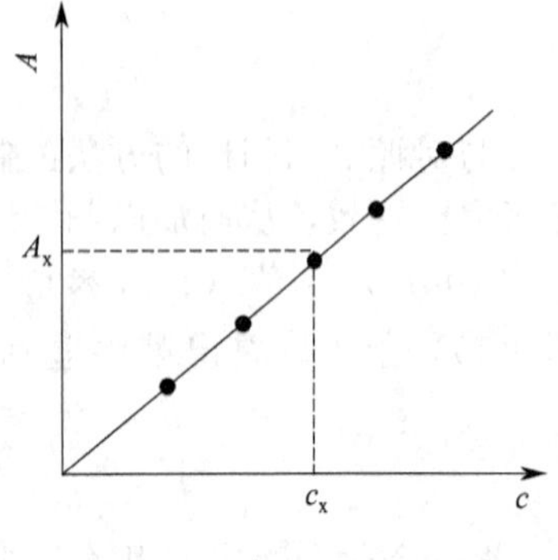

图 3-20 标准曲线

首先配制一系列不同浓度的标准溶液，在相同条件下分别测定吸光度。以浓度为横坐标、相应的吸光度为纵坐标，绘制标准曲线，如图 3-20 所示，计算吸光度与浓度的回归方程。然后在相同的条件下测定供试液的吸光度，从标准曲线或回归方程中求出被测组分的浓度。制备一条标准曲线至少需要 5～7 个点，并不得随意延长；待测液浓度必须包括在标准曲线浓度范围内，否则应进行适当调整；供试品溶液和对照品溶液必须在相同的操作条件下进行测定。理想的标准曲线应该是一条通过原点的直线。实际上，有的标准曲线可能不通过原点。其原因主要包括空白溶液的选择不当、显色反应的灵敏度不够、吸收池的光学性能不一致等几方面，应当采取适当措施加以改善。

（2）标准对照法

在相同条件下配制对照品溶液和供试品溶液，在选定波长处，分别测定其吸光度，根据Beer定律计算供试品溶液中被测组分的浓度。

计算公式为

$$A_{标}=Elc_{标}$$

$$A_{样}=Elc_{样}$$

因对照品溶液和供试品溶液是同种物质，两者在同台仪器及同一波长处且于厚度相同的吸收池中进行测定，故 a 和 b 均相等，所以

$$\frac{A_{标}}{A_{样}}=\frac{c_{标}}{c_{样}} \tag{3-10}$$

$$c_{样}=\frac{A_{样}\ c_{标}}{A_{标}} \tag{3-11}$$

标准对照法应用的前提是制备的标准曲线应通过原点。

（3）吸收系数法

根据Beer定律 $A=Elc$，若 l 和吸收系数 $E_{1cm}^{1\%}$ 已知，且 $E_{1cm}^{1\%}$ 大于100，即可根据供试品溶液测得的 A 值求出被测组分的浓度。

$$c_{样}=\frac{A_{样}}{E_{1cm}^{1\%}l} \tag{3-12}$$

【例1】 维生素 B_{12} 的水溶液在361nm处的 $E_{1cm}^{1\%}$ 值是207，盛于1cm吸收池中，测得溶液的吸光度为0.457，则溶液浓度为：

$$c=0.457/(207\times1)=0.002g/100mL$$

应注意计算结果是100mL中所含质量（g），这是由百分吸收系数的定义所决定的。

通常 $E_{1cm}^{1\%}$ 可以从手册、文献或药典中查到；也可将供试品溶液吸光度换算成样品的百分吸收系数 $(E_{1cm}^{1\%})_{样}$，然后与纯品（对照品）的吸收系数相比较，求算样品中被测组分含量。

【例2】 维生素 B_{12} 样品25.0mg用水溶成1000mL后，盛于1cm吸收池中，在361nm处测得吸光度 A 为0.516，则：

$$(E_{1cm}^{1\%})_{样}=\frac{A}{cl}=\frac{0.516}{0.0025\times1}=206.4$$

$$样品B_{12}含量=\frac{(E_{1cm}^{1\%})_{样}}{(E_{1cm}^{1\%})_{标}}\times100\%=\frac{206.4}{207}\times100\%=99.71\%$$

3.5.3 多组分定量方法

若样品中有两种或两种以上的组分共存时，可根据吸收光谱相互重叠的情况分别采用不同的测定方法。最简单的情况是各组分的吸收峰不重叠，如图3-21(a)所示。我们可按单组分的测定方法分别在 λ_1 处测a组分的浓度，在 λ_2 处测b组分的浓度。

第二种情况是a、b两组分的吸收光谱有部分重叠，如图3-21(b)所示。在a组分的吸收峰 λ_1 处b组分没有吸收，而在b组分的吸收峰 λ_2 处a组分有吸收。可先在 λ_1 处按单组分测定法测出混合物中a组分的浓度 c_a，然后在 λ_2 处测得混合物的吸光度 A_2^{a+b}，最后根据

吸光度的加和性原理计算出 b 组分的浓度 c_b。

$$A_2^{a+b}=A_2^a+A_2^b=E_2^a lc_a+E_2^b lc_b$$

$$c_b=\frac{1}{E_2^b l}(A_2^{a+b}-E_2^a lc_a) \tag{3-13}$$

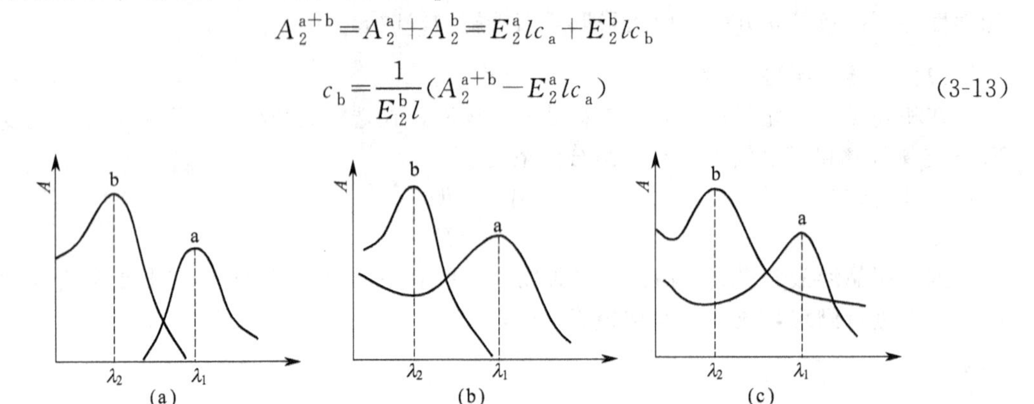

图 3-21 混合组分吸收光谱的三种相关情况示意图

在混合物的测定中最常见的情况是各组分的吸收光谱间相互重叠，如图 3-21(c) 所示。原则上，根据吸光度具有加和性的原理，只要各组分的吸收光谱有一定的差异，都可以设法进行测定。特别是近年来计算分光光度法的推广运用及计算机技术的普及，各种测定新技术不断出现，为药物分析提供了行之有效的测试手段和方法。下面介绍几种已在药物及其制剂含量测定方面得到广泛应用的方法。

① 解线性方程组法　吸收光谱相互重叠的两组分，若事先测出 λ_1 与 λ_2 处两组分各自的吸收系数 E 或 ε，再在两波长处分别测得混合溶液吸光度 A_1^{a+b} 与 A_2^{a+b}，当 b 为 1cm 时，即可通过解线性方程组法计算出两组分的浓度，如图 3-21(c) 所示。

$$\lambda_1 \text{ 处：} A_1^{a+b}=A_1^a+A_1^b=E_1^a c_a+E_1^b c_b \tag{3-14}$$

$$\lambda_2 \text{ 处：} A_2^{a+b}=A_2^a+A_2^b=E_2^a c_a+E_2^b c_b \tag{3-15}$$

解得

$$c_a=\frac{A_1^{a+b}E_2^b-A_2^{a+b}E_1^b}{E_1^a E_2^b-E_2^a E_1^b} \tag{3-16}$$

$$c_b=\frac{A_2^{a+b}E_1^a-A_1^{a+b}E_2^a}{E_1^a E_2^b-E_2^a E_1^b} \tag{3-17}$$

采用这种方法进行定量分析时，要求两个组分浓度宜相近，否则误差较大。

② 双波长分光光度法　吸收光谱重叠的 a、b 两组分混合物中，若要消除 b 组分的干扰以测定 a 组分，可从干扰 b 组分的吸收光谱上选择两个吸光度相等的波长 λ_1 和 λ_2，然后测定混合物的吸光度差值，最后根据 ΔA 值来计算 a 组分的含量。

$$\text{因为 } A_2=A_2^a+A_2^b \qquad A_1=A_1^a+A_1^b \qquad A_2^b=A_1^b$$

$$\text{所以 } \Delta A=A_2-A_1=A_2^a-A_1^a=(E_2^a-E_1^a)c_a l \tag{3-18}$$

等吸收点法的关键之处是两个测定波长的选择，其原则是必须符合以下两个基本条件：①干扰组分 b 在这两个波长处应具有相同的吸光度，即 $\Delta A^b=A_1^b-A_2^b=0$；②被测组分在这两个波长处的吸光度差值 ΔA^a 应足够大。下面用作图法说明两个波长的选定方法。如图 3-22 所示，a 为待测组分，可以选择组分 a 的最大吸收波长作为测定波长 λ_2，在这一波长位置作 x 坐标轴的垂线，此直线与干扰组分 b 的吸收光谱相交于某一点，再从这一点作一条平行于 x 坐标轴的直线，此直线可与干扰组分 b 的吸收光谱相交于一点或数点，则选择与这些交点相对应的波长作为参比波长 λ_1。当 λ_1 有若干波长可供选择时，应当选择使待

测组分的 ΔA 尽可能大的波长。若待测组分的最大吸收波长不适合作为测定波长 λ_2，也可以选择吸收光谱上其他波长，关键是要能满足上述两个基本条件。

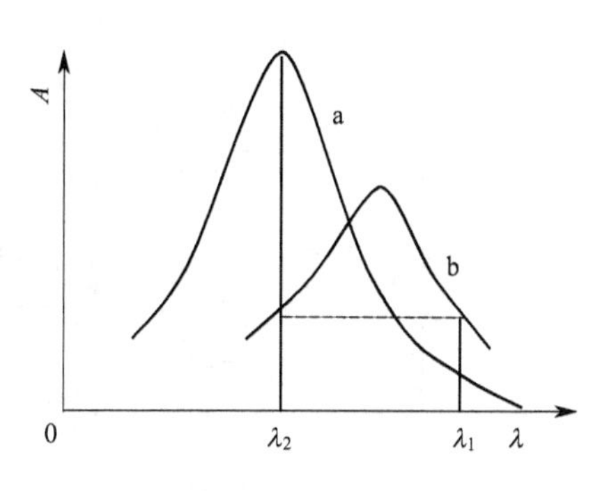

图 3-22 作图法选择等吸收点法中 λ_1 和 λ_2

根据式(3-18) 被测组分 a 在两波长处的 ΔA 值愈大愈有利于测定。同样方法可消去 a 组分的干扰，测定 b 组分的含量。

多组分定量方法还有：三波长分光光度法、差示分光光度法、导数分光光度法、薄层扫描紫外光谱法、光声光谱法、热透镜光谱分析法、催化动力学分光光度法、速差动力学分光光度法、流动注射分光光度法以及化学计量学辅助的紫外分光光度法等，这些方法大都可用于药物分析的含量测定之中。计算机技术、化学信息学的发展，大大加快了分光光度法的发展，使得分光光度法成为一种快速、准确、可靠的多组分混合物分析方法。

3.6 紫外-可见吸收光谱与分子结构的关系

3.6.1 有机化合物的紫外-可见吸收光谱

(1) 饱和烃类

饱和烃类分子中只含有 σ 键，因此只能产生 $\sigma \to \sigma^*$ 跃迁，吸收光谱出现在远紫外区，吸收波长 λ 为 10～200nm，如甲烷的 λ_{max} 为 125nm，乙烷的 λ_{max} 为 135nm。当饱和烷烃分子中的氢被氧、氮、卤素、硫等杂原子取代时，因有 n 电子存在，而产生 $n \to \sigma^*$ 跃迁，所需能量减小。吸收波长向长波方向移动，即红移。

例如，CH_3Cl、CH_3Br 和 CH_3I 的 $n \to \sigma^*$ 跃迁分别出现在 173nm、204nm 和 258nm 处。又如，CH_4 跃迁范围 125～135nm（$\sigma \to \sigma^*$），CH_3I 跃迁范围 150～210nm（$\sigma \to \sigma^*$）和 259nm（$n \to \sigma^*$）；CH_2I_2 吸收峰 292nm（$n \to \sigma^*$）；CHI_3 吸收峰 349nm（$n \to \sigma^*$）。这些数据不仅说明氯、溴和碘原子引入甲烷后，其相应的吸收波长发生了红移，显示了助色团的助色作用，而且说明，杂原子半径增加，$n \to \sigma^*$ 跃迁向长波方向移动。

烷烃和卤代烃是测定紫外和（或）可见吸收光谱（200～1000nm）的良好溶剂。

(2) 不饱和化合物

① 不饱和脂肪烃　不饱和烃类分子可以产生 $\sigma \to \sigma^*$ 和 $\pi \to \pi^*$ 两种跃迁。$\pi \to \pi^*$ 跃迁的能量小于 $\sigma \to \sigma^*$ 跃迁。例如，在乙烯分子中，$\pi \to \pi^*$ 跃迁最大吸收波长为 180nm。这种含有不饱和键的基团称为生色团。

单烯烃、多烯烃和炔烃等，都含有 π 电子，吸收能量后产生 $\pi \to \pi^*$ 跃迁。两个双键仅被一个单键所隔开的烯烃称为共轭烯烃，双键共轭使最高成键轨道与最低反键轨道之间的能量差减小，波长增加。如图 3-23 所示。

共轭多烯（不多于四个双键）$\pi \to \pi^*$ 跃迁吸收带的最大吸收波长，可以用经验公式伍德沃德-菲泽（Wood Ward-Fieser）规则来估算。

$$\lambda_{max} = \lambda_{基} + \sum n_i \lambda_i$$

式中，$\lambda_{基}$ 是由非环和六元环共轭二烯母体结构决定的基准值，λ_i 和 n_i 是由双键上取代

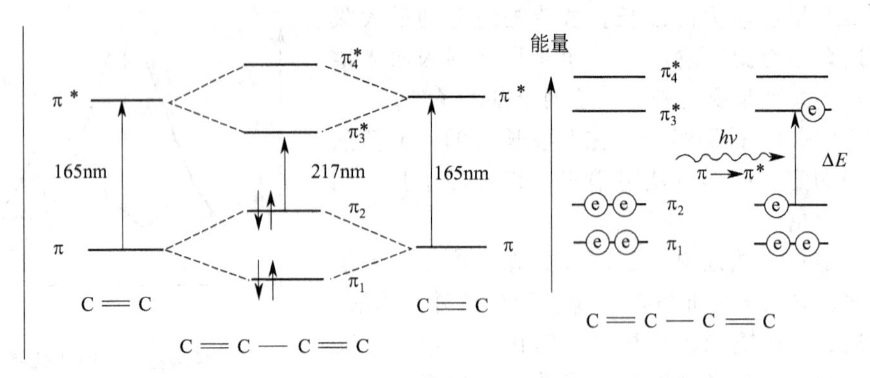

图 3-23　丁二烯分子轨道及 π→π* 跃迁示意图

基的种类和个数决定的校正项。$\lambda_{基}$ 和 λ_i 值见表 3-4。

表 3-4　计算共轭多烯 λ_{max} 的伍德沃德-菲泽规则

母体	结构	$\lambda_{基}$/nm
①无环或非稠环(同一环中只有一个双键)二烯母体		217
②异环二烯(稠环)母体		214
③同环二烯(非稠环或稠环)母体		253

校正项	校正值/nm
①增加共轭双键	+30
②环外双键	+5
③烯基上取代基	
a. 烷基(—R)或将环切开剩下烷基	+5
b. 酰基[—OC(O)R]	0
c. 烷氧基(—OR)	+6
d. 卤素(—Cl、—Br)	+5
e. 硫烷基(—SR)	+30
f. 氮二烷基(—NR_2)	+60

用伍德沃德-菲泽规则计算共轭多烯 π→π* 跃迁时的 λ_{max} 应注意：分子中与共轭体系无关的孤立双键不参与计算；不在双键上的取代基不进行校正；环外双键是指在某一环的环外并与该环直接相连的双键（共轭体系中）。

例 1	$\lambda_{基}$	无环二烯母体	217nm
	校正项	3 个烷基(—R)取代 3×5	+15nm
		λ_{max}(计算值)	232nm
		λ_{max}(实测值)	234nm

例 2	$\lambda_{基}$	异环二烯(稠环)母体	214nm
	校正项	①3 个烷基(—R)或将环切开剩下烷基　3×5	+15nm
		②1 个环外双键　1×5	+5nm
		λ_{max}(计算值)	234nm
		λ_{max}(实测值)	235nm

某些共轭烯烃吸收光谱谱带特征见表 3-5。

表 3-5 某些共轭烯烃吸收光谱谱带特征

化合物	K 带（$\pi\rightarrow\pi^*$）		溶剂
	λ_{max}/nm	ε_{max}/[L/(mol·cm)]	
1,3-丁二烯	217	21000	正己烷
2,3-二甲基-1,3-丁二烯	226	21400	环己烷
1,3,5-己三烯	268	43000	异辛烷
1,3,5,7-辛四烯	304	52000	环己烷
1,3-环己二烯	256	8000	正己烷
1,3-环戊二烯	239	3400	正己烷

通过 λ_{max} 的估算，可以帮助确定结构。

② 芳香烃 芳香烃中苯有三个吸收带（图 3-24），它们都是由 $\pi\rightarrow\pi^*$ 跃迁引起的。E_1 带出现在 185nm [ε_{max}=47000L/(mol·cm)]，E_2 带出现在 204nm [ε_{max}=7900L/(mol·cm)]，强吸收带。它们是由苯环结构中，三个乙烯的环状共轭系统的跃迁所引起的，是芳香族化合物的特征吸收。B 带出现在 255nm [ε_{max}=200L/(mol·cm)]，这是由 $\pi\rightarrow\pi^*$ 跃迁的振动重叠引起的。在气态或非极性溶剂中，苯及其许多同系物的 B 谱带有许多的精细结构，这是由于振动跃迁在基态电子跃迁上的叠加而引起的。在极性溶剂中，这些精细结构消失。当苯环上有取代基时，苯的三个特征谱带都会发生显著的变化，其中影响较大的是 E_2 带和 B 谱带。当苯环与生色团连接时，有 B 和 K 两种吸收带，有时还有 R 吸收带，其中 R 吸收带的波长最长。

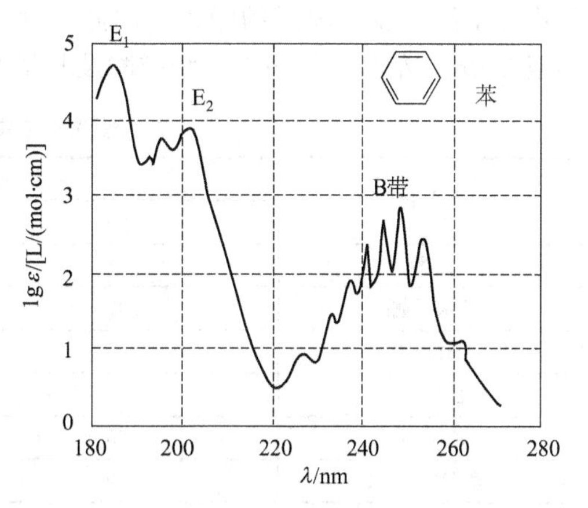

图 3-24 苯的紫外-可见吸收光谱（乙醇中）

稠环芳烃，如萘、蒽、芘等，均显示苯的三个吸收带，但是与苯本身相比较，这三个吸收带均发生红移，且强度增加。随着苯环数目的增多，吸收波长红移增多，吸收强度也相应增加。当芳环上的—CH 基团被氮原子取代后，则相应的氮杂环化合物（如吡啶、喹啉）的吸收光谱，与相应的碳化合物极为相似，即吡啶与苯相似，喹啉与萘相似。此外，由于引入含有 n 电子的 N 原子，这类杂环化合物还可能产生 $n\rightarrow\pi^*$ 吸收带。

③ 羰基化合物 羰基化合物含有 >C=O 基团。>C=O 基团主要可产生 $\pi\rightarrow\pi^*$、$n\rightarrow\sigma^*$、$n\rightarrow\pi^*$ 三个吸收带，$n\rightarrow\pi^*$ 吸收带又称 R 带，落于近紫外或紫外光区。醛、酮、羧酸及羧酸的衍生物，如酯、酰胺等，都含有羰基。由于醛酮这类物质与羧酸及羧酸的衍生物在结构上的差异，因此它们 $n\rightarrow\pi^*$ 吸收带的光区稍有不同。一些饱和醛及酮的吸收谱带特征见表 3-6。

表 3-6 一些饱和醛及酮的吸收谱带特征

化合物	R 带（$n\rightarrow\pi^*$）		溶剂
	λ_{max}/nm	ε_{max}/[L/(mol·cm)]	
丙酮	279	13	异辛烷
乙醛	290	12.5	气态
甲基乙基酮	279	16	异辛烷
2-戊酮	278	15	正己烷

续表

化合物	R带(n→π*)		溶剂
	λ_{max}/nm	ε_{max}/[L/(mol·cm)]	
环戊酮	299	20	正己烷
环己酮	285	14	正己烷
丙醛	292	21	异辛烷
异丁醛	290	16	正己烷

羧酸及羧酸的衍生物虽然也有 n→π* 吸收带，但是羧酸及羧酸的衍生物的羰基上的碳原子直接连接含有未共用电子对的助色团，如—OH、—Cl、—OR 等，由于这些助色团上的 n 电子与羰基双键的 π 电子产生 n→π 共轭，导致 π* 轨道的能级有所提高，但这种共轭作用并不能改变 n 轨道的能级，因此实现 n→π* 跃迁所需的能量变大，使 n→π* 吸收带蓝移至 210nm 左右。一些饱和脂肪酸及其衍生物吸收谱带特征见表 3-7。

表 3-7　饱和脂肪酸及其衍生物吸收谱带特征

化合物	R带(n→π*)		溶剂
	λ_{max}/nm	ε_{max}/[L/(mol·cm)]	
乙酸	204	41	乙醇
乙酸乙酯	207	69	石油醚
乙酰胺	205	160	甲醇
乙酰氯	235	53	正己烷
乙酸酐	225	47	异辛烷
巯酸(RCOSH)	219	1000	—

3.6.2　影响紫外-可见吸收光谱的主要因素

影响紫外-可见光谱的因素较多，其中主要的因素是溶剂，称为溶剂效应。

(1) 极性溶剂可能会影响溶质的最大吸收波长

改变溶剂的极性，可能会使吸收带的最大吸收波长发生变化。原因是溶剂和溶质之间常形成氢键，或溶剂的偶极使溶质的极性增强，引起 n→π* 跃迁及 π→π* 跃迁的吸收带迁移。

【例 3】 异亚丙基丙酮紫外吸收光谱

表 3-8 为溶剂对异亚丙基丙酮紫外吸收光谱的影响。

表 3-8　异亚丙基丙酮的溶剂效应　　单位：nm

项目	λ_{max}(正己烷)	λ_{max}(氯仿)	λ_{max}(甲醇)	λ_{max}(水)
π→π*	230	238	237	243
n→π*	329	315	309	305
$\Delta\lambda_{max}$	99	77	72	62

由表 3-8 可以看出，当溶剂的极性增大时，由 n→π* 跃迁产生的吸收带发生蓝移，而由 π→π* 跃迁产生的吸收带发生红移。因此，在测定紫外、可见吸收光谱时，应注明在何种溶剂中测定。

(2) 极性溶剂可能会影响溶质吸收带的强度及形状

溶剂的极性不仅会影响溶质的吸收波长，而且会影响溶质吸收带的强度及形状。改变溶剂的极性，会引起吸收带形状的变化。当溶剂的极性由非极性改变到极性时，精细结构消失，吸收带变向平滑，图 3-25 是苯酚在庚烷和乙醇中的紫外图谱。苯酚的 B 带的精细结构在庚烷中清晰可见，但在乙醇中时则完全消失，而呈现一个宽峰。

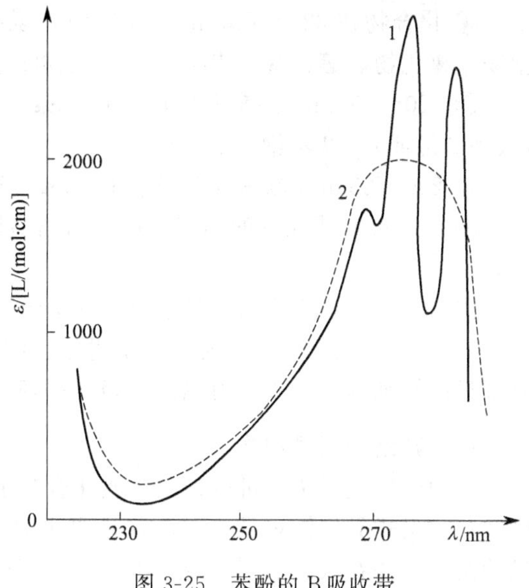

图 3-25　苯酚的 B 吸收带

1—庚烷溶液；2—乙醇溶液

由于溶剂对电子光谱图影响很大，因此，在吸收光谱图上或数据表中必须注明所用的溶剂。与已知化合物紫外光谱做对照时也应注明所用的溶剂是否相同。在进行紫外光谱法分析时，必须正确选择溶剂。选择溶剂时注意下列几点：①溶剂应能很好地溶解被测试样，溶剂对溶质应该是惰性的，即所成溶液应具有良好的化学和光化学稳定性；②在溶解度允许的范围内，尽量选择极性较小的溶剂；③溶剂在样品的吸收光谱区应无明显吸收。

各种溶剂的使用最低波长极限见表 3-9。

表 3-9　紫外-可见吸收光谱常用溶剂及极限波长

溶剂	极限波长/nm	溶剂	极限波长/nm
乙腈	190	二氯甲烷	235
水	191	1,2-二氯乙烷	235
己烷	195	氯仿	237
十二烷	200	乙酸乙酯	255
十氢萘	200	四氯化碳	257
甲醇	205	甲酸甲酯	260
环己烷	210	*N*,*N*-二甲基甲酰胺	270
庚烷	210	苯	280
异辛烷	210	四氯乙烯	290
甲基环己烷	210	二甲苯	295
乙醇	210	吡啶	305
正丁醇	210	丙酮	330
异丙醇	215	二硫化碳	380
乙醚	215	硝基苯	380
1,4-二氧六环	220		

3.6.3　结构分析

有机化合物的紫外吸收光谱主要取决于分子中的发色团、助色团及它们的共轭情况，并不能表现整个分子的特性。所以单独应用紫外光谱不能完全确定化合物的分子结构，而是必须与红外光谱、核磁共振谱和质谱等配合才能发挥较大的作用。紫外吸收光谱在化合物结构分析的研究中可以用来推测分子骨架，判断发色团之间的共轭关系，估计共轭体系中取代基的种类、位置及数目等。此外，还可广泛地应用于有机物的各种异构体的判断，如顺反异构体、互变异构体等。

(1) 利用吸收光谱初步推断官能团

紫外光谱提供的结构信息如下：

① 化合物在220～700nm内无吸收，说明该化合物是脂肪烃、脂环烃或它们的简单衍生物（氯化物、醇、醚、羧酸类等），也可能是非共轭烯烃。

② 220～250nm范围有强吸收带（lgε＝4，K带）说明分子结构中存在一个共轭体系（共轭二烯或α、β-不饱和醛、酮）。

③ 200～250nm范围有强吸收带（lgε＝3～4），结合250～290nm范围的中等强度吸收带（lgε＝2～3）或显示的不同程度的精细结构，说明分子结构中有苯基存在。前者为E带，后者为B带。

④ 250～350nm范围有弱吸收带（R带），说明分子结构中含有醛、酮羰基或共轭羰基。

⑤ 300nm以上的强吸收带，说明化合物具有两个以上较大的共轭体系。若吸收强且具有明显的精细结构，说明为稠环芳烃、稠环杂芳烃或其衍生物。

（2）判断顺反异构体

应用紫外光谱法，可以判断一些化合物的构型和构象。一般来说，顺式异构体的最大吸收波长比反式异构体短且ε小，这是由于立体障碍的缘故。如前文所分析的顺-1,2-二苯乙烯的两个苯环在双键的同一侧，由于立体障碍影响了两个苯环与乙烯的C═C共平面，因此不易发生共轭，吸收波长短、强度小；而反式异构体的两个苯环不存在上述立体障碍，较易与乙烯双键共平面，形成大共轭体系，因此吸收波长长且强度大。所以，仅根据紫外吸收光谱就能判断该化合物的顺反异构体。表3-10中的几个例子可说明这个问题。

表3-10 部分有机物顺反异构体的吸收特征

化合物	顺式异构体		反式异构体	
	λ_{max}/nm	ε/[L/(mol·cm)]	λ_{max}/nm	ε/[L/(mol·cm)]
1,2-二苯乙烯	280	10500	295.5	29000
1-苯基丁二烯	265	14000	280	28300
肉桂酸	280	13500	295	27000
β-胡萝卜素	449	92500	452	152000
丁烯二酸	198	26000	214	34000
PhHC═CHCOOH	264	9500	273	20000

（3）判断互变异构体

某些有机物在溶液中可能有两个或两个以上容易互变的异构体处于动态平衡之中。这种异构体在互变过程中常伴随双键的转移。最常见的互变异构现象是某些含氧化合物的酮式与烯醇式的互变异构，这类具有酮式和烯醇式互变异构体的化合物在不同溶剂中的紫外吸收光谱特征相差很大。例如，乙酰乙酸乙酯是比较典型的具有酮式和烯醇式互变异构的化合物：

$$\underset{\text{酮式}}{CH_3-\underset{\underset{O}{\|}}{C}-CH_2-\underset{\underset{O}{\|}}{C}-OC_2H_5} \rightleftharpoons \underset{\text{烯醇式}}{CH_3-\underset{\underset{OH}{|}}{C}=CH-\underset{\underset{O}{\|}}{C}-OC_2H_5}$$

由结构式可知，酮式没有共轭双键，所以它在204nm处仅有弱吸收；而烯醇式由于有共轭双键，因此在245nm处有强的K吸收带。因此应用紫外光谱法，可以判断某些化合物的互变异构现象。

【本章小结】

分子的紫外-可见光谱法是利用物质的分子对紫外-可见光谱区（一般认为是200～800nm）的辐射吸收来进行的一种仪器分析方法。分子在紫外-可见区的吸收与其电子结构密切相关，这种分子吸收光谱产生于价电子和分子轨道上的电子在电子能级间跃迁，故属于电子光谱。根据夫兰克-康登（Franck-Condon）原理，在紫外光谱中电子能级发生跃迁的同时必定伴随着振动-转动能级的变化，所以分子光谱是线状光谱。紫外吸收曲线一般都是宽峰，这是由于电子跃迁与振动 -转动能级的变化叠加所致。

Lambert-Beer 定理是光谱定量分析的基础。定律成立的前提是：①入射光为单色光；②吸收发生在均匀的介质中；③在吸收过程中，吸收物质互相不发生作用。吸光度与浓度呈线性关系，但在实际工作中常发现 Lambert-Beer 定律偏离线性的现象，这是由于溶液的化学因素和仪器因素引起的。

紫外-可见分光光度计有单光束和双光束两类。单光束分光光度计结构简单，操作方便，适用于常规分析。双光束分光光度计一般都能自动记录吸收光谱曲线，由于两光束同时分别通过参比池和样品池，还能自动消除光源强度变化所引起的误差。紫外-可见分光光度计基本构造是由光源、单色器、吸收池、检测器及信号显示器五部分组成。

化合物的紫外-可见吸收光谱通常在气相或者溶液中测定。溶剂会使吸收峰的位置和强度发生改变。通常溶剂的极性对烯烃和炔烃类碳氢化合物的峰的位置和强度影响较小，但会使酮类化合物峰值发生位移。

紫外-可见光谱法的研究对象大多数是具有共轭双键结构的分子，广泛用于有机物和无机物质的定性和定量分析。有机化合物吸收可见光或紫外光，σ、π 和 n 电子就跃迁到高能态，可能产生的跃迁有 $\sigma \rightarrow \sigma^*$、$n \rightarrow \sigma^*$、$\pi \rightarrow \pi^*$、$n \rightarrow \pi^*$。各种跃迁所需的能量或吸收波长与有机化合物的基团、结构有密切关系，根据此原理进行有机化合物的定性和结构分析。

由于有机化合物的紫外-可见吸收光谱比较简单，特征性不强，吸收强度不高，因此应用有一定局限性。但它能够帮助推断未知化合物的结构骨架，配合红外光谱法、核磁共振波谱法和质谱法等进行定性和结构分析，它是一种有用的辅助手段。

【习题】

1. 试简述产生吸收光谱的原因，紫外吸收光谱有哪些基本特征？为什么紫外吸收光谱是带状光谱？

2. 紫外吸收光谱能提供哪些分子结构信息？紫外光谱在结构分析中有什么用途？又有何局限性？

3. 分子的价电子跃迁有哪些类型？哪几种类型的跃迁能在紫外吸收光谱中反映出来？

4. 影响紫外光谱吸收带的主要因素有哪些？

5. 有机化合物的紫外吸收带有几种类型？它们与分子结构有什么关系？

6. 溶剂对紫外吸收光谱有什么影响？选择溶剂时应考虑哪些因素？

7. 什么是发色基团？什么是助色基团？它们具有什么样的结构或特征？

8. 为什么助色基团取代基能使烯双键的 $n \rightarrow \pi^*$ 跃迁波长红移？而使羰基 $n \rightarrow \pi^*$ 跃迁波长蓝移？

9. 为什么共轭双键分子中双键数目愈多其 $\pi \rightarrow \pi^*$ 跃迁吸收带波长愈长？

10. 芳环化合物都有 B 吸收带，但当化合物处于气态或在极性溶剂、非极性溶剂中时，B 吸收带的形状有明显的差别，解释其原因。

11. pH 对某些化合物的吸收带有一定的影响，例如苯胺在酸性介质中它的 K 吸收带和 B 吸收带发生蓝移，而苯酚在碱性介质中其 K 吸收带和 B 吸收带发生红移，为什么？羟酸在碱性介质中它的吸收带和形状会发生什么变化？

12. 某些有机化合物，如稠环化合物大多数呈棕色或棕黄色，许多天然有机化合物也具有颜色，为什么？

13. 紫外光谱定量分析方法主要有哪几种？各有什么特点？

14. 在有机化合物的鉴定及结构推测上，紫外吸收光谱所提供的信息具有什么特点？

15. 举例说明紫外吸收光谱在分析上有哪些应用。

16. 异丙基丙酮有两种异构体：$CH_3—C(CH_3)═CH—CO—CH_3$ 及 $CH_2═C(CH_3)—CH_2—CO—CH_3$。它们的紫外吸收光谱为：①最大吸收波长在 235nm 处，$\varepsilon_{max}=12000L/(mol\cdot cm)$；②220nm 以后没有强吸收。如何根据这两个光谱来判断上述异构体？

第4章

红外分光光度法

【本章教学要求】

- 掌握产生红外吸收光谱的条件、典型有机化合物的红外吸收光谱特征、红外吸收光谱的解析方法。
- 熟悉影响吸收峰的位置、峰数、峰强的主要因素，基团频率和特征吸收峰。
- 了解红外光谱仪的构造与红外光谱制样技术。

【导入案例】

红外吸收光谱具有高度的特征性，不但可以用来研究分子的结构和化学键，表征和鉴别各种化学物种，还可以进行定量分析。例如，油是国家环境决策实行污染物达标排放总量控制项目之一。城市污水（图4-1）中的油主要来自工业废水和生活污水。在水质监测中油类是一项重要的监测项目，但水中油类污染的测定比较复杂。因为其成分复杂，无法用单一标准进行对照，此外，不同地区、不同行业水中油类污染的种类也不相同，不能以同种油标为标准进行分析测定。目前，水中油类常用的分析方法都存在不足之处。油类中亚甲基（$—CH_2—$）中C—H键的伸缩振动、甲基（$—CH_3$）基团中C—H键的伸缩振动和芳香环中C—H键的伸缩振动分别在波数为2930cm^{-1}、2960cm^{-1}和3030cm^{-1}处产生特征吸收，可以根据吸收峰高或峰面积定量。红外分光光度法测定水中石油类，测量范围广，灵敏度高，测定结果准确，操作简单。

图4-1　城市污水

红外分光光度法（IR）又称为红外吸收光谱法（infrared spectroscopy）。它是依据物质对红外辐射的特征吸收而建立的一种分析方法。与紫外-可见吸收光谱一样，红外光谱也属于分子吸收光谱，但两者产生的机理不同。前者是电子光谱，后者是振动-转动光谱。习惯上按红外线的波长（0.76～1000μm）将红外光谱区分成近红外、中红外和远红外三个区域。这三个区域所包含的波长（波数）范围以及能级跃迁类型如表4-1所示。

表 4-1 红外光区分类

名称	波长/μm	波数/cm^{-1}	能级跃迁类型
近红外	0.76～2.5	12820～4000	O—H 键、N—H 键及 C—H 键的倍频吸收
中红外	2.5～25	4000～400	分子中基团的振动及分子转动
远红外	25～1000	400～10	分子转动，晶格振动

通常，红外光谱是指中红外吸收光谱，即振动-转动光谱，简称振-转光谱。

红外分光光度法的特点是：分析速度快、灵敏度高、测试所用样品少、样品状态不受限制，气体、液体和固体都可以测定而且不破坏样品。该方法多用于定性分析，红外光谱是对化合物结构进行分析的最常用的方法之一。

一般多用透光率-波数（T-σ）曲线或透光率-波长（T-λ）曲线来描述红外吸收光谱。红外吸收光谱有棱镜光谱和光栅光谱。前者以波长为等间距，后者以波数为等间距。棱镜式红外光谱仪属于第一代产品，其具有分辨率低等缺点。光栅式红外光谱仪属于第二代产品，具有分辨率高等优点。傅里叶变换红外光谱仪属于第三代产品，它是一种新型非色散型红外光谱仪，具有分辨率高以及扫描速度快等优点。

波数是波长的倒数，常用 σ 表示，单位是 cm^{-1}，它表示每厘米长光波中波的数目。若波长以 μm 为单位，则波数与波长的关系是

$$\sigma(cm^{-1})=10^4/\lambda(\mu m)$$

图 4-2 是苯甲酰胺的红外光谱图。

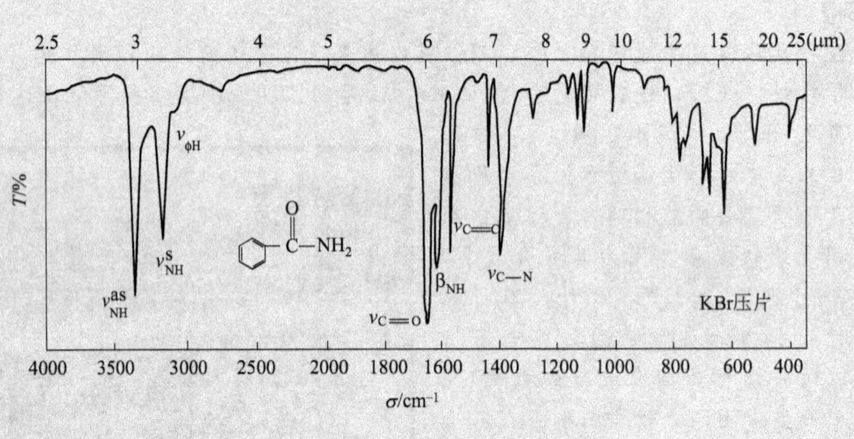

图 4-2 苯甲酰胺的红外光谱图

4.1 基本原理

红外吸收光谱的特征主要体现在吸收峰的位置、峰数及峰强。本节主要讨论红外吸收峰产生的原因、峰位、峰数、峰强及其影响因素。

4.1.1 振动-转动光谱

分子的振动能级大于转动能级，在分子发生振动能级跃迁时，不可避免地有转动能级跃迁，因而无法测得纯振动光谱，首先讨论简单的双原子分子的振动光谱。

(1) 谐振子与位能曲线

如果把双原子分子中A与B两个原子视为用一个弹簧连接的两个刚性小球体系，那么两个原子间的伸缩振动，可近似地看成沿键轴方向的简谐振动，双原子分子可视为谐振子（具有简谐振动性质的振子），见图4-3。

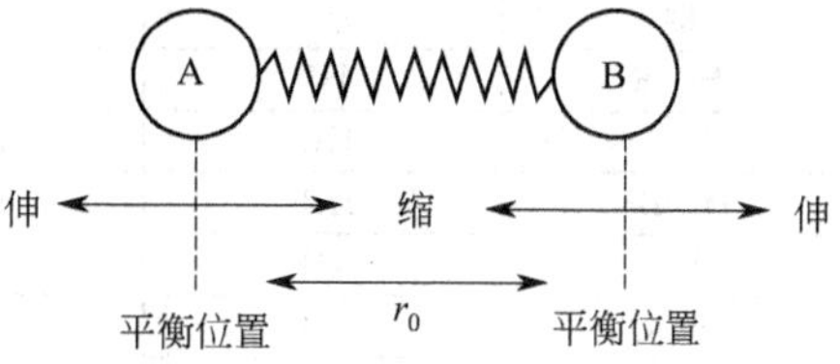

分子中原子在平衡位置附近以非常小的振幅做周期性的振动，即所谓简谐振动。

谐振子位能U与r_0（平衡时两原子之间的距离）、r（振动时某瞬间两原子之间的距离）之间的关系为

图4-3　谐振子振动示意图

$$U=\frac{1}{2}k(r-r_0)^2 \tag{4-1}$$

式中，k为化学键力常数，N/cm。当$r=r_0$时，$U=0$；当$r>r_0$或$r<r_0$时，$U>0$。谐振子模型的位能曲线如图4-4中a-a′所示。

量子力学证明，振动总能量随振动量子数V的变化而变化，见式(4-2)。

$$E_V=\left(V+\frac{1}{2}\right)h\nu \tag{4-2}$$

式中，ν是分子振动频率；V是振动量子数，$V=0,1,2,3\cdots$。

当$V=0$时分子振动能级处于基态，$E_V=\frac{1}{2}h\nu$，为振动体系的零点能；当$V\neq0$时，分子的振动能级处于激发态。双原子分子（非谐振子）的振动位能曲线如图4-4中b-b′所示。

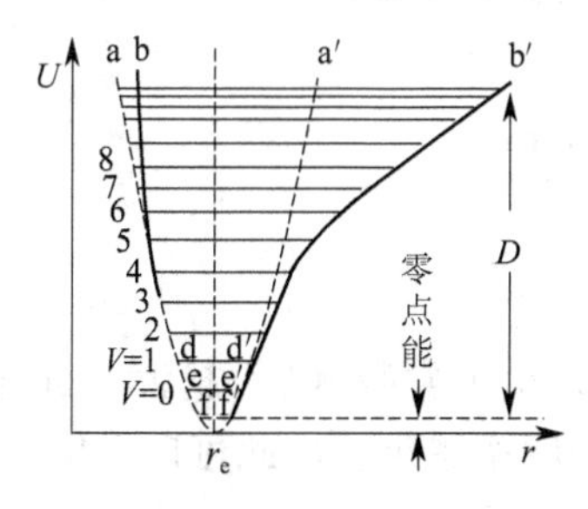

图4-4　双原子分子位能曲线
a-a′—谐振子；b-b′—真实分子；
r—原子间距离；D—解离能

分子吸收适当频率的红外辐射（$h\nu_L$）后，可以由基态跃迁至激发态，其所吸收的辐射能量等于分子振动能量之差，即

$$h\nu_L=\Delta E_V=\Delta V h\nu \tag{4-3}$$

当分子吸收某一频率的红外辐射后，由基态（$V=0$）跃迁到第一激发态（$V=1$）时所产生的吸收峰称为基频峰。它是红外光谱的主要吸收峰。

(2) 振动能与振动频率

分子中每个谐振子的振动频率（ν）可由胡克（Hooke）定律导出

$$\nu=\frac{1}{2\pi}\sqrt{\frac{k}{\mu}} \tag{4-4}$$

式中，ν为化学键的振动频率；k为化学键的力常数；μ为双原子的折合质量，即$\mu=\frac{m_A m_B}{m_A+m_B}$，$m_A$、$m_B$分别为化学键两端的原子A、B的质量。

因为
$$\sigma=\frac{1}{\lambda}=\frac{\nu}{c}$$

所以
$$\sigma=\frac{1}{2\pi c}\sqrt{\frac{k}{\mu}} \tag{4-5}$$

从式(4-5)可以知道，双原子基团的基本振动频率的大小取决于键两端原子的折合原子量和键力常数，即取决于分子的结构特征。折合相对质量相同时，键力常数越大，振动频率

越大；键力常数相同时，折合相对质量越大，振动频率越小。一些键的伸缩力常数见表 4-2。

表 4-2　一些键的伸缩力常数　　单位：N/cm

键	分子	k	键	分子	k
H—F	HF	9.7	H—C	CH_2CH_2	5.1
H—Cl	HCl	4.8	C—Cl	CH_3Cl	3.4
H—Br	HBr	4.1	C—C		4.5～5.6
H—I	HI	3.2	C═C		9.5～9.9
H—O	H_2O	7.8	C≡C		15～17
H—S	H_2S	4.3	C—O		5.0～5.8
H—N	NH_3	6.5	C═O		12～13
C—H	CH_3X	4.7～5.0	C≡N		16～18

【例 1】 由表 4-2 查知 C═C 键的 k＝9.5～9.9，令其为 9.6，计算波数值。

解：
$$\sigma=1307\sqrt{\frac{k}{\mu'}}=1307\times\sqrt{\frac{9.6}{12\times12/(12+12)}}=1650\text{cm}^{-1}$$

正己烯中 C═C 键伸缩振动频率实测值为 1652cm^{-1}。

例如，碳-碳键的伸缩振动引起的基频峰波数分别为：

碳-碳键折合质量
$$\mu'=\frac{m_A m_B}{m_A+m_B}=\frac{12\times12}{12+12}=6$$

C—C　$k=5\text{N/cm}$　$$\sigma=1307\sqrt{\frac{k}{\mu'}}=1307\times\sqrt{\frac{5}{6}}=1190\text{cm}^{-1}$$

C═C　$k=10\text{N/cm}$　$$\sigma=1307\sqrt{\frac{k}{\mu'}}=1307\times\sqrt{\frac{10}{6}}=1690\text{cm}^{-1}$$

C≡C　$k=15\text{N/cm}$　$$\sigma=1307\sqrt{\frac{k}{\mu'}}=1307\times\sqrt{\frac{15}{6}}=2060\text{cm}^{-1}$$

上式表明化学键的振动频率与键的强度和折合质量的关系。键力常数（k）越大，折合质量（μ'）越小，振动频率越大。反之，k 越小，μ'越大，振动频率越小。由此可以得出：

① 由于 $k_{C\equiv C}>k_{C=C}>k_{C-C}$，故红外振动波数：$\sigma_{C\equiv C}>\sigma_{C=C}>\sigma_{C-C}$。

② 与 C 原子成键的其他原子随着原子质量的增加，μ'增加，相应的红外振动波数减小：
$$\sigma_{C-H}>\sigma_{C-C}>\sigma_{C-O}>\sigma_{C-Cl}>\sigma_{C-Br}>\sigma_{C-I}$$

③ 弯曲振动比伸缩振动容易，说明弯曲振动的力常数小于伸缩振动的力常数，故弯曲振动在红外光谱的低波数区，如 δ_{C-H} 为 1340cm^{-1}、$\gamma_{=CH}$为 $1000\sim650\text{cm}^{-1}$，伸缩振动在红外光谱的高波数区，如 ν_{C-H} 为 3000cm^{-1}。

4.1.2　振动形式

双原子分子只有一种伸缩振动，多原子分子比较复杂，但可以分解为简单的基本振动。分子的振动形式分为伸缩振动和弯曲振动两大类。亚甲基的基本振动形式见图 4-5。

（1）伸缩振动

分子中原子沿着化学键方向的振动，称为伸缩振动，凡含 2 个或 2 个以上键的基团，都有对称伸缩振动（符号为 ν_s 或 ν^s）和不对称伸缩振动（符号为 ν_{as} 或 ν^{as}）。

对称伸缩振动是指振动时，各键同时伸长或缩短（基团沿键轴的运动方向相同）；不对

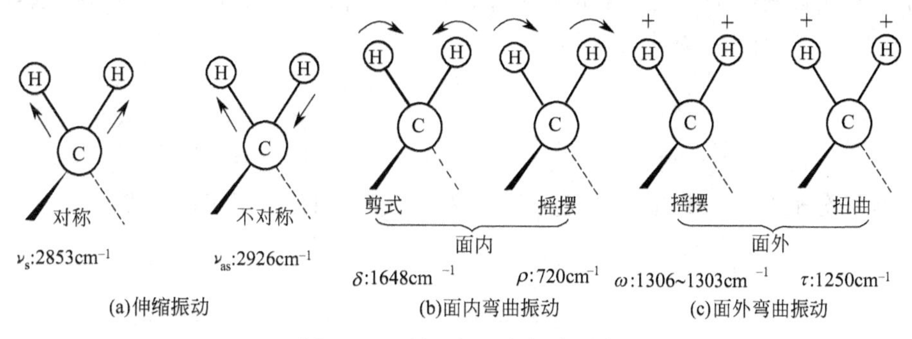

图 4-5　亚甲基的基本振动形式

称伸缩振动（简称反称伸缩）是指振动时某些键伸长而另外的键则缩短（基团沿键轴的运动方向相反），见图 4-5(a)。

(2) 弯曲振动

弯曲振动是指使键角发生周期性变化的振动，又称为变角振动。弯曲振动分为面内、面外振动等形式。弯曲振动的吸收频率相对较低，受分子结构的影响十分敏感。

① 面内弯曲振动（β）　在由几个原子构成的平面内进行的弯曲振动，称为面内弯曲振动。分为剪式及面内摇摆两种振动。组成为 AX_2 的基团或分子易发生此类振动，如图 4-5(b) 所示。剪式振动（δ）在振动过程中键角的变化类似剪刀的“开”“闭”的振动。面内摇摆振动（ρ）时基团作为一个整体，在平面内摇摆。

② 面外弯曲振动（γ）　在垂直于几个原子所构成的平面外进行的弯曲振动，称为面外弯曲振动。分为面外摇摆和扭曲振动两种，如图 4-5(c) 所示。面外摇摆振动（ω）是指两个原子同时向面上（＋）或同时向面下（－）的振动。扭曲振动（τ）是指一个原子向面上（＋），另一个原子向面下（－）的来回扭动。

4.1.3 振动自由度

振动自由度是分子基本振动的数目，即分子的独立振动数目。双原子分子只有一种振动形式，组成分子的原子越多，基本振动的数目就越多。

在中红外区，辐射的能量较小，不足以引起分子的电子能级跃迁，所以只有分子中的三种运动形式的变化：平动、振动和转动的能量变化。分子的平动能改变，不产生振-转光谱；分子的转动能级跃迁产生远红外光谱。因此，应扣除平动与转动两种运动形式，即在中红外区，只考虑分子的振动能级跃迁。

在含有 N 个原子的分子中，若不考虑化学键的存在，则在三维空间内，每个原子都能向 x、y、z 三个坐标轴方向独立运动。那么含有 N 个原子的分子就有 $3N$ 个独立运动的方向，即有 $3N$ 个自由度，也就是有 $3N$ 种运动状态。但这 $3N$ 自由度为分子的振动自由度、分子的转动自由度与分子的平动自由度之和。所以分子的振动自由度 f 为

$$\text{振动自由度 } f = 3N - \text{转动自由度} - \text{平动自由度}$$

对于非线性分子，除平动外，整个分子可以绕三个坐标轴转动，有 3 个转动自由度。从总自由度 $3N$ 中扣除 3 个平动自由度及 3 个转动自由度。所以，$f=3N-6$。

对于线性分子，由于绕自身键轴转动的转动惯量为零，所以线性分子只有 2 个转动自由度。所以，$f=3N-5$。

由振动自由度数，可以估计基频峰可能存在的数目。如非线性分子 H_2O，其振动自由度为 3，所以 H_2O 有三种基本振动形式。

ν_s 3652cm^{-1}　　ν_{as} 3756cm^{-1}　　δ 1595cm^{-1}

又如线性分子 CO_2，其振动自由度为 4，故 CO_2 有四种基本振动形式。

ν_s 1388cm^{-1}　　ν_{as} 2349cm^{-1}　　δ 667cm^{-1}　　τ 667cm^{-1}

4.1.4 基频峰与泛频峰

① 基频峰　分子吸收红外辐射后，由振动能级的基态（$V=0$）跃迁至第一激发态（$V=1$）时所产生的吸收峰称为基频峰。此时 $\Delta V=1$，$\nu_L=\nu$，吸收红外线的频率等于振动频率。4000～400cm^{-1} 范围的基频峰分布见图 4-6。

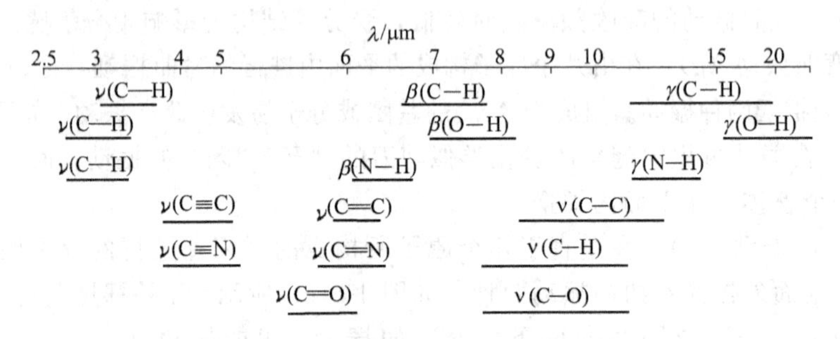

图 4-6　基频峰分布略图

② 泛频峰　分子吸收红外辐射后，由振动能级的基态（$V=0$）跃迁至第二激发态（$V=2$）、第三激发态（$V=3$）等所产生的吸收峰称为倍频峰。分子的非谐振性质，位能曲线中的能级差并非等距，V 越大，间距越小。因此，倍频峰的频率并非是基频峰的整数倍，而是略小一些。此外，还有组频峰，包括合频峰（$\nu_1+\nu_2$，$2\nu_1+\nu_2\cdots$）和差频峰（$\nu_1-\nu_2$，$2\nu_1-\nu_2\cdots$）。倍频峰、合频峰与差频峰统称为泛频峰。泛频峰多为弱峰（跃迁概率小），一般谱图上不易辨认。泛频峰的存在，增加了光谱的特征性，对结构分析有利。

4.1.5 特征峰与相关峰

① 特征峰　实验表明，组成分子的各种基团，如 O—H、N—H、C—H、C ═C、C≡C 、C ═O 等，都有自己特定的红外吸收区域，分子其他部分对其吸收位置影响较小。通常把这种能代表基团存在、并有较高强度的吸收谱带称为基团频率，其所在的位置一般又称为特征吸收峰，简称特征峰。如正癸烷、正癸腈和 1-正癸烯的红外光谱如图 4-7 所示。与正癸烷相比，正癸腈在 2247cm^{-1} 处有一吸收峰，为 —C≡N 的伸缩振动所产生的基频峰，记为 $\nu_{C\equiv N}$ 。2247cm^{-1} 处的吸收峰即是氰基的特征峰。1-正癸烯的光谱中，由于有—CH ═ CH_2 基团的存在，能明显观察到 4 个特征峰。

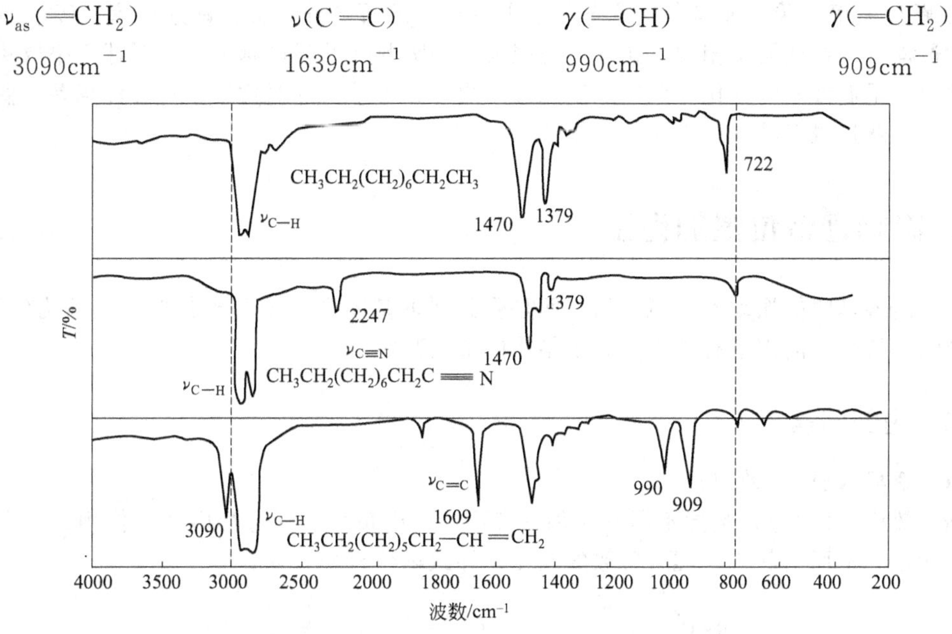

图 4-7　正癸烷、正癸腈和 1-正癸烯的红外光谱图

② 相关峰　由一个官能团所产生的一组相互依存，相互佐证的吸收峰，互称为相关吸收峰，简称相关峰。上述—CH=CH_2 基团的 4 个相互依存的特征峰即组成一组相关峰。通常用一组相关峰来确定一个官能团的存在，是光谱解析的一条重要原则。

4.1.6　吸收峰峰位

根据式(4-4) 可知，吸收峰峰位可由化学键两端的原子质量和化学键的键力常数来预测，但存在内部和外部因素的影响。

4.1.7　吸收峰峰数

实际观察到的红外吸收峰的峰数并不等于振动自由度即基本振动数，其主要原因是：

① 泛频峰的出现使吸收峰多于基本振动数。

② 红外非活性振动使吸收峰少于基本振动数。例如，CO_2 分子中的对称伸缩振动并不发生偶极矩变化，因此是非红外活性。

③ 吸收峰简并使吸收峰少于基本振动数。简并是指分子中振动形式不同，但其振动吸收频率相等的现象。如 CO_2 分子中 δ(C=O) 为 667cm^{-1} 与 γ(C=O) 为 667cm^{-1} 频率相同，发生简并，仅出现一个峰。

④ 仪器的灵敏度低和分辨率不高。吸收峰特别弱或彼此十分接近时，仪器检测不出或分辨不出而使吸收峰减少。

4.1.8　吸收峰强度

① 峰强的表示　绝对强度用摩尔吸收系数 ε 表示，分为 5 级：极强峰（vs），ε≈200L/(mol・cm)；强峰（s），ε=75～200L/(mol・cm)；中强峰（m），ε=25～75L/(mol・cm)；弱峰（w），ε=5～25L/(mol・cm)；很弱峰（vw），ε=0～5L/(mol・cm)。

② 跃迁概率　跃迁过程中激发态分子占总分子的百分数，称为跃迁概率。吸收峰强度与振动过程中的跃迁概率相关，跃迁概率越大，则吸收峰的强度越大。而跃迁概率取决于振动过程中分子偶极矩的变化，偶极矩变化又取决于分子结构的对称性，对称性越差，偶极矩变化越大，跃迁概率越大，则吸收峰越强。

4.2 影响谱带位置的因素

分子内各基团的振动不是孤立的，而是受到邻近基团和整个分子其他部分结构的影响，了解影响谱带位置的因素有利于对分子结构的准确判定。

4.2.1 内部因素

(1) 诱导效应（I 效应）

诱导效应（I 效应）是指不同取代基具有不同的电负性，通过静电诱导作用，引起电荷分布的变化，从而引起化学键力常数的改变，导致峰位改变。如：

R—C(=O)—R′	R—C(=O)—H	R—C(=O)—Cl
$\nu_{C=O}$	$\nu_{C=O}$	$\nu_{C=O}$
$1715cm^{-1}$	$1730cm^{-1}$	$1800cm^{-1}$

当电负性较强的元素与羰基相连时，诱导效应，使氧原子上的电子转移，电子云密度增大，键力常数增大，从而使吸收峰向高频移动。

(2) 共轭效应（M 效应）

共轭体系使电子云密度平均化，使双键的吸收峰向低频方向移动。

R—C(=O)—R′	R—CH=CH—C(=O)—H_2C—R	R—C(=O)—NH_2
$\nu_{C=O}$	$\nu_{C=O}$	$\nu_{C=O}$
$1715cm^{-1}$	$1685\sim1665cm^{-1}$	$1650cm^{-1}$

π-π 共轭、p-π 共轭均使羰基的 π 电子离域，其双键性减弱，键的力常数减小，使羰基向低频方向移动。

(3) 氢键效应

氢键效应分为分子内氢键与分子间氢键，氢键的形成使伸缩振动频率降低。

分子内氢键是缔合作用的一种形式，对吸收峰位置产生明显影响，但其作用不受浓度的影响，这有助于结构的分析。

如 2-羟基-4-甲氧基苯乙酮：（结构式：H—O…O=C(—CH_3)—苯环—OCH_3）

由于分子内氢键的存在，羰基和羟基的伸缩振动的基频峰大幅度地向低频方向移动。分子中 ν_{OH} 为 $2835cm^{-1}$（通常酚羟基 ν_{OH} 为 $3705\sim3200cm^{-1}$），$\nu_{C=O}$ 为 $1623cm^{-1}$（通常苯乙酮 $\nu_{C=O}$ 为 $1700\sim1670cm^{-1}$）。分子间氢键受浓度的影响较大，随浓度的稀释，吸收峰位置改变。可借观测稀释过程的峰位是否变化，来判断是分子间氢键还是分子内氢键。如，乙醇在极稀溶液中呈游离状态，随浓度增加而形成二聚体、多聚体，它们的 ν_{OH} 分别为 $3640cm^{-1}$、$3515cm^{-1}$ 及 $3350cm^{-1}$。

(4) 环张力效应

环张力效应的存在使环内各键的键强减弱，键的力常数变小，伸缩振动频率向低频方向移动。环张力越大，振动频率越低。

(5) 空间位阻

由于立体障碍，羰基与烯键或苯环不能处于共平面上，结果使共轭效应减弱，羰基的双键性增强，使 C=O 的伸缩振动频率向高频移动。

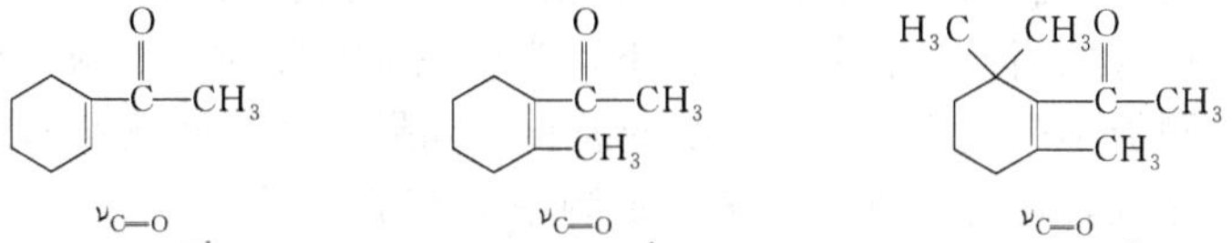

O ‖ C—CH_3　　O ‖ C—CH_3 —CH_3　　H_3C CH_3 O ‖ C—CH_3 —CH_3

$\nu_{C=O}$ $1663cm^{-1}$　　$\nu_{C=O}$ $1686cm^{-1}$　　$\nu_{C=O}$ $1693cm^{-1}$

除上述因素外，内部因素还有杂化影响、振动耦合效应、费米共振等。杂化影响是指在碳原子的杂化轨道中 s 成分增加，键能增加，键长变短，C—H 伸缩振动频率增加。振动耦合效应是指当两个相同的基团在分子中靠得很近或共用一个原子时，其相应的特征吸收峰常发生分裂，形成两个峰，这种现象称为振动的耦合。基团的对称与反对称伸缩振动频率就是这种耦合效应的典型例子。又如酸酐、丙二酸、丁二酸及其酯类，由于两个基频羰基振动的耦合，羰基分裂成双峰。还有一种振动耦合是倍频与基频之间的耦合（如苯甲醛），当倍频峰（或泛频峰）出现在某强的基频峰附近时，弱的倍频峰（或泛频峰）的吸收强度常常被增强，甚至发生分裂，这种倍频峰（或泛频峰）与基频峰之间的振动耦合现象称为费米共振(Fermi resonance)。

4.2.2 外部因素

外部因素主要指测定物质的状态以及溶剂效应等因素。

同一物质在不同状态时，由于分子间相互作用力不同，所得红外光谱也往往不同。分子在气态时，其相互作用很弱，此时可以观察到伴随振动光谱的转动精细结构。液态和固态分子间的作用力较强，在有极性基团存在时，可能发生分子间的缔合或形成氢键，导致特征吸收带频率、强度和形状有较大改变。例如，丙酮在气态的 $\nu_{C=O}$ 为 $1742cm^{-1}$，而在液态时为 $1718cm^{-1}$。

在溶液中测定光谱时，由于溶剂的种类、溶液的浓度和测定时的温度不同，同一物质所测得的光谱也不相同。通常在极性溶剂中，溶质分子的极性基团的伸缩振动频率随溶剂极性的增加而向低波数方向移动，并且强度增大。极性越大，形成氢键的能力越强，降低越多。因此，在红外光谱测定中，应尽量采用非极性溶剂。此外，色散元件的种类与性能也影响峰的位置。

4.3 红外分光光度计

根据结构和工作原理不同，红外分光光度计通常可以分为两类：一类为色散型红外分光光度计，另一类为傅里叶变换红外光谱仪。

4.3.1 光栅型红外分光光度计简介

色散型红外分光光度计的色散元件分为棱镜和光栅两种。光栅型红外分光光度计是指以光栅为色散元件的红外分光光度计。它的结构与紫外-可见分光光度计相似，也是由光源、单色器、吸收池、检测器和记录仪五个基本部分组成。

(1) 光路系统和工作原理

光栅型红外分光光度计的工作原理可利用图 4-8 说明。从光源发出的红外辐射分为两束，一束通过试样池，另一束通过参比池，然后进入单色器。两束光被单色器内的切光器（以一定频率转动的扇形镜）调制后交替进入色散元件（光栅或棱镜），经色散元件色散后的两束单色光再交替进入检测器。在某一波长下，当样品无吸收时，照射到检测器的两束单色光的强度相等，检测器不产生交流信号；改变波长，如果样品对该波长的光产生吸收，则两束单色光的强度有差别，在检测器上产生一定频率的交流信号。该信号经过放大器放大后，驱动伺服电动机驱动参比光路上的光楔（光学衰减器）进行补偿，以减少参比光路的光强，使得照射在检测器上的光强等于样品光路的光强。记录笔与光楔同步上、下移动，光楔部位的改变相当于样品的透光率（被记录在记录纸上的纵坐标）。当单色器内的色散元件转动时（单色光的波数连续改变），并与记录纸同步移动时，在记录纸的横坐标记录的参数是光束的波数。因此，在记录纸上记录出不同波数下样品的透光率，即为红外光谱图。

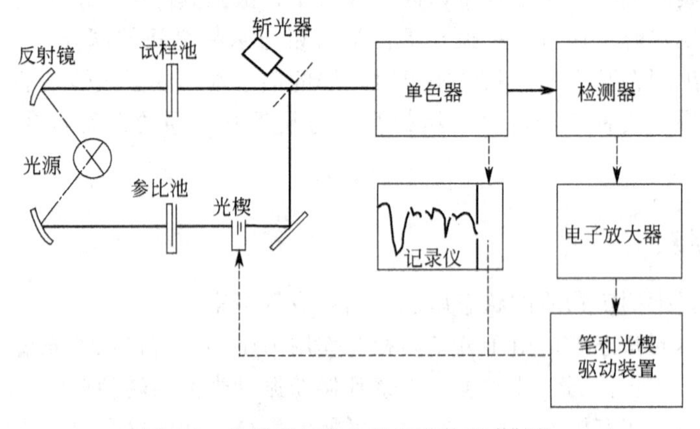

图 4-8 光栅型红外分光光度计基本结构

(2) 主要部件

① 光源　红外光源是能够发射高强度连续红外辐射的物体。常用的主要有能斯特灯和硅碳棒以及特殊线圈。

a. 能斯特灯　能斯特灯是由锆、钇和钍或铈的氧化物烧结制成的中空或实心圆棒，直径 1～3mm，长 20～50mm；两端绕以铂丝作为电极；室温下，它是非导体，在 700℃以上才变为导体，所以，使用前预热到 800℃。工作温度在 1500℃左右，功率 50～200W。其特点是发光强度大，尤其在高于 $1000cm^{-1}$ 的区域；但性脆易碎，机械强度差，受压容易损坏。

b. 硅碳棒　硅碳棒是由碳化硅烧结而成，一般制成两端粗，中间细的实心棒，直径约 5mm，长 20～50mm；工作温度在 1300℃左右，功率 200～400W，不需预热。它在低波数区发光较强，工作波段为 $400～4000cm^{-1}$。其特点是坚固、使用寿命长、发光面积大。

c. 特殊线圈　特殊线圈也称为恒温式加热线圈，由特殊金属丝制成，通电热灼产生红外线。

② 单色器　单色器由狭缝、色散元件和准直镜组成。早期用 NaCl、KBr 等的大晶体制作棱镜，因易吸潮变坏，现已淘汰。代之以光栅单色器，它不仅对恒温恒湿要求不高，且具有线性色散、分辨率高和光能量损失小等优点。

③ 检测器　检测器的作用是把经色散的红外光谱强度转换为电信号。它分为热检测器和光检测器两大类。

a. 热检测器　热检测器常用的有真空热电偶。利用不同导体构成回路时的温差电现象，将温差转变为电位差，涂黑金箔接收红外辐射。一个好的热电偶检测器可响应 10^{-6}℃的温度变化。

b. 光检测器　光检测器的敏感元件是锑化铟、砷化铟、硒化铅以及掺杂痕量铜或汞的锗半导体小晶片，小晶片受光照后导电性发生变化而产生信号。光检测器比热检测器灵敏。

④ 吸收池　吸收池分为气体池与液体池两种。液体池常用可拆卸池，窗片间距离不固定，取决于垫片厚度，主要用于测定高沸点液体或糊剂。气体池用减压法将气体装入样品池中测定，主要用于测定气体及沸点较低的液体样品。固体样品不用吸收池，一般采用压片机压片后直接测定。

⑤ 记录系统　红外分光光度计一般由记录仪自动记录光谱图。傅里叶变换红外分光光度计用微机处理检测结果并自动显示光谱图。

4.3.2 傅里叶变换红外光谱仪简介

(1) 傅里叶变换红外光谱仪的工作原理

傅里叶变换红外光谱仪简称 FTIR，是 20 世纪 70 年代出现的一种新型非色散型红外光谱仪。它由光源、迈克尔逊干涉仪、检测器、计算机和记录仪组成（图 4-9）。

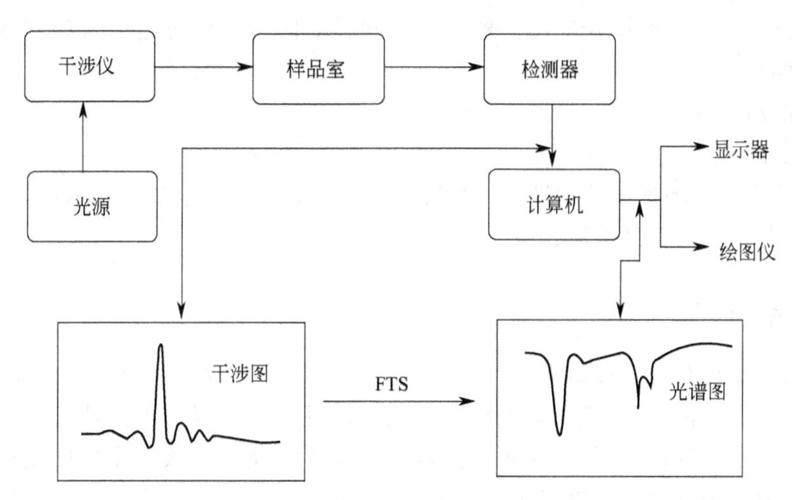

图 4-9　傅里叶变换红外光谱仪基本结构

由图 4-9 可知，光源发出的红外辐射，经干涉仪转变为干涉光，然后干涉光照射样品，经检测器得到含样品信息的干涉图。由计算机解出干涉图函数的 Fourier（傅里叶）余弦变换，就得到样品的红外光谱。

(2) 傅里叶变换红外光谱仪的主要部件

傅里叶变换红外光谱仪与色散型红外分光光度计的不同在于干涉仪和计算机两部分。

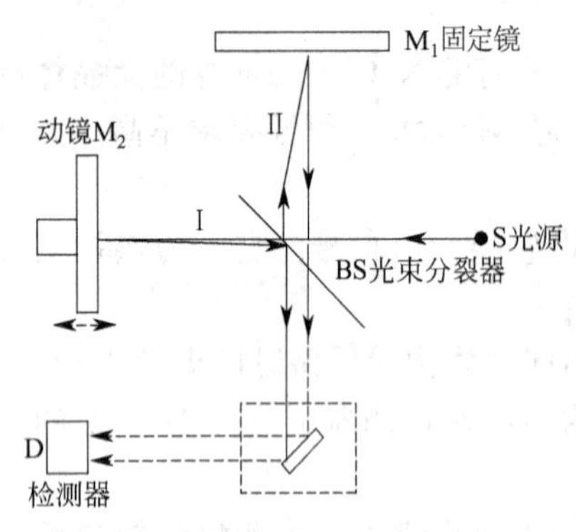

图 4-10 Michelson 干涉仪工作原理图

迈克尔逊（Michelson）干涉仪的工作原理如图 4-10 所示。干涉仪首先使光源发出的红外辐射分为两束光，经过不同路程后，最后再聚焦到某一点，这时发生干涉现象。干涉仪由固定镜（M_1）、动镜（M_2）及光束分裂器（BS）（或称分束器）组成。M_2 沿图示方向移动，故称动镜。在 M_1 与 M_2 间放置呈 45°角的半透明光束分裂器。光源发出的光，经准直镜后其平行光射到分束器上，分束器可使 50%的入射光透过，其余 50%的光反射，被分裂为透过光Ⅰ与Ⅱ。Ⅰ与Ⅱ两束光分别被动镜与固定镜反射而形成相干光。因固定镜的位置固定，而动镜的位置是可变的，因此，可改变两光束的光程差，即可以得到干涉图。如果入射光是波长为 λ 的单色光，当两光束的光程差为 $\lambda/2$ 的偶数倍时，相干光叠加，相干光强度具有最大值；当两光束的光程差为 $\lambda/2$ 的奇数倍时，相干光相互抵消，相干光强度具有最小值。当入射光为连续波长的多色光时，得到的是具有中心极大并向两边迅速衰减的对称干涉图。如果在此干涉光束中放置能吸收红外光的样品，所得到的干涉图强度曲线函数发生变化。再由计算机通过傅里叶变换，得到透光率随波数变化的普通红外光谱图。

由于傅里叶变换红外光谱仪的全程扫描时间<1s，一般检测器的响应时间不能满足要求。所以傅里叶变换红外光谱仪多采用热电型硫酸三苷肽单晶（TGS）或光电导型汞镉碲（MCT）检测器，这些检测器的响应速度快，响应时间为 1μs，能实现高速扫描。光源、吸收池等部件与色散型仪器通用。

(3) 傅里叶变换红外光谱仪的优点

① 扫描速度极快　傅里叶变换仪器在整个扫描时间内同时测定所有频率的信息，一般只要 1s 左右即可。

② 具有很高的分辨率。

③ 灵敏度高。

④ 光谱范围宽，测量波数精度。傅里叶变换红外光谱仪特别适合于弱红外光谱的测定，快速测定以及与气相色谱联机联用等。

4.3.3 样品的制备

气、液及固态样品均可以测定其红外光谱。样品应满足以下两点：①样品应不含水分，若含水（结晶水、游离水），则对羟基峰有干扰，而且会侵蚀吸收池的盐窗（KBr 光窗用毕应立即放入干燥器中保存），样品更不能是水溶液，若需制成溶液，则应使用符合所测光谱波段要求的有机溶剂配制，应在红外灯下将样品与 KBr 在研钵中研细混匀，以尽量减少空气中水分的干扰；②样品的纯度一般需大于 98%。

红外光谱技术采用的制样技术主要有压片法、糊法、膜法、溶液法和气体吸收池法等。

① 压片法　适合固体测量。取 200 目光谱纯、干燥的 KBr 粉末 200～300mg，供试品约 1～2mg，置玛瑙研钵中，充分研磨混匀，置于直径为 13mm 的压片模具中，使铺布均匀，抽真空约 2min，加压并保持压力 2min，撤去压力并放气后取出制成的供试片。目视检测，片子应呈透明状，其中样品分布应均匀，并无明显的颗粒状样品。亦可采用其他直径的压模

制片，样品与分散剂的用量需相应调整以制得浓度合适的片子。

② 糊法 适合固体测量。取供试品约 5mg，置玛瑙研钵中，粉碎研细后，滴加少量液状石蜡或其他适宜的糊剂，研成均匀的糊状物，取适量糊状物夹于两个窗片或空白溴化钾片（每片约 150mg）之间，作为供试片。制备时应注意尽量使糊状样品在窗片间分布均匀。

③ 膜法 适合液体和固体测量。参照上述糊法所述的方法，将能形成薄膜的液体样品铺展于适宜的盐片中，形成薄膜后测定。若为高分子聚合物，可先制成适宜厚度的高分子薄膜，直接置于样品光路中测定。熔点较低的固体样品可采用熔融成膜的方法制样。

④ 溶液法 适合液体测量。将供试品溶于适宜的溶剂中，制成含量为 1%～10%的溶液，灌入适宜厚度的液体池中测定。常用溶剂有四氯化碳、三氯甲烷、二硫化碳、己烷、环己烷及二氯乙烷等。选用溶液应在被测定区域中透明或仅有中至弱的吸收，且与样品间的相互作用应尽可能小。

⑤ 气体吸收池法 适合气体测量。测定气体样品需使用气体吸收池，常用气体吸收池的光路长度为 10cm。通常先把气体吸收池抽空，然后充以适当压力（约 50mmHg，1mmHg=133.322Pa，下同）的供试品测定。也可用注射器向气体吸收池内注入适量的样品，待样品完全汽化后测定。

4.4 红外光谱与分子结构的关系

化合物的红外光谱是分子结构的客观反映，图谱中每个吸收峰都相对应于分子和分子中各种原子、键和官能团的振动形式。

绝大多数有机化合物的基频振动出现在红外光谱 $4000\sim400cm^{-1}$ 区域。各种基团都有其特征的红外吸收频率，按照光谱特征与分子结构的关系，红外光谱可分为特征区（官能团区）（$4000\sim1300cm^{-1}$）和指纹区（$1300\sim400cm^{-1}$）。

4.4.1 特征区与指纹区

① 特征区 习惯上将红外光谱中 $4000\sim1350cm^{-1}$ 区间称为特征区。其特点是：吸收峰的数目少，有鲜明特征，易鉴别，可用于鉴定官能团（包括含 H 原子的单键，各种三键、双键伸缩基频峰，部分含 H 单键面内弯曲基频峰）。因此，它是基团鉴定工作最有价值的区域，又称为官能团区。

② 指纹区 红外光谱中 $1350\sim650cm^{-1}$ 的低频区称为指纹区。此区源于各种单键（C—C、C—O、C—X）的伸缩振动以及多数基团的弯曲振动，其特点是吸收峰密集，峰位、峰强及形状对分子结构的变化十分敏感，只要在化学结构上存在细小的差异（如同系物、同分异构体和空间异构等），在指纹区就有明显的反映。这种情况就像每个人都有不同的指纹一样，因而称为指纹区。指纹区对于区别结构类似的化合物至关重要。

4.4.2 红外光谱的九个重要区段

根据化学键的性质，结合波数与力常数、折合质量之间的关系，可将红外 $4000\sim400cm^{-1}$ 划分为如表 4-3 所示的九个区段。

表 4-3 红外光谱的九个重要区段

波数/cm^{-1}	波长/μm	振动类型
3750～3000	2.7～3.3	ν_{OH}、ν_{NH}
3300～3000	3.0～3.4	$\nu_{\equiv CH} > \nu_{=CH} \approx \nu_{Ar-H}$
3000～2700	3.3～3.7	ν_{CH}(—CH_3,—CH_2 及 CH,—CHO)
2400～2100	4.2～4.9	$\nu_{C\equiv C}$ 、$\nu_{C\equiv N}$
1900～1650	5.3～6.1	$\nu_{C=O}$(酸酐、酰氯、酯、醛、酮、羧酸、酰胺)
1675～1500	5.9～6.2	$\nu_{C=C}$、$\nu_{C=N}$
1475～1300	6.8～7.7	β_{CH}、β_{OH}(各种面内弯曲振动)
1300～1000	7.7～10.0	ν_{C-O}(酚、醇、醚、酯、羧酸)
1000～650	10.0～15.4	$\gamma_{=CH}$(不饱和碳氢面外弯曲振动)

4.4.3 典型光谱

由典型光谱可以了解不同类别化合物的光谱特征。对比典型光谱，可以识别某些基团的特征峰。

(1) 烷烃

饱和烷烃 IR 光谱主要由 C—H 键的骨架振动所引起，而其中以 C—H 键的伸缩振动最为有用。在确定分子结构时，也常借助于 C—H 键的变形振动和 C—C 键骨架振动吸收。烷烃有下列四种振动吸收，如图 4-11(a) 所示。

① σ_{C-H}（σ：伸缩振动） 在 2975～2845cm^{-1} 范围内，包括甲基、亚甲基和次甲基的对称与不对称伸缩振动。

② δ_{C-H}（δ：面内弯曲振动） 在 1460cm^{-1} 和 1380cm^{-1} 处有特征吸收，前者归因于甲基及亚甲基 C—H 的 σ_{as}，后者归因于甲基 C—H 的 σ_s。1380cm^{-1} 处的峰对结构敏感，对于识别甲基很有用。共存基团的电负性对 1380cm^{-1} 处的峰位置有影响，相邻基团电负性愈强，愈移向高波数区，例如，在 CH_3F 中此峰移至 1475cm^{-1} 处。当烷烃分子中有异丙基或叔丁基时，异丙基 1380cm^{-1} 处的峰裂分为两个强度几乎相等的峰——1385cm^{-1}、1375cm^{-1} 处的峰；叔丁基 1380cm^{-1} 处的峰裂分为 1395cm^{-1}、1370cm^{-1} 处的两个峰，后者强度差不多是前者的两倍，在 1250cm^{-1}、1200cm^{-1} 附近出现两个中等强度的骨架振动。

③ σ_{C-C} 在 1250～800cm^{-1} 范围内，因特征性不强，用处不大。

④ γ_{C-H}（γ：面外弯曲振动） 分子中具有—$(CH_2)_n$—链节，n 大于或等于 4 时，在 722cm^{-1} 处有一个弱吸收峰，随着 CH_2 个数的减少，吸收峰向高波数方向位移，由此可推断分子链的长短。

(2) 烯烃

烯烃中的特征峰由 C═C—H 键的伸缩振动以及 C═C—H 键的变形振动所引起。烯烃分子主要有三种特征吸收，如图 4-11(b) 所示。

① $\sigma_{C=C-H}$ 烯烃双键上的 C—H 键伸缩振动波数在 3000cm^{-1} 以上，末端双键氢在 3075～3090cm^{-1} 有强峰，最易识别。

② $\sigma_{C=C}$ 吸收峰的位置在 1670～1620cm^{-1}。随着取代基的不同，$\sigma_{C=C}$ 吸收峰的位置有所不同，强度也发生变化。

③ $\delta_{C=C-H}$ 烯烃双键上的 C—H 键面内弯曲振动在 1500～1000cm^{-1}，对结构不敏感，用途较少；面外摇摆振动吸收最有用，在 1000～700cm^{-1} 范围内，该振动对结构敏感，其吸收峰特征性明显，强度也较大，易于识别，可借以判断双键取代情况和构型。RHC═CH_2 995～

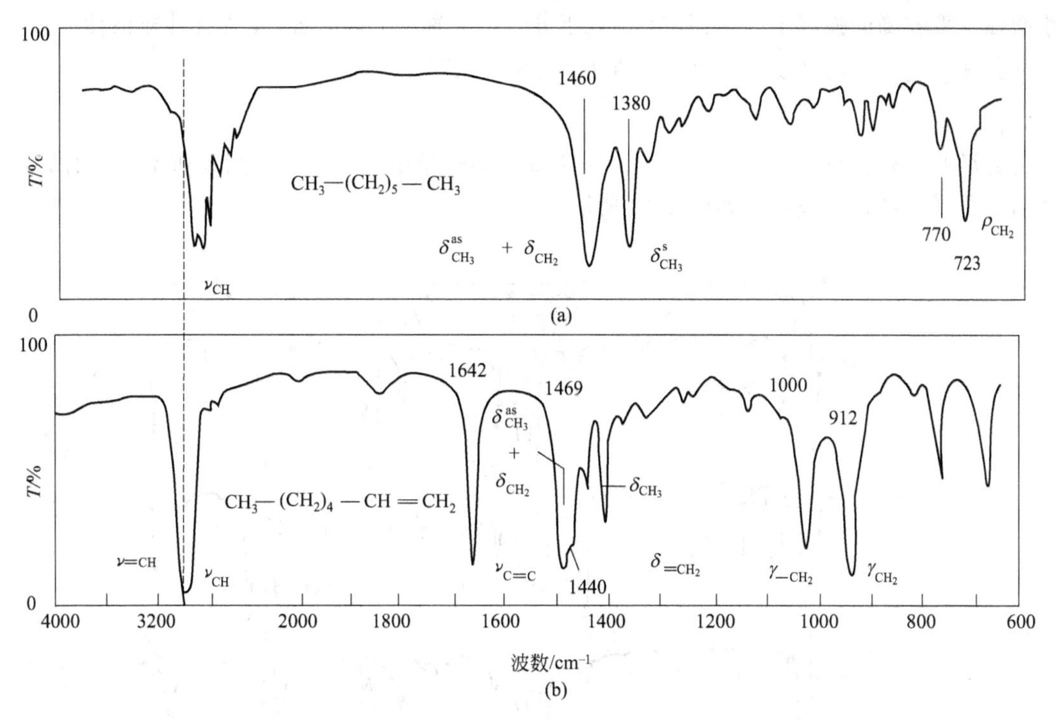

图 4-11　正庚烷及 1-庚烯的红外光谱图

985cm^{-1}（═CH，s）915～905cm^{-1}（═CH_2，s）；$R^1R^2C═CH_2$ 895～885cm^{-1}（s）；(顺)-$R^1CH═CHR^2$ 约 690cm^{-1}；(反)-$R^1CH═CHR^2$ 980～965cm^{-1}（s）；$R^1R^2C═CHR^3$ 840～790cm^{-1}（m）。

(3) 炔烃

在 IR 光谱中，炔烃基团很容易识别，它主要有三种特征吸收，如图 4-12 所示。

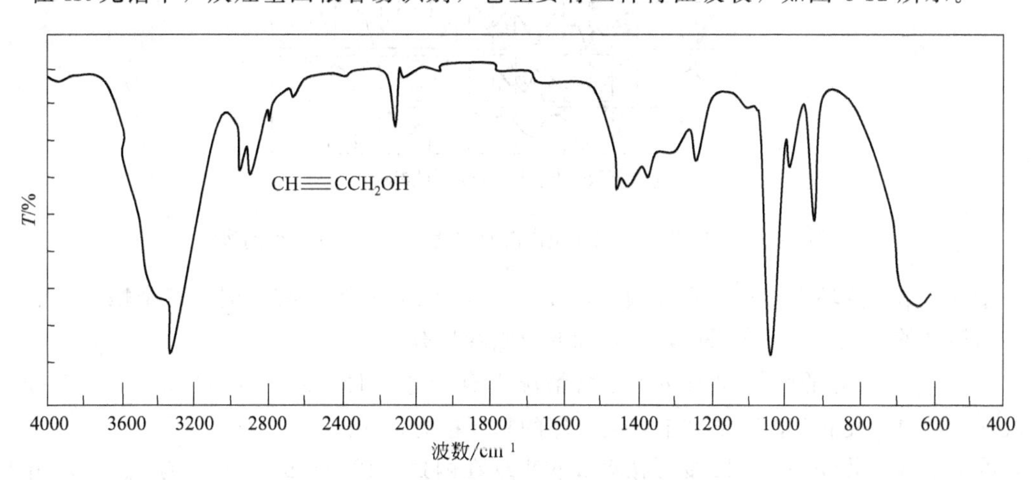

图 4-12　炔丙醇的红外光谱图

① $\sigma_{C≡C—H}$　该振动吸收特征明显，吸收峰位置在 3300～3310cm^{-1}，中等强度。$\sigma_{N—H}$ 值与 $\sigma_{C—H}$ 值相同，但前者为宽峰、后者为尖峰，易于识别。

② $\sigma_{C≡C}$　一般 C≡C键的伸缩振动吸收都较弱。一元取代炔烃 $\sigma_{RC≡CH}$ 出现在 2140～2100cm^{-1}，二元取代炔烃在 2260～2190cm^{-1}，当两个取代基的性质相差太大时，炔化物极

性增强，吸收峰的强度增大。当 C≡C 处于分子的对称中心时，$\sigma_{C\equiv C}$ 为红外非活性。

③ $\sigma_{C\equiv C-H}$　炔烃变形振动发生在 680～610cm^{-1}。

(4) 芳烃

芳烃的红外吸收主要为苯环上的 C—H 键及环骨架中的 C═C 键振动所引起。芳香族化合物主要有三种特征吸收，如图 4-13 所示。

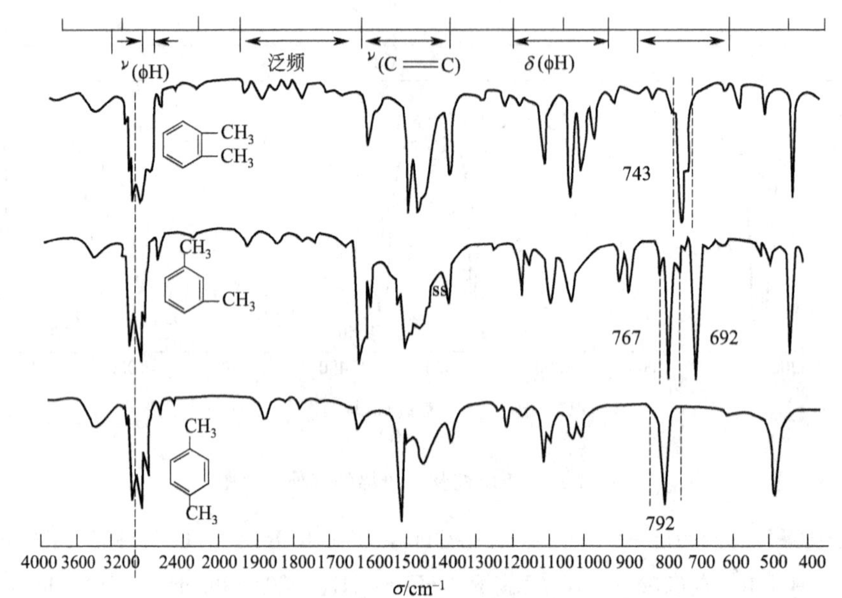

(a) 邻、间及对位二甲苯的红外光谱图

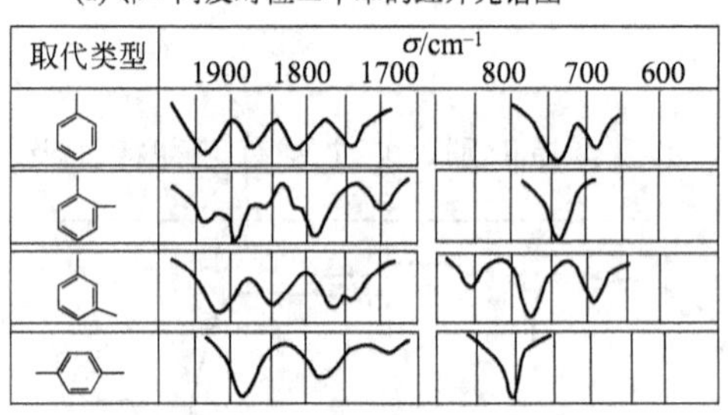

(b) 苯环取代类型对红外光谱的影响

图 4-13　不同芳烃的红外光谱图及取代类型对红外光谱的影响

① σ_{Ar-H}　芳环上 C—H 吸收频率在 3100～3000cm^{-1} 附近有较弱的三个峰，特征性不强，与烯烃的 $\sigma_{C=C-H}$ 频率相近，但烯烃的吸收峰只有一个。

② $\sigma_{C=C}$　芳环的骨架伸缩振动正常情况下有四条谱带，约为 1600cm^{-1}、1585cm^{-1}、1500cm^{-1}、1450cm^{-1}，这是鉴定有无苯环的重要标志之一。

③ δ_{Ar-H}　芳烃的 C—H 变形振动吸收出现在两处。1275～960cm^{-1} 为 δ_{Ar-H}，由于吸收较弱，易受干扰，用处较小。另一处是 900～650cm^{-1} 的 δ_{Ar-H} 吸收，较强，是识别苯环上取代基位置和数目的极重要的特征峰。取代基越多，δ_{Ar-H} 频率越高。若在 1600～2000cm^{-1} 之间有锯齿状倍频吸收（C—H 面外和 C═C 面内弯曲振动的倍频或组频吸收），是进一步确定取代苯的重要旁证。

苯 670cm^{-1}（s），单取代苯 770～730cm^{-1}（vs），710～690cm^{-1}（s），1,2-二取代苯

770～735cm^{-1}（vs），1,3-二取代苯 810～750cm^{-1}（vs），725～680cm^{-1}（ms），1,4-二取代苯 860～800cm^{-1}（vs）。

（5）醇酚和羧酸类

① 醇和酚

醇和酚类化合物有相同的羟基，其特征吸收是O—H和C—O键的振动频率。如图4-14所示。

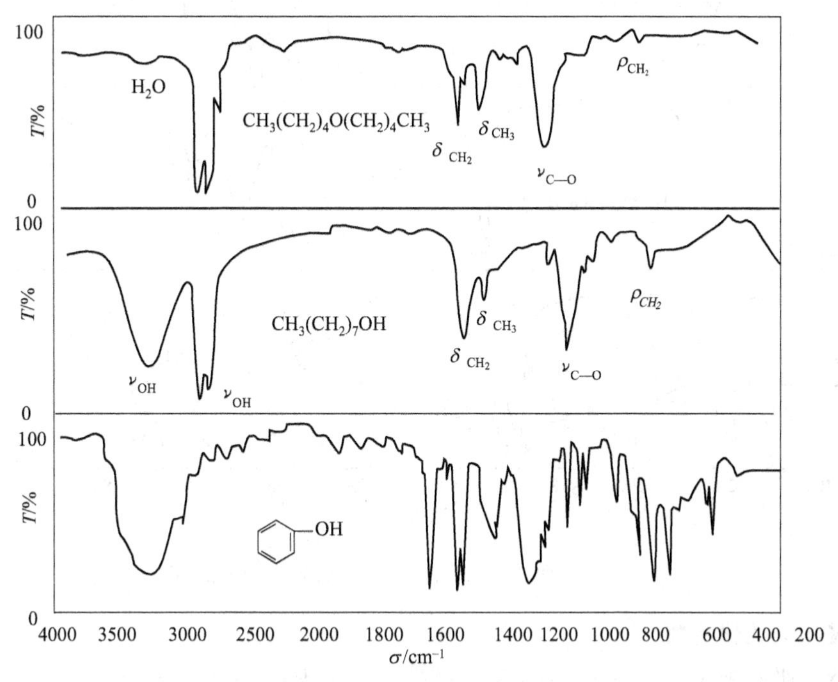

图4-14 正戊醚、正辛醇与苯酚的红外光谱图

a. σ_{O-H}一般在3670～3200cm^{-1}区域。游离羟基吸收出现在3640～3610cm^{-1}，峰形尖锐，无干扰，极易识别（溶剂中微量游离水吸收位于3710cm^{-1}）。—OH是个强极性基团，因此羟基化合物的缔合现象非常显著，羟基形成氢键的缔合峰一般出现在3550～3200cm^{-1}。

b. σ_{C-O}和δ_{O-H} C—O键伸缩振动和O—H面内弯曲振动在1410～1100cm^{-1}处有强吸收，当无其他基团干扰时，可利用σ_{C-O}的频率来了解羟基的碳链取代情况（伯醇在1050cm^{-1}，仲醇在1125cm^{-1}，叔醇在1200cm^{-1}，酚在1250cm^{-1}）。

② 羧酸

a. σ_{O-H} 游离的O—H键在3550cm^{-1}附近，缔合的O—H键在3300～2500cm^{-1}，峰形宽而散，强度很大。如图4-15所示。

b. $\sigma_{C=O}$游离的C═O一般在1760cm^{-1}附近，吸收强度比酮羰基的吸收强度大，但由于羧酸分子中的双分子缔合，使得C═O的吸收峰向低波数方向移动，一般在1725～1700cm^{-1}，如果发生共轭，则C═O的吸收峰移到1690～1680cm^{-1}。

c. σ_{C-O} 一般在1440～1395cm^{-1}，吸收强度较弱。

d. δ_{O-H} 一般在1250cm^{-1}附近，是一强吸收峰，有时会和σ_{C-O}重合。

③ 酸酐

a. $\sigma_{C=O}$ 由于羰基的振动偶合，导致$\sigma_{C=O}$有两个吸收，分别处在1860～1800cm^{-1}和

1800～1750cm^{-1} 区域，两个峰相距 60cm^{-1}。如图 4-15 所示。

b. $\sigma_{C—O}$ 为一强吸收峰，开链酸酐的 $\sigma_{C—O}$ 在 1175～1045cm^{-1} 范围内，环状酸酐在 1310～1210cm^{-1} 范围内。

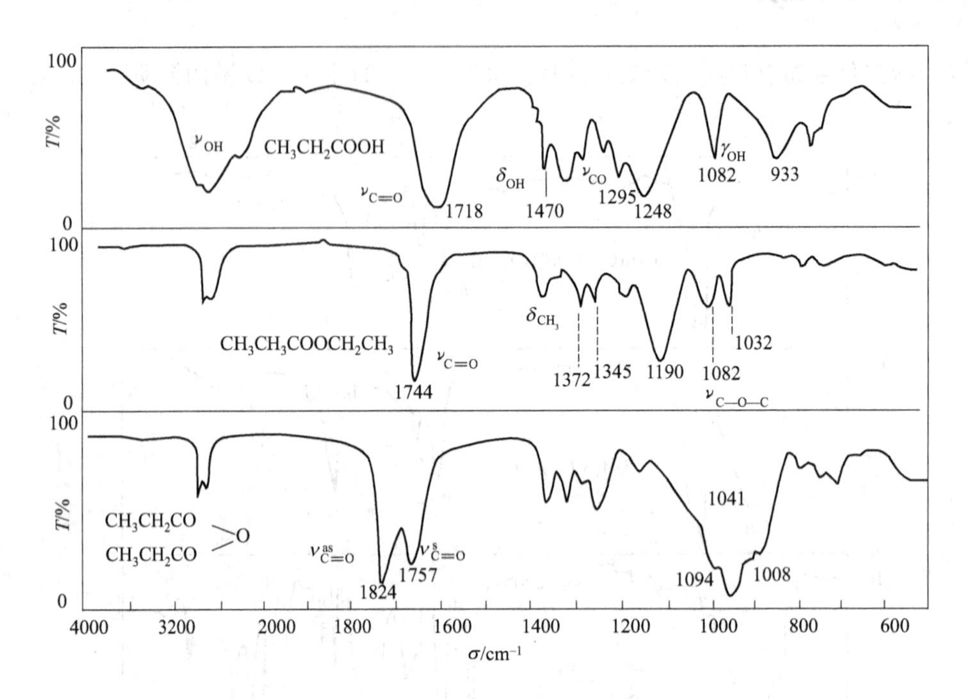

图 4-15 丙酸、丙酸乙酯与丙二酸酐的红外光谱图

(6) 醚和其他化合物

醚的特征吸收带是 C—O—C 不对称伸缩振动，出现在 1150～1060cm^{-1} 区域，强度大，C—C 骨架振动吸收也出现在此区域，但强度弱，易于识别。醇、酸、酯、内酯的 $\sigma_{C—O}$ 吸收在此区域，故很难归属。

(7) 酯和内酯

① $\sigma_{C=O}$ 1750～1735cm^{-1} 处出现（饱和酯 $\sigma_{C=O}$ 位于 1740cm^{-1} 处），受相邻基团的影响，吸收峰的位置会发生变化。如图 4-15 所示。

② $\sigma_{C—O}$ 一般有两个吸收峰，分别位于 1300～1150cm^{-1}，1140～1030cm^{-1}。

(8) 醛和酮类

醛和酮的共同特点是分子结构中都含有（C═O），$\sigma_{C=O}$ 在 1750～1680cm^{-1} 范围内，吸收强度很大，这是鉴别羰基的最明显的依据。邻近基团的性质不同，吸收峰的位置也有所不同。羰基化合物存在下列共振结构：

$$\underset{A}{X—\overset{\overset{O}{\|}}{C}—Y} \longleftrightarrow \underset{B}{X—\overset{\overset{O^-}{|}}{\underset{+}{C}}—Y}$$

C═O 键有着双键性强的 A 结构和单键性强的 B 结构两种结构。共轭效应将使 $\sigma_{C=O}$ 吸收峰向低波数一端移动，吸电子的诱导效应使 $\sigma_{C=O}$ 的吸收峰向高波数方向移动。

α,β-不饱和的羰基化合物，由于不饱和键与 C ═O 的共轭，因此 C ═O 键的吸收峰向低波数移动。

	RCH ═CHCOR′		RCHClCOR′
$\sigma_{C═O}$	$1685\sim1665cm^{-1}$		$1745\sim1725cm^{-1}$
	苯乙酮	对氨基苯乙酮	对硝基苯乙酮
$\sigma_{C═O}$	$1691cm^{-1}$	$1677cm^{-1}$	$1700cm^{-1}$

$\sigma_{\overset{O}{\overset{\|}{C}}—H}$ 一般在 $2700\sim2900cm^{-1}$ 区域内，通常在 $2820cm^{-1}$、$2720cm^{-1}$ 附近各有一个中等强度的吸收峰，可以用来区别醛和酮。如图 4-16 所示。酰卤的 $\sigma_{C═O}$ 由于卤素的吸电子作用，使 C ═O 双键性增强，从而出现在较高波数处，一般在 $1800cm^{-1}$ 附近，比酮、醛的 $\nu_{C═O}$ 频率大。如果有乙烯基或苯环与 C ═O 共轭，会使 $\sigma_{C═O}$ 变小，一般在 $1780\sim1740cm^{-1}$ 处。

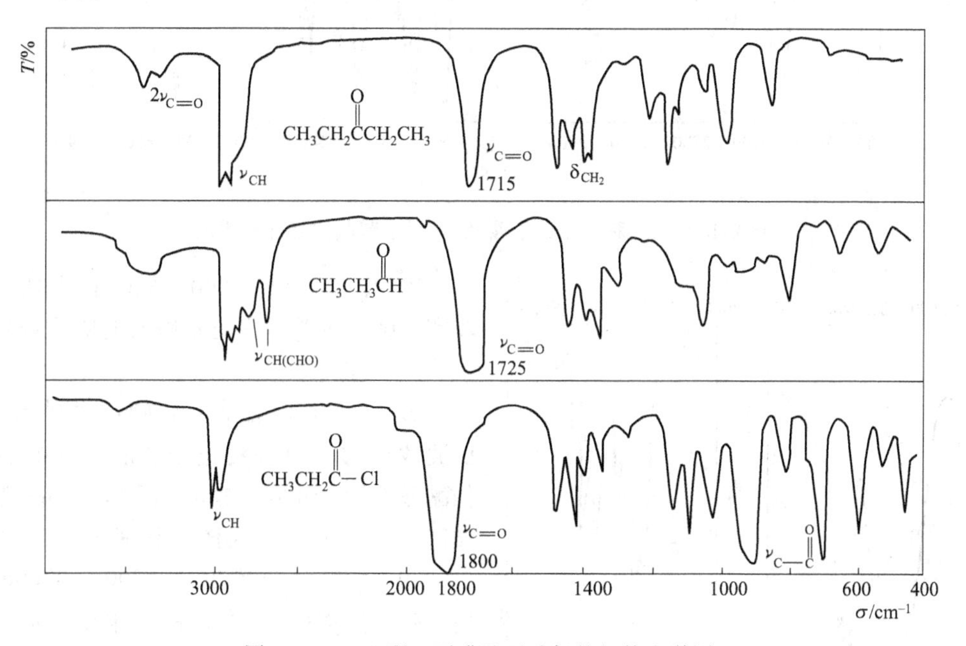

图 4-16 二乙酮、丙醛及丙酰氯的红外光谱图

(9) 胺和酰胺

a. 胺

① $\sigma_{N—H}$ 游离氨基位于 $3500\sim3300cm^{-1}$ 处，缔合的氨基位于 $3500\sim3100cm^{-1}$ 处。含有氨基的化合物无论是游离的氨基或缔合的氨基，其峰强都比缔合的羟基峰弱，且谱带稍尖锐一些，由于氨基形成的氢键没有羟基的氢键强，因此当氨基缔合时，吸收峰的位置的变化不如羟基那样显著，引起向低波数方向位移一般不大于 $100cm^{-1}$。伯胺在 $3500\sim3300cm^{-1}$ 有两个中等强度的吸收峰（对称与不对称的伸缩振动吸收），仲胺在此区域只有一个吸收峰，叔胺在此区域内无吸收。如图 4-17 所示。O—H 和 N—H 伸缩振动吸收峰的比较如图 4-18 所示。

② $\sigma_{C—N}$ 脂肪胺位于 $1230\sim1030cm^{-1}$ 处，芳香胺位于 $1380\sim1250cm^{-1}$ 处。

③ $\delta_{N—H}$ 位于 $1650\sim1500cm^{-1}$ 处，伯胺的 $\delta_{N—H}$ 吸收强度中等，仲胺的吸收强度较弱。

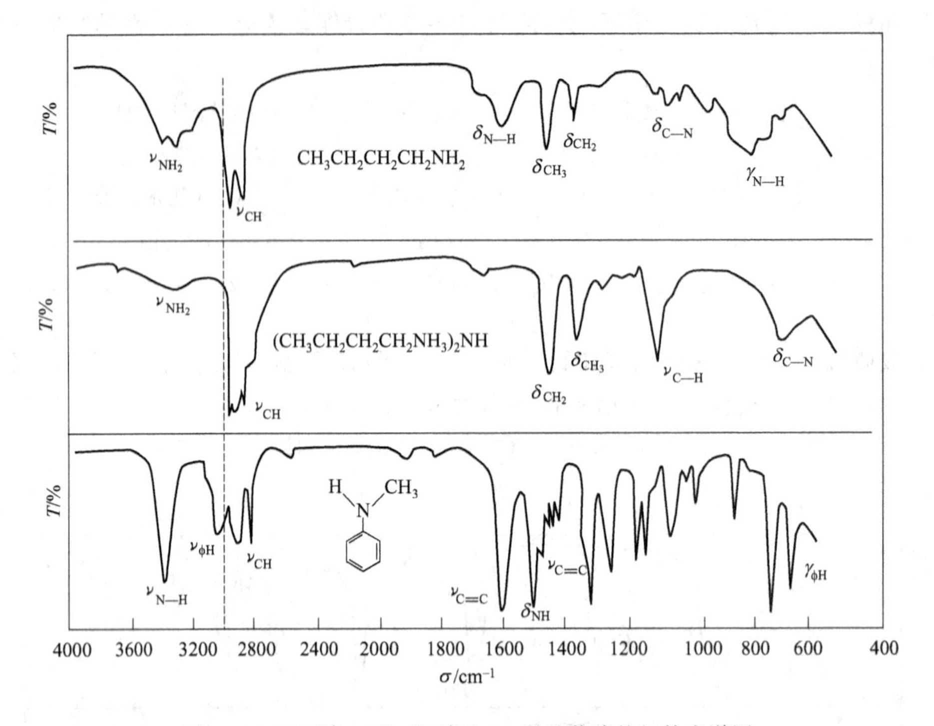

图 4-17　正丁胺、正二丁胺及 N-甲基苯胺的红外光谱图

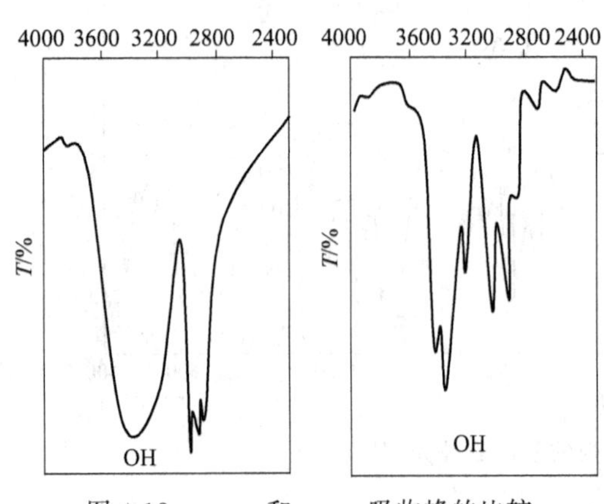

图 4-18　ν_{O-H} 和 ν_{N-H} 吸收峰的比较

④ γ_{N-H}　位于 900～650cm^{-1} 处，峰形较宽，强度中等（只有伯胺有此吸收峰）。

b. 酰胺

① $\sigma_{C=O}$ 由于氨基的影响，使得 $\sigma_{C=O}$ 向低波数位移，伯酰胺位于 1690～1650cm^{-1}，仲酰胺位于 1680～1655cm^{-1}，叔酰胺位于 1670～1630cm^{-1}，见图 4-19 所示。

② σ_{N-H}　一般位于 3500～3100cm^{-1}。伯酰胺，游离位于 3520cm^{-1} 和 3400cm^{-1} 附近，形成氢键而缔合的位于 3350cm^{-1} 和 3180cm^{-1} 附近，均呈双峰；仲酰胺，游离位于 3440cm^{-1} 附近，形成氢键而缔合的位于 3100cm^{-1} 附近，均呈单峰；叔酰胺，无此吸收峰。

③ δ_{N-H}　伯酰胺 δ_{N-H} 位于 1640～1600cm^{-1}；仲酰胺位于 1500～1530cm^{-1}，强度大，非常有特征；叔酰胺无此吸收峰。

④ σ_{C-N}　伯酰胺位于 1420～1400cm^{-1}，仲酰胺位于 1300～1260cm^{-1}，叔酰胺无此吸收峰。

(10) 硝基类化合物

有两个硝基伸缩振动峰，$\nu_{NO_2}^{as}$ 1590～1510cm^{-1}（s）及 $\nu_{NO_2}^{s}$ 1390～1330cm^{-1}（s），强度很大，很易辨认，如图 4-20 所示。

在芳香族硝基化合物中，由于硝基的存在，苯环的 $\nu_{\Phi H}$ 及 $\nu_{C=C}$ 峰明显减弱。

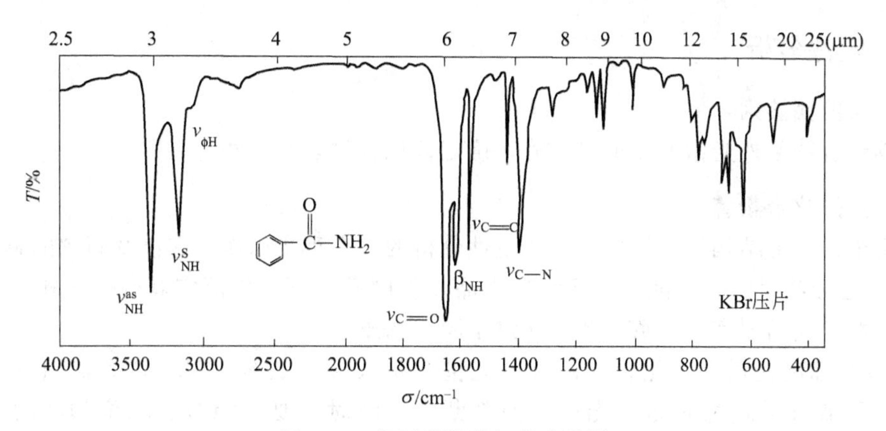

图 4-19 苯甲酰胺的红外光谱图

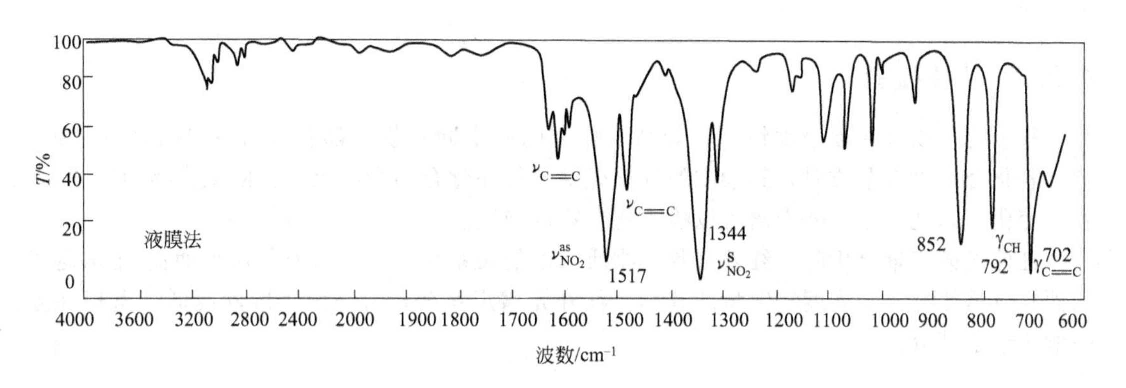

图 4-20 硝基苯的红外光谱

(11) 杂环类

芳香族杂环化合物（吡啶、吡嗪、吡咯、呋喃和噻吩等）的主要振动方式与芳香族化合物的振动方式相同。3077～3003cm^{-1} 的吸收是由芳香族化合物的 C—H 伸缩振动引起的。3500～3200cm^{-1} 的吸收是芳香族化合物中的 N—H 伸缩振动引起的。此区域的吸收峰位置除与形成的氢键有关外，还与样品的物理状态或溶剂的极性有关。位于 1600～1300cm^{-1} 的杂环的伸缩振动吸收包含了环中所有键的伸长和收缩作用以及这些伸缩振动方式之间的相互作用。芳香杂环的 C—H 面外弯曲振动的吸收类型取决于相同弯曲振动的相邻氢原子的数目。

在吡啶的红外光谱（IR）中，在 3070～3020cm^{-1} 处有 C—H 伸缩振动，在 1600～1500cm^{-1} 处有芳环的伸缩振动（骨架谱带），在 900～700cm^{-1} 处还有芳氢的面外弯曲振动。

4.5 应用

红外光谱在化学领域中的应用是多方面的。它不仅用于结构的基础研究，如确定分子的空间构型，求出化学键的力常数、键长和键角等；而且广泛地用于化合物的定性、定量分析和化学反应的机理研究等。但是红外光谱应用最广的还是未知化合物的结构鉴定。

4.5.1 定性分析

(1) 官能团鉴别

根据化合物红外光谱的特征吸收峰，确定该化合物含有哪些官能团。

(2) 未知化合物鉴别

确定未知物的结构，是红外光谱法定性分析的一个重要用途。它涉及图谱的解析。

① 与已知物对照　将试样与已知标准品在相同条件下分别测定其红外光谱，核对其光谱的一致性。光谱图完全一致，才可认定是同一物质。

② 核对标准光谱　若化合物的标准光谱已被收录，如 SADTLER 光谱图（或药典），则可按名称或分子式查对标准光谱对照判断。判断时，要求峰数、峰位和峰的相对强度均一致。另外，还应该注意的是测定未知物所使用的仪器类型及制样方法等应与标准图谱一致。

4.5.2 纯度检查

每个化合物（除极个别情况，如高阶相邻的两个同系物）都有具有各自特征的红外光谱。若化合物含有杂质时，其杂质的红外光谱叠加在化合物光谱上，会使化合物的谱图面貌发生变化。因此，用红外光谱可以检查化合物的纯度。

红外光谱定量分析时，红外吸收与物质浓度的关系在一定范围内服从于朗伯-比尔定律，因而它也是红外分光光度法定量的基础。红外光谱定量分析时，由于准确度低、重现性差，一般用于定性分析。

4.5.3 谱图解析

红外光谱的图谱解析是根据实验所测红外光谱图的吸收峰位置、强度和形状，利用基团振动频率与分子结构的关系，确定吸收峰的归属，确认分子中所含的基团和化学键，进而推断分子的结构。光谱解析的一般程序如下：

① 首先需要收集试样的有关资料和数据　在解析图谱前，必须对试样有透彻的了解，例如试样的纯度、外观、来源、试样的元素分析结果及其他物性（分子量、沸点、熔点等）。这样可以大大节省解析图谱的时间。

② 求出或查出化学式，计算不饱和度。

不饱和度表示有机分子中碳原子的不饱和程度。不饱和度计算公式如下：

$$U=1+n_4+\frac{n_3-n_1}{2} \tag{4-6}$$

式中，n_4、n_3、n_1 分别为分子中所含的四价、三价和一价元素原子的数目。二价原子如 S、O 等不参加计算。

$U=0$，表示分子是饱和的，为链状烃及其不含双键的衍生物；双键、饱和环状结构，$U=1$；三键，$U=2$；苯环，$U=4$，若 $U=5$，则可能含苯环及双键。

【例 2】 计算正丁腈（C_4H_7N）的不饱和度。

解：
$$U=1+n_4+\frac{n_3-n_1}{2}=1+4+\frac{1-7}{2}=2$$

③ 图谱解析　一般来说，首先在“官能团区”（$4000\sim1300\text{cm}^{-1}$）搜寻官能团的

特征伸缩振动，再根据“指纹区”（1300～600cm^{-1}）的吸收情况，进一步确认该基团的存在以及与其他基团的结合方式。例如，当试样光谱在1720cm^{-1}附近出现强的吸收时，显然表示羰基官能团（C═O）的存在。羰基的存在可以认为是由下面任何一类化合物质引起的：酮、醛、酯、内酯、酸酐、羧酸等。为了区分这些类别，应找出其相关峰作为佐证。若化合物是一个醛，就应该在2700cm^{-1}和2800cm^{-1}出现两个特征性很强的ν_{C-H}吸收带；酯应在1200cm^{-1}出现酯的特征带ν_{C-O}；内酯在羰基伸缩区出现复杂带型，通常是双键；在酸酐分子中，由于两个羰基振动的偶合，在1860～1800cm^{-1}和1800～1750cm^{-1}区域出现两个吸收峰；羧酸在3000cm^{-1}附近出现ν_{O-H}的宽吸收带；在以上都不适合的情况下，化合物便是酮。此外，应继续寻找吸收峰，以便发现它邻近的连接情况。

④ 对照验证　如查对标准光谱或与标准品的红外光谱图对照。最常见的标准图谱有如下几种：

a. 萨特勒（Sadtler）标准红外光谱集　它是由美国Sadtler Research Laborationies编辑出版的。“萨特勒”收集的图谱最多，至1974年为止，已收集47000张（棱镜）图谱。另外，它有各种索引，使用非常方便。从1980年已开始可以获得萨特勒图谱集的软件资料。现在已超过130000张图谱。它们包括9200张气态光谱图，59000张纯化合物凝聚相光谱和53000张产品的光谱，如单体、聚合物、表面活性剂、粘接剂、无机化合物、塑料、药物等。

b. 分子光谱文献（documentation of molecular spectroscopy，DMS）穿孔卡片，卡片有三种类型：桃红卡片为有机化合物，淡蓝色卡片为无机化合物，淡黄色卡片为文献卡片。卡片正面是化合物的许多重要数据，反面则是红外光谱图。

c. “API”红外光谱资料　它由美国石油研究所（API）编制。该图谱集主要是烃类化合物的光谱。由于它收集的图谱较单一，数目不多，又配有专门的索引，故查阅也很方便。

现在许多红外光谱仪都配有计算机检索系统，可从储存的红外光谱数据中鉴定未知化合物。

注意事项

① 绘制样品红外谱图的仪器条件与测定条件应与绘制标准谱图的条件一致或相近。

② 识别杂质峰

a. 水峰　水分或来源于样品或来源于溴化钾，因溴化钾易吸水，在用含有水分的溴化钾压片制样时，谱图中可能出现水的吸收峰。

b. 溶剂峰　洗涤吸收池残留的溶剂或溶液中的溶剂。

③ 不可能解释谱图中所有吸收峰，因为有些吸收峰是某些峰的倍频峰或组频峰，有的则是多种振动偶合的结果，还有分子作为一个整体产生吸收而形成的吸收峰。

④ 了解样品来源和物理常数　了解样品来源有助于样品及杂质范围的估计；物理常数如沸点、熔点、折射率、旋光度等可作为光谱解析的旁证。

⑤ 解析示例

【例3】 用红外光谱鉴别下列化合物。

解：

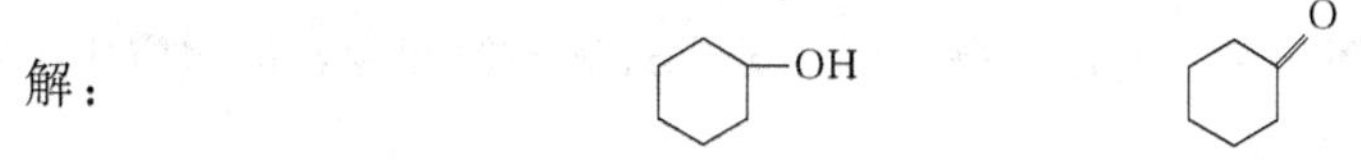

两个化合物的区别主要在于前者为醇（官能团为—OH）；后者为酮（官能团为C═O）。在IR图上前者在二聚、多聚缔合氢状态下约3400cm^{-1}处应有较强峰；而后者则在约1700cm^{-1}处有强峰，较钝。

【例 4】 某有机液体，分子式为 C_8H_8，沸点为 145.5℃，无色或淡黄色，有刺激性气味，其 IR 光谱见图 4-21，试判断该化合物的结构。

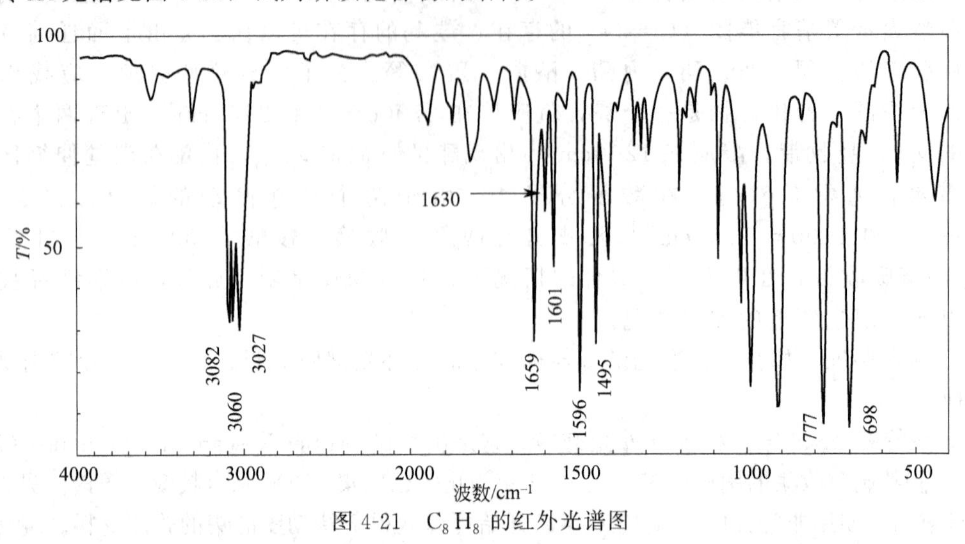

图 4-21 C_8H_8 的红外光谱图

解：$U=1+8+\frac{0-8}{2}=5$，这表示可能有苯环。

(1) 特征区第一强峰为 1500cm^{-1}

查表 4-3 红外光谱的九个重要区段可知：1500cm^{-1} 是由 $\nu_{C=C}$ 伸缩振动引起的。

按基团或类别查找芳烃类的峰数与数据，可找到取代苯的四种相关峰：

① $\nu_{\phi H}$ 3090cm^{-1}、3060cm^{-1} 及 3030cm^{-1}（3125～3030cm^{-1}，一般 3～4 个峰）。

② 泛频峰 2000～1667cm^{-1} 的峰表现为单取代峰形（苯环高度特征峰）。

③ $\nu_{C=C}$ 1600cm^{-1}、1570cm^{-1}、1500cm^{-1} 及 1450cm^{-1}，苯环的骨架振动、共轭环（1500～1600cm^{-1} 之间的两个峰，是苯环存在的最重要的吸收峰之一，共轭时在 1650～1430cm^{-1}，吸收峰为 3～4 个）。

④ $\gamma_{\phi H}$ 780cm^{-1} 及 690cm^{-1}（双峰）苯环单取代峰形（确定取代位置最重要的吸收峰）。

故可以判定该未知物具有单取代苯基团。

(2) 特征区第二强峰为 1630cm^{-1}

查表 4-3 可知：1630cm^{-1} 是由 $\nu_{C=C}$ 伸缩振动引起的。苯环已确定，故此峰应是烯烃的 $\nu_{C=C}$，烯烃的相关振动类型有四种。

① $\nu_{C=H}$ 3090cm^{-1}、3060cm^{-1} 及 3030cm^{-1}。

② $\nu_{C=C}$ 1630cm^{-1}。

③ $\delta_{=CH}$ 1430～1260cm^{-1}

④ $\gamma_{=CH}$ 990cm^{-1} 及 905cm^{-1} 是乙烯单取代的特征峰。

综上所述分子中既含有苯环，又含有乙烯基，结合分子式和不饱和度，该物质应是苯乙烯（$C_6H_5-CH=CH_2$）。

最后进行对照验证。如查对苯乙烯的标准红外光谱图或与标准品的苯乙烯红外光谱图对照。

【本章小结】

(1) 基本原理

分子受红外辐射照射后，分子的振动和转动运动由较低能级向较高能级跃迁，从而导致对特定频率红外辐射的选择性吸收，由此形成特征性很强的红外吸收光谱，红外光谱又称振-转光谱。

吸收峰出现的频率位置是由振动能级差决定，吸收峰的个数与分子振动自由度的数目有关，而吸收峰的强度则主要取决于振动过程中偶极矩的变化以及能级的跃迁概率。

产生红外光谱必须满足两个条件：

① 红外光的频率与分子中某基团振动频率一致；

② 分子振动引起瞬间偶极矩变化。完全对称分子，没有偶极矩变化，辐射不能引起共振，无红外活性。

(2) 振动的基本类型

多原子分子的振动，不仅包括双原子分子沿其核-核的伸缩振动，还有键角参与的各种可能的变形振动。因此，一般将振动形式分为两类，即伸缩振动和弯曲振动。

实际上，绝大多数化合物在红外光谱图上出现的峰数，远小于理论上计算的振动数，这是由如下原因引起的：

① 没有偶极矩变化的振动，不产生红外吸收，即非红外活性；

② 相同频率的振动吸收重叠，即简并；

③ 仪器不能区别那些频率十分相近的振动，或因吸收带很弱，仪器检测不出；

④ 有些吸收带落在仪器检测范围之外。

(3) 影响吸收峰强度的因素

在红外光谱中，一般按摩尔吸收系数 ε 的大小来划分吸收峰的强弱等级。

振动能级的跃迁概率和振动过程中偶极矩的变化是影响谱峰强弱的两个主要因素。

(4) 基团频率和特征吸收峰

通常把这种能代表基团存在、并有较高强度的吸收谱带称为基团频率，其所在的位置一般又称为特征吸收峰。按吸收的特征，又可划分为官能团区和指纹区。

(5) 官能团区和指纹区

红外光谱的整个范围可分成 $4000\sim1300\text{cm}^{-1}$ 与 $1300\sim600\text{cm}^{-1}$ 两个区域。

$4000\sim1300\text{cm}^{-1}$ 区域的峰是由伸缩振动产生的吸收带。由于基团的特征吸收峰一般位于高频范围，并且在该区域内，吸收峰比较稀疏，因此，它是基团鉴定工作最有价值的区域，称为官能团区。

在 $1300\sim600\text{cm}^{-1}$ 区域中，除单键的伸缩振动外，还有因变形振动产生的复杂光谱。当分子结构稍有不同时，该区的吸收就有细微的差异。这种情况就像每个人都有不同的指纹一样，因而称为指纹区。指纹区对于区别结构类似的化合物很有帮助。

(6) 主要基团的特征吸收峰

用红外光谱来确定化合物是否存在某种官能团时，首先应该注意该官能团的特征峰是否存在，同时也应找到它的相关峰作为旁证。

(7) 影响基团频率的因素

尽管基团频率主要由其原子的质量及原子的力常数所决定，但分子内部结构和外部环境的改变都会使其频率发生改变，因而使得许多具有同样基团的化合物在红外光谱图中出现在一个较大的频率范围内。影响基团频率的因素可分为内部及外部两类。

(8) 红外吸收光谱仪的类型

测定红外吸收的仪器有两种类型：①光栅色散型分光光度计；②傅里叶变换红外光谱仪。色散型红外分光光度计和紫外、可见分光光度计相似，也是由光源、单色器、试样室、检测器和记录仪等组成。傅里叶变换红外光谱仪是由红外光源、干涉仪（迈克尔逊干涉仪）、试样插入装置、检测器、计算机和记录仪等部分构成。

(9) 红外吸收光谱法的应用

红外光谱广泛地用于化合物的定性、定量分析和化学反应的机理研究等。但是红外光谱应用最广的还是未知化合物的结构鉴定。

(10) 红外光谱图解析的方法

① 了解样品来源、纯度（>98%）、外观包括对样品的颜色、气味、物理状态、灰分等进行观察。如未知物含杂质，先进行分离、提纯。

② 确定未知物的不饱和度。

③ 由IR谱图确定基团及结构。

④ 推测可能的结构。

⑤ 查阅标准谱图，与此对照核实。

【习题】

1. 产生红外吸收的条件是什么？是否所有的分子振动都会产生红外吸收光谱？为什么？

2. 以亚甲基为例说明分子的基本振动模式。

3. 何谓基团频率？它有什么重要用途？

4. 红外光谱定性分析的基本依据是什么？简要叙述红外定性分析的过程。

5. 影响基团频率的因素有哪些？

6. 何谓指纹区？它有什么特点和用途？

7. 氯仿（$CHCl_3$）的红外光谱说明C—H伸缩振动频率为$3100cm^{-1}$，对于氘代氯仿（C^2HCl_3），其$C—^2H$振动频率是否会改变？如果变化，是向高波数还是低波数位移？为什么？

8. 计算樟脑（$C_{10}H_{16}O$）的不饱和度。

9. 某化合物在$3640\sim1740cm^{-1}$区间的IR光谱如图4-22所示。该化合物应是氯苯（Ⅰ）、苯（Ⅱ）或4-叔丁基甲苯中的哪一个？说明理由。

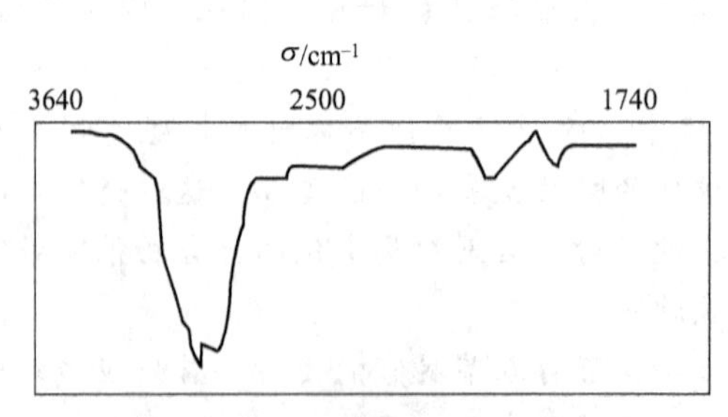

图4-22 某化合物红外光谱图

（4-叔丁基甲苯）

10. 某化合物分子式为C_6H_{14}，红外光谱如图4-23所示，试推断其结构。

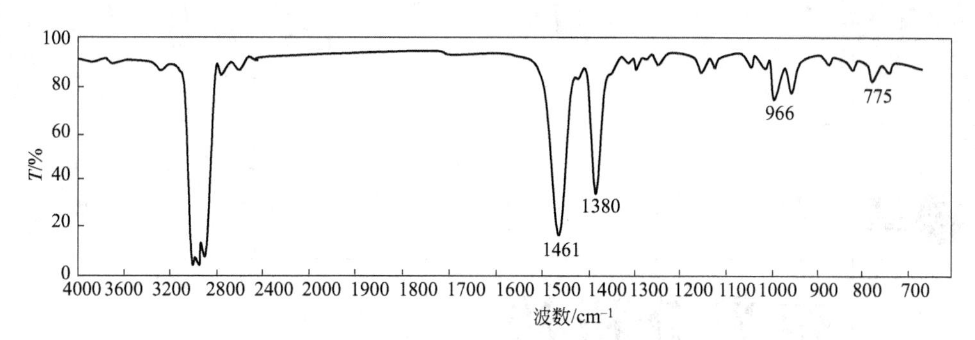

图 4-23 C_6H_{14} 化合物红外光谱图

［$CH_3—CH_2CH(CH_3)CH_2—CH_3$］

11. 某化合物分子式为 C_9H_{12}，IR 光谱如图 4-24 所示，推断其结构。

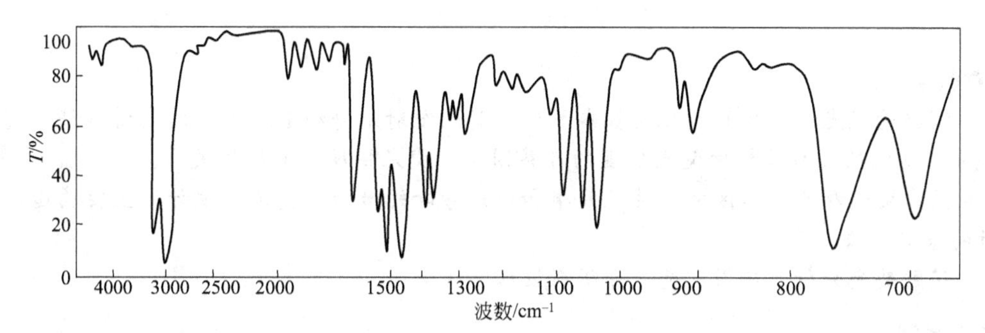

图 4-24 C_9H_{12} 的红外光谱图

［$C_6H_5—CH(CH_3)_2$］

第5章

荧光分析法

【本章教学要求】

● 掌握荧光光谱产生的过程及基本原理、荧光发射光谱和激发光谱的光谱特征、荧光强度和分子结构的关系及影响荧光强度的外界因素、荧光强度与浓度的关系。

● 熟悉荧光和磷光的区别、荧光效率和荧光寿命的概念、荧光光度计的主要构造、荧光分析的基本方法。

● 了解荧光分析的应用及荧光分析新技术。

【导入案例】

1575年，有人在阳光下观察到菲律宾紫檀木切片的黄色水溶液呈现极为可爱的天蓝色。1852年斯托克斯（G. G. Stokes）用分光计观察奎宁和叶绿素溶液时，发现它们所发出的光的波长比入射光的波长稍长，由此判明这种现象是由于这些物质吸收了光能并重新发出不同波长的光线，斯托克斯称这种光为荧光。人们可以将试样与已知物质同时放在紫外光源下，根据它们所发荧光的性质、颜色和强度，鉴定它们是否含有同一物质。也可用荧光分光光度计测量物质在某一波长处的荧光强度，进而计算出被测物的含量。例如将维生素B_1在碱性溶液中被氰化钾氧化成硫色素后，快速异丁醇振摇提取，在激发波长为365nm照射下记录发射波长为435nm下的荧光强度，通过与对照品荧光强度比较可求出维生素B_1的含量。

一些物质被某种波长激发光照射后，能选择性吸收特定波长的能量，并发射出比原吸收波长更长的光，这种现象为光致发光。当激发光停止，所发射的光也立即消失，这种光称为荧光（fluorescence）。根据激发光的波长范围不同，可分为X射线荧光、紫外-可见荧光、红外荧光等。根据发射荧光的粒子不同，可分为分子荧光、原子荧光。基于对物质荧光的测定而建立起来的定性和定量分析方法称为荧光分析法（fluorometry）或荧光分光光度法。本章主要介绍激发光源为紫外-可见的分子荧光分析法。

荧光分析法具有以下优点：①灵敏度高，由于在黑背景下测定荧光发射强度，荧光分析法较吸收光度法灵敏度高出2～3个数量级，可达$10^{-10}\sim10^{-12}$g/mL；②选择性强，光谱干扰少，可以通过选择适当的激发和发射波长来实现选择性测量的目的；③线性范围宽，荧光分析法线性范围为3～5个数量级，而吸收光度法线性范围仅为1～2个数量级；④试样用量小、操作方便，荧光分析法在药学、生物化学、临床、食品及环境等分析中具有特殊的重要性，特别是联用技术更扩大了荧光分析法的应用范围。

荧光分析法的不足——不是所有吸光物质都能产生荧光，因此其应用也受到一定程度上的限制。

5.1 基本原理

5.1.1 分子荧光的产生

（1）分子的激发及激发态

大多数有机化合物的分子含有偶数个电子，在未吸收光能前处于最低能量状态，即基态。根据能量最低及泡利（Pauli）不相容原理，电子在基态时是自旋成对（相反的自旋方向）地排列在能量较低的轨道上，自旋量子数分别为+1/2和−1/2，分子中的总自旋量子数$S=0$，即基态时电子无净自旋。当分子受到光照射时，电子提高到高能量轨道，这种能量提高的状态叫电子的激发态。

根据电子能级多重性定义$M=2S+1$，式中S为电子的总自旋量子数，其值为0或1，M为分子中电子总自旋角动量在z轴方向的可能性。当$S=0$时$M=1$，z轴方向只有一种可能，称为单重态或单线态（singlet state，S），基态的单重态以S_0表示。当电子受到激发后，电子的自旋方向保持不变，仍和处于基态的电子配对，则激发态仍为单重态，各种激发单线态以S_i^*表示。若激发过程中电子自旋方向发生了改变，与基态时自旋方向相反，则与处于基态的电子呈平行状态，此时$S=(+1/2)+(+1/2)=1$，$M=3$，这样的激发态为三重态（triplet state，T），各种激发三重态以T_i^*表示。三重态中，处于不同轨道的两个电子自旋平行，两个电子轨道在空间的交叉覆盖较少，电子的平均间距变长，相互排斥的作用降低，因此自旋平行比自旋相反状态稳定，三重态的能级要比相应单重态能级低，如图5-1所示。

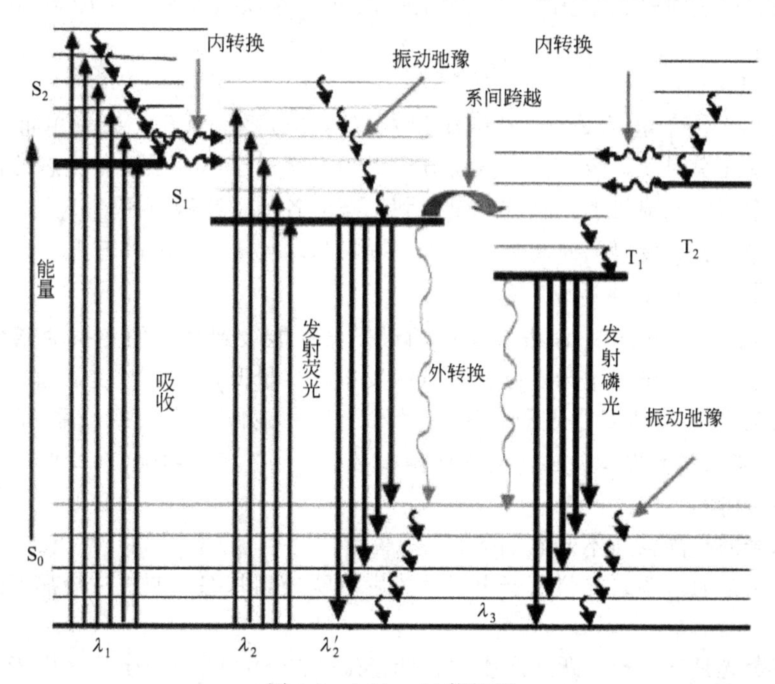

图5-1　Jablonski能级图

(2) 荧光的产生

激发态分子经去激发回到基态有多种途径和方式，通常包括无辐射跃迁方式和辐射跃迁方式。无辐射跃迁方式是指以热能的形式释放多余的能量，包括振动弛豫、内部能量转换、外部能量转换、体系间跨越。辐射跃迁方式是以辐射的形式发射光量子回到基态，发射的光量子为荧光或磷光。

① 无辐射跃迁

a. 振动弛豫　同一电子能级内分子通过碰撞或分子与晶格间相互作用，以热能的形式损失掉部分能量，由各较高振动能级下降到低相邻振动能级间的跃迁，称为振动弛豫。振动弛豫时间约为 10^{-12}s，由于这部分能量以热形式释放，属于无辐射跃迁。

b. 内部能量转换　简称内转换，是与荧光相竞争的过程之一。在相同的多重态的电子能级中，当两个电子能级非常靠近以致其振动能级有重叠时，电子由高能级以无辐射跃迁方式转移至低能级，这个过程为内部能量转换。内部能量转换过程取决于能级之间的相对能量差。基态与激发单线态之间能量差较大，内转换效率低。两个单线或三重激发态之间发生内转换的可能性要大很多，如激发态电子可由 S_2^* 转移至 S_1^*，T_2^* 转移至 T_1^*。分子最初无论在哪个激发态都能以内转换途径达到第一激发态，随后通过振动弛豫达到最低振动能级。发生内转换的时间约为 10^{-12}s。

c. 外部能量转换　简称外转换，是与荧光相竞争的主要过程，是激发态分子与溶剂或其他分子之间产生相互碰撞而失去能量，回到基态的无辐射跃迁。外转换可使荧光或磷光减弱或发生猝灭，这一现象也称为荧光猝灭。从第一激发单线态或三线态回到基态的无辐射跃迁包括内转换和外转换。

d. 体系间跨越　又称体系间交叉跃迁，指不同多重态在有重叠的振动能级间的非辐射跃迁，如 S_1^* 跃迁至 T_1^*。体系间跨越改变了电子自旋状态，属于禁阻跃迁。含有重原子（如溴、碘）的分子中，原子的核电荷数高，电子自旋与轨道运动之间相互作用大，有利于自旋翻转，因此体系间跨越最为常见。溶液中氧分子等顺磁性物质也能增加体系间跨越的发生。

② 辐射跃迁

a. 荧光发射　由于电子发生振动弛豫和内转换过程要比由第一激发单重态的最低振动能级到基态的跃迁快得多，故较高激发态分子无辐射跃迁至第一激发单重态的最低振动能级后仍不稳定，继而以光辐射形式释放能量回到基态的各振动能级（$S_1^* \rightarrow S_0$），这时跃迁所产生的辐射为荧光。荧光发射的时间约为 10^{-7}～10^{-9}s，由图 5-1 可以看出，分子发射荧光的能量比吸收能量小，故 $\lambda_2' > \lambda_2 > \lambda_1$。

b. 磷光发射　电子由第一激发三重态的最低振动能级到基态的各振动能级（$T_1^* \rightarrow S_0$）跃迁所产生的辐射。由于三重激发态比单重激发态的能量低，所以产生磷光的波长要比荧光波长长。磷光的产生包括多个过程：S_0→激发→振动弛豫→内转换→系间跨越→振动弛豫→$T_1^* \rightarrow S_0$，所以磷光发生速率比荧光要慢得多，约为 10^{-4}～100s，当光照停止后磷光发射还可持续一段时间。

荧光和磷光的相同点与不同点如下：

相同点：都是通过辐射能量跃迁电子从激发态跃迁到基态，波长一般都不同于入射光的波长。

不同点：荧光是 $S_1^* \rightarrow S_0$ 跃迁产生的，磷光是 $T_1^* \rightarrow S_0$ 跃迁产生的。由于 T_1^* 较 S_1^* 能量低，所以磷光辐射波长比荧光长；磷光由于是禁阻跃迁所以磷光强度弱，而荧光的强度大；磷光发光速率较荧光慢但寿命长，荧光寿命短；磷光的寿命和辐射强度受重原子和顺磁性离子存在的影响大且极为敏感；当光照射停止后荧光也很快随之消失，而磷光还可持续一段时间。

c. 延迟荧光　也被称为缓发荧光，它来源于第一激发三重态（T_1^*）重新生成的 S_1^* 态的辐射跃迁，延迟荧光寿命长达 10^{-3}s。在激发光源熄灭后，延迟荧光可持续一段时间，但与磷光又有本质区别，同一物质的磷光总比荧光长。

5.1.2　激发光谱与发射光谱

由于荧光属于被激发后的发射光谱，因此它具有两个特征光谱，即激发光谱和发射光谱。

(1) 激发光谱

激发光谱是指不同激发波长的辐射引起物质发射某一波长荧光的相对效率。即固定荧光发射波长，扫描记录荧光激发波长，获得的荧光强度与激发波长的关系曲线。以荧光强度（F）为纵坐标，激发波长（λ_{ex}）为横坐标作图，所得到的图谱为荧光物质激发光谱。激发光谱上荧光强度最大值所对应的波长为最大激发波长（λ_{ex}^{max}），是激发荧光最灵敏波长。物质的激发光谱与它的吸收光谱相似，是因为荧光物质吸收了这种波长的紫外线才能发射荧光，但两者不可能完全重叠。

(2) 发射光谱

发射光谱又称为荧光光谱，是指在所发射的荧光中各种波长组分的相对强度。即固定荧光激发波长，扫描荧光发射波长，记录荧光强度（F）对发射波长（λ_{em}）的关系曲线，所得到的图谱称为荧光物质发射光谱。荧光发生光谱上荧光强度最大值对应的波长为最大荧光发射波长（λ_{em}^{max}）。

荧光物质的最大激发波长和最大荧光波长常用于对其进行定性，是物质分析的主要信息。

(3) 荧光光谱基本特征

① 荧光光谱的形状与激发波长无关　虽然荧光物质的吸收光谱可能含有几个吸收带，即使分子被激发到高于 S_1^* 的电子激发态的各个振动能级，由于内转换和振动弛豫的速率很快，最终都会下降至激发态 S_1^* 的最低振动能级。而荧光发射均由第一激发单重态的最低振动能级跃迁到基态的各振动能级，所以荧光发射光谱由第一激发单重态和基态间能量决定，而与激发波长无关。

从图 5-2 看到，硫酸奎宁的激发光谱有两个峰，而荧光光谱仅有一个峰，这是内转换和振动弛豫的结果。

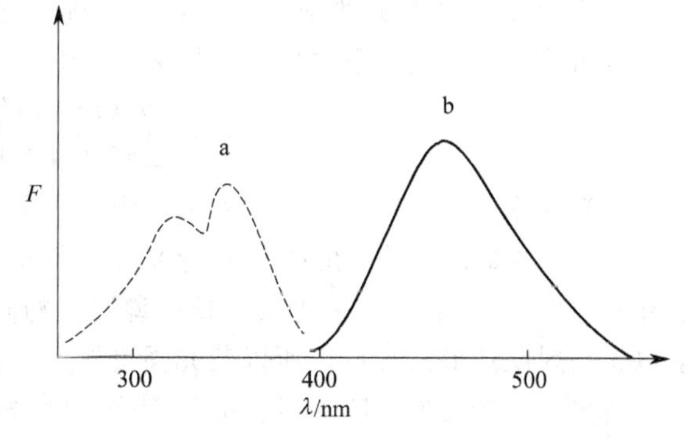

图 5-2　硫酸奎宁的激发光谱（a，虚线）及荧光光谱（b，实线）

② 镜像规则　如果将某一物质的激发光谱和荧光光谱进行比较，就可发现这两种光谱之间存在着“镜像对称”的关系，如图 5-3 所示的蒽的激发光谱和荧光光谱。镜像对称产生原因是激发光谱是由基态最

低振动能级跃迁到第一激发单重态的各个振动能级而形成，其形状与第一激发单重态的振动能级分布有关。发射光谱是由第一激发单重态的最低振动能级跃迁到基态的各个振动能级而形成，其形状与基态振动能级分布有关。由于基态和激发态振动能级结构相似，激发和去激发过程相反，因此不同激发波长照射荧光物质都可以获得相同的荧光光谱。

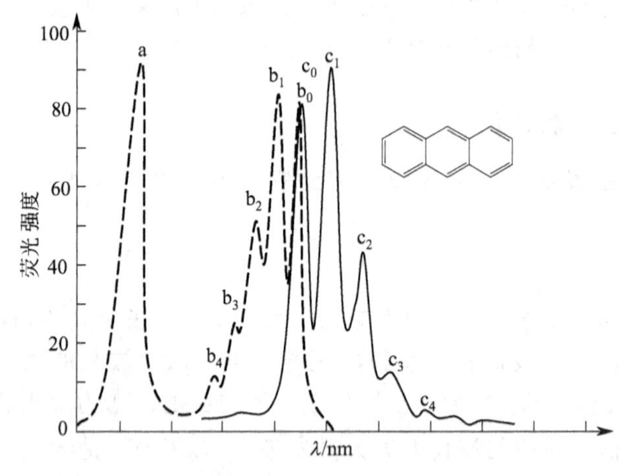

图 5-3 蒽的激发光谱（虚线）和荧光光谱（实线）

③ Stokes 位移 在溶液中，分子荧光的发射光谱的波长总比激发光谱长，产生位移的原因是激发态时分子通过弛豫振动、内转换消耗了部分能量，同时溶剂分子与受激发分子的碰撞也会失去部分能量，故产生 Stokes 位移现象。

5.2 荧光与分子结构的关系

5.2.1 荧光效率和荧光寿命

能产生荧光的分子称为荧光分子。能产生荧光的分子必须具备的条件包括：

① 具有合适的结构 荧光分子通常为有强紫外-可见吸收的苯环或稠环结构的有机分子，如荧光素、联苯、芴。

② 具备较高的荧光效率 荧光效率又称荧光产率，是指物质分子发射荧光的光量子数与吸收激发光的光量子数之比，常用 ϕ_f 表示：

$$\phi_f=\frac{\text{发射荧光的光量子数}}{\text{吸收激发光的光量子数}} \tag{5-1}$$

荧光效率 $0 \leqslant \phi_f \leqslant 1$。$\phi_f=1$ 表示每吸收一个光量子就发射一个光量子，但大部分荧光物质 $\phi_f<1$。例如荧光素钠在水中 $\phi_f=0.92$；荧光素在水中 $\phi_f=0.65$；蒽在乙醇中 $\phi_f=0.30$；菲在乙醇中 $\phi_f=0.10$。荧光效率越低说明该物质虽然有较强的紫外吸收，但所吸收的能量多以无辐射跃迁形式释放，所以荧光强度弱。

荧光寿命指激发光除去后，分子荧光强度降至最大荧光强度的 1/e 所需的时间，常用 τ_f 表示。物质被激发时的荧光强度（F_0）和除去激发后 t 时间的荧光强度（F_t）呈指数关系，具体见式(5-2)：

$$F_t=F_0 e^{-kt} \tag{5-2}$$

式中，k 为衰减常数。当 $F_t=\frac{1}{e}F_0$ 时，$t=\tau_f$，代入式(5-2) 得：

$$k=\frac{1}{\tau_f} \tag{5-3}$$

将式(5-3) 代入式(5-2) 得：

$$\ln\frac{F_0}{F_t}=\frac{t}{\tau_f} \tag{5-4}$$

以 $\ln\frac{F_0}{F_t}$ 对 t 作图，斜率的倒数为荧光寿命。利用分子荧光寿命的不同，可进行混合荧光物质的分析。

5.2.2 荧光强度与结构的关系

物质分子结构不仅与是否有荧光的发生有关，还与荧光强度密切相关，因此可以根据物质的分子结构判断其荧光特性。化学结构与荧光强度之间的规律如下：

(1) 跃迁类型

分子结构中具有 $\pi \rightarrow \pi^*$ 跃迁或 $n \rightarrow \pi^*$ 跃迁的物质都有紫外-可见吸收，但 $n \rightarrow \pi^*$ 跃迁引起的 R 带是一个弱吸收带，电子跃迁概率小，由此产生的荧光极弱。发生 $\pi \rightarrow \pi^*$ 跃迁的分子其摩尔吸光系数比 $n \rightarrow \pi^*$ 跃迁大 100～1000 倍，激发单线态与三线态间能量差别比 $n \rightarrow \pi^*$ 跃迁大很多，电子不易自旋反转，体系间跨越概率小，因此实际上分子结构中存在共轭的 $\pi \rightarrow \pi^*$ 跃迁的分子荧光效率高，强度大。

(2) 共轭效应

绝大多数能产生荧光的物质都含有芳香环或杂环，因为芳香环或杂环分子具有长共轭($\pi \rightarrow \pi^*$) 体系。共轭体系越长，荧光强度（荧光效率）越大，其 λ_{ex}^{max} 和 λ_{em}^{max} 产生红移。如苯、萘、蒽三个化合物的共轭结构与荧光的关系如下：

	苯	萘	蒽
λ_{ex}^{max}	205nm	268nm	356nm
λ_{em}^{max}	278nm	321nm	404nm
ϕ_f	0.11	0.29	0.36

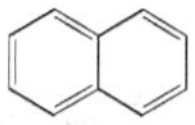

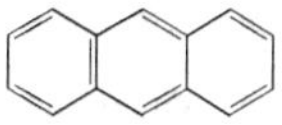

对共轭环数相同的芳香族化合物，线性环结构的荧光波长比非线性的要长。如菲和蒽共轭环数相同，菲为角形结构，λ_{em}^{max} 为 350nm。

含有长共轭双键的脂肪烃也可能有荧光，但这一类化合物的数目不多。维生素 A 是能发射荧光的脂肪烃之一，结构式如下：

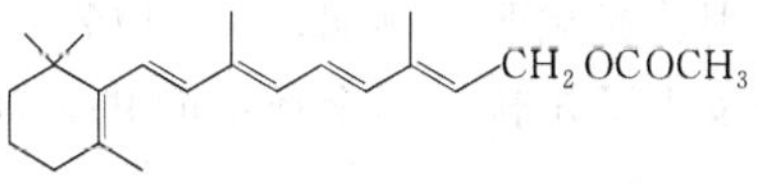

CH_2OCOCH_3

$\lambda_{ex}^{max}=327nm$　　$\lambda_{em}^{max}=510nm$

(3) 刚性和共平面性效应

荧光分子具有刚性平面结构，可降低分子振动，减少与溶剂相互作用，具有较强的荧光。刚性、共平面性变大，荧光效率增大，荧光波长红移。如酚酞和荧光素结构相似，荧光素多一个氧桥，使分子的 3 个环成一个平面，分子的刚性和共平面性增加，电子的共轭程度增加，因而荧光素有强烈的荧光，但酚酞却较弱。联苯和芴的荧光效率 ϕ_f 分别为 0.18 和 1.0，二者的结构差别在于芴的分子中引入亚甲基成桥，使两个苯环不能自由旋转，刚性和共平面性增加，荧光效率大大增加。

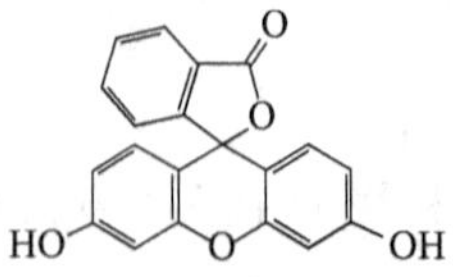

荧光素 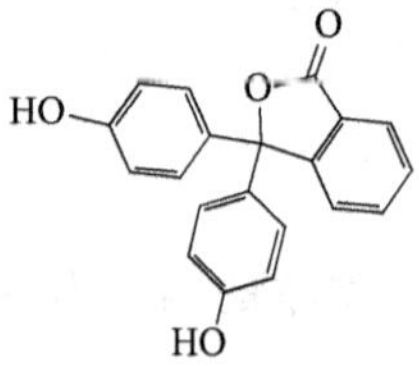　　酚酞

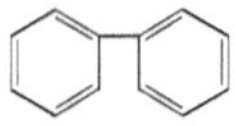

联苯 $\phi_f=0.18$ 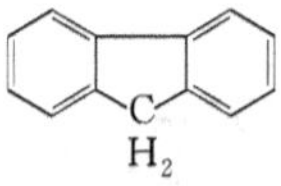　　芴 $\phi_f=1.0$

本身无荧光或发生较弱荧光的物质，与金属离子形成络合物后，若刚性和共平面性增强，则可产生荧光或荧光增强。如弱荧光物质 8-羟基喹啉与 Mg^{2+} 形成络合物荧光强度增强。

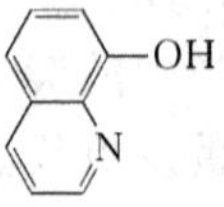

8-羟基喹啉 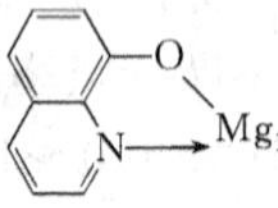　　8-羟基喹啉镁

（4）取代基效应

芳环上的各种取代基对分子的荧光光谱和荧光强度都产生很大影响，取代基可分为三类：

① 取代基增加分子的 π 电子共轭程度，使荧光效率提高，荧光波长红移。取代基包括：$-NH_2$、$-OH$、$-OCH_3$、$-NHR$、$-NR_2$、$-CN$ 等供电子基。如苯胺、苯酚的荧光强度是苯的 50 倍。

② 取代基减弱分子的 π 电子共轭体系，使荧光减弱甚至熄灭。取代基包括：$-COOH$、$-NO_2$、$-C=O$、$-NO$、$-SH$、$-NHCOCH_3$、$-X$ 等吸电子基。如硝基苯、苯甲酸、溴苯是非荧光物质。

③ 取代基对 π 电子共轭体系作用较小，对荧光影响不明显。取代基包括：$-R$、$-SO_3H$、$-NH_3^+$ 等。

（5）空间位阻效应

取代基空间位阻对荧光强度也有影响。在荧光物质分子中引入了较大基团后，由于位阻的原因分子的共平面性下降，则荧光减弱。例如，1-二甲氨基萘-8-磺酸盐中的二甲氨基与磺酸盐之间的位阻效应，使分子发生了扭转，两个环不能共平面，因而使荧光大大减弱。

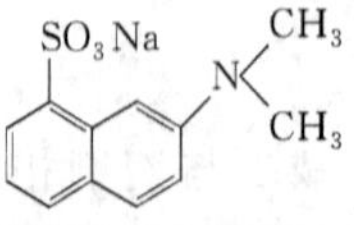

1-二甲氨基萘-7-磺酸盐 $\phi_f=0.75$ 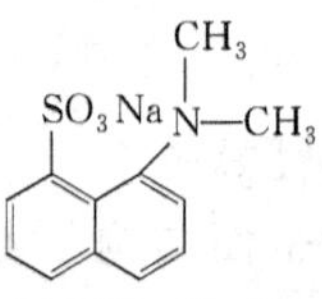　　1-二甲氨基萘-8-磺酸盐 $\phi_f=0.03$

同理，由于立体异构造成的空间位阻对荧光强度也有显著影响。如1,2-二苯乙烯的反式异构体有强荧光，而顺势异构体没有荧光。原因是顺式分子的两个基团在同一侧，空间位阻使分子不能共平面而没有荧光。

5.2.3 影响荧光强度的外界因素

分子所处的外界环境，如温度、溶剂、pH值、荧光猝灭剂等都会影响荧光效率，甚至影响分子结构及立体构象，从而影响荧光光谱的形状和强度。

(1) 溶剂的影响

溶剂对荧光的影响称为溶剂效应，是影响荧光光谱形状、强度、位移的重要因素之一。一般情况下，荧光波长随着溶剂极性的增大而红移，荧光强度也有所增强。这是因为极性溶剂使 $\pi\rightarrow\pi^*$ 跃迁所需的能量差降低，跃迁概率增加，从而使 λ_{em}^{max} 红移，强度增强。同理，增加溶剂的非极性可使 λ_{em}^{max} 蓝移。另外溶剂黏度增加可降低溶质分子间碰撞概率，无辐射跃迁减少，荧光强度增加。表5-1为8-巯基喹啉在不同溶剂中的荧光峰位及荧光效率。

表5-1 8-巯基喹啉在不同溶剂中的荧光峰位及荧光效率

溶 剂	介电常数	荧光峰位(λ_{em}^{max})/nm	荧光效率(ϕ_f)
CCl_4	2.24	390	0.002
CH_3Cl	5.2	398	0.041
丙酮	21.5	405	0.055
乙腈	38.8	410	0.064

(2) 温度的影响

随着温度的升高，分子运动速度加快，溶剂的弛豫作用减小，荧光物质与溶剂分子的碰撞频率增加，外转换概率增加，荧光效率下降，荧光强度将降低。例如荧光素钠的乙醇溶液在0℃以下，温度每降低10℃，ϕ_f增加3%，在−80℃时，ϕ_f为1。

(3) pH值的影响

当荧光物质本身是弱酸或弱碱时，溶液的pH值对该荧光物质的荧光强度有较大影响。这是因为弱酸（碱）分子与其共轭碱（共轭酸）电子结构有所不同。当溶剂pH值发生改变时，弱酸（碱）主要存在形式不同，因而具有不同的荧光。

$$C_6H_5\text{-}NH_3^+ \underset{H^+}{\overset{OH^-}{\rightleftharpoons}} C_6H_5\text{-}NH_2 \underset{H^+}{\overset{OH^-}{\rightleftharpoons}} C_6H_5\text{-}NH^-$$

pH≤2 无荧光　　pH=7～12 蓝色荧光　　pH≥13 无荧光

大多数荧光物质对溶剂的pH值很敏感，都有最适宜荧光发射的pH值范围，实验时应严格控制。

(4) 散射光的影响

当一束平行光照射在液体样品上，一部分光线透过溶液，一部分被分子吸收，另一部分由于光子和物质分子相碰撞，光子的运动方向发生改变而向不同角度散射，这种光称为散射光。

光子和物质分子只发生弹性碰撞，不发生能量的交换，仅光子运动方向发生改变，其波长与入射光波长相同，这种散射光叫作瑞利光。

光子和物质分子发生非弹性碰撞，光子运动方向改变的同时，光子与物质分子发生能量交换，光子能量增加或减少，而发射出比入射光波长稍长或稍短的光，这种光称为拉曼光。

其中长波长光称为 Stokes 线，而短波长光为反 Stokes 线，Stokes 线比反 Stokes 线强度大。

瑞利光和拉曼光强度与激发波长有关，一般激发波长越短散射光越强，但拉曼光较瑞利光强度弱。瑞利光波长与激发波长相同，可通过选择适当的荧光波长或加入滤光片消除对荧光测定干扰。拉曼光波长与物质荧光波长相近，对荧光测定的干扰大。可利用拉曼波长随激发波长改变而改变，而荧光波长与激发波长无关的性质，通过选择适当的激发波长将二者区分开。

以硫酸奎宁为例，从图 5-4(a) 可见，无论激发波长在 320nm 还是 350nm，硫酸奎宁的最大荧光波长总是在 448nm。从图 5-4(b) 可见，用相同的激发波长照射空白溶剂，在激发光波长为 320nm 时，溶剂的瑞利光波长是 320nm，拉曼光波长是 360nm，360nm 的拉曼光对荧光无影响。在激发光波长为 350nm 时，溶剂的瑞利光波长是 350nm，拉曼光波长是 400nm，400nm 的拉曼光对荧光有干扰，因而影响测定结果。

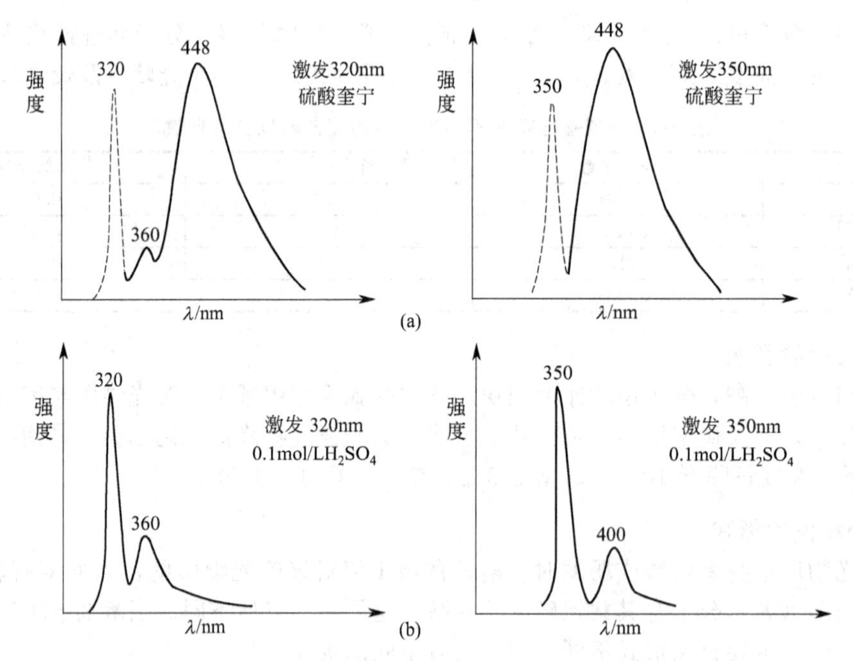

图 5-4　硫酸奎宁（a）与溶剂（b）在不同波长激发下的荧光与散射光谱

表 5-2 为常用四种溶剂在不同波长激发光照射下拉曼光的波长。从表 5-2 中可见，四氯化碳的拉曼光与激发光的波长极为相近，所以其拉曼光几乎不干扰荧光测定。而水、乙醇及环已烷的拉曼光波长较长，使用时必须注意。

表 5-2　在不同波长激发光下主要溶剂的拉曼光波长　　单位：nm

λ_{ex}	248	313	365	405	436
水	271	350	416	469	511
乙醇	267	344	409	459	500
环已烷	267	344	408	458	499
四氯化碳	—	320	375	418	450

（5）荧光猝灭剂的影响

荧光物质分子与溶剂分子或其他分子相互作用，引起荧光强度降低或消失的现象称为荧光猝灭。引起荧光猝灭的物质称为猝灭剂。根据荧光猝灭的机制分为动态猝灭（碰撞猝灭）、静态猝灭、转入三重态猝灭、自吸收猝灭。

碰撞猝灭又称动态猝灭，是由于激发态荧光分子与猝灭剂分子碰撞而失去能量，无辐射跃迁回到基态，是引起荧光猝灭的主要原因。碰撞猝灭受扩散控制，服从 Stern-Volmmer 猝灭方程。当溶液黏度或猝灭剂浓度增加时，猝灭效应降低。静态猝灭是荧光物质与猝灭剂形成不能产生荧光的配合物。静态猝灭可减小激发分子的浓度，改变荧光强度，但不改变荧光寿命。转入三重态猝灭是由于引入高电荷重原子，使荧光分子由激发单重态转入激发三重态后不能发射荧光。这种随着重原子加入而出现的荧光强度减弱而磷光强度增强的现象称为重原子效应。自吸收猝灭是荧光分子浓度增大后，一些分子的荧光发射光谱被另一些分子吸收，造成荧光强度降低。自吸收现象是因为荧光发射光谱的短波长端与其吸收光谱长波长端重叠造成。浓度越大，自吸收现象越严重，故也称浓度猝灭。

O_2 是最常见的荧光猝灭剂，荧光分析时要除去溶剂中的氧。常见的荧光猝灭剂还包括：卤素离子、重金属离子、硝基化合物、重氮化合物、羰基和羧基化合物。

(6) 氢键的影响

荧光物质与溶剂或其他溶质之间形成氢键，能显著影响荧光物质的荧光发射光谱和荧光强度。

(7) 表面活性剂的影响

当表面活性剂浓度达到临界胶束浓度时，表面活性剂会聚集形成胶束，然后荧光物质被分散和固定在胶束中，降低了荧光物质之间的碰撞概率，减少了分子的无辐射跃迁，提高了荧光效率，荧光强度增加。另外，荧光物质被分散和固定在胶束中，增强了荧光物质的稳定性，降低荧光猝灭剂对荧光物质的猝灭作用，同时也可降低荧光物质的自猝灭，可提高荧光分析法的灵敏度和稳定性。

5.3 荧光分光光度计

5.3.1 主要部件

荧光分光光度计的种类很多，但一般均包括以下五个主要部件：激发光源、激发和发射单色器、样品池、检测系统、读出装置，其结构如图 5-5 所示。与其他分光光度法仪器相比，其结构特点是具有两个单色器，且光源与检测器通常呈直角，可避免光源的背景干扰。

(1) 激发光源

荧光分光光度计所用的光源应能发射紫外到可见区波长的光，且强度大、稳定。常用的有汞灯、氙灯、溴钨灯、氢灯。氙灯所发射的谱线强度大，在 250～700nm 内是连续光谱，在 300～400nm 波长之间的谱线强度几乎相等，目前荧光分光光度计大都以其作为光源。

(2) 单色器

荧光分光光度计有两个单色器，置于光源和样品池之间的单色器称为激发单色器（第一单色器），用于对光源进行分光，得到所需单色性较好的特定波长激发光。置于样品池后和检测器之间的单色器称为发射单色器（第二单色器），用于选择某一波长的荧光，消除其他杂散光干扰。

在滤光片荧光计中，通常使用滤光片作单色器，在荧光分光光度计中，激发单色器可以

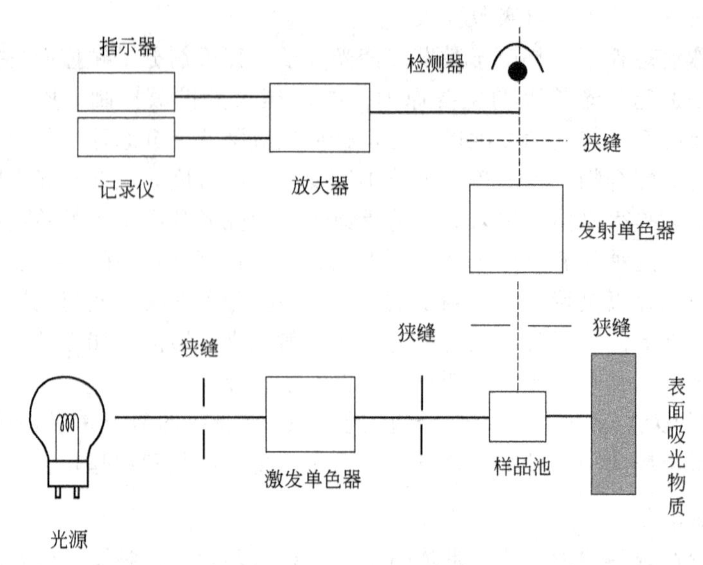

图 5-5 荧光分光光度计结构示意图

是滤光片也可以是光栅，发射单色器均为光栅。定量分析中以获得最强的荧光和最低的背景作为选择滤光片或光谱条件的原则。

(3) 样品池

测定荧光用的样品池必须由低荧光的玻璃或石英材料制成。样品池为四面透光且散射光较少的方形池，适用于 90°测量，以消除透射光的背景干扰。

(4) 检测器

光电荧光计以光电管为检测器，荧光分光光度计多采用光电倍增管检测。目前对光敏荧光物质、复杂样品进行分析时，也有采用二极管阵列检测器（PDA）。它具有检查效率高、寿命长、扫描速度迅速的优点。

(5) 读出装置

荧光分光光度计的读出装置有数字电压表、记录仪等。现在常用的是带有计算机控制的读数装置。

5.3.2 荧光计的校正

(1) 波长的校正

仪器的波长校正已在出厂前完成，但由于运输过程的温度变化和振动、较长时间使用、重要零部件更换，会使荧光计读数与真实波长发生偏差，所以要获得准确的测定结果必须进行波长校正。一般采用汞灯标准谱线校正单色器的波长。

(2) 灵敏度的校正

影响荧光计灵敏度的因素较多，同一台仪器在不同时间测定同一样品结果不尽相同，因此每次测定前必须进行灵敏度校正。方法是：在实验条件下，用稳定的荧光物质配成浓度一致的标准溶液，以其为标准，每次将仪器调节到相同数字，然后测定样品。常用的标准溶液是 1μg/mL 的硫酸奎宁溶液（0.05mol/L H_2SO_4 为溶剂）。

(3) 激发光谱和荧光光谱的校正

当光源的强度随波长发生变化、每个检测器对不同波长光的接收程度不同、检测器的感应与波长不呈线性时会产生误差，因此需要对激发光谱和荧光光谱进行校正。

5.4 定性与定量分析

荧光分析法是分子发光分析法的一种，属于光致发光，如前所述，该法灵敏度高、特异性强、用量少，广泛用于物质的定性和定量分析。

5.4.1 定性分析

荧光物质的特征光谱包括激发光谱和荧光光谱，因此用它鉴定物质比吸收光谱可靠。通过荧光对物质定性通常用纯品作对照测定，或测定荧光物质的最大激发波长和最大荧光波长。

5.4.2 定量分析

(1) 荧光强度与浓度的关系

溶液中的荧光物质被入射光（I_0）激发后，可以在各个方向观察到荧光强度（F），但由于激发光一部分可透过溶液，所以一般是在与透射光（I_t）垂直的方向观测荧光，如图 5-6 所示。

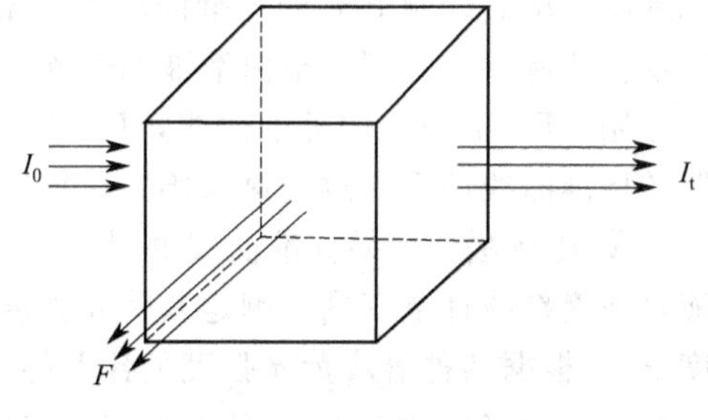

图 5-6　溶液的荧光

由于荧光物质吸收光能被激发后发射荧光，因此，溶液的荧光强度正比于溶液中荧光物质吸收光能的程度，即 $F \propto (I_0 - I_t)$，它们之间的关系符合式(5-5)，其中 K' 为仪器常数：

$$F=\phi_f K'(I_0-I_t) \tag{5-5}$$

根据 Lambert-Beer 定律：

$$I_t=I_0\times 10^{-Ecl} \tag{5-6}$$

将式(5-6) 代入式(5-5)，得：

$$F=K'\phi_f I_0(1-10^{-Ecl})=K'\phi_f I_0(1-e^{-2.3Ecl}) \tag{5-7}$$

将式中 $e^{-2.3Ecl}$ 按泰勒公式展开，得：

$$e^{-2.3Ecl}=1+\frac{(-2.3Ecl)^1}{1!}+\frac{(-2.3Ecl)^2}{2!}+\frac{(-2.3Ecl)^3}{3!}+\cdots \tag{5-8}$$

将式(5-8) 代入式(5-7)，得：

$$\begin{aligned}F&=K'\phi_f I_0\left[1-\left(1+\frac{(-2.3Ecl)^1}{1!}+\frac{(-2.3Ecl)^2}{2!}+\frac{(-2.3Ecl)^3}{3!}+\cdots\right)\right]\\&=K'\phi_f I_0\left[2.3Ecl-\frac{(-2.3Ecl)^2}{2!}-\frac{(-2.3Ecl)^3}{3!}-\cdots\right]\end{aligned} \tag{5-9}$$

当浓度 c 很小，即 $Ecl \leqslant 0.05$ 时，式(5-9) 括号中第二项以后的各项可以忽略。当测定条件一定时，近似处理后可得：

$$F=2.3K'\phi_f I_0 Ecl=Kc \tag{5-10}$$

从式(5-10) 可见，当荧光物质浓度低时（$Ecl \leqslant 0.05$），在一定的温度下，激发光的波长、强度和液层厚度都固定后，溶液的荧光强度与溶液中荧光物质的浓度呈线性关系，这是荧光法定量分析的基础。当 $Ecl > 0.05$ 时，荧光物质会发生自吸收猝灭，式（5-9）括号中第二项以后的数值就不能忽略，此时荧光强度与溶液浓度之间不呈线性关系，F-c 曲线向下弯曲。

从式(5-10) 看出，可以通过以下四方面提高荧光分析法的灵敏度：①提高荧光检测系统的灵敏度，即改进光电倍增管和放大系统，或增加单色器的狭缝宽度；②增加激发光的强度（I_0），选择适宜的激发光源可使灵敏度提高几个数量级；③选择吸收光强、荧光效率高的分子结构和外界环境，即提高 E 和 ϕ_f；④选择最大激发波长和最大荧光发射波长作为测定波长，此时 E 和 ϕ_f 均最大。其中前两个方面是提高荧光分析法灵敏度的主要措施。

在紫外-可见分光光度法中，吸光度 $A \propto c$，测定的是透光率 T 或吸光度 A，即透过光与入射光的比值（I_t/I_0）。当待测物质浓度很低时，增强入射光强度，放大入射光强信号，虽然使透过光强度和透过光信号增加，但 I_t/I_0 不变，不能提高检测灵敏度。因此紫外-可见分光光度法灵敏度较荧光分析法低得多。

(2) 定量分析方法

① 标准曲线法　标准曲线法也称校正曲线法，是荧光定量分析常用的方法。在绘制标准曲线时，以标准溶液系列中某一浓度为基准，先将空白溶液的荧光强度（F）调至 0，再将该标准溶液的荧光强度调至 50 或 100，然后测定标准溶液系列中其他各个标准溶液的荧光强度，最后绘制 F-c 的标准曲线。根据待测物质的 F_x 值在图中求得 c_x。在实际操作中，当仪器调零后，先测定空白溶液的荧光强度 F_0，然后测定各个标准溶液的荧光强度 F，最后绘制（$F-F_0$)-c 的标准曲线，$F-F_0$ 就是标准溶液本身的荧光强度。为了使不同时间绘制的标准曲线前后一致，每次绘制时均应采用同一标准溶液进行校正。

② 比例法　如果标准曲线通过零点，可以用比例法进行定量分析。首先配制一标准溶液，浓度在线性范围内，测定其荧光强度 F_s。然后在同样的条件下测定试样溶液的荧光强度 F_x。根据两种溶液荧光强度的比及标准溶液的浓度 c_s，求得试样中荧光物质的浓度 c_x 或含量。在试样空白溶液和标准空白溶液相同，即 $F_0 = F_{s_0} = F_{x_0} \geqslant 0$ 时，可按式(5-11) 计算。

$$\frac{F_x}{F_s}=\frac{c_x}{c_s}\text{或}\frac{F_x-F_{x_0}}{F_s-F_{s_0}}=\frac{c_x}{c_s}$$

$$\text{即 } c_x=\frac{F_x}{F_s}c_s \text{ 或 } c_x=\frac{F_x-F_{x_0}}{F_s-F_{s_0}}c_s \tag{5-11}$$

对于多组分的定量测定，可利用荧光强度的加和性，解联立方程得到。

5.5 应用

5.5.1 无机化合物和有机化合物的荧光分析

无机化合物本身能产生荧光并可测定的数量并不多，但与有机试剂形成配合物采用荧光分析法测量的元素约 60 多种。用于测定无机化合物的有机试剂包括：8-羟基喹啉、2-羟基-3-萘甲酸、茜素紫酱、黄酮醇、安息香等。铍、铝、硼、镓、硒、镁、稀土常采用普通荧光分析法测定；氟、硫、铁、银、钴、镍采用荧光猝灭法测定；铜、铍、铁、钴、锇及过氧化氢采用催化荧光法测定；铬、铌、铀、碲采用低温荧光法测定；铈、铕、锑、钒、铀采用固体荧光法测定。

具有荧光特性的有机化合物、一些有内在荧光团的生物大分子如蛋白质中的芳香氨基酸、tRNA 中的碱基、一些本身可发荧光的生物分子如维生素 A、黄素、叶绿素、NADH 等可直接采用荧光分析进行测定。

具有不饱和共轭体系的芳香族化合物、环胺类、萘酚类、嘌呤类、吲哚类、多环芳烃类可用荧光分析法测定。简单结构的脂肪族有机化合物很少产生荧光，需要与其他有机化合物作用后，利用产生的荧光进行测定。

5.5.2 荧光分析法在药物研究中的应用

荧光分析具有灵敏度高、选择性强，光谱干扰少、用量少、线性范围宽的特点。荧光分析方法已应用于药物有效成分分析、药物代谢动力学和临床药理等方面。在药物的研究中常用的方法包括直接荧光测定法和间接荧光测定法。

(1) 常用的荧光分析方法

① 直接测定法　直接测定法主要适用于被分析药物本身具有很强荧光。因荧光性质与溶液的 pH 值有关，故在测定荧光强度时需在适宜的 pH 缓冲溶液中进行。盐酸洛哌丁胺、双水杨酸、叶酸等药物可采用直接荧光分析法测定。中药中的一些有效成分（如生物碱）本身具有荧光，但由于中药所含成分复杂，在荧光测定前需经适当的提取与分离。如白芷中香豆素类活性成分的紫外吸收光谱与荧光光谱极为相似，为此白芷的提取液首先用三种展开剂经纸色谱分离，荧光斑点用甲醇洗脱，洗脱液分别在甲醇、0.05mol/L H_2SO_4 溶液、碳酸盐-碳酸氢盐缓冲液（pH 10）中测定荧光强度，按标准曲线法计算活性成分含量。

② 间接测定法　有些药物本身不发光，或荧光量子效率很低无法采用直接测定，这时需采用间接测定方法。间接测定方法主要包括：荧光衍生物法、荧光猝灭法、胶束增敏荧光分析法。

a. 荧光衍生物法　不具有荧光或荧光强度很弱的物质，可选择合适的试剂，利用化学反应（氧化还原反应、络合反应、光化反应、化学衍生、颜色反应等），改变药物的荧光特性，使药物产生荧光或提高其荧光强度，这样可扩大荧光分析范围。如不产生荧光的甾体化合物，采用衍生物法用浓硫酸处理，使不产生荧光的环状醇结构变为产生荧光的酚类结构后测定。青霉素是一种使用广泛的广谱抗生素药品，它本身不发荧光。但它与 α-甲氧基-6-氯-9-(β-氨乙基）氨基氮杂蒽作用，可生成具有蓝绿色荧光的缩合产物，最大激发波长为420nm，最大发射波长在 500nm。该法也可用于血液、尿液中青霉素的测定，测定范围为 0.0625～0.625μg/mL。又如包公藤藤茎中提取的包公藤甲素为具有仲胺结构的生物碱，可与 5-二甲氨基萘磺酰氯反应，生成具有特异荧光的 Dansyl-生物碱，其最大激发波长为350nm，最大发射波长在 500nm，可用标准曲线法进行定量计算。

b. 荧光猝灭法　荧光物质中引入荧光猝灭剂会使荧光分析产生测定误差，但是，如果一个荧光物质在加入某种猝灭剂后，荧光强度的降低与荧光猝灭剂的浓度呈线性关系，则可以利用某些药物使荧光猝灭这一性质，间接测定其含量，这种方法称为荧光猝灭法。例如苦杏仁苷在苦杏仁酶或矿酸的作用下水解为苯甲醛、葡萄糖、HCN。在 pH 6～10 的范围内，钙黄绿素能发出很强的荧光。当遇到 Cu^{2+} 时，因生成钙黄绿素-铜（Ⅱ）配合物而使荧光猝灭，但溶液中的 CN^- 能从钙黄绿素-铜（Ⅱ）中夺取 Cu^{2+}，生成稳定的无荧光物质 $Cu(CN)_4^{2-}$，使钙黄绿素游离出来重新发射荧光，从而间接测定苦杏仁苷的含量。又如苦参碱和氧化苦参碱可对荧光试剂乙酸乙烯酯定量猝灭，因此可用荧光猝灭法测定苦参碱和氧化苦参碱的含量。该法还用于司帕沙星、甲硝唑等药物的含量测定分析。

c. 胶束增敏荧光分析法　胶束增敏荧光分析法是在胶束溶液中进行的荧光分析方法。其利用表面活性剂达到临界胶束浓度后形成胶束溶液使荧光物质增溶、增敏及增稳的特点，将弱荧光、荧光不稳定或溶解度小的药物溶解在表面活性剂的胶束溶液中，然后进行荧光测定以提高测定的灵敏度和稳定性。常加入的表面活性剂包括 SDS、Brij35、环糊精等。

目前荧光分析法已广泛用于生物活性物质、药物（如肾上腺素、青霉素、苯巴比妥、维生素、普鲁卡因、生物碱）的测定。

(2) 荧光分析法用于药物小分子与生物大分子的相互作用

① 蛋白质与药物相互作用的研究　药物从给药部位进入血液，与血浆中的蛋白质发生可逆的结合，游离型药物和结合型药物处于动态平衡，只有游离型药物才能发挥药效。药物与蛋白可逆型结合直接影响其药效、不良反应及药代动力学。血浆中的蛋白因含有芳香氨基酸（如 Tyr、Trp、Phe）本身能发射荧光，药物与血浆蛋白结合后能改变蛋白质的荧光光谱的强度、峰位等性质。因此，可以通过荧光分析法研究药物小分子与生物大分子的相互作用的机理、结合位点及结合位点的数目等。从分子水平上阐明药物与体内生物大分子的作用机制，为药物在体内的运输和分布、药物代谢、药物不良反应、药物分子结构的改造优化研究提供重要信息。

② 核酸与药物小分子的相互作用　DNA 和 RNA 是重要的遗传物质，也是某些药物作用的靶分子，研究 DNA 和 RNA 与药物小分子相互作用有非常重要的意义。与蛋白质不同，核酸的最大吸收波长在 260nm，而其荧光很弱，不能采用直接荧光分析法研究。若药物本身有荧光，如阿霉素、柔红霉素、喜树碱等，可利用其与核酸发生作用时自身荧光光谱特性发生变化，阐明药物与遗传物质作用机制。若药物本身没有荧光，需用荧光探针如溴化乙锭、噻唑橙二聚体、唑黄二聚体等与核酸作用，然后通过药物加入前后荧光探针光谱学特性改变阐明药物小分子与核酸相互作用的机制。

5.5.3 荧光分析新技术

随着仪器分析的发展，荧光分析方法由原来的经典分析向各种新型荧光分析技术发展，使其选择性、灵敏度进一步提高，应用范围逐步扩大，不断朝着高效、痕量和自动化方向发展。这些新技术包括：同步荧光法、导数荧光法、荧光探针法、激光荧光法、时间分辨荧光法、三维荧光法、偏振荧光法、荧光免疫测定法、荧光成像技术、荧光光纤传感器等。

(1) 同步荧光分析法

同步荧光分析法与普通荧光分析法的最大区别是激发和发射两个单色器同时进行波长扫描，由测定的荧光强度信号和与之对应的激发波长（或发射波长）构成光谱图。同步荧光光谱谱图简单、谱带窄，减少了谱图重叠和散射光的影响，选择性高。根据光谱扫描的方式分为固定波长差同步扫描法、固定能量差同步扫描法和可变波长（可变角）同步扫描法。

① 固定波长差同步扫描法　在扫描时，保持激发波长和发射波长的波长差不变，即 $\Delta\lambda=\lambda_{ex}-\lambda_{em}=$常数。

② 固定能量差同步扫描法 在扫描时，保持激发波长和发射波长的波数差不变，即 $\Delta\sigma=(1/\lambda_{em}-1/\lambda_{ex})\times10^7=$常数。

③ 可变波长（可变角）同步扫描法 使两个单色器分别以不同速率进行扫描，即扫描过程中激发波长和发射波长的波长差不是固定的。

同步荧光光谱并不是荧光物质的激发光谱与发射光谱的简单叠加，是当同步扫描至激发光谱和发射光谱重叠波长处才产生信号。固定波长差同步扫描法中，$\Delta\lambda$ 直接影响同步荧光光谱的形状、带宽、信号强度。当 $\Delta\lambda$ 相当于或大于 Stokes 位移时，能获得尖而窄的同步荧光峰。因此可通过控制 $\Delta\lambda$ 来为混合物分析提供方法。如 Tyr 和 Tpr 的荧光光谱很相似，光谱重叠严重。但当 $\Delta\lambda<15$nm 时，同步荧光光谱只显示 Tyr 的光谱特性，当 $\Delta\lambda>60$nm 时，同步荧光光谱只显示 Tpr 的光谱特性，从而实现分别测定。另外，荧光物质浓度与同步荧光峰峰高呈线性关系，故可用于定量分析。同步荧光光谱的信号 $F_{sp}(\lambda_{em},\lambda_{ex})$ 与激发信号 F_{ex} 及荧光发射信号 F_{em} 间的关系为：

$$F_{sp}(\lambda_{em},\lambda_{ex})=KcF_{ex}F_{em} \tag{5-12}$$

式中，K 为常数。可见，当物质浓度 c 一定时，同步荧光信号与所用的激发波长信号及发射波长信号的乘积成正比，所以此法的灵敏度较高。

(2) 时间分辨荧光免疫分析

生物组织、蛋白质和一些复合物在激发光的照射下都能发射荧光，但这些荧光不是特异性的，因此使用传统的荧光测定方法灵敏度就会严重下降。时间分辨荧光免疫分析是20世纪80年代发展起来的新型分析技术。该方法利用与镧系三价稀土金属离子（Eu^{3+}、Tb^{3+}、Sm^{3+}、Dy^{3+}）形成螯合物的荧光寿命较长（可达1～2ms），而一般组织、血清蛋白及其他化合物的荧光寿命只有1～10μs的特点，以三价稀土金属离子（Eu^{3+}最常用）作为示踪物，与具有双功能的螯合剂和待测抗原（或抗体）形成稀土离子-螯合剂-抗原螯合物。由于该复合物荧光寿命长，采用时间延迟装置，在激发和检测之间延缓一段时间，待短寿命非特异荧光衰退后，再测定镧系的复合物的特异荧光强度，这样可有效降低本底荧光干扰。

时间分辨荧光免疫分析用时间分辨技术测量荧光，同时对检测波长和时间两个参数进行信号分辨，可有效地排除非特异荧光的干扰，具有灵敏度高、特异性强、所用试剂稳定性好、检测限低、Stokes 位移大、发射光谱带窄、激发光谱带宽的特点，在生物活性物质检测、生物样品免疫分析、药物代谢分析、各种体内、外源性超微量物质分析中得到越来越广泛的使用。

(3) 激光荧光分析法

激光荧光法与一般荧光法的主要差别在于使用了单色性极好、强度更大的激光作为光源，极大改善和提高了荧光分析法的灵敏度和选择性。目前该方法成为测定超低浓度物质分析的有效方法。

高压汞灯仅能发出365nm、398nm、405nm、436nm、546nm、579nm、690nm、734nm的几条谱线，而且各条谱线的强度相差悬殊。低压汞灯发射的谱线主要集中在紫外区，而氙弧灯在紫外区输出功率较小。激光光源可以克服上述缺点，特别将可调激光器用于荧光分析具有很突出的优点。另外，普通的荧光分光光度计一般用两个单色器，而以激光为光源仅用一个单色器即可。目前，激光分子荧光分析法已广泛应用于化学、分子生物学、医药学、环境保护等领域，可以测定生物、气体样本及有机化合物中的自由基等，发展前景日益广泛。

(4) 三维荧光分析法

三维荧光分析是随计算机发展起来的新荧光技术。其主要特点是可以描述荧光强度同时随激发波长、发射波长变化的关系，获得图谱为三维荧光光谱图，也称总发光光谱。

三维荧光光谱有两种图形表示方式，等角三维立体投影图和等高线光谱图。等角三维立体投影图以坐标 x、y、z 分别代表发射波长、激发波长、荧光强度，根据 y 轴的波长排序可得正面或背面观察的投影图。等高线光谱图以平面坐标横轴表示发射波长，纵轴表示激发波长，平面上的点表示由两个波长决定的荧光强度。将相等的荧光强度各点连接起来，在平面坐标上显示出一系列等高线组成的等高线光谱，能比较直观地从图谱上观察到荧光峰的峰位、荧光光谱的特征。

三维荧光光谱可呈现激发波长、发射波长变化时荧光强度的变化，提供了荧光物质更完整的荧光光谱信息。同时混合物的三维荧光光谱可以为同步荧光扫描提供合理的 $\Delta\lambda$ 和可变角，该分析方法还可用于多组分混合的定性和定量分析。

(5) 导数荧光分析法

导数荧光分析法以待测物质荧光强度对波长的导数 $dF/d\lambda$（包括一阶或更高阶导数）记录得到荧光发射光谱图。利用导数荧光光谱法对物质的浓度或含量进行分析的测定方法称为导数荧光分析法。导数荧光分析可以提高光谱精细结构的分辨能力，减小光谱干扰，可不经分离直接对多组分混合物进行荧光测定分析。该法已用于维生素 B、氧氟沙星对映体、环丙沙星、多种氨基酸的定量测定。

(6) 荧光的联用技术

在现代分析化学技术中，多种分析仪器和检测方法的联用使分析连续化、自动化、智能化，大大提高了分析检测的灵敏度，降低了检出限，达到了很好的效果。其中发展较快的有色谱-荧光检测技术和流动注射-荧光检测技术等。

【本章小结】

当某些分子受到光照射后，能选择性吸收特定波长的能量，由基态跃迁到激发的各个振动能级上。激发态分子回到基态时可由多种能量传递途径，主要包括无辐射跃迁和辐射跃迁。无辐射跃迁又包括振动弛豫、内转换、外转换、系间跨越，辐射跃迁包括荧光发射、磷光发射和延长荧光。

荧光属于光致发光，基于对物质荧光的测定而建立起来的定性和定量分析方法称为荧光分析法，其具有敏度高、选择性强、光谱干扰少、线性范围宽、试样用量少、操作方便的特点。荧光具有两个特征光谱，即激发光谱和发射光谱（荧光光谱）。荧光光谱的形状与激发波长无关，镜像规则、Stokes 位移是荧光光谱的特性。

具有合适的结构和具备较高的荧光效率是物质产生荧光必需的两个条件。荧光的强度与分子结构中的跃迁类型、共轭效应、刚性结构和共平面、取代基有非常重要的联系。荧光强度不仅与荧光物质内在结构有关，还与测定时的外界环境有关。温度、溶剂、pH 值、散射光、氢键、荧光猝灭剂、表面活性剂都对荧光强度有很多影响。

荧光分光光度计由激发光源、激发和发射单色器、样品池、检测系统、读出装置五个主要部件组成。具有两个单色器，光源与检测器通常呈直角，是荧光分光光度计较其他分光光度计的特殊点。

荧光分析法可用于物质的定性和定量，在测定时需对荧光计进行波长、灵敏度、激发和发射光谱校正。荧光分析法可利用在低浓度时荧光强度和荧光物质呈线性关系的特点进行定量分析，常用的分析方法包括标准曲线法、比例法。由于荧光分析的特点，荧光分析法可广泛用于无机物、有机物、生物大分子的分析。在药物的研究中，常采用直接测定法、间接测定法对药物进行定量、定性研究。间接测定法主要包括生物衍生物法、荧光猝灭法、胶束增敏荧光分析法。随着生物技术的不断发展，荧光分析法还被应用于药物小分子与生物大分子、遗传物质相互作用的研究，从分子水平上阐明药物与生物活性大分子的作用机制。随着仪器分析的不断发展，荧光分析的各种新不断涌现，如同步荧光分析法、时间分辨荧光法、激光荧光分析法、三维荧光分析法、导数荧光分析法、荧光联用技术等。

【习题】

1. 如何区别荧光、磷光、瑞利光、拉曼光？如何减少散射光对荧光测定的干扰？

2. 为什么分子荧光波长比激发波长长？磷光波长比荧光波长长？

3. 为什么荧光分子既有激发光谱又有发射光谱？二者是否存在波长差？为什么？

4. 为什么荧光发射光谱的形状与激发波长无关？

5. 下列各组化合物，哪一种荧光效率高？为什么？

（1）

N=N　　N=N

A　　B

（2）

Cl

A　　B

6. 按荧光强弱排列下列化合物顺序。

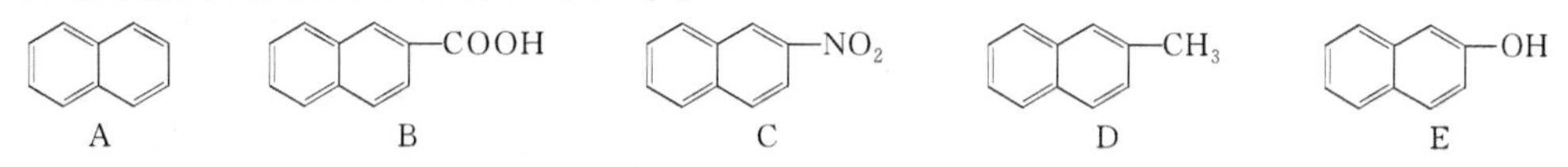

7. 试分析溶剂极性、pH值、温度对荧光发射光谱及荧光强度的影响。

8. 试比较萘在氯丙烷和碘丙烷中的荧光效率，并说明原因。

9. 请设计两种分析方法测定溶液中Al^{3+}的含量（一种化学分析方法，一种仪器分析方法）。

10. 如果某种荧光物质溶液的吸光度为0.035，试计算荧光强度F与浓度c的定量光学式的括号中第二项与第一项之比，说明对定量分析的意义。

11. 用荧光法测定复方炔诺酮片中炔雌醇的含量时，取供试品20片（每片含炔诺酮应为0.54～0.66mg，含炔雌醇为31.5～38.5μg），研细溶于无水乙醇中，稀释至250mL，过滤。取滤液5mL，稀释至10mL，在激发波长285nm和发射波长307nm处测定荧光强度。如炔雌醇对照品的乙醇溶液（1.4μg/mL）在同样测定条件下荧光强度为65，则合格片的荧光读数应在什么范围内？（58.5～71.5）

12. 1.00g谷物制品试样，用酸处理后分离出VB_2及少量无关杂质，加入少量$KMnO_4$

将 VB_2 氧化，过量的 $KMnO_4$ 用 H_2O_2 除去。将此溶液移入 50mL 容量瓶，稀释至刻度。吸取 25.0mL 溶液放入样品池中以测定荧光强度（VB_2 中常含有的发生荧光的杂质叫光化黄）。事先将荧光计用硫酸奎宁调至刻度 100 处。测得氧化液的读数为 6.0。加入少量连二亚硫酸钠（$Na_2S_2O_4$），使氧化态 VB_2（无荧光）重新转化为 VB_2，这时荧光计读数为 55.0。在另一样品池中重新加入 24.0mL 被氧化的 VB_2 溶液，以及 1.0mL VB_2 标准溶液（0.500μg/mL），这一溶液的读数为 92.0，计算试样中 VB_2 的含量。（0.568μg/g）

第6章

原子吸收光谱法

【本章教学要求】

● 掌握原子吸收光谱法的基本原理、定性和定量分析的应用、测定条件的选择及干扰的消除方法。

● 熟悉原子吸收分光光度计的结构和类型、主要部件的作用、原子吸收光谱法的应用范围。

● 了解原子发射光谱法的基本原理、仪器的结构和类型、定性和定量评价方法及电感耦合等离子体质谱法的基本装置。

【导入案例】

大米是我国居民膳食镉的主要来源，食品安全国家标准《食品中污染物限量》中规定大米中镉的限量是0.2mg/kg（图6-1），近年来关于大米中铅、镉、铬等有害重金属超标的问题引起了广泛的关注，大米的重金属超标主要是土壤的污染造成的。以镉为例，全世界每年向环境中释放的3万吨镉中有85%左右会进入土壤中，增加了水稻、水果、水产

图6-1　大米中有害重金属的测定

品等食品中镉金属超标的可能性，直接危害人们的身体健康。因此，食品或土壤中铅、镉、铬等有害重金属的含量不得超出限量是非常重要的，目前可采用的测定方法有石墨炉原子吸收法、氢化物原子荧光法、电感耦合等离子体原子发射光谱法等，这些测定方法都属于原子光谱法。

原子核外电子发生能级跃迁就产生了原子光谱，原子吸收能量后由基态跃迁到激发态，会引起辐射光强度的改变，而激发态原子跃迁回基态，也会发射出该元素的特征光谱，发射与吸收是原子与光之间相互作用的两个过程。基于待测元素的基态原子在蒸气状态下对特征电磁辐射的吸收来测定元素含量的分析方法即原子吸收光谱法（atomic absorption spectrometry，AAS），又称为原子吸收分光光度法或原子吸收法；根据位于激发态的待测元素原子回到基态时所发出的特征谱线来研究物质的化学组成和含量的分析方法即原子发射光谱法（atomic emission spectrometry，AES）；测量发射的荧光强度即原子荧光光谱法（atomic fluorescence spectrometry，AFS）。原子吸收光谱法、原子发射光谱法和原子荧光光谱法统称为原子光谱法。本章重点介绍原子吸收光谱法。

原子吸收光谱法自 20 世纪 50 年代开始应用以来，发展迅速，能直接测定的微量金属元素达 70 多种，还能间接测定某些非金属元素及其化合物。目前原子吸收光谱法已广泛应用于化工、医药、食品、生物技术、环境科学、材料科学、农林科学、地质及国防等多个领域。

原子吸收光谱法具有如下优点：①灵敏度高，火焰原子吸收光谱法可检测到 10^{-9}g/mL，石墨原子吸收光谱法可检测到 $10^{-12}\sim10^{-14}$g/mL；②精密度高，外界因素对原子吸收影响较小，仪器的相对标准偏差可达到 1%，甚至低于 1%，稳定性和重现性良好；③选择性好，该法是基于待测元素对其特征光谱的吸收，谱线简单，且共存元素的干扰较小；④分析速度快，测定一种元素的时间短则为十几秒，长则为几分钟；⑤操作简便。

原子吸收光谱法的不足之处在于一次只能测定一种元素，若要测定其他元素，需要更换光源灯和改变分析条件，还不能同时测定多种元素。此外，对某些元素如镍、钨、铀、稀土等的灵敏度低，对成分比较复杂的样品，化学干扰较大，测定结果不理想。近些年，由于连续光源、多元素分析检测器等的使用，原子吸收光谱法的局限性逐渐得到改善，使其应用前景更为广阔。

6.1 基本原理

6.1.1 原子吸收光谱的产生

原子是由原子核及绕核运动的核外电子组成。原子核外电子分层分布，每层具有确定的能量，称为原子能级，不同能级间的能量差是不一样的。通常情况下，原子的核外电子处于能量最低的稳定状态，称为基态；当基态原子受到外界能量激发时，最外层电子吸收能量跃迁到较高能级时的状态，称为激发态，这种处于较高能级的电子容易在短时间内返回到较低激发态或基态。当通过基态原子的辐射线所具有的能量等于该原子从基态（E_0）跃迁到激发态（E_H）所需要的能量时，基态原子就会吸收能量，形成原子吸收光谱。原子吸收光谱的波长 λ 或频率 ν 取决于产生吸收跃迁的能级差：

$$\Delta E=E_H-E_0=h\nu=hc/\lambda \tag{6-1}$$

式中，h 为普朗克（Plank）常量，其值为 6.625×10^{-34}J/s；c 为光速 3.0×10^{-8}m/s。

如果原子吸收的辐射能使电子从基态跃迁到能量最低的激发态，即第一激发态时，所产生的吸收谱线称为共振吸收线，简称共振线；它再返回基态时辐射出的一定频率的谱线称为共振发射线，也简称共振线。由于不同元素的原子结构和外层电子排布不同，不同元素的原子从基态跃迁至第一激发态或由第一激发态跃迁回基态时，吸收或发射的能量亦不相同，所以各元素的共振线是不同的，共振线是元素的特征谱线。原子由基态跃迁至第一激发态所需能量最低，最容易发生，因此元素的共振线是所有谱线中最灵敏的谱线，共振线的特征就是元素定量分析的依据。例如，图 6-2 是钠原子部分电子能级图，钠原子在基态 $3^2s_{1/2}$ 向第一激发态 $3^2p_{1/2}$、$3^2p_{3/2}$ 轨道跃迁时，产生的能级差是 $\Delta E_1=E(3^2p_{1/2})-E(3^2s_{1/2})=h\nu_1=hc/\lambda_1$ 及 $\Delta E_2=E(3^2p_{3/2})-E(3^2s_{1/2})=h\nu_2=hc/\lambda_2$，产生波长为 589.59nm 和 588.99nm 的两条谱线，即钠元素的共振线。

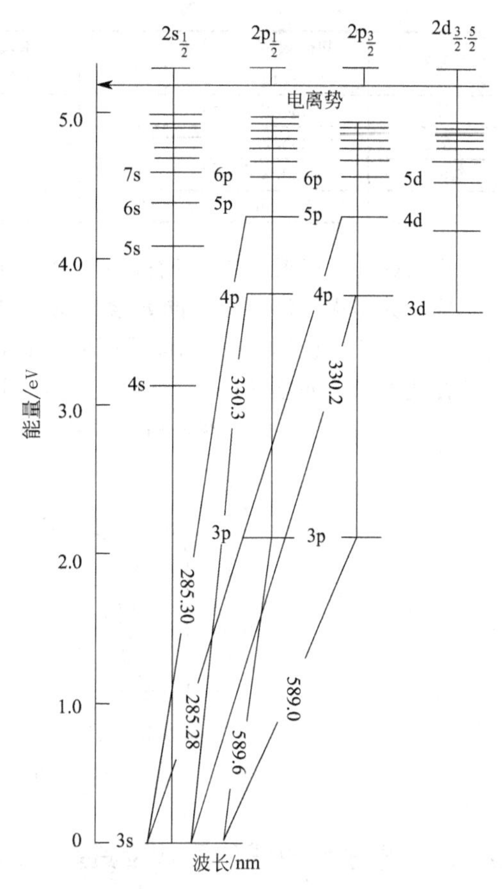

图 6-2 钠原子部分电子能级图

6.1.2 原子在各能级的分布

原子吸收光谱法是以待测元素的原子蒸气中基态原子对其特征谱线的吸收为基础来测定的。在试样高温原子化过程中，待测元素转变为原子状态，包括基态原子和激发态原子，因此温度与原子蒸气中基态原子的数目有关，而基态原子的数目又会决定待测元素共振线的吸收程度。在一定温度（原子化温度）下的热力学平衡体系中，基态原子数与激发态原子数的比值符合玻尔兹曼（Boltzmann）分布定律：

$$\frac{N_j}{N_0}=\frac{g_j}{g_0}e^{-\frac{E_j-E_0}{KT}}=\frac{g_j}{g_0}e^{\frac{-\Delta E}{KT}}=\frac{g_j}{g_0}e^{\frac{-h\nu}{KT}} \tag{6-2}$$

式中，N_j、N_0 分别为激发态和基态的原子数目；g_j、g_0 分别为激发态和基态原子的统计权重，表示能级的简并度；E_j 和 E_0 分别是激发态和基态原子的能量；T 为热力学温度；K 为玻尔兹曼（Boltzmann）常数，其值为 1.38×10^{-23}J/K。

在原子光谱中，对于一定波长的谱线，E_j、g_j/g_0 是已知的，根据式(6-2) 可以计算出一定温度下 N_j/N_0 的比值。表 6-1 列出了几种常见元素共振线在不同温度下的 N_j/N_0 值。

表 6-1 常见元素共振线的 N_j/N_0 值

元素	共振线波长 λ/nm	g_j/g_0	激发能 ΔE/eV	N_j/N_0		
				2000K	2500K	3000K
K	766.5	2	1.617	1.68×10^{-4}	1.10×10^{-3}	3.84×10^{-3}
Na	589.0	2	2.104	0.99×10^{-5}	1.14×10^{-4}	5.83×10^{-4}
Ba	553.6	3	2.239	6.83×10^{-6}	3.19×10^{-5}	5.19×10^{-4}
Ca	422.7	3	2.932	1.22×10^{-7}	3.67×10^{-6}	3.55×10^{-5}
Fe	372.0	—	3.332	2.29×10^{-5}	1.04×10^{-7}	1.31×10^{-6}
Ag	328.1	2	3.778	6.03×10^{-10}	4.48×10^{-8}	8.99×10^{-7}

续表

元素	共振线波长 λ/nm	g_j/g_0	激发能 ΔE/eV	N_j/N_0		
				2000K	2500K	3000K
Cu	324.8	2	3.817	4.82×10^{-10}	4.04×10^{-8}	6.65×10^{-7}
Mg	285.2	3	4.346	3.35×10^{-11}	5.20×10^{-9}	1.50×10^{-7}
Pb	283.3	3	4.375	2.83×10^{-11}	4.55×10^{-9}	1.34×10^{-7}
Zn	213.86	3	5.795	7.45×10^{-15}	6.22×10^{-12}	5.50×10^{-10}

由式(6-1) 和表 6-1 可以看出：①对于同种元素，N_j/N_0 值随温度的升高而增大，即激发态原子数增多；②对于不同元素，在相同温度下，共振线波长越长，电子跃迁能级差 ΔE 越小，N_j/N_0 值越大。火焰原子吸收光谱法中，原子化温度通常低于 3000K，大多数元素的共振线波长分布在 200～500nm 之间，因此大多数元素的 N_j/N_0 值均小于 0.01，也就是激发态原子数 N_j 可以忽略不计，基态原子数 N_0 近似等于原子总数。

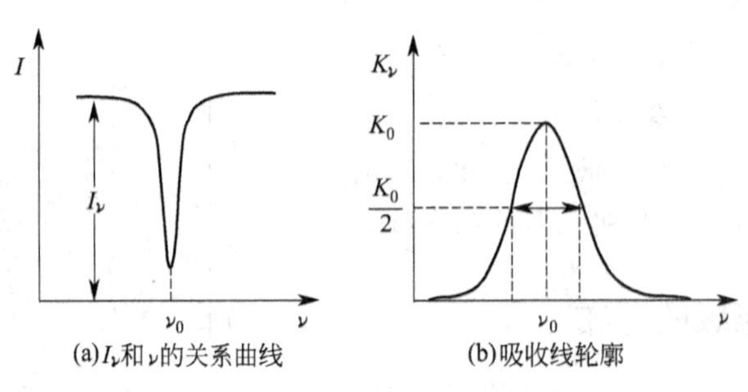

图 6-3　原子吸收线轮廓与半宽度

6.1.3　原子吸收线的形状及其影响因素

(1) 原子吸收线的轮廓

当一束强度为 I_0 的不同频率的平行光，通过厚度为 L 的原子蒸气时，由于一部分光被吸收，透射光的强度减弱为 I_ν，I_ν 与 L 之间服从朗伯-比尔（Lambert-Beer）吸收定律：

$$I_\nu = I_0 e^{(-K_\nu L)} \tag{6-3}$$

式中，K_ν 为原子蒸气对频率为 ν 的光的吸收系数。用透射光强度 I_ν 对频率 ν 作图，得图 6-3(a)，由图可见，在中心频率 ν_0 处透射光强度最小，即吸收最大；用吸收系数 K_ν 对频率 ν 作图，得图 6-3(b)，即为吸收线轮廓（形状）图，在中心频率 ν_0 处，吸收系数 K_0 最大，K_0 称为中心吸收系数或峰值吸收系数。

由图可见，原子吸收线并非一条严格的无宽度的几何线，而是具有一定宽度或相当窄的频率范围的谱线。原子吸收谱线可以用中心频率 ν_0 和半宽度 $\Delta\nu$ 来表征。中心频率 ν_0（峰值频率）是指最大吸收系数对应的频率，半宽度 $\Delta\nu$ 是指峰高一半（$K_0/2$）时所对应的谱线上两点间的距离（即频率范围）。

(2) 原子吸收线轮廓的影响因素

由于原子本身的性质或外界因素等的影响，谱线会变宽，影响原子吸收光谱分析的灵敏度和准确度。下面讨论几种主要的谱线变宽的因素。

① 自然宽度（natural width，$\Delta\nu_N$）　在无外界因素影响时，谱线的固有宽度称为自然宽度，以 $\Delta\nu_N$ 表示。自然宽度与原子发生能级跃迁时激发态原子的平均寿命有关，激发态原子的平均寿命越短，谱线的自然宽度越宽。大多数元素的自然宽度在 10^{-5}nm 数量级，对

原子吸收影响较小，一般可以忽略不计。

② 多普勒变宽（Doppler broadening，$\Delta\nu_D$） 由原子的无规则热运动产生多普勒效应引起的变宽称为多普勒变宽，又称热变宽，以 $\Delta\nu_D$ 表示。在原子蒸气中，原子处于无序的热运动状态，如果原子向着检测器做热运动，原子将吸收频率较高的光波，波长紫移；如果原子远离检测器做热运动，原子将吸收频率较低的光波，波长红移。因此检测器接收到的是相对于中心频率 ν_0 紫移和红移的一定频率范围内的光，引起谱线变宽，即产生多普勒效应。多普勒变宽是谱线变宽的主要因素，$\Delta\nu_D$ 可用式(6-4) 表示：

$$\Delta\nu_D = \nu_0\sqrt{\frac{T}{M}} \times 7.16 \times 10^{-7} \tag{6-4}$$

式中，T 为热力学温度；M 是吸光原子的原子量；ν_D 是中心频率。由式(6-4) 可以看出，多普勒变宽 $\Delta\nu_D$ 与 $T^{1/2}$ 成正比，与 $M^{1/2}$ 成反比，即温度越高，原子量越小，谱线多普勒变宽越大。通常多普勒变宽在 10^{-3}nm 数量级。

③ 压力变宽（pressure broadening） 在一定蒸气压力下，吸光原子和蒸气原子之间的相互碰撞引起的谱线变宽称为压力变宽，也称作碰撞变宽。压力变宽可分为两类，待测元素原子之间的碰撞引起的变宽称为共振变宽，或赫鲁兹马克变宽（Holtsmark broadening，$\Delta\nu_H$）；待测元素的原子与蒸气中其他原子或分子等碰撞而引起的谱线变宽称为劳伦茨变宽（Lorentz broadening，$\Delta\nu_L$）。其中，赫鲁兹马克变宽在试样原子蒸气浓度很大时才会发生，而在原子吸收光谱分析中，待测元素浓度较低，一般情况下 $\Delta\nu_H$ 可以忽略；通常压力变宽是指劳伦茨变宽 $\Delta\nu_L$，可用式(6-5) 表示：

$$\Delta\nu_L = 3.5 \times 10^{-9}\nu_0 S^2 p\sqrt{\frac{1}{T}\left(\frac{1}{A_r} + \frac{1}{M_r}\right)} \tag{6-5}$$

式中，T 为热力学温度；M_r 是吸光原子的原子量；A_r 是外界气体的分子量；ν_0 是中心频率；p 是外界压力；S^2 是粒子碰撞有效截面积。由式(6-5) 可以看出，如果粒子碰撞有效截面积、外界气体压力增加，劳伦茨变宽 $\Delta\nu_L$ 将增大；如果温度、外界气体分子和吸光原子的相对质量增加，劳伦茨变宽 $\Delta\nu_L$ 将变窄。通常劳伦茨变宽在 10^{-3}nm 数量级，与多普勒变宽的数量级相同。

④ 自吸变宽 由光源空心阴极灯发射的共振线被灯内同种基态原子所吸收而产生自吸收现象，引起谱线变宽即为自吸变宽。空心阴极灯电流越大，自吸变宽越大。

除上述谱线变宽的因素外，还存在外界电场引起的电场变宽，外界磁场引起的塞曼变宽等，这些变宽影响不大。在一般原子吸收测定条件下，主要考虑劳伦茨变宽和多普勒变宽对于原子吸收线轮廓的影响。

6.1.4 原子吸收光谱的测量

(1) 积分吸收系数

在原子吸收光谱分析中，在吸收线轮廓内，吸收系数 K_ν 对频率 ν 的积分称为积分吸收系数，简称积分吸收，即吸收线所包括的总面积［见图 6-3(b)］，它表示原子吸收的全部能量。根据经典的爱因斯坦理论，积分吸收与基态原子数 N_0 之间的关系可用式(6-6) 表示：

$$\int K_\nu \mathrm{d}\nu = \frac{\pi e^2}{mc} f N_0 \tag{6-6}$$

式中，K_ν 是基态原子对频率为 ν 的单色光的吸收系数；e 为电子电荷；m 为电子质量；

c 为光速；N_0 为单位体积内基态原子数；f 为振子强度，代表每个原子中能被入射光激发的平均电子数。

式(6-6) 表明，积分吸收与吸收辐射的待测元素基态原子数成正比，这是原子吸收光谱分析的理论基础。理论上，只要能测定积分吸收系数，就能求出待测元素的基态原子数或浓度。但在实际工作中，由于积分吸收对单色光的纯度及仪器的分辨率要求都比较高，一般光源都无法满足，使积分吸收系数难以测定，限制了积分吸收系数法在原子吸收光谱分析中的应用。

(2) 峰值吸收系数

A. Walsh 提出了峰值吸收系数法，解决了积分吸收系数难测定这一问题。在使用锐线光源和温度不太高的稳定火焰条件下，吸收线中心频率所对应的峰值吸收系数 K_0 与待测元素原子数成正比，简称为峰值吸收。锐线光源指的是发射线半宽度远小于吸收线半宽度的光源，通常其半宽度为吸收线半宽度的 1/5～1/10，并且锐线光源发射线与原子吸收线中心频率一致。

在一般的原子吸收光谱分析条件下，吸收谱线变宽主要是多普勒变宽（$\Delta\nu_D$），吸收系数可用式(6-7) 表示：

$$K_\nu = K_0 e^{-\left[\frac{2(\nu-\nu_0)\sqrt{\ln 2}}{\Delta\nu_D}\right]^2} \tag{6-7}$$

对式(6-7) 积分，得：

$$\int_0^\infty K_\nu d\nu = \frac{1}{2}\sqrt{\frac{\pi}{\ln 2}} K_0 \Delta\nu_D \tag{6-8}$$

将式(6-6) 代入式(6-8) 得：

$$K_0 = \frac{2}{\Delta\nu_D}\sqrt{\frac{\ln 2}{\pi}} \times \frac{\pi e^2}{mc} f N_0 \tag{6-9}$$

在一定条件下，$\frac{\pi e^2 f}{mc}$ 、$\Delta\nu_D$ 项都可视为常数，且在温度不太高的条件下，原子蒸气中基态原子数 N_0 与原子总数 N 相等，可令

$$\frac{2}{\Delta\nu_D}\sqrt{\frac{\ln 2}{\pi}} \times \frac{\pi e^2 f}{mc} = \sigma$$

则

$$K_0 = \sigma N \tag{6-10}$$

由式(6-10) 知，峰值吸收系数 K_0 与原子数 N 成正比，只要测出峰值吸收系数 K_0，就能求出待测元素原子总数 N。

实际的分析测定是在原子吸收线中心频率 ν_0 附近一定频率范围 $\Delta\nu$ 内测量的，根据朗伯-比尔（Lambert-Beer）吸收定律，吸收前后发射线强度的变化可用式(6-11) 表示：

$$A = \lg\frac{I_0}{I} = \lg\frac{\int_0^{\Delta\nu} I_\nu d\nu}{\int_0^{\Delta\nu} I_\nu e^{-K_\nu L} d\nu} = 0.43 K_\nu L \tag{6-11}$$

式中，A 为吸光度；I_0 为 $\Delta\nu$ 频率范围内的入射光强度；I 为 $\Delta\nu$ 频率范围内的透射光强度；K_ν 是原子对频率 ν 的吸收系数；L 为原子蒸气的厚度。

由于锐线光源 $\Delta\nu$ 很小，可用中心频率处峰值吸收系数 K_0 代替式(6-11) 中的 K_ν，则吸光度 A 为

$$A = 0.43 K_0 L \tag{6-12}$$

联合式(6-10) 和式(6-12)，得

$$A=0.43\sigma NL \tag{6-13}$$

在实验条件一定时，待测元素浓度 c 与原子蒸气中的原子总数成正比，有

$$N=\alpha c \tag{6-14}$$

式中，α 为比例常数。结合式(6-13) 和式(6-14)，令 $\beta=0.43\sigma\alpha L$，吸光度为

$$A=\beta c \tag{6-15}$$

由式(6-15) 知，在一定实验条件下，只要测定吸光度 A，就能计算出待测元素的浓度 c。式(6-15) 是原子吸收光谱法定量分析的基础。

6.2　原子吸收分光光度计

原子吸收分光光度计又称原子吸收光谱仪，是用于测量和分析在一定条件下待测元素原子蒸气中基态原子对特征光谱线的吸收程度的仪器。原子吸收分光光度计的仪器型号很多，但各型号的组成结构及工作原理基本是相似的。它是由光源、原子化器、单色器、检测系统等几个部分组成（见图 6-4)。

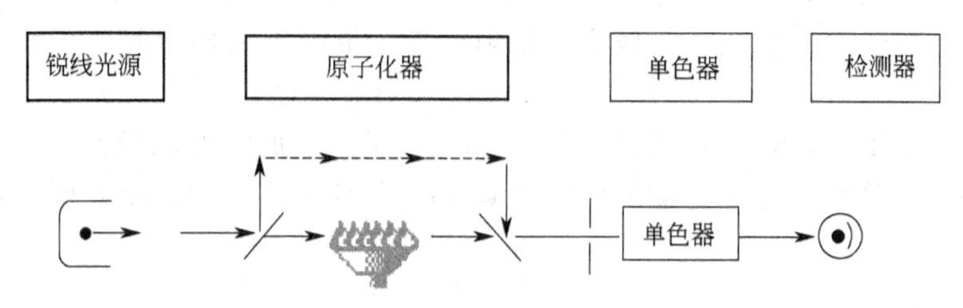

图 6-4　原子吸收分光光度计流程示意图

锐线光源发射出待测元素对应的特征波长辐射，通过原子化器中待测元素的原子蒸气时，部分被吸收，谱线强度减弱，透过部分经单色器分光后，通过检测器即可测得该特征谱线的吸光度。根据吸光度与待测试样浓度成正比，即可求出待测试样的浓度或含量，这就是原子吸收光谱法的测定原理。

6.2.1　仪器主要部件

(1) 光源

光源的作用是发射出能被待测元素基态原子所吸收的特征波长谱线。原子吸收分析所采用的光源应具备的条件：①发射的共振线宽度应明显窄于吸收线宽度；②连续背景低；③辐射强度大；④稳定性好；⑤使用寿命长。原子吸收分析中最常用的锐线光源为空心阴极灯。

空心阴极灯是一种低压气体放电管，它包括一个阳极（钨棒）及一个空心圆筒形阴极(由待测元素的纯金属或合金构成)。阳极和阴极都密封在带有石英窗或玻璃窗的玻璃管内，玻璃管内充有 0.1～0.7kPa 压力的低压惰性气体，如氖或氩等。空心阴极灯的结构如图 6-5 所示。

当在空心阴极灯的两极间施加一定的电压（300～500V）后，便开始辉光放电，放电集中在阴极空腔内。在电场的作用下，阴极发出的电子高速射向阳极，在电子运动过程中，与内充的惰性气体原子发生碰撞并使之电离，产生的带正电荷的惰性气体原子又在电场作用下撞击阴极内壁，使阴极内壁待测金属元素的原子溅射出来，溅射出来的金属原子再与电子、

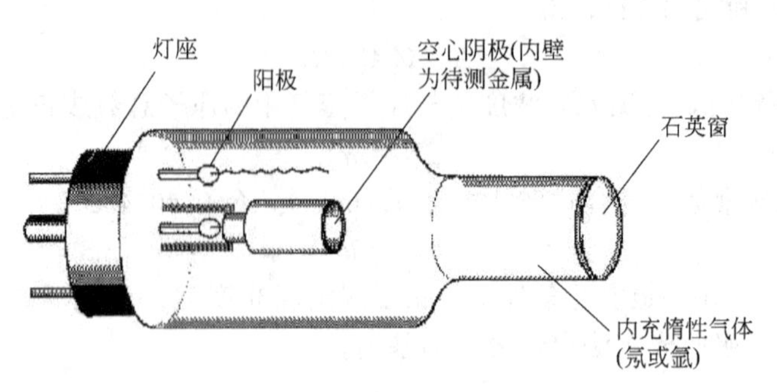

图 6-5　空心阴极灯的结构

惰性气体原子、离子等发生碰撞而被激发，当返回基态时，发射出相应金属元素的特征共振线，这就是空心阴极灯产生锐线辐射的机理。

空心阴极灯发射的光谱主要是阴极元素的光谱，其中也有内充惰性气体的光谱，阴极材料决定了特征谱线的波长，因此用不同待测元素作阴极材料，可制成相应空心阴极灯。如果阴极内只含有一种元素，即为单元素灯，单元素灯测一种元素就要换上相应的灯，分析速度受限，操作也不方便；如果阴极内含有两种或多种元素，即为多元素灯，多元素灯虽能同时分析多种元素，但各元素谱线干扰较大，辐射强度、灵敏度和寿命等都不如单元素空心阴极灯。

空心阴极灯的工作电流一般控制在 5～20mA，阴极表面温度比较低，且灯内惰性气体的气压也较小，多普勒变宽 $\Delta\nu_D$ 和劳伦茨变宽 $\Delta\nu_L$ 都比较小，因此空心阴极灯是较理想的锐线光源。

(2) 原子化器

原子化器的作用是将试样中的待测元素转变为气态的基态原子，使之能吸收光源发出的特征辐射，该过程称为原子化。待测试样原子化的方法主要包括火焰原子化、非火焰原子化两大类。

① 火焰原子化器　火焰原子化器是由化学火焰提供能量将待测元素原子化的装置，预混合型火焰原子化器是目前常用的原子化装置，主要由雾化器、预混合室和燃烧器三部分构成。

a. 雾化器　作用是将试液雾化，使之形成微细均匀的雾滴。雾化器是原子化系统的核心部件，其性能对原子吸收分析的化学干扰和精密度产生较大的影响，因此雾化器应具备如下条件：雾粒细微均匀；喷雾稳定；雾化效率高。目前普遍采用同心型气动雾化器，如图 6-6 所示。其工作原理是向喷雾器通入高压助燃气（如空气、氧化亚氮等），在负压的作用下，试液将沿毛细管吸入，并被高速气流分散为雾滴，喷出的雾滴经过能加速气流运动的节流管后，与撞击球相碰，进一步分散为细雾。雾化的效率取决于喷雾器的结构、助燃气的压力以及试液的表面张力和黏度等。

b. 预混合室　作用是使进入室内的较大的雾滴沉降凝聚在室壁，沿废液管排出，较小的雾滴与燃气（如乙炔、丙烷等）、助燃气充分混合均匀形成气溶胶后，进入火焰原子化区，同时减少它们进入火焰时对火焰的扰动。

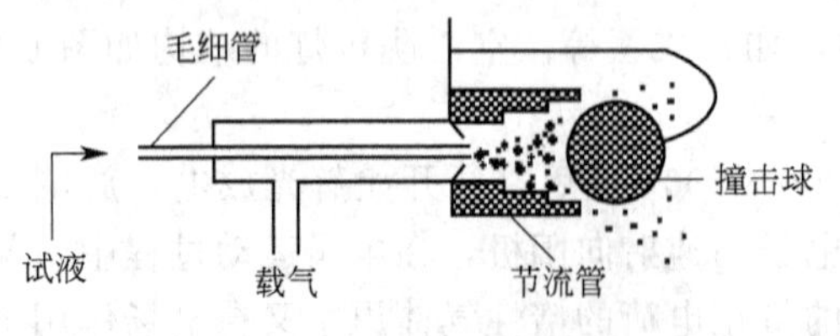

图 6-6　雾化器结构示意图

c. 燃烧器　作用是产生火焰，使进入火焰的气溶胶蒸发和原子化。预混合型燃烧器虽然试样利用率较低，但火焰稳定安全，干扰少，因此目前应用较普遍。燃烧器的喷灯有孔型和长缝型，预混合型燃烧器通常采用长缝型喷灯，该燃烧器能够调节高度和水平位置，以便于空心阴极灯发射的共振辐射能够准确地通过火焰的原子化层，如图 6-7 所示。燃烧器一般配有两种以上不同规格的单缝型喷灯，缝长为 5cm，适用于氧化亚氮-乙炔火焰，缝长为 10cm，适用于空气-乙炔火焰。

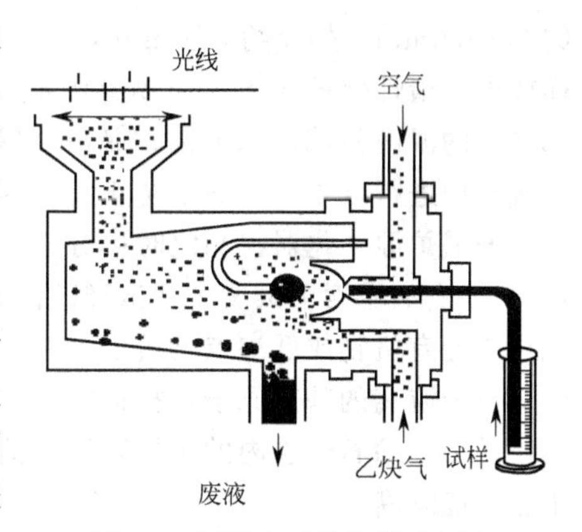

图 6-7 预混合型燃烧器示意图

d. 火焰 在火焰的作用下，雾化的试液经蒸发、干燥、熔化和解离等复杂过程，形成待测元素的原子蒸气。火焰的性质关系到原子吸收测定的稳定性、灵敏度和干扰等，因此对于不同的待测元素，应选择相应的合适火焰。火焰温度的高低影响试样原子化的程度，主要取决于燃气和助燃气的类型及气体流量。表 6-2 列举了几种常用火焰类型及其特性。

表 6-2 几种常用火焰的特性

火 焰	化学反应	温度/K
丙烷-空气焰	$C_3H_8+5O_2 \longrightarrow 3CO_2+4H_2O$	2200
氢气-空气焰	$H_2+\frac{1}{2}O_2 \longrightarrow H_2O$	2300
乙炔-空气焰	$C_2H_2+\frac{5}{2}O_2 \longrightarrow 2CO_2+H_2O$	2600
乙炔-一氧化二氮(笑气)焰	$C_2H_2+5N_2O \longrightarrow 2CO_2+H_2O+5N_2$	3200

其中乙炔-空气火焰是应用最为广泛的化学火焰，最高温度约为 2600K，燃烧稳定，噪声低，能用于 30 多种元素的原子吸收测定。乙炔-氧化亚氮火焰也使用得比较多，火焰温度可达 3200K，适用于难解离元素氧化物的原子化（如 Al、B、Ti、Zr 等），但乙炔-氧化亚氮火焰易发生爆炸，操作中应严格遵守安全操作规程。

燃气和助燃气的流量比不同，火焰的温度也不同。根据燃气和助燃气的比例，同种火焰可分为三种类型：中性火焰，也称作化学计量火焰，是指燃气与助燃气之比与其化学计量比相近，其特点是温度高、干扰小、稳定、背景低，大多数元素都适用；贫燃火焰，是指燃气与助燃气之比小于化学计量比，其特点是具有氧化性，温度较低，适于测定易解离和易电离的元素，如碱金属的测定；富燃火焰，是指燃气与助燃气之比大于化学计量比，其特点是具有还原性，温度略低于中性火焰，适用于易生成难熔氧化物的元素的测定。在实际测量时应通过实验确定燃气和助燃气的最佳流量比。

② 非火焰原子化器 火焰原子化器易于操作，重现性好，精密度高，已成为原子吸收分析采用的标准方法，但其缺陷是一般只有 10%左右的试液原子化，原子化效率较低，使其灵敏度难以提高。非火焰原子化器可以有效解决原子化效率较低这一问题，显著提高原子吸收分析的灵敏度。非火焰原子化器有多种类型，其中应用最为广泛的是石墨炉原子化器。

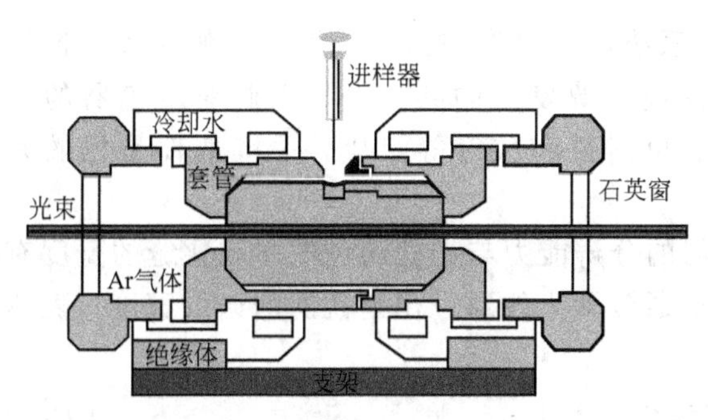

图 6-8 石墨炉原子化器示意图

石墨炉原子化器主要由石墨管、加热电源、保护气控制系统三部分组成，结构如图 6-8 所示。石墨管固定在两个电极之间，长约 20～60mm，外径约 6～9mm，内径约 4～6mm。石墨管中央开有 1～2mm 小孔，用于进样或通入惰性保护气体。加热电源提供原子化能量，电流通过石墨管可短时间内产生高达 3000℃的温度使试样原子化。保护气控制系统的作用是使加热过程始终在惰性气氛（氮气或氩气）中进行，主要目的是防止石墨管及已原子化的原子被氧化。

石墨炉原子化器在测定时可分为干燥、灰化、原子化及净化四个阶段。干燥的目的是在 110℃左右的温度下蒸发去除试样的溶剂；灰化的目的是在 350～1200℃温度下进一步去除试样中的有机物或低沸点无机物，并保证不损失待测元素；原子化的目的是使待测元素在高温下成为游离的基态原子，根据待测元素的性质可在 2500～3000℃范围内选择温度；净化的目的是去除石墨管内的试样残渣，消除其对下一试样产生的记忆效应，加热温度一般比原子化温度略高。

石墨炉原子化器具有以下特点：原子化过程是在强还原性气氛中进行，试样原子化效率高达 90%以上；原子在吸收区平均停留时间长，灵敏度高；可直接测定液体及固体试样；试样用量少，固体试样需 0.1～10mg，液体试样需 1～100μL；但由于进样量少、操作条件不易控制导致其精密度不如火焰原子化器，此外设备复杂，操作不便。表 6-3 对火焰原子化器和石墨炉原子化器进行了比较。

表 6-3　火焰原子化器与石墨炉原子化器比较

项　目	火焰原子化器	石墨炉原子化器
能源	火焰	电热
进样量	约 1mL	10～100μL
稀释	10000 倍	40 倍
原子停留时间	10^{-4}s	1～2s
原子化效率	约 10%	约 90%
分析周期	短	长
灵敏度	10^{-6} 级	10^{-9} 级

除石墨炉原子化法外，低温原子化法即化学原子化法也是一种非火焰原子化技术。低温原子化法包括：氢化物形成法，是在一定的酸性条件下，利用 $NaBH_4$ 或 KBH_4 等强还原剂将待测元素还原为极易挥发的氢化物，这些氢化物用惰性气体载入石英管原子化器中进行原子化；原子化温度一般低于 1200K，仅限于 As、Bi、Ge、Sb、Sn、Se、Pb、Te 等几种元素的原子吸收分析；该法选择性好，干扰少，灵敏度高。冷原子吸收法，是在常温下，用 $SnCl_2$ 等强还原剂将试样中的汞化合物都还原为汞，产生的汞蒸气用载气送入原子吸收池内进行测定；该法仅限于元素汞的分析，无须加热，灵敏度高，准确度也较高。

(3) 单色器

原子吸收分光光度计中的单色器即分光系统，主要作用是将待测元素的光源共振线与邻近干扰谱线分离。原子吸收采用的是锐线光源发出的共振线，因此对单色器的色散能力要求不是很高。单色器由色散元件、反射镜和狭缝等组成，关键部件是色散元件，常用光栅。

在空心阴极灯光源一定的情况下，单色器的分辨能力与光栅的色散率和狭缝的宽度有关，可通过选用适当的光谱通带来满足。光谱通带即光线通过出射狭缝的谱线宽度，表达式为：

$$W=DS \qquad (6\text{-}16)$$

式中，W 为光谱通带宽度，nm；D 为光栅倒线色散率，nm/mm；S 为狭缝宽度，mm。

原子吸收分析中，对于具体仪器其光栅色散率是一定的，也就是 D 值一定，那么光谱通带宽度取决于出射狭缝的宽度，因此实际使用单色器过程中应根据光源的强度和光栅色散率来调节合适的狭缝宽度，构成适于测定的光谱通带。若待测元素（如稀土元素等）的谱线复杂，为减少非吸收线的干扰，狭缝宽度宜较窄；若待测元素（如碱金属、碱土金属等）共振线附近无干扰线，狭缝宽度宜较宽，以提高测定灵敏度。

(4) 检测系统

检测系统主要由检测器、放大器、对数转换器和显示装置所组成。

检测器通常选用光电倍增管，其作用是将单色器分出的光信号进行光电转化，光电倍增管在使用过程中应尽量避免长时间使用、较高电压或辐射光强度过大，以保证光电倍增管的良好性能；放大器的作用是将光电倍增管输出的电压信号放大，使其能在显示器上显示出来；对数转换器的作用是进行信号的对数转换，使吸收光强度的变化与待测试样浓度呈直线关系；显示装置是将测定值直接显示出来。现代原子吸收光谱仪通过计算机工作系统能够自动进样、自动调零、自动校准、背景校正、自动处理数据、校正曲线及分析和打印结果等，提高了原子吸收分析的准确度和效率。

6.2.2 仪器类型

(1) 单道单光束型

单道单光束型原子吸收光谱仪是目前应用最为广泛的原子吸收光谱仪。这类仪器结构简单，光源只有一个，外光路中也只有一束光［如图 6-9(a) 所示］，准确度和灵敏度较高，但不能消除光源辐射波动引起的误差，为消除该误差，可预热光源 20～30min。

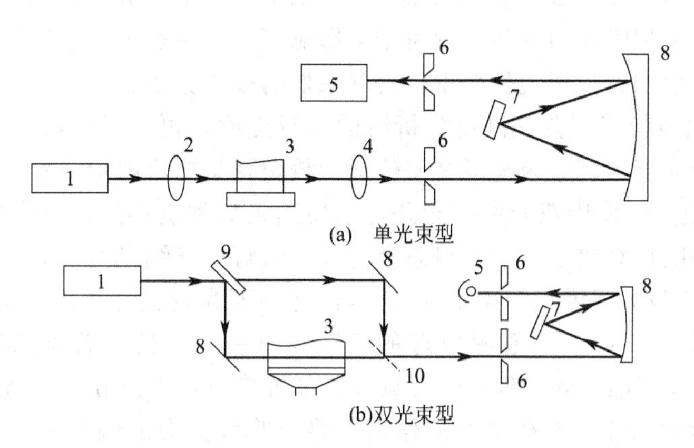

图 6-9　原子吸收分光光度计光路示意图

1—空心阴极灯；2,4—透镜；3—原子化器；5—检测器；6—狭缝；7—光栅；8—反射镜；9—旋转反射镜；10—半反射镜

(2) 单道双光束型

单道双光束型原子吸收光谱仪中，光源的辐射光束被切光器分解为两束光［如图 6-9 (b) 所示］，一束光通过原子化蒸气，另一束光作为参比束不通过原子化蒸气，两束光交替通过单色器到达检测系统，就能获得两束光的强度比。这类仪器测定的准确度和精密度较单光束型高，但仍然不能消除光源辐射波动和背景吸收的影响，并且结构复杂，价格昂贵，使其使用受限。

6.3 原子吸收光谱法的实验方法

6.3.1 干扰及其抑制

原子吸收光谱法是一种选择性好且干扰较少的分析技术，但在实际测定中干扰问题仍然不能忽略。原子吸收光谱法的干扰按其性质可以分为四类：光谱干扰、物理干扰、化学干扰和电离干扰。

(1) 光谱干扰

光谱干扰（spectral interference）通常由光源、原子化器或共存元素所引起，主要有以下几种情况。

① 非共振线干扰　在光谱通带内，当共存元素的吸收线与待测元素发射的共振线的波长较接近时，产生光谱重叠干扰，可分离干扰元素或另选分析线消除干扰；当待测元素分析线附近有单色器不能分离的其他特征谱线时，也会产生干扰，如元素镍（232.0nm）的分析线附近还有多条镍的特征谱线，可采用减小狭缝宽度的方法来消除这种干扰。

② 背景干扰　背景干扰引起的原因有：a. 分子吸收，是指在原子化过程中生成的某些气体分子、难熔氧化物、难解离盐类等对待测元素共振线的吸收而产生的干扰，如在空气-乙炔火焰中测定元素 Ba 时，由于 Ca 的存在生成 $Ca(OH)_2$，在 530～560nm 处有吸收带，干扰 Ba（553.5nm）的测定；b. 光的散射，原子化过程中产生的固体颗粒使光产生散射，透过光不能被检测器完全检测，导致吸收度值增加；c. 火焰，火焰燃烧中产生的 OH、CH、CO 等也能吸收待测元素的共振线而产生干扰，且波长越短，火焰成分的吸收越严重。

背景干扰中，火焰吸收引起的干扰对结果影响不大，一般可通过仪器调零来消除。分子吸收和光的散射产生的背景干扰较严重，通常采取的校正方法有：

a. 邻近非吸收线校正　首先测量分析线的总吸光度，再测量吸收线邻近的非吸收线的背景吸光度，总吸光度与背景吸光度之差值即为校正背景之后的待测元素的吸光度。

b. 氘灯背景校正　使用双光束外光路，即使用氘灯和空心阴极灯发出的光辐射交替通过原子化器，空心阴极灯辐射时可测得总吸光度，氘灯的连续光谱辐射时可测得背景吸光度（待测元素的共振线吸光强度可忽略不计），两值之差即为校正背景后的待测元素的吸光度。氘灯背景校正法要求氘灯和空心阴极灯的辐射完全一致，校正背景的波长范围为 190～360nm，并且背景校正能力弱，但氘灯背景校正装置简单，操作方便，仍然得到广泛应用。

c. 塞曼效应背景校正　在外磁场的作用下将吸收线分裂成偏振方向不同、波长相近的三条谱线，利用这些分裂的偏振谱线区别待测元素的原子吸收和背景吸收。塞曼效应扣除背景能力比氘灯强，且可在 190～900nm 背景波长范围内进行校正，是较理想的背景校正方法，但仪器价格昂贵。

(2) 物理干扰

物理干扰是指待测试样在转移、蒸发和原子化过程中，由于试样的物理特性如密度、压力、黏度、表面张力等的变化而引起吸光度下降的效应，主要通过影响试样喷入火焰的速度、雾化效率、雾滴大小等使进入火焰中的待测元素的原子数量减少，从而使吸光度下降。物理干扰是一种非选择性干扰，对试样中各元素的影响基本上是相同的。配制与待测试样相似组成的标准样品或采用标准加入都是消除物理干扰的常用方法。

(3) 化学干扰

化学干扰是由于待测元素与其他共存组分之间的化学作用生成难熔、难挥发或难电离化合物，使待测元素基态原子数减少所引起的干扰效应，主要影响待测元素的原子化效率。这类干扰具有选择性，对试样中各种元素的影响各不相同，是原子吸收分析中的主要干扰来源。

化学干扰比较复杂，消除化学干扰的方法要根据具体情况而定，常用的方法有：

① 加入释放剂　释放剂能够与干扰组分形成更稳定或更难挥发的化合物，从而使待测元素释放出来。例如测定 Ca 时，由于试样中的 PO_4^{3-} 的存在会生成难解离的 $Ca_2P_2O_7$，产生严重干扰，此时向试样中加入 $LaCl_3$ 可生成更难解离的 $LaPO_4$，使 Ca 释放出来，有效地消除 PO_4^{3-} 对 Ca 的干扰。

② 加入保护剂　保护剂能够与待测元素生成稳定的配合物，防止干扰组分与待测元素发生反应。保护剂通常是有机配位剂，例如测定 Ca 时，加入 EDTA 可与钙形成配合物，且该配合物在火焰中很容易被原子化，保护剂 EDTA 有效防止钙与 PO_4^{3-} 生成难解离的 $Ca_2P_2O_7$，抑制了 PO_4^{3-} 对 Ca 的干扰。

③ 加入缓冲剂　在标准溶液和试样溶液中加入过量的干扰元素，使干扰达到“饱和”，即不再随干扰元素的增多而发生变化。这种含有大量干扰元素的试剂就是缓冲剂。例如，用 N_2O-C_2H_2 火焰测定钛时，在试样和标准溶液中加入 300mg/L 以上的铝盐，可使铝对钛的干扰趋于稳定。

(4) 电离干扰

电离干扰（ionization interference）是指在高温下待测元素的原子发生电离，使基态原子的数量减少，引起吸光度下降的效应。火焰温度越高，电离电位越低，干扰越严重。电离电位低于 6eV 的元素如碱金属及碱土金属元素容易产生电离干扰。为消除电离干扰，可加入一定量的比待测元素更容易电离的元素即消电离剂，以抑制待测元素的电离。常用的消电离剂是易电离的碱金属元素及其化合物。如测定 K 时，可加入大量的铯盐或钠盐作消电离剂，消除 K 的电离干扰。

6.3.2 定量分析方法

(1) 样品的制备

① 待测试样的处理　原子吸收分析中，石墨炉原子化法可直接进固体试样，但火焰炉原子化法必须采用溶液进样，在测定前需将待测样品处理成溶液。目前常用的溶样方法有干灰化法、湿法消解、微波消解法等。干灰化法是将待测样品在一定的高温下灰化以去除样品中的有机物，再用适当的溶剂溶解灰分便制得待测元素的试液，该法的缺点是待测元素灰化损失率较高，不适宜于易挥发元素。湿法消解使用大量的酸来处理样品，如盐酸、硝酸和高氯酸等，使待测样品溶为试液，湿法消解的缺点是需消耗大量的酸，容易污染样品，产生的盐类过多易堵塞燃烧器狭缝，且挥发的酸雾对环境造成污染。微波消解法是利用微波加热，采用密闭的全聚四氟乙烯压力釜消解样品，全聚四氟乙烯压力釜具有耐酸、耐碱、耐高温的良好特性，使用时准确称取少量样品，加入少量消解试剂，密封后置于微波压力釜内，调节一定的功率，2～5min 内样品即可消解完全。该法取样量少，使用消解试剂少，消解时间短，工作效率高，已逐渐成为消解试样的重要方法。

② 标准溶液的制备　配制标准溶液的试剂不能含有待测元素，但其组成要尽可能接近

待测试样。用来配制标准溶液的试剂达到分析纯即可，不需要特别高的纯度。用量大的试剂例如溶解样品的酸碱、释放剂、电离抑制剂、缓冲剂、萃取剂、配制标准溶液的基体等，必须是高纯度试剂且不能含有待测元素。溶液中总含盐量会影响喷雾过程及蒸发速度，因此当溶液中含盐量超过0.1%时，在标准溶液中也应加入等量的同一盐类，以保证在喷雾时和在火焰中发生的过程相似。

在样品制备过程中，要防止水、容器、试剂和大气等对样品的污染，同时要避免待测元素的损失，以保证原子光谱分析的灵敏度。

(2) 测定条件的选择

① 分析线　原子光谱分析中通常选择待测元素的共振线作为分析线，因为共振线一般是最灵敏的谱线。但在某些情况下却不宜选择共振线作为分析线，如 Pb（217nm）为最灵敏吸收线，但其火焰吸收干扰大，应选用次灵敏线 Pb（283.3nm）作为分析线；当共振吸收线受到谱线干扰时，应选择待测元素不受干扰且吸收最强的谱线作为吸收线；当要测定高含量元素时，应选择灵敏度较低的谱线，以得到合适的吸收值，同时改善标准曲线的线性范围。但对于微量元素的测定，其分析线必须选用最强的共振吸收线。

实际分析过程中应根据具体情况，通过实验方法选择合适的分析线，具体方法是：首先扫描空心阴极灯的发射光谱，了解可供选用的谱线，然后喷入试液，观察谱线的吸收情况，从中选择出不受干扰且吸光度适宜的谱线作为分析线。

② 空心阴极灯工作电流　空心阴极灯的发射光谱特征与工作电流有关，工作电流低，灵敏度高，但放电不稳定，光谱输出强度弱，稳定性差；工作电流高，发射谱线强度大，信噪比小，但灵敏度下降，空心阴极灯使用寿命缩短。因此，在保证谱线输出稳定和足够辐射光强度的情况下，应尽量选用较低的电流。对于大多数元素，通常选用额定电流的1/2～2/3为工作电流，这样能保证原子吸收分析的较高灵敏度和精密度。实际工作中，还是应通过实验测定吸光度与灯电流的关系来选择最适宜的工作电流。

③ 狭缝宽度　由于在原子吸收光谱分析中，狭缝宽度直接影响光谱通带宽度与检测器接收的能量，当待测元素共振线无邻近干扰线时可选用较宽的狭缝，以提高信噪比及精密度。但谱线复杂的元素在测定时，其共振线附近有干扰线，应选用较窄的狭缝，以提高测定的灵敏度。合适的狭缝宽度应通过实验测定，方法是将待测试液喷入火焰中，通过调节狭缝宽度，观察吸光度值，其中不引起吸光度值减小的最大狭缝宽度即为最合适的狭缝宽度。

④ 燃烧器高度　不同元素的自由原子的浓度随火焰高度的不同而出现差异，在测定时应调节合适的燃烧器高度，使测量光束从自由原子浓度最大的火焰区域通过，以提高测定的灵敏度。合适的燃烧高度应通过实验确定，方法是使用一标准溶液喷雾，通过上下调节燃烧器的高度，观察吸光度值，最大吸光度值所对应的燃烧器高度即为实验时的最合适燃烧器高度。

⑤ 进样量　进样量太小时，信号较弱，不方便测量；进样量太大时，火焰原子化法中的溶剂会因冷却效应和大粒子散射影响，产生背景干扰。合适的进样量应通过实验确定，方法是在合适的燃烧器高度下，测定吸光度值随进样量的变化，达到最大吸光度值时的进样量即为最合适的试样进样量。

⑥ 原子化条件　在火焰原子化法中，火焰类型和燃烧状态是影响原子化效率的主要因素。根据不同待测元素应选择不同火焰类型。对于易形成难解离氧化物的元素如 Si、Al、Ti、Ba、稀土等，应选用高温火焰如氧化亚氮-乙炔火焰；对于易电离元素如碱金属等，应选择低温火焰如空气-丙烷火焰；对于大多数元素，可选用空气-乙炔火焰。火焰中燃气与助

燃气的比例不同，火焰的温度和性质不同，最适燃助比应通过实验确定，方法是固定助燃气流量，通过改变燃气流量测定标准溶液的吸光度，绘制吸光度-燃助比曲线，选择最佳燃助比。

在石墨炉原子化法中，原子化过程经过干燥、灰化、原子化及高温净化几个阶段，各阶段的温度和持续时间都是非常重要的，应通过实验来确定。干燥温度一般应稍低于溶剂沸点；灰化温度应尽可能高并确保待测元素无损失；原子化温度宜选用能达到最大吸光度的最低温度；净化温度应高于原子化温度，以消除石墨管中的试样残留物。

（3）定量方法

① 标准曲线法　在合适的浓度范围内，配制与样品溶液相近的一系列不同浓度待测元素的标准溶液，选择合适的参比溶液，在原子吸收光谱仪上按从低浓度到高浓度顺序依次测定其吸光度 A，以吸光度 A 为纵坐标，待测元素的浓度 c 为横坐标绘制标准曲线。在相同实验条件下，测定未知试样的吸光度，从标准曲线上可查出相对应的浓度值。

采用标准曲线法应注意：a. 所配制标准溶液的浓度应在吸光度与浓度的线性关系范围内；b. 标准溶液的组成应尽量与待测试样组成一致；c. 测定过程中应保持测定条件不变。

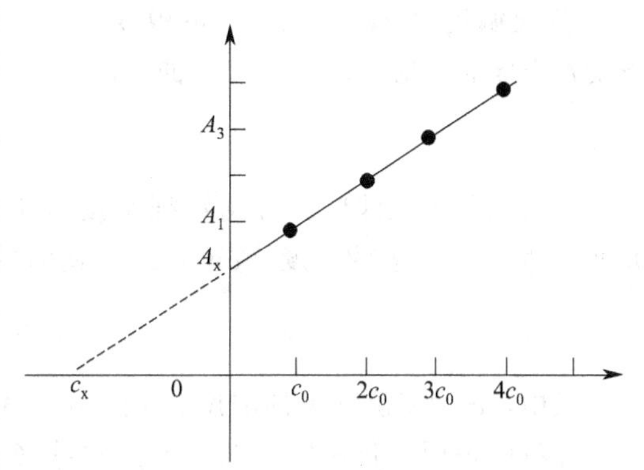

图 6-10　标准加入法图解

② 标准加入法　当试样的组成复杂，试样基体干扰严重且无基体空白，或试样中待测元素含量极低时，可采用标准加入法。标准加入法是将标准溶液加入试样中进行测定的定量分析方法，分为作图法和计算法。

a. 作图法　取若干份（如四份）体积相同的试液（c_x），第一份不加待测元素的标准溶液，其余几份按比例依次加入不同量的待测元素的标准溶液（c_0），然后用溶剂稀释至相同体积，则各份溶液浓度依次为：c_x，c_x+c_0，c_x+2c_0，c_x+3c_0，$c_x+4c_0 \cdots c_x+nc_0$。在相同条件下分别测其吸光度为：A_x，A_1，A_2，A_3，$A_4 \cdots A_n$。以吸光度 A 为纵坐标，溶液浓度 c 为横坐标作图，见图 6-10。将该直线反向延长与横坐标延长线相交于 c_x，c_x 点则为待测元素试样的浓度。

采用标准加入法应注意：待测元素的浓度应在吸光度与浓度的线性关系范围内；第一份加入标准溶液的浓度应接近样品浓度，且最少采用四个点（包括待测试样本身）来作图，以保证测定结果的准确度；应进行试剂空白的扣除；只能消除基体的干扰，不能消除分子吸收、背景吸收等引起的干扰；曲线斜率太小时，灵敏度太低，易引起误差；不适宜于批量样品的测定。

b. 计算法：取两份相同体积的待测试液（c_x），一份不加待测元素的标准溶液，另一份加入待测元素的标准溶液（c_0），稀释到相同体积，在相同条件下测定两溶液的吸光度，分别为 A_x、A_0，则有

$$A_x=kc_x$$

$$A_0=k(c_x+c_0)$$

联合上两式得：

$$c_x=c_0\frac{A_x}{A_0-A_x} \tag{6-17}$$

式(6-17)的应用应注意加入标准溶液的浓度应和待测试样接近，且应在测定的线性范围内。

③ 内标法　在试样和标准溶液中分别加入一定量的试样中不存在的内标元素，同时测定这两种溶液的吸光度，以标准溶液中待测元素和内标元素的吸光度比值为纵坐标，标准溶液中待测元素的浓度为横坐标，绘制标准曲线。根据试样中待测元素和内标元素的吸光度比值，从标准曲线上即可求出试样中待测元素的浓度。

内标法能消除原子吸收分析过程中的燃助比、进样量、表面张力、火焰条件等引起的误差，提高了分析的准确度和精密度。所选用的内标元素应和待测元素在原子化过程中具有相似的特性。内标法的使用受到仪器的限制，只适用于双道原子吸收光谱仪。

(4) 灵敏度与检出限

在微（痕）量分析中，灵敏度和检出限都是评价仪器性能和分析方法的重要指标。

① 灵敏度（sensitivity）　灵敏度（S）是在一定浓度时，吸光度 A 的增量与待测元素浓度 c 增量的比值。因此，校正曲线的斜率即为灵敏度，斜率越大，灵敏度越高。

$$S = \mathrm{d}A/\mathrm{d}c \tag{6-18}$$

在火焰原子化法中，常用特征浓度（S_c）来表征灵敏度，即产生1%吸收或吸光度为0.0044时待测元素的浓度（μg/mL），此时的灵敏度为相对灵敏度。表达式为：

$$S_c = 0.0044 \times \frac{c}{A} \tag{6-19}$$

式中，c 为待测元素的浓度，μg/mL；A 为吸光度值。

在石墨炉原子化法中，常用特征质量（S_m）表示灵敏度，即产生1%吸收或吸光度为0.0044时待测元素的质量，此时的灵敏度为绝对灵敏度。表达式为：

$$S_m = 0.0044 \times \frac{m}{A} = 0.0044 \times \frac{cV}{A} \tag{6-20}$$

式中，m 为待测元素质量，μg；c 为待测元素浓度，μg/mL；V 为进样量，mL；A 为吸光度值。

② 检出限（detection limit）　检出限（D）是指在适当的置信度下检出的待测元素的最低浓度或最小质量，常用3倍于标准偏差（δ）在灵敏度中所占的分数表示。检出限越低，灵敏度越高。

火焰原子化法
$$D_c = \frac{3\delta}{S_c} \tag{6-21}$$

石墨炉原子化法
$$D_m = \frac{3\delta}{S_m} \tag{6-22}$$

式中，D_c 为火焰原子化法检测限，μg/mL；D_m 为石墨炉原子化法检测限，μg；δ 为用空白溶液进行10次以上吸光度测定后计算得到的标准偏差。

6.3.3 应用示例

【例1】 原子吸收分光光度法测定自来水中的镁。

测定原理：将待测试液喷入火焰原子吸收分光光度计中，使Mg原子化，在火焰中形成的Mg基态原子对特征谱线会产生选择性吸收。采用标准曲线法，将测得的试样吸光度值和标准溶液的吸光度进行比较，可确定试样中Mg的含量。

测定条件：火焰原子吸收分光光度计，乙炔-空气火焰，燃助比1∶4；测定波长（分析线）285.2nm；空心阴极灯，灯电流 2mA，灯高 4 格，光谱通带 0.2nm。

分析结果：按测定条件同时测定标准系列和试样的吸光度，绘制标准曲线，求出自来水试样中 Mg 的含量。

6.4 原子发射光谱法

原子发射光谱法是光谱分析中发展较早的一种分析方法，对元素周期表中 70 多种元素能够进行定性分析，并能同时测定多种元素。电感耦合等离子体（ICP）光源的应用，极大地推动了原子发射光谱的发展。近年来，电感耦合器件（CCD）等检测器的引入，结合电子计算机技术的应用，使原子发射光谱分析的灵敏度和精度有了大幅度的提高，成为多种元素同时测定的有力方法，广泛应用于农业科学、生物科学、食品科学、环境科学、冶金科学等领域。

6.4.1 基本原理

在正常状态下，原子处于基态，在受到激发光源激发时，原子获得足够能量，外层电子由基态跃迁到激发态，大约在 1.0×10^{-8}s 内返回到基态，发射出特征光谱即原子发射光谱。原子发射光谱为线状光谱。通过测量元素的激发态原子所发出的特征谱线的波长和强度对元素进行定性和定量分析的方法就是原子发射光谱分析法。

原子外层电子由基态跃迁到激发态所需要的能量称为激发能，以电子伏特（eV）表示。原子光谱中每条谱线的产生都有其相应的激发能。由第一激发态向基态跃迁所发射的谱线称为共振发射线，简称共振线。共振线的激发能最小，最易被激发，是该元素最强的谱线。

在激发光源作用下，原子获得足够的能量产生电离，原子电离所需的最小能量即为电离能。原子失去一个电子称为一次电离，失去两个电子称为二次电离，依次类推。离子的外层电子由高能级跃迁到低能级时所发射的谱线为离子线。由于离子和原子的能级是不相同的，所以离子和原子的发射光谱也不一样。每条离子线都有其相应的激发能，离子线激发能的大小与离子的电离能大小无关。原子谱线表中，通常用罗马数字Ⅰ表示原子线；Ⅱ表示一次电离离子线；Ⅲ表示二次电离离子线。如 MgⅠ 285.21nm 为原子线；Mg Ⅱ 280.27nm 为一次电离离子线。

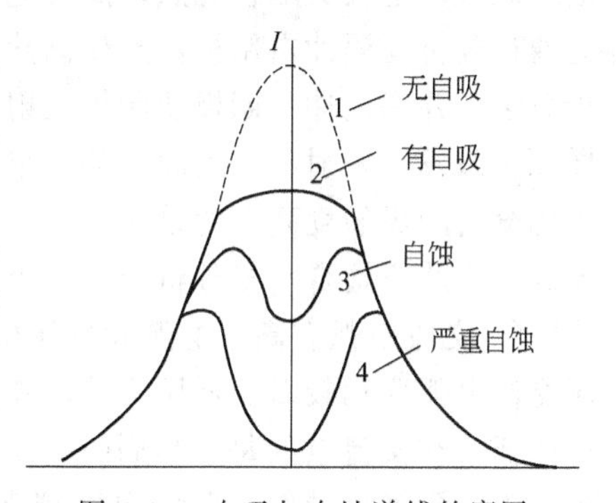

图 6-11 自吸与自蚀谱线轮廓图

当激发光源在高温条件下时，以气态存在的物质为等离子体。在光谱学中，等离子体是包含分子、离子、电子等粒子的整体电中性集合体。等离子体内温度和原子浓度的分布不均匀，中间区域的温度高、激发态原子浓度大，边缘则反之。某元素的原子自中心发射某一波长的电磁辐射被处在边缘的同种元素的基态原子或较低能级的原子吸收，使谱线强度减弱，这种现象称为自吸。元素的浓度较小时，自吸现象可忽略，随着元素浓度的增大，自吸现象变得严重，当到达一定浓度时，谱线中心强度被完全吸收，如同出现两条谱线，这种现象称为自蚀（图 6-11）。自吸现象影响谱线强度，在定量分析中应注意这个问题。

在激发能和激发温度一定时，谱线强度 I 与试样中待测元素的浓度 c 成正比，即：

$$I = ac \tag{6-23}$$

式中，a 为与谱线性质和试验条件相关的常数。

式(6-23) 在待测元素浓度较小时成立，当浓度较大时，由于自吸现象的影响，式(6-23) 应修正为：

$$I = ac^b \tag{6-24}$$

或

$$\lg I = b\lg c + \lg a \tag{6-25}$$

式中，b 为自吸常数，元素浓度小时，自吸现象可忽略，b 值约为 1。随着浓度的增大，b 值逐渐减小，当 b 值接近 0 时，谱线强度达到饱和。

式(6-25) 为原子发射光谱法定量分析的依据，表明在一定的实验条件下，a、b 为常数，$\lg I$ 与 $\lg c$ 呈线性关系，故根据谱线的强度可计算待测元素的浓度。

6.4.2 原子发射光谱仪

原子发射光谱仪是用来观察和记录原子发射光谱并进行分析的仪器。原子发射光谱仪一般由激发光源、分光系统和检测系统三个部分组成。

(1) 激发光源

激发光源的作用是提供能量使试样中的组分蒸发形成气态原子，并进一步使这些气态原子激发而产生光辐射。通常要求激发光源应灵敏度高、稳定性好、光谱背景小、结构简单、适用范围广。实际分析时，应根据试样元素对灵敏度和精确度的要求选择合适的光源。常用的激发光源有直流电弧、交流电弧、高压电火花及电感耦合等离子体（ICP）等。

① 直流电弧光源由于设备简单，是原子发射光谱仪中广泛采用的一种激发光源。直流电弧发生器常用电压为 150～380V，电流为 5～30A。常用两支石墨电极作为阴阳两极，试样放置在下电极（阳极）的凹槽内，分析间隙的两电极相接触或用导体接触两电极使之通电。此时，电极尖端被烧热，点燃电弧，再使电极相距 4～6mm，电弧点燃后，热电子流高速通过分析间隔冲击阳极，产生高热，试样蒸发并原子化，蒸发的原子与电子碰撞，电离出正离子，并高速冲向阴极使阴极发射电子。电子、原子、离子间在分析间隙相互碰撞，使试样原子激发，发射出一定波长的光谱线。直流电弧弧焰温度高，可使 70 多种元素激发。该光源分析的灵敏度高，背景小，适合进行定性分析，但由于弧光不稳，再现性差，电极头温度高，因此不适合定量分析及低熔点元素分析。

② 交流电弧有高压电弧和低压电弧两种，其中高压电弧操作危险现已较少适用，而低压交流电弧应用较多。低压交流电弧工作电压一般为 110～220V，通常采用高频引燃装置点燃电弧，在交流电的每一半周时引燃一次，保持低压交流电弧不灭。低压交流电弧相比较直流电弧，灵敏度稍低，但稳定性较高，且电流具有脉冲性，电流密度也要大得多，弧温较高，因此激发能力强，可广泛应用于光谱的定性和定量分析。

③ 高压电火花光源的工作原理是输入 220V 交流电压，通过变压器升压到 15kV 左右，先向电容器充电，当电容器两端的电压达到电极间隙的击穿电压时，在电极分析间隙迅速放电，产生电火花。放电结束后，重新充电、放电，如此反复进行。高压电火花光源的特点是放电瞬间产生的电流密度很大，因此温度高，能够使难激发元素被激发，且谱线多为离子线。此外，其放电稳定性和重现性好，适用于定量分析。但是高压电火花光源放电间隔长，使得电极头温度低，蒸发能力稍低，绝对灵敏度低，不适用于痕量分析。

④ 电感耦合等离子体（ICP）光源是原子发射光谱分析中发展迅速，优势明显的一种新型光源。常见的 ICP 激发光源由高频发射器和感应线圈、矩管和供气系统、样品引入系统三部分组成，见图 6-12。等离子矩管是三层同心石英管，冷却 Ar 气流从外管切向导入，使等离子体与外层石英管保持一定间隔避免烧毁石英管，中层石英管通入 Ar 气流的作用是维持等离子体的稳定，内层石英管中载气将试样溶液以气溶胶的形式载入等离子体中。高频感应线圈围绕在外层石英管外，当高频电流通过感应线圈时，能够将高频电耦合到石英管中，利用电火花引燃，使管内 Ar 气放电，产生等离子体。当这些带电离子累积到电导率足够大时，在垂直于管轴方向就会产生环形涡电流。强大的涡电流产生高热，可瞬间将气体加热至 10000K 左右，形成等离子矩。当载气携带试样气溶胶进入等离子体时，被加热至 6000～7000K，并被原子化和激发产生发射光谱。ICP 激发光源具有明显的优点，灵敏度高，稳定性好；不使用电极，可避免电极对试样的污染；Ar 气背景干扰少，信噪比高；试样消耗少，工作线性范围宽，因此应用范围较广泛。

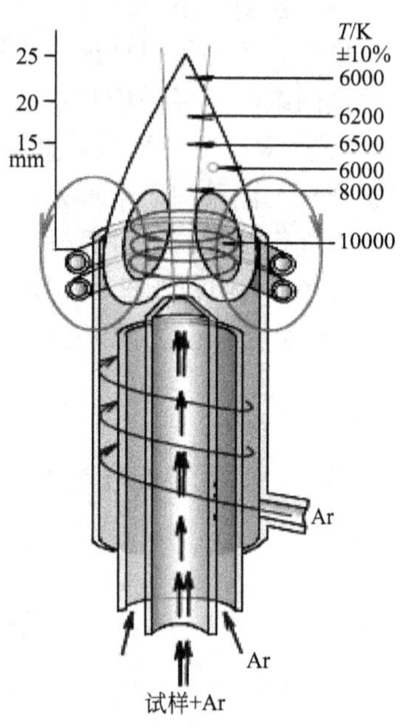

图 6-12 电感耦合等离子体激发源

（2）分光系统

分光系统是将试样中待测元素的激发态原子或离子所发射的特征光经分光后，得到按波长顺序排列的光谱。原子发射光谱仪的分光系统常采用棱镜和光栅分光系统。

棱镜分光系统是利用棱镜作为色散元件，由于棱镜对不同波长光的折射率不同，可将复合光分解为各种单色光，从而达到分光的目的。棱镜分光系统的光路图见图 6-13。由光源产生的光经 K_{I}、K_{II}、K_{III} 照明系统后，聚焦在入射狭缝 S 上，入射光经准光镜 L_1 后成为平行光束，投射到棱镜 P 上，经棱镜色散后按波长顺序分开，经由物镜 L_2 分别聚焦在乳剂面 FF′上，得到按波长排列的光谱。棱镜分光系统的光学特性用色散率、分辨率和集光本领三个指标来表征。

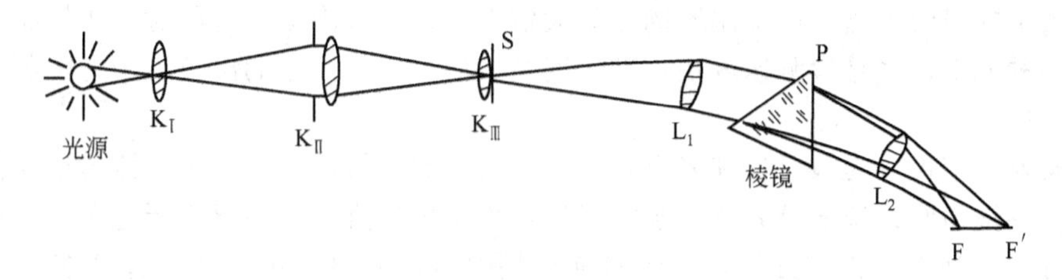

图 6-13 棱镜分光系统光路图

光栅分光系统常采用光栅作为色散元件，光栅通常是在镀铝的光学平面或凹面上刻印等距离的平行凹槽制成，利用光在光栅上产生的衍射和干涉进行分光。光栅分光系统的光学特性可用色散率、分辨率和闪耀特性三个指标来表征。光栅分光系统与棱镜分光系统比较，分辨能力较强，适用的波长范围更宽。光栅分光系统光路图见图 6-14。

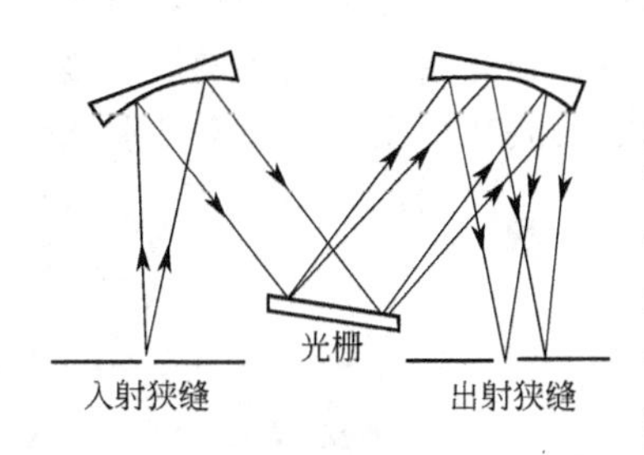

图 6-14 光栅分光系统光路图

(3) 检测系统

检测系统的作用是记录或检测原子的发射光谱，以进行定性或定量分析。原子发射光谱仪的检测系统有摄谱检测系统和光电检测系统。

① 摄谱检测系统是将感光板放在分光系统的焦面处，经摄谱、显影、定影等操作后，在感光板上记录和显示分光后得到的光谱，然后映谱仪将感光板上的光谱放大，同标准图谱比较可进行定性分析，通过测微光度计测量谱线的强度可进行定量分析。

感光板由照相乳剂（AgBr 感光材料）均匀地涂布在玻璃板上而制成。感光板曝光后变黑的程度常用黑度表示，用测微光度计（黑度计）测量黑度可以确定谱线的强度。谱线的黑度 S 为

$$S=\lg\frac{I_0}{I} \tag{6-26}$$

式中，I_0 为感光乳剂未曝光部分的透光强度；I 为曝光变黑部分的透光强度。

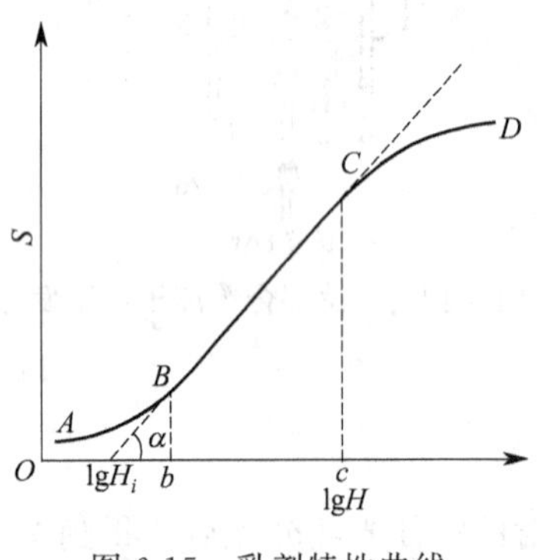

图 6-15 乳剂特性曲线

谱线的黑度 S 与曝光量有关，二者之间的关系可用乳剂特性曲线来描述，如图 6-15 所示乳剂特性曲线是以曝光量的对数 $\lg H$ 为横坐标，黑度 S 为纵坐标。图中 AB 段为曝光不足部分，BC 段为正常曝光部分，CD 段为曝光过度部分。对于 BC 段正常曝光部分，黑度 S 与曝光量对数 $\lg H$ 呈线性关系，可用如式(6-27) 表示

$$S=\gamma(\lg H-\lg H_i)=\gamma\lg H-i \tag{6-27}$$

式中，γ 为乳剂的反衬度，是乳剂特性曲线 BC 段的斜率；H_i 为感光板的惰延量，其倒数表示感光板的灵敏度；对于一定的乳剂，$\gamma\lg H_i$ 为定值，用 i 表示。

摄谱法检测系统的分辨能力较强，而且可同时记录整个波长范围的谱线，增加曝光时间可增加谱线的强度，并能减小激发不稳定时产生的波动，但是检测速度较慢，操作比较复杂。

② 光电检测系统用光电倍增管或电荷耦合器作为接收和记录谱线的主要元件，连接在分光系统的出口狭缝处，将谱线的光信号转换为电信号，电信号经放大后，直接显示在指示仪表上，或者经过模数转换，由计算机进行数据处理，并打印分析结果。光电检测系统的光电倍增管对不同强弱的谱线可采用不同的放大倍率，线性范围宽，可同时分析样品中浓度差别很大的多种元素，并且检测速度快，准确度高，但是由于固定的出口狭缝的限制，使其难以进行全定性分析。

原子发射光谱仪分为摄谱仪和光电直读光谱仪两类，摄谱仪通常采用棱镜或光栅作为色散元件，用摄谱检测系统记录光谱。光栅摄谱仪价格较便宜，使用感光板记录的光谱可长期保存，进行定性分析时比较方便，因此目前应用普遍。光电直读光谱仪包括多道直读光谱仪、单道扫描光谱仪和全谱直读光谱仪三种，前两种仪器的检测器使用光电倍增管，后一种仪器的检测器使用电荷耦合器。多道直读光谱仪谱线少，单道扫描光谱仪速度较慢，全谱直读光谱仪克服了这两种光谱仪的缺点，并且所有的元件都固定安装在机座上，没有活动的光学元件，因此稳定性更好。

6.4.3 分析方法

(1) 定性分析

由于不同元素的原子结构不同，受光源激发后可产生较多特征谱线。原子结构复杂的元

素的谱线可能多至数千条，通常只选择其中几条特征谱线进行分析，称其为分析线。常用的分析线为元素的灵敏线或最后线。灵敏线是各种元素谱线中最易受激发的谱线。试样中元素浓度降低，谱线的强度也减弱，元素浓度降低到一定含量时，出现的最后一条谱线就是最后线，也是最灵敏线。但是，由于自吸的影响和工作条件的不同，最后线不一定是最强的谱线。元素的共振线通常是最灵敏线、最后线。

光谱的定性分析就是根据光谱图中有无元素的特征谱线来确定试样中该元素是否存在。定性分析的方法通常有以下三种：

① 标准试样光谱比较法　在相同条件下，将待测元素的纯物质与试样并列摄谱于同一感光板上，在映谱仪上比较试样光谱与纯物质光谱，若出现相同的波长的谱线，则表明样品中存在待测元素。该法只适用于少数指定元素的定性分析。

② 铁光谱比较法　铁光谱比较法是铁的光谱线作为波长的标尺，将各种元素的最后线按照波长的位置标插在铁光谱图上方的相关位置上，制成元素标准光谱图，见图 6-16。对试样进行定性分析时，将试样与铁标准样品并列摄谱于同一感光板上，在映谱仪上比较试样光谱与铁元素标准光谱图，若试样元素的谱线与铁标准光谱图中标明的某元素的最后谱线的波长位置相同，则认为试样中存在待测元素。该法可同时定性分析多种元素。

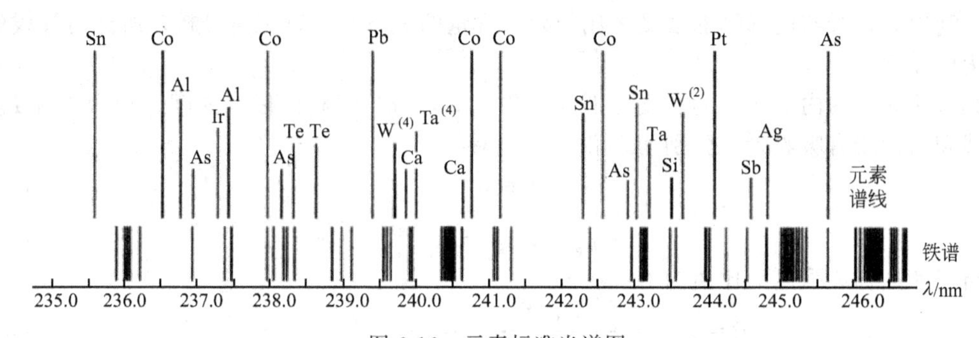

图 6-16　元素标准光谱图

③ 谱线波长测量法　若标准试样光谱比较法和铁光谱比较法都无法确定谱线属于哪一种元素，可用波长测量法准确测出该谱线的波长，再根据元素波长表确定该元素，该法的应用也是有限的。

由于定性分析时存在谱线的相互干扰，因此无论采用何种定性方法，至少出现两条灵敏线才可以确定该元素的存在。

（2）半定量分析

光谱的定性分析仅能确定试样中存在哪些元素，有时还需要得到大致含量，此时可采用半定量分析法，通过半定量分析可以快速得到试样中待测元素的大致含量。常用的半定量分析方法有谱线黑度比较法和谱线呈现法。

① 谱线黑度比较法　在一定条件下，将试样与已知不同含量的标准样品摄谱于同一感光板上，在映谱仪上用目视法直接比较试样与标准样品光谱，若分析线黑度相等，则样品中待测元素的含量与标准样品中该元素的含量近似相等。该法可用于钢材、合金等的分类、矿石品位分级等大批量试样的快速测定。

② 谱线呈现法　试样中元素含量比较低时，仅有少数灵敏线，但随着元素含量的增加，谱线随之增加。因此可绘制一张谱线出现与元素含量关系表，据此估计试样中该元素的大致含量。表 6-4 为铅含量与谱线关系表。

表 6-4 铅含量与谱线关系

Pb/%	谱线 λ/nm
0.001	283.3069 清晰可见，261.4178 和 280.200 弱
0.003	283.3069 清晰可见，261.4178 增强，280.200 变清晰
0.01	283.3069、261.4178、280.200 增强，266.317 和 287.332 出现
0.03	283.3069、261.4178、280.200、266.317、287.332 增强
0.10	283.3069、261.4178、280.200、266.317、287.332 增强，没有出现新谱线
0.30	283.3069、261.4178、280.200、266.317、287.332 增强，239.38，257.726 出现

(3) 定量分析

原子发射光谱的定量分析就是根据试样光谱中待测元素的谱线强度来确定试样中元素的浓度。式(6-25) 表明，在一定的实验条件下，a、b 为常数，$\lg I$ 与 $\lg c$ 呈线性关系。但是由于蒸发、激发条件、试样组成、感光板的性质等实验条件难以维持恒定不变，同时由于自吸现象的影响，在实际测定时难以确保 a、b 为常数，因此原子发射光谱常采用内标法进行定量分析。

① 内标法光谱定量分析原理　内标法是在试样中待测元素的谱线中选择一条分析线，然后在试样中其他共存元素或在加入固定量的其他元素的谱线中选择一条非自吸谱线作为内标线，利用分析线与内标线的强度之比与元素含量的关系来进行定量分析。所选内标线的元素为内标元素。

设待测元素和内标元素的浓度分别为 c 和 $c_{内标}$，分析线和内标线强度分别为 I 和 $I_{内标}$，分析线和内标线自吸收系数分别为 b 和 $b_{内标}$，有

$$I=ac^{b} \tag{6-28}$$

$$I_{内标}=a_{内标}c_{内标}^{b_{内标}} \tag{6-29}$$

令分析线和内标线强度的比值为 R

$$R=\frac{I}{I_{内标}}=\frac{ac^{b}}{a_{内标}c_{内标}^{b_{内标}}}=\frac{a}{a_{内标}c_{内标}^{b_{内标}}}c^{b} \tag{6-30}$$

令 $A=\dfrac{a}{a_{内标}c_{内标}^{b_{内标}}}$，由于内标元素浓度 $c_{内标}$ 恒定，实验条件一定时，A 为常数，有

$$\lg R=b\lg c+\lg A \tag{6-31}$$

式(6-31) 为内标法进行光谱定量分析的基本关系式。

若采用摄谱法进行定量分析，谱线强度 I 通常用感光板上记录的谱线黑度 S 来表示，设分析线和内标线的黑度分别为 S 和 $S_{内标}$，根据式(6-27)，有

$$S=\gamma\lg It-i$$

$$S_{内标}=\gamma_{内标}\lg I_{内标}t_{内标}-i_{内标}$$

由于在同一感光板上，曝光时间、乳剂特性、显影条件都相同，则分析线对的黑度差为

$$\Delta S=S-S_{内标}=\gamma\lg\frac{I}{I_{内标}}=\gamma\lg R \tag{6-32}$$

将式(6-31) 代入式(6-32)，有

$$\Delta S=\gamma b\lg c+\gamma\lg A \tag{6-33}$$

式(6-33) 表明在一定条件下，分析线对的黑度差 ΔS 与试样中该组分的浓度 c 的对数 $\lg c$ 呈线性关系。式(6-33) 即为摄谱法进行定量分析的基本关系式。

根据内标法基本原理，选择内标元素与内标线时应注意：a. 内标元素的含量必须适量和固定；b. 内标元素与待测元素化合物应具有相似的蒸发性质，如离解能、激发能或电离

能；c. 原子线应与原子线组成分析线对，离子线应与离子线组成分析线对；d. 分析线和内标线无自吸或自吸很小，并且不受其他谱线的干扰；e. 摄谱法中组成分析线对的两条谱线的波长应尽量靠近。

② 定量分析方法

a. 三标准试样法　三标准试样法即在完全相同的条件下，将三个或三个以上的标准样品与试样在同一感光板上摄谱，分别测定各标准样品中分析线对的黑度差 ΔS 及试样待测元素的分析线对黑度差 ΔS_x，以各标准样品浓度的对数 $\lg c$ 为横坐标，各标准样品的黑度差 ΔS 为纵坐标，绘制标准曲线。再由试样分析线对的黑度差 ΔS_x，可从标准曲线上查出试样待测元素的浓度。该法在测定过程中，每一个标准样品和分析试样一般都要摄谱三次，然后取其平均值，因此在很大程度上可以消除测定条件的影响，故在实际分析中应用较为普遍。

b. 标准加入法　若配制标准样品时，找不到与未知试样相近的基体，可采用标准加入法进行定量分析。在待测试样中，加入不同量的待测元素，在同一条件下激发光谱，测量加入不同量待测元素的试样分析线对的强度比，在待测元素浓度较低时，自吸系数 $b=1$，谱线强度比 R 与浓度 c 成正比，R-c 图为一直线，将直线外推，与横坐标轴相交，交点至坐标原点的距离所对应的浓度即为试样中待测元素的浓度 c_x。

6.4.4 电感耦合等离子体质谱法（ICP-MS）

电感耦合等离子体质谱法（inductively coupled plasma-mass spectrometry，ICP-MS）是在电感耦合等离子体原子发射光谱法（ICP-AES）的基础上发展起来的一种新型微量和痕量元素分析技术。ICP-MS 具有灵敏度高、检测限低、线性范围宽、制样和进样简单、分析速度快、基体和光谱干扰小、谱图简单、多元素同时分析等多方面的优点，被认为是最理想的无机元素分析方法，目前广泛应用于医药化工、环境科学、地质科学、材料科学及食品安全等领域。

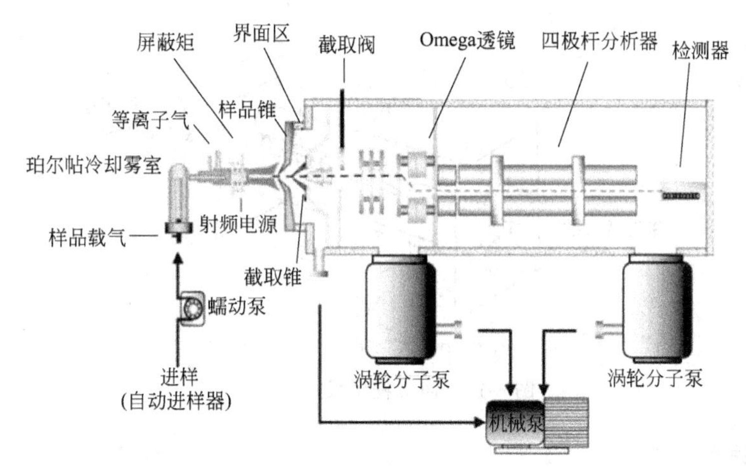

图 6-17　ICP-MS 基本装置示意图

四极杆质谱仪是目前使用较多的一种质谱仪，该类 ICP-MS 基本装置由进样系统、等离子体、质谱仪、等离子体和质谱仪的接口四部分组成。试样溶液首先经雾化器雾化成气溶胶，直径较小的气溶胶在温度为 6000～8000K 的等离子体中经去溶、蒸发、原子化和离子化后，大部分都成为带正电荷的离子，在高速喷射的 Ar 气流作用下，正离子经采样锥和分离锥进入质谱仪的真空系统中，再经离子透镜系统聚焦后，不同质荷比离子选择性地通过四极杆质量分析器，到达检测器进行检测。ICP-MS 基本装置如图 6-17 所示。

(1) 进样系统

ICP-MS 分析要求样品应以气体、蒸气或气溶胶的形式进入等离子体，目前应用较多的是采用同心型雾化器产生气溶胶。典型的同心型雾化器是由蠕动泵带动样品管的转动以提供恒定的提升力，气流速度控制在 0.75～1.0L/min 的范围内。经雾化器形成的气溶胶随后进入带玻璃球的玻璃雾室，撞击玻璃球，只有少数直径小于 10μm 的气溶胶才能通过连接管进入矩管通道，到达等离子体进行离子化，其余直径较大的气溶胶直接由废液管排出。

(2) 等离子体矩管

ICP-MS 所用激发光源为电感耦合等离子体，与 ICP-AES 中所用光源基本相同，只是 ICP-AES 中的等离子体矩管是垂直放置，而 ICP-MS 中的等离子体矩管是水平放置。等离子体矩管是三层石英同心矩管，三层管从外到内分别通冷却气、辅助气和载气。外矩管气流为冷却气流，流量为 10～15L/min，作用是保护矩管壁；中间矩管为辅助气流，流量在 0～1.5L/min，作用是维持等离子体的稳定；内矩管为载气流，将气溶胶样品送入等离子体中，气体流量在 1.0L/min 左右。炬管上端绕有 2～4 匝铜管缠绕而成的负载线圈，负载线圈通常由高频电源耦合供电，产生垂直于线圈平面的磁场。ICP-MS 的激发原理与 ICP-AES 相同，内矩管等离子体耦合区域温度可达 10000K，气体的动力学温度也达到 5000～6000K。

(3) 离子提取系统

等离子体与质谱相连的接口的作用是从等离子体中提取离子将其送入质谱仪的真空系统。该接口由采样锥和分离锥构成，采样锥采样直径为 0.75～1mm，其锥顶与等离子体矩管口相隔 1cm 左右，锥间孔对准矩管中心。分离锥安装在采样锥的后面，并在同一轴心线上，两锥间距离为 6～7mm。由等离子体产生的离子经采样锥进入真空系统，形成超声速喷射流，在几微秒的时间内，其中心部分进入分离锥孔，试样离子的成分及特性基本不发生变化。

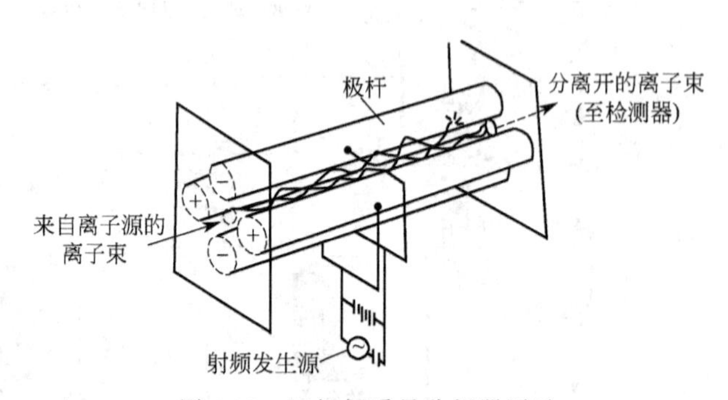

图 6-18　四极杆质量分析器图示

(4) 真空系统

质谱仪的真空系统是影响 ICP-MS 灵敏度的一个关键因素。ICP-MS 真空系统一般由三级真空系统组成，第一级真空系统称为膨胀区域，位于采样锥和分离锥之间，机械泵维持真空度在几百帕左右，高温离子流在此区域将快速膨胀而冷却；第二级真空系统在膨胀区域邻近的离子透镜位置，真空度由扩散泵或分子涡轮泵来维持；第三级真空系统在离子透镜之后的四极杆质量分析器和离子检测器处，一般由高性能分子涡轮泵维持真空度至少为 6×10^{-5}Pa。由此可见，质谱仪的真空系统由于分子涡轮泵性能的提高，在离等离子体区域的轴向越远的方向，真空度越大。

(5) 离子分离检出系统

经分离锥进入的离子流经过二级真空系统后，再经过离子透镜系统聚焦成一个方向进入分离系统。由于高速离子流具有光子的特征，在进入分离系统之前应去除光子的干扰，以免光子效应引起较高的背景，通过在离子通道中加上离子偏转筒或光子挡板可去除光子的干扰。光子干扰去除后的离子将通过四极杆质量分析器（见图 6-18）按质荷比分离，只有满足一定质荷比的离子才能进入离子检出系统进行检测。四极杆质量分析器相当于一个滤质器，通过改变施加在四极杆质量分析器上的直流和射频电压，能在瞬间使某一质量单位的离子通过四极杆质量分析器稳定离子通道，其他质量的离子发生偏转被过滤掉。

现代大多数 ICP-MS 通常使用脉冲和模拟两种模式的通道式电子倍增器，该检测器的原理是根据在倍增通道设置的计数阈值，当离子数小于阈值时，电子信号将放大，将采用脉冲模式收集数据；当离子数大于阈值时，电子信号不能放大，将采用模拟模式收集数据。该类型检测器的线性动态范围较宽，在一次分析中同时测定低浓度到高浓度元素，只需使用一套标准溶液，无须多次稀释，简化了分析程序，提高了分析速度。

【本章小结】

一、原子吸收光谱法

基于待测元素的基态原子在蒸气状态下对特征电磁辐射的吸收来测定元素含量的分析方法即原子吸收光谱法（atomic absorption spectrometry，AAS），又称为原子吸收分光光度法或原子吸收法。由于原子由基态跃迁至第一激发态所需能量最低也最容易发生，因此元素的共振线是所有谱线中最灵敏的谱线，共振线的特征就是元素定量分析的依据。

在一定温度（原子化温度）下的热力学平衡体系中，基态原子数与激发态原子数的比值符合玻尔兹曼（Boltzmann）分布定律：

$$\frac{N_j}{N_0}=\frac{g_j}{g_0}e^{-\frac{E_j-E_0}{KT}}=\frac{g_j}{g_0}e^{\frac{-\Delta E}{KT}}=\frac{g_j}{g_0}e^{\frac{-h\nu}{KT}}$$

对于大多数元素，在一定温度下，N_j/N_0 值均小于 0.01，因此可以认为基态原子数近似等于原子总数。

原子吸收线是具有一定宽度或相当窄的频率范围的谱线，可以用中心频率 ν_0 和半宽度 $\Delta\nu$ 来表征。由于原子本身的性质或外界因素等的影响，谱线会变宽，谱线变宽的因素有自然宽度、多普勒变宽、劳伦茨变宽、自吸变宽等，通常主要考虑劳伦茨变宽和多普勒变宽对于原子吸收线轮廓的影响。

原子吸收光谱的测量方法有积分吸收系数法和峰值吸收系数法。积分吸收与基态原子数 N_0 之间的关系为

$$\int K_\nu d\nu=\frac{\pi e^2}{mc}fN_0$$

由于积分吸收对单色光的纯度及仪器分辨率要求都比较高，一般光源都无法满足，使其应用受限。峰值吸收解决了积分吸收系数难以测定这一问题，常用于原子吸收光谱的定量分析。

峰值吸收系数 K_0 的表达式为

$$K_0=\frac{2}{\Delta\nu_D}\sqrt{\frac{\ln 2}{\pi}}\times\frac{\pi e^2}{mc}fN_0$$

上式表明，峰值吸收系数 K_0 与原子数 N 成正比。当原子化条件一定时，待测元素浓度 c

与原子蒸气中的原子总数 N 成正比，因此原子吸收光谱定量分析的基础是在一定实验条件下通过测定吸光度 A，就可计算出待测元素的浓度 c。

原子吸收分光光度计由光源、原子化器、单色器、检测系统等几个部分组成。原子吸收分析中常用空心阴极灯作为锐线光源。原子化器的作用是将试样中的待测元素转变为气态的基态原子，原子化的方法主要有火焰原子化法、非火焰原子化法两类。目前应用最广泛的原子吸收分光光度计为单道单光束型原子吸收分光光度计。

原子吸收光谱法为一种选择性好且干扰较少的分析技术，但在实际测定中仍然存在干扰问题，原子吸收光谱法的干扰按其性质可以分为光谱干扰、物理干扰、化学干扰和电离干扰，其中光谱干扰又包括非共振线干扰和背景吸收干扰。为提高分析的准确度和精密度，应采取有效措施消除各类干扰。非共振线干扰可通过减小狭缝宽度、分离干扰元素等消除；背景吸收可通过邻近非吸收线校正、氘灯背景校正、塞曼效应背景校正等扣除背景；物理干扰可通过配制与待测试样相似组成的标准样品或采用标准加入进行消除；化学干扰可通过加入释放剂、保护剂、缓冲剂等消除干扰；电离干扰可通过加入消电离剂消除。

原子吸收光谱法测定条件的选择包括分析线、空心阴极灯工作电流、狭缝宽度、燃烧器高度、进样量及原子化条件的选择。常采用的定量分析方法为标准曲线法、标准加入法和内标法。灵敏度和检测限是评价原子吸收分析方法和仪器性能的重要指标。火焰原子化法灵敏度及检出限表达式分别为

$$S_c = 0.0044 \times \frac{c}{A}$$

$$D_c = \frac{3\delta}{S_c}$$

石墨炉原子化法灵敏度及检出限表达式分别为

$$S_m = 0.0044 \times \frac{m}{A} = 0.0044 \times \frac{cV}{A}$$

$$D_m = \frac{3\delta}{S_m}$$

二、原子发射光谱法

根据位于激发态的待测元素原子回到基态时所发出的特征谱线来研究物质的化学组成和含量的分析方法即原子发射光谱法（atomic emission spectrometry，AES）。在激发能和激发温度一定时，谱线强度 I 与试样中待测元素的浓度 c 的关系为

$$\lg I = b\lg c + \lg a$$

上式表明在一定的实验条件下，a、b 为常数，$\lg I$ 与 $\lg c$ 呈线性关系，故根据谱线的强度可计算待测元素的浓度。上式即为原子发射光谱法定量分析的依据。

原子发射光谱仪一般由激发光源、分光系统和检测系统三个部分组成。常用的激发光源有直流电弧、交流电弧、高压电火花及电感耦合等离子体（ICP）等，其中 ICP 激发光源具有灵敏度高、稳定性好、对试样无污染、背景干扰少、工作线性范围宽等优点而被广泛应用。分光系统常采用棱镜和光栅分光系统。检测系统有摄谱检测系统和光电检测系统，摄谱检测系统是用感光板接收和记录光谱，感光板的曝光量 H 与黑度 S 之间的关系可用乳剂特性曲线来描述，在乳剂特性曲线的正常曝光部分，黑度 S 与曝光量对数 $\lg H$ 呈线性关系，可用如下方程式表示

$$S = \gamma(\lg H - \lg H_i) = \gamma\lg H - i$$

光电检测系统是用光电倍增管或电荷耦合器作为接收和记录谱线的主要元件，将谱线的

光信号转换为电信号，经放大后直接显示在指示仪表上，或者与计算机技术结合自动处理数据并分析结果。原子发射光谱仪分为摄谱仪和光电直读光谱仪两类，摄谱仪通常采用摄谱检测系统记录光谱，光电直读光谱仪采用光电倍增管或电荷耦合器作为检测系统。

原子发射光谱的定性分析就是根据光谱图中有无元素的特征谱线来确定试样中该元素是否存在。定性分析的方法包括标准试样光谱比较法、铁光谱比较法、谱线波长测量法。其中铁光谱比较法在定性分析时，将试样光谱与铁元素标准光谱图进行比较，根据最后谱线的波长位置确定试样中是否存在待测元素，该法可同时定性分析多种元素。

原子发射光谱半定量分析的目的是快速得到试样中待测元素的大致含量，常用的半定量分析方法有谱线黑度比较法和谱线呈现法。

原子发射光谱定量分析的基本原理是内标法，内标法是利用分析线与内标线的强度之比与元素含量的关系来进行定量分析，其基本关系式为

$$\lg R = b\lg c + \lg A$$

若采用摄谱法定量分析，其基本关系式为

$$\Delta S = \gamma b\lg c + \gamma\lg A$$

上式表明在一定条件下，分析线对的黑度差 ΔS 与试样中该组分的浓度 c 的对数 $\lg c$ 呈线性关系。常用的定量分析方法有三标准试样法和标准加入法。

电感耦合等离子体质谱法（inductively coupled plasma-mass spectrometry，ICP-MS）是在电感耦合等离子体原子发射光谱法（ICP-AES）的基础上发展起来的一种新型微量和痕量元素分析技术。四极杆质谱仪是目前使用较多的一种质谱仪，该类 ICP-MS 基本装置由进样系统、等离子体、质谱仪、等离子体和质谱仪的接口四部分组成。ICP-MS 目前广泛应用于医药化工、环境科学、地质科学、材料科学及食品安全等领域。

【习题】

1. 原子吸收光谱分析法的基本原理和特点是什么？

2. 原子吸收光谱分析法中为何常常选择共振线作为分析线？

3. 影响原子吸收谱线变宽的因素有哪几种？其中最主要的影响因素是什么？

4. 原子吸收定量分析为何常采用峰值吸收系数法？

5. 原子吸收分光光度计主要由哪几部分组成？各部分的作用分别是什么？

6. 什么是锐线光源？原子吸收光谱分析中为何采用锐线光源？

7. 用原子吸收测定元素 Na 和 Al 时，应分别选用哪一种火焰？为什么？

8. 背景吸收是如何产生的？对元素测定有何影响？怎样扣除背景吸收？

9. 原子吸收定量分析方法有哪几种？分别适用于什么情况？

10. 在火焰中钠原子被激发发射了 589.0nm 的黄光，当火焰温度为 2500K 和 3000K 时，求此谱线的激发态与基态原子数的比值。（5.71×10^{-4}）

11. 原子吸收法测定某试样中的 Pb，用空气-乙炔焰测得 Pb2833Å 和 Pb2817Å 的吸收分别为 72.5%和 52.0%，分别计算吸光度 A 和透光度 T。

（$A_1=0.56$，$T_1=27.5\%$；$A_2=0.32$，$T_2=48.0\%$）

12. 用 WFD-Y2 原子吸收分光光度计测定 Mg 的灵敏度，若配制浓度为 2μg/mL 的水溶液，测得其透光度为 50%，试计算 Mg 的灵敏度。（0.0292）

13. 测定血浆试样中锂的含量，将三份 0.500mL 血浆试样分别加至 5.00mL 水中，然后在这三份溶液中加入 0.0500mol/L LiCl 标准溶液 0，10.0μL，20.0μL，在原子吸收分光

光度计上测得读数（任意单位）依次为 23.0，45.3，68.0，计算此血浆中锂的浓度。

（9.28×10^{-5} mol/L）

14. 用原子吸收法测锑，用铅作内标。取 5.00mL 未知锑溶液，加入 2.00mL 4.13μg/mL 的铅溶液并稀释至 10.0mL，测得 $A_{Sb}/A_{Pb}=0.808$。另取相同浓度的锑和铅溶液，$A_{Sb}/A_{Pb}=1.31$，计算未知液中锑的质量浓度。（1.02μg/mL）

15. 用波长为 213.8nm，质量浓度为 0.010μg/mL 的锌标准溶液和空白溶液交替连续测定 10 次，用记录仪记录的格数如下。计算该原子吸收分光光度计测定锌元素的检出限。（0.0013μg/mL）

序号	1	2	3	4	5
记录仪格数	13.5	13.0	14.8	14.8	14.5
序号	6	7	8	9	10
记录仪格数	14.0	14.0	14.8	14.0	14.2

第7章

核磁共振波谱法

【本章教学要求】

- 掌握核自旋类型和核磁共振法的原理、化学位移及影响因素、自旋耦合和自旋裂分、峰分裂数的（$n+1$）规律、^{1}H 谱峰面积（积分曲线高度）与基团氢核数目的关系。
- 熟悉^{1}H 核磁共振谱的解析方法。
- 了解碳谱及相关谱、核磁共振仪的组成及基本操作方法。

【导入案例】

核磁共振波谱法在诸如化学、医药、生物和食品等领域得到了广泛的应用，成为现代一种非常重要的检测技术。例如，核磁共振成像（NMR成像）被广泛地用于医疗诊断上，其中最常用的是平面成像，即获取样品平面（断面）上的分布信息，称作核磁共振计算机断层成像，也就是常说的核磁共振CT（computed tomography）。就人体而言，体内的大部分（75%）物质都是水，且不同组织中水的含量也不同。用核磁共振CT手段可测定生物组织中含水量分布的图像，这实际上就是质子密度分布的图像。当体内遭受某种疾病时，其含水量分布就会发生变化，利用氢核的核磁共振就能诊断出来。

核磁共振波谱法（nuclear magnetic resonance，NMR）是研究具有磁性原子核对射频辐射吸收的方法。当用波长很长（约3～3000m）、频率很小（0.1～100MHz，射频区）、能量很低的射频电磁波照射分子，引起磁性的原子核在外磁场中发生核磁能级的跃迁，由此产生核磁共振波谱。核磁共振波谱实质也是一种吸收光谱。

核磁共振波谱法在仪器、实验方法、理论和应用等方面取得了飞跃式的进步。所应用的领域也已从物理、化学逐步扩展到生物、制药、医学等多个学科，在科研、生产和医疗中的地位也越来越重要。目前应用最多的是氢核磁共振谱（简称氢谱，^{1}H NMR）和碳13核磁共振谱（简称碳谱，^{13}C NMR），两种方法互相补充。本章将重点介绍氢谱，对碳谱做简单介绍。

7.1 基本原理

7.1.1 原子核的自旋与磁矩

核磁共振的研究对象是具有自旋的原子核。某些原子核具有自旋的性质，可以绕着某一个轴做自身旋转运动，即核的自旋运动。

由于原子核本身具有质量，所以原子核自旋运动的同时会产生一个自旋角动量 P。原子核又是个带正电荷的粒子，核的自旋引起电荷运动，产生磁矩。角动量和磁矩都是矢量，其方向平行。核的自旋可用自旋量子数 I 来描述，依据 I 取值的不同可将原子核分成以下三类：

① $I=0$　其中子数、质子数均为偶数，如 ^{12}C、^{16}O、^{32}S 等。核磁矩为零，不产生核磁共振信号。

② I 为半整数　中子数与质子数其一为偶数，另一为奇数，如：

$I=1/2$：^{1}H、^{13}C、^{15}N、^{19}F、^{31}P、^{37}Se 等；

$I=3/2$：^{7}Li、^{9}Be、^{11}B、^{33}S、^{35}Cl、^{37}Cl 等；

$I=5/2$：^{17}O、^{25}Mg、^{27}Al、^{55}Mn 等。

这类核是核磁共振研究的主要对象，特别是 $I=1/2$ 的核，这类核在外场中能级分裂数目少，共振谱线简单，且电荷呈球形均匀分布于原子核表面，核磁共振的谱线窄，最适宜于核磁共振检测，因此被研究得最多。

③ I 为整数　其中子数、质子数均为奇数，如：

$I=1$：$^{2}H(D)$、^{6}Li、^{14}N 等；

$I=2$：^{58}Co 等；

$I=3$：^{10}B 等。

这类核有自旋现象，也是核磁共振的研究对象。但由于这类核在外场中能级分裂数目多，共振谱线复杂，所以目前研究得较少。

根据量子力学理论，原子核的自旋角动量 P 值为：

$$P=\frac{h}{2\pi}\sqrt{I(I+1)} \tag{7-1}$$

式中，h 为普朗克常量；I 为核自旋量子数。

自旋量子数不为零的原子核都有磁矩，核磁矩的方向服从右手法则（如图 7-1 所示），其大小与自旋角动量成正比。

$$\mu=\gamma P \tag{7-2}$$

式中，γ 为核的磁旋比。γ 是原子核的一种属性，不同核有其特征的 γ 值。

如：^{1}H 的 $\gamma_{^1H}=2.68\times10^{8}T^{-1}\cdot s^{-1}$（T 为磁场强度单位，1T=$10^4$ G，G 为高斯），^{13}C 的 $\gamma_{^{13}C}=6.73\times10^{7}T^{-1}\cdot s^{-1}$。

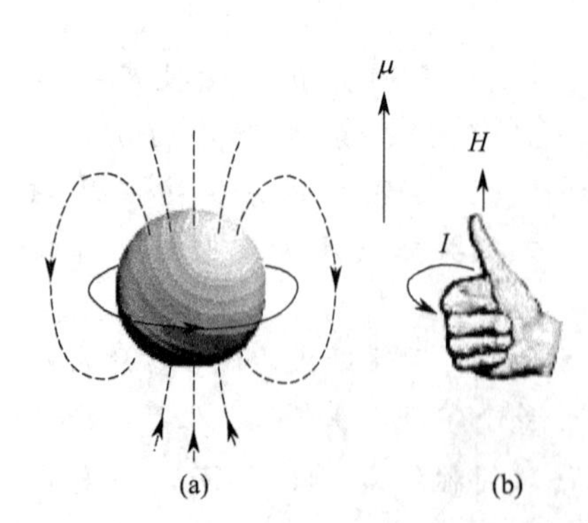

图 7-1　氢核的自旋

(a) 核自旋方向与核磁矩方向；(b) 右手法则

7.1.2　核磁矩的空间量子化与能级分裂

无外磁场时，核磁矩的取向是任意的，并无规律可言，原子核只有一个简并的能级。但若将原子核置于定向的外磁场中，核磁矩就会相对于外磁场发生定向排列，原先简并的能级就会分裂成几个不同能级，具有量子化特征，这种现象称为空间量子化。

按照量子力学理论，原子核在外磁场中的自旋取向数为：

$$自旋取向数=2I+1 \tag{7-3}$$

例如^{1}H 的 $I=1/2$，在外磁场中的自旋取向数$=2I+1=2\times1/2+1=2$，^{1}H 在外磁场中核磁矩只有两种取向，每一种取向可用磁量子数 m 来表示。m 的取值为 I，$I-1$，$I-2$，…，$-I+1$，$-I$，共 $2I+1$ 个。因此，^{1}H 的 m 取值有两个：$m=\frac{1}{2}$和$-\frac{1}{2}$。见图 7-2。

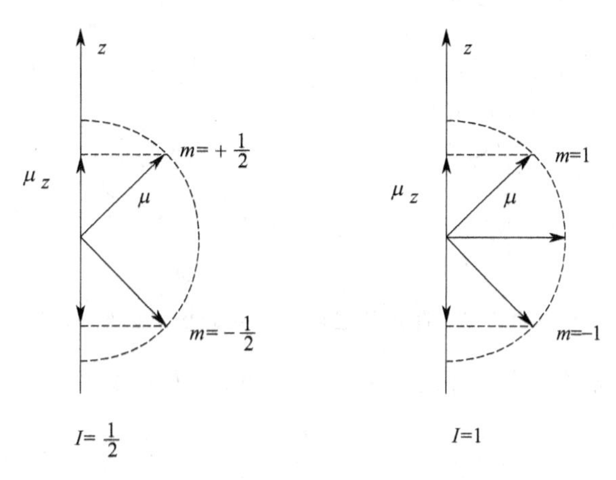

图 7-2　磁场中不同 I 的原子核的核磁矩空间取向

由于每一种取向都对应于一定的核磁能级，其能级的能量 E 为

$$E=-\mu_z H_0=-\gamma m \frac{h}{2\pi} H_0 \tag{7-4}$$

式(7-4) 中，$\mu_z=\gamma m \frac{h}{2\pi}$（$\mu_z$ 为核磁矩在磁场方向上的分量），$\frac{h}{2\pi}m=P_z$（P_z 为角动量在 z 轴上的分量）。

对于氢核，$m=-\frac{1}{2}$和$\frac{1}{2}$的核磁能级的能量分别为

$$m=-\frac{1}{2} \qquad E_{-\frac{1}{2}}=-\left(-\frac{1}{2}\right)\gamma \frac{h}{2\pi}H_0 \qquad 高能态$$

$$m=\frac{1}{2} \qquad E_{\frac{1}{2}}=-\frac{1}{2}\gamma \frac{h}{2\pi}H_0 \qquad 低能态$$

两个取向间的能量差，即高能态与低能态之间的能量差：

$$\Delta E=E_{-\frac{1}{2}}-E_{\frac{1}{2}}=\gamma \frac{h}{2\pi}H_0 \tag{7-5}$$

由式(7-5) 可见，ΔE 正比于外磁场强度 H_0。

7.1.3 核磁共振的产生

当核磁矩的方向与外加磁场方向成一夹角时，核磁矩就会受到外磁场的磁力矩的作用，按说受到磁力矩的作用以后，其夹角应该发生变化，以至于核磁矩的方向与外场方向完全平行，但实验证明夹角并没有发生变化，而是核磁矩矢量（自旋轴）在垂直于外磁场的平面上绕外场轴做旋进运动，把原子核的这种旋进运动称为拉莫尔（Larmor）进动。这种情况与在地面上旋转的陀螺类似，具有一定转速的陀螺不会倾倒，其自旋轴围绕与地面垂直的轴以一定夹角旋转。如图 7-3 所示。

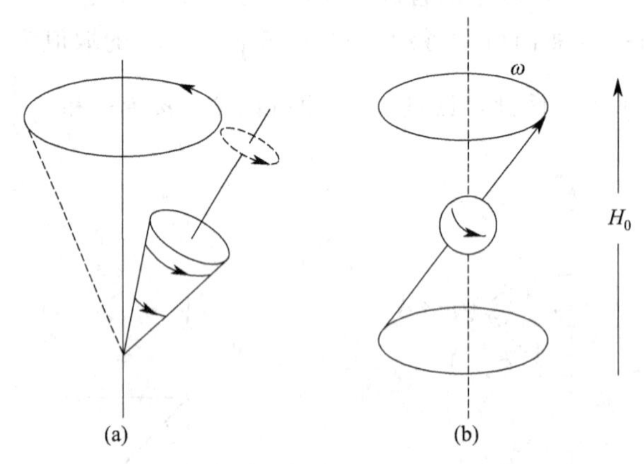

图 7-3　地球重力场中陀螺的进动（a）和磁场中磁性核的进动（b）

进动频率 ν_0 与外磁场强度 H_0 的关系可用 Larmor 方程表示

$$\nu_0=\frac{\gamma}{2\pi}H_0 \tag{7-6}$$

如果在外磁场 H_0 存在的同时，再加上一个方向与之垂直并且强度远小于 H_0 的射频交变磁场 H_1 照射样品，所吸收的电磁波能量 $h\nu$ 必须等于能级能量差，即 $h\nu=\Delta E$。根据式(7-5)，$\Delta E=E_{-\frac{1}{2}}-E_{\frac{1}{2}}=\gamma\frac{h}{2\pi}H_0$。所以，射频交变磁场的频率 $\nu=\gamma H_0/(2\pi)$。此时，也就是射频交变磁场的频率 ν 与式(7-6) 的原子核的拉莫尔（Larmor）进动频率 ν_0 一致时，原子核就会吸收射频交变磁场的能量，从低能态（$m=\frac{1}{2}$）向高能态（$m=-\frac{1}{2}$）跃迁，产生核磁共振吸收，如图 7-4 所示。由量子力学的定律可知，只有 $\Delta m=\pm1$ 的跃迁才是允许的，即跃迁只能发生在两个相邻能级间。

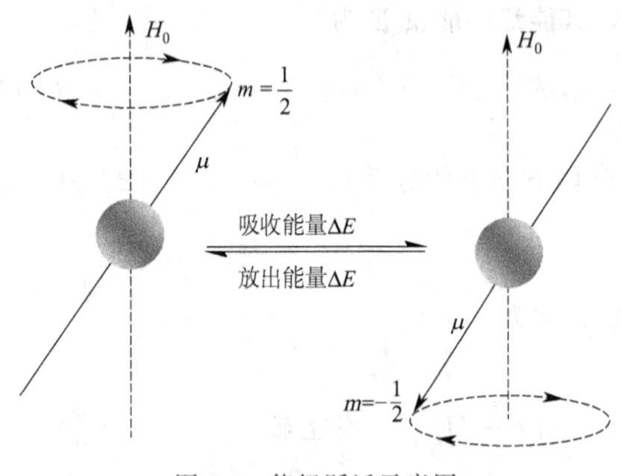

图 7-4　能级跃迁示意图

7.1.4 饱和与弛豫

自旋核在外磁场 H_0 中平衡时，处于不同能级的核数目服从玻尔兹曼（Boltzmann）分布：

$$\frac{n_+}{n_-}=e^{\frac{\Delta E}{kT}} \tag{7-7}$$

式中，n_+ 为低能态核数；n_- 为高能态核数；k 为玻尔兹曼常数；T 为热力学温度；ΔE 为能级差。

例如，当温度为 300K 及 H_0=1.4092T 时，根据式(7-5)，可以得到低能态（m=1/2）和高能态（m=−1/2）的^{1}H 核数之比为

$$\frac{n_{(+1/2)}}{n_{(-1/2)}}=e^{\frac{6.63\times10^{-34}\times2.68\times10^{8}\times1.4092}{2\times3.14\times1.38\times10^{-23}\times300}}=1.00000963$$

上述的计算结果说明，在常温下，低能态的核数仅仅比高能态核数多十万分之一。根据玻尔兹曼方程，提高外磁场强度和/或降低工作温度，可增加低能态核数与高能态核数的比值，提高观察 NMR 信号的灵敏度。但由于高低能态的氢核数相差很少，随着核磁共振吸收不断进行，低能态的核就会越来越少。一定时间后，高能态与低能态的核在数量上就会相等，也就不会有射频吸收，核磁共振信号就会消失，这种现象称为“饱和”。在测量过程中，为防止出现饱和，即始终保持低能态的核在数量上所存在的微弱优势，要求高能态的核迅速回到低能态，因此，必须考虑高能态核迅速回到低能态的方式。经实验研究高能态核是通过一些非辐射途径回到低能态的，这个过程称为自旋弛豫。自旋弛豫有两种形式：自旋-晶格弛豫（纵向弛豫）、自旋-自旋弛豫（横向弛豫）。

① 自旋-晶格弛豫　自旋-晶格弛豫体现了体系与环境之间的能量交换，即高能态的核将能量转移给核周围的分子（如固体的晶格、液体同类分子或溶剂分子），自旋核自已返回低能态。结果是高能态数目有所下降。由于核外被电子包围着，所以这种能量的传递不像分子间那样通过热运动的碰撞传递，而是通过所谓的晶格场来实现的。这种弛豫从自旋核的全体而言，总能量降低了，被转移的能量在晶格中变为平动或转动能，所以也称为纵向弛豫。纵向弛豫能够保持过剩的低能态核的数目，从而维持核磁共振吸收。弛豫过程可以用弛豫时间（也称为半衰期）T_1 来表示，它是高能态核寿命的量度。纵向弛豫时间 T_1 取决于样品中磁核的运动，样品流动性降低时，T_1 增大。气、液（溶液）体的 T_1 较小，一般在 1s 至几秒左右；固体或黏度大的液体，T_1 很大，可达数十、数百甚至上千秒。因此，在测定核磁共振波谱时，通常采用液体试样。

② 自旋-自旋弛豫　自旋-自旋弛豫是指两个进动频率相同而进动取向不同（即能级不同）的磁性核，在一定距离内，发生能量交换而改变各自的自旋取向。交换能量后，高、低能态的核数目未变，总能量未变（能量只是在磁核之间转移），所以也称为横向弛豫。这种弛豫虽然不能有效地消除“饱和”现象，但由于磁核存在快速能量交换的平均化作用，事实上确实使高能态的寿命降低了。同时，导致谱线变宽（谱线宽度与 T_2 成反比）。横向弛豫的时间用 T_2 表示。气、液的 T_2 与其 T_1 相似，约为 1s；固体试样中的各核的相对位置比较固定，利于自旋-自旋间的能量交换，T_2 很小，弛豫过程的速度很快，一般为 $10^{-4}\sim10^{-5}$s。

这里要特别注意的是，弛豫时间虽然有 T_1、T_2 之分，但对于一个自旋核来说，它在高能态所停留的平均时间只取决于 T_1、T_2 中较小的一个。因 T_2 很小，似乎应该采用固体试样，但由于共振吸收峰的宽度与 T 成反比，所以，固体试样的共振吸收峰很宽。为得到高分辨的图谱，且自旋-自旋弛豫并非有效弛豫，因此，必须采用液体试样。

在脉冲傅里叶变换核磁共振波谱中，可以测定每种磁核的 T_1 和 T_2，它们是解析物质化学结构的重要参数。

7.2 化学位移

7.2.1 化学位移的产生

根据 Larmor 公式及共振条件 $\nu=\nu_0$，核外无电子的氢核在 1.4092T 的磁场中，应该只吸收 60MHz 的电磁波，即可发生自旋能级跃迁，产生核磁共振信号。也就是说，无论这样的氢核处于分子的何种位置或处于何种基团中，在核磁共振图谱中，只产生一个共振吸收峰，这种图谱用于研究有机化合物结构没有意义。实际上处于不同化学环境中的氢核所产生的共振吸收峰，会出现在图谱的不同位置上。这种因化学环境的变化而引起的共振谱线在图谱上的位移称为化学位移。如图 7-5 所示。

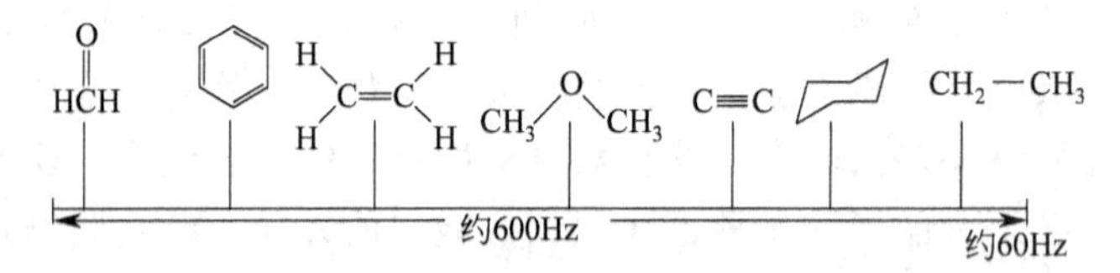

图 7-5 在 1.4092T 磁场中各种 ^1H 的共振吸收频率

氢核在分子中并不是孤立存在的，而是处于核外电子包围的环境里。核外电子在外加磁场 H_0 的诱导下，产生一个与外加磁场方向相反的感应磁场 H_e。其强度与外磁场强度成正比：

$$H_e=\sigma H_0 \tag{7-8}$$

式中，σ 为屏蔽常数（其数量级为 10^{-6}，差值约为百万分之十），σ 的大小与氢核外围的电子云密度有关，电子云密度越大，σ 越大。此时，氢核实际受到的磁场强度 $H_{实}$ 小于外磁场强度：

$$H_{实}=H_0-H_e=(1-\sigma)H_0 \tag{7-9}$$

把这种核外电子所产生的感生磁场削弱外场的效应称为屏蔽效应。

因为屏蔽效应的存在发生核磁共振时，射频电磁波的频率与外加磁场强度关系的公式应修正为

$$\nu=\frac{\gamma}{2\pi}(1-\sigma)H_0 \tag{7-10}$$

由式(7-10) 可以看出：若固定射频电磁波的频率，连续变化附加磁场强度（扫场），使 $H_{实}\Rightarrow H_0$，且附加磁场强度的变化与记录仪的驱动装置同步，则处于不同化学环境中的氢核，由于具有不同的屏蔽常数，削弱外场的程度不同，要使它们都发生共振，补偿的附加磁场的强度不同，于是在图谱的不同位置上出现了共振吸收峰，即产生了（化学）位移。

7.2.2 化学位移的表示方法

由于屏蔽常数的差值很小，在恒定的外加磁场作用下，不同化学环境中氢核的共振频率的差异也只有百万分之十左右，要精确测量其绝对差值较为困难。所以，在实际测定中通常采用相对测量法，即选一标准物作为参照。当固定磁场强度 H_0，连续变化射频电磁波的频率（扫频）时，测定被测物核与标准物核共振频率的差值 $\Delta\nu$，并以此差值作为化学位移的第一种表示方法，符号为 $\Delta\nu$，单位为 Hz。

$$\Delta\nu=\nu_{试样}-\nu_{标准} \tag{7-11}$$

由于在相对测量时，通常把标准物的共振吸收峰调整到图谱的原点（图谱的最右端，见图 7-10），即人为地规定 $\nu_{标准}=0$，因此 $\Delta\nu=\nu_{试样}$。

又由于 $\Delta\nu$ 与外场强度成正比，同一质子在磁场强度不同的仪器中测得 $\Delta\nu$ 值不同，不便于比较。为了消除这种因素的影响，通常采用相对差值 δ 来表示，于是就有了化学位移的第二种表示方法。

$$\delta=\frac{\nu_{试样}-\nu_{标准}}{\nu_{标准}}\times10^6=\frac{\Delta\nu}{\nu_{标准}}\times10^6 \tag{7-12}$$

式中，$\nu_{试样}$ 和 $\nu_{标准}$ 分别为被测试样及标准物的共振频率，由于相对值很小，乘以 10^6 是为了使数值便于读取。此处，化学位移的单位为 10^{-6}。

若固定射频电磁波的频率 ν_0，连续变化附加磁场强度（扫场），则上式可改为

$$\delta=\frac{H_{标准}-H_{试样}}{H_{标准}}\times10^6 \tag{7-13}$$

式中，$H_{标准}$、$H_{试样}$ 分别为标准物及试样共振时的场强。

选用的标准物一般为四甲基硅烷（TMS）。之所以选择 TMS 作为标准物，主要是因为 TMS 具有如下特点：

① TMS 分子中的 12 个氢核处于完全相同的化学环境中，在核磁共振谱中只有一个峰。

② TMS 分子中氢核外的电子云密度最大，受到的屏蔽效应比大多数其他化合物中的氢核都大，所以其他化合物的 ^1H 峰大都出现在 TMS 峰的左侧，与样品信号不重叠，便于谱图解析。

③ TMS 是化学惰性物质，与样品不发生化学反应或缔合，溶于大多数有机溶剂中，且沸点低（沸点为 27℃），易于从样品中除去。

例如，分别在 1.4092T 和 2.3487T 的外磁场中，测定 CH_3Br 中 CH_3 的化学位移 δ 值。

在 $H_0=1.4092T$，$\nu_{射频}=60MHz$（$\nu_{TMS}\approx60MHz$）仪器上，测得 $\Delta\nu_{CH_3}=162Hz$，即 $\nu_{试样}=\nu_{CH_3}=162Hz$，则

$$\delta=\frac{162}{60\times10^6}\times10^6=2.70$$

在 $H_0=2.3487T$，$\nu_{射频}=100MHz$（$\nu_{TMS}\approx100MHz$）仪器上，测得 $\Delta\nu_{CH_3}=270Hz$，即 $\nu_{试样}=\nu_{CH_3}=270Hz$，则

$$\delta=\frac{270}{100\times10^6}\times10^6=2.70$$

核磁共振谱的横坐标用 δ 表示时，规定 TMS 的 δ 为 0（为图右端），向左，δ 值增大。一般氢谱横坐标 δ 值为 0～10，见图 7-6。

7.2.3 影响质子化学位移的因素

化学位移是由氢核外围电子对氢核的屏蔽作用而引起，凡是能使氢核外围电子云密度改变的因素都将影响化学位移。例如结构上的变化或化学环境的影响使氢核外层电

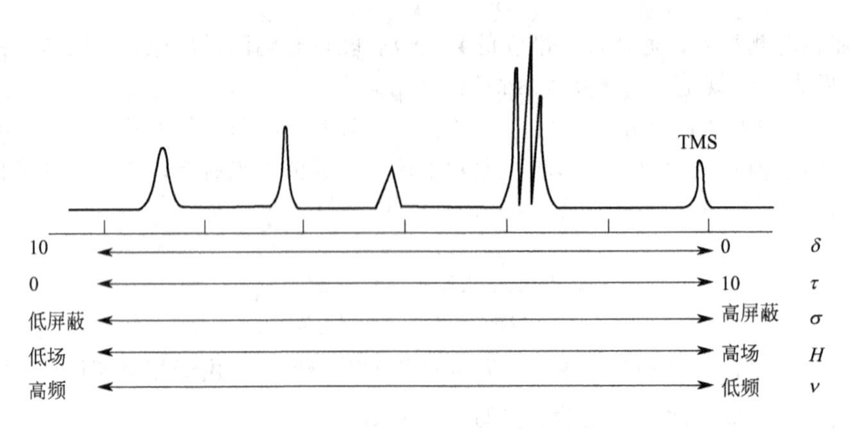

图 7-6 NMR 谱图中各物理量及参数关系图

子云密度降低，将使峰的位置移向低场（图左侧），化学位移值增大，这种效应称为去屏蔽效应。反之，若某种因素使氢核外层电子云密度增加，将使峰的位置移向高场（图 7-6 右侧），化学位移值减小，这种效应称为正屏蔽效应。影响化学位移的因素主要有质子周围原子或原子团电负性、共轭效应、磁各向异性效应、形成氢键及溶剂效应等。

(1) 取代基电负性

如果化合物分子中含有某些具有强电负性的原子或原子团，如卤素原子、硝基、氰基，由于其诱导（吸电子）作用，使与其连接或邻近的磁核周围电子云密度降低，屏蔽效应减弱，δ 变大，即共振信号移向低场或高频。在没有其他影响因素的情况下，屏蔽效应随电负性原子或基团电负性的增大及数量的增加而减弱，δ 随之相应增大。如甲烷中氢核的化学位移受取代元素的电负性影响就很明显，见表 7-1。

表 7-1 甲烷中氢核的化学位移与取代元素电负性关系

化学式	CH_3F	CH_3OH	CH_3Cl	CH_3Br	CH_3I	CH_4	TMS	CH_2Cl_2	$CHCl_3$
取代元素	F	O	Cl	Br	I	H	Si	2×Cl	3×Cl
电负性	4.0	3.5	3.1	2.8	2.5	2.1	1.8	—	—
氢核的 δ	4.26	3.40	3.05	2.68	2.16	0.23	0	5.33	7.24

电负性原子离共振磁核越远，诱导效应越弱。如溴甲烷、溴乙烷、1-溴丙烷和 1-溴丁烷中甲基上氢核的化学位移分别为 2.68、1.7、1.0 和 0.9。

(2) 共轭效应

共轭效应同诱导效应一样，也会使电子云的密度发生变化。例如在化合物乙烯醚（Ⅰ），乙烯（Ⅱ）及 α,β-不饱和酮（Ⅲ）中，若以Ⅱ为标准（δ=5.28）来进行比较，则可以清楚地看到，乙烯醚上由于存在 p-π 共轭，氧原子上未共享的 p 电子对向双键方向推移，使 β-H 的电子云密度增加，造成 β-H 化学位移移至高场（δ=3.57 和 δ=3.99）。另外，在 α,β-不饱和酮中，由于存在 π-π 共轭，电负性强的氧原子把电子拉向自己一边，使 β-H 的电子云密度降低，因而化学位移移向低场（δ=5.50 和 δ=5.87）。

(3) 化学键的磁各向异性

在外磁场的作用下，核外的环电子流产生了次级感生磁场，由于磁力线的闭合性质，感生磁场在不同部位对外磁场的屏蔽作用不同，在一些区域中感生磁场与外磁场方向相反，起抵抗外磁场的屏蔽作用，这些区域为正屏蔽区。处于此区的^{1}H化学位移δ小，共振吸收在高场（低频）。而另一些区域中感生磁场与外磁场的方向相同，起去屏蔽作用，这些区域为去（负）屏蔽区，位于此区的^{1}H化学位移δ变大，共振吸收在低场（高频）。这种由于感生磁场使氢核实际感受到外磁场强度的不同的作用称为磁的各向异性效应。磁的各向异性效应主要发生在具有π电子的基团，它是通过空间感应磁场起作用的，涉及的范围大。

① 苯环　苯分子是一个六元环平面，π电子云对称地分布在苯环平面的上、下方。当苯环平面与外磁场H_0垂直时，在苯环平面的上、下方形成环电子流，产生次级感生磁场，因此在苯环平面的上、下方形成了正屏蔽区（用“＋”表示）和苯环平面的周围形成了去屏蔽区（用“－”表示），如图7-7(a)所示。苯环上的^{1}H刚好处于苯环平面的周围，受到的是去屏蔽效应，共振吸收峰移向低场，δ值较大（6～8）。

② 双键（C═C和C═O）　乙烯分子中的π电子对称地分布在双键所在平面的上、下方，π电子环流所产生的感生磁场的方向在平面的上、下方与外场的方向相反，为正屏蔽区，平面的周围为去屏蔽区，如图7-7(b)所示。处于一个平面上的四个^{1}H位于去屏蔽区，与乙烷相比，δ较大（约为5.25），共振信号出现在低场。醛的情况与乙烯类似，而加上氧的诱导效应，使醛基上^{1}H的δ很大（约为9.7）。

③ 三键（C≡C）　三键的π电子云围绕键轴呈圆筒状对称分布，在外磁场诱导下，三键的键轴与外场方向平行，π电子环流产生的感生磁场的方向，在键轴上与外场方向相反，为正屏蔽区，与键轴垂直方向为负屏蔽区，如图7-7(c)所示。由于乙炔中的氢核恰好处于正屏蔽区，与乙烯相比，δ较小（约为2.88）。

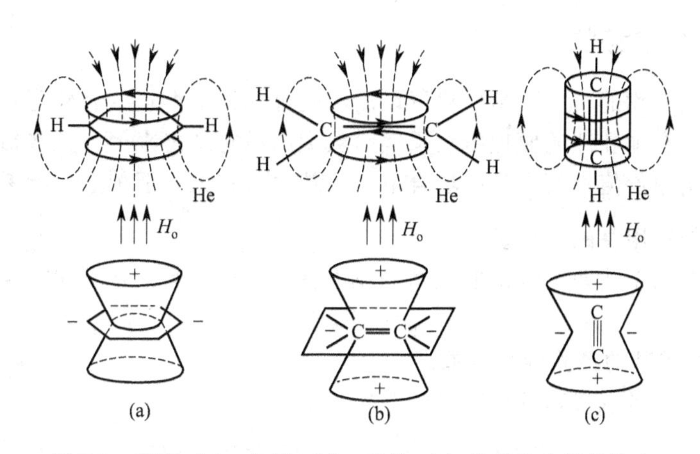

图7-7　苯环（a）、乙烯（b）、乙炔（c）的磁各向异性效应

（4）氢键的影响

当分子形成氢键时，质子周围的电子云密度降低，氢键中质子的共振信号明显地移向低场，δ增大。对于分子间形成的氢键，化学位移的改变还与溶剂的性质及浓度有关；而分子内的氢键，其化学位移的变化与浓度无关，只与自身结构有关。

在核磁共振波谱法中，溶剂选择十分重要，对于氢谱来讲，不仅溶剂分子中不能含有质子，而且要考虑溶剂极性的影响。同时要注意，不同溶剂可能具有不同的磁各向异性，可能以不同方式作用于溶质分子而使化学位移发生变化。

7.2.4 各类质子的化学位移

一些较常见基团中的^1H核的化学位移δ值如表7-2所示。

表7-2 一些常见基团氢核的化学位移δ值

基团	氢核的δ值	基团	氢核的δ值	基团	氢核的δ值
$C—CH_3$	0.8～1.5	$C—CH_2—F$	约4.36	$R_2—C═CH_2$	4.5～6.0
$C═C—CH_3$	1.6～2.7	$C—CH_2—Cl$	3.3～3.7	$R—CH═CH—R'$	4.5～8.0
$O═C—CH_3$	2～2.7	$C—CH_2—Br$	3.2～3.6	R—C≡CH	2.4～3.0
$C≡C—CH_3$	1.8～2.1	$C═C—CH_2—C═C$	2.7～3.9	Ar—H	6.5～8.5
$Ar—CH_3$	2.1～2.8	$N—CH_2—Ar$	3.2～4.0	R—CHO	9.0～10.0
$S—CH_3$	2.0～2.6	$Ar—CH_2—Ar$	3.8～4.1	R—OH	0.5～5.5
$N—CH_3$	2.1～3.1	$O—CH_2—Ar$	4.3～5.3	Ar—OH	4～8
$O—CH_3$	3.2～4.0	$C═C—CH_2—Cl$	4.0～4.6	Ar—OH(缔合)	10～16
$C—CH_2—C$	1.0～2.0	$O—CH_2—O$	4.4～4.8	R—SH	1～2.5
$C—CH_2—C═C$	1.9～2.4	$Ar—CH_2—C═O$	3.2～4.2	Ar—SH	3～4
$C—CH_2—C≡C$	2.1～2.8	$O═C—CH_2—C═O$	2.7～4.0	$R—NH_2$,R—NHR'	0.5～3.5
$C—CH_2—C═O$	2.1～3.1	C—CH—C	约2	$ArNH_2$,Ar_2NH,ArNHR	3～5
$C—CH_2—Ar$	2.6～3.7	C—CH—C═O	约2.7	$RCONH_2$,$ArCONH_2$	5～6.5
$C—CH_2—S$	2.4～3.0	C—CH—Ar	约3.0	RCONHR,ArCONHR	6～8.2
$C—CH_2—N$	2.3～3.6	C—CH—N	约2.8	(Ar)RCONHAr	7.8～9.4
$C—CH_2—O$	3.3～4.5	C—CH—O	3.7～5.2	R—COOH	10～13
$C—CH_2—OAr$	3.9～4.2	C—CH—X	2.7～5.9		

7.2.5 质子化学位移的计算

某些基团或化合物的质子化学位移可以用经验公式计算。这些经验公式是根据取代基对化学位移的影响具有加和性的原理由大量实验数据归纳总结出来的。某些情况下估算具有较高准确度，具有实用价值，而在某些场合下，虽然误差较大，但依然有参考价值。

(1) 亚甲基与次甲基的δ计算

对于同碳上有两个或两个以上取代基的亚甲基可以用Shoolery公式计算。

$$\delta_H = 0.23 + \sum\sigma \quad (7\text{-}14)$$

式中，σ为取代基的经验屏蔽常数。

Shoolery公式中各取代基的σ值见表7-3。

表7-3 Shoolery公式中各取代基的σ值

取代基	σ值	取代基	σ值	取代基	σ值
—H	0.17	R—C≡C—C≡C	1.65	—OR	2.36
$—CH_3$	0.47	$—CONR_2$	1.59	$—NO_2$	2.46
$—CH_2R$	0.67	—SR	1.64	—Cl	2.53
$—CF_3$	1.14	—CN	1.70	—OH	2.56
—C═C—	1.32	—COR	1.70	—N═C═S	2.86
—C≡C	1.44	—I	1.82	—OCOR	3.13
—COOR	1.55	—Ph	1.85	—OPh	3.23
Ar—C≡C	1.65	—S—C≡N	2.30	—F	3.60
$—NR_2$	1.57	—Br	2.33		

(2) 烯氢的化学位移值

烯烃的结构通式可以表示如下，其中双键碳原子上的质子化学位移值可用式(7-15)计算。

H　　$R_{顺}$
C=C
$R_{同}$　　$R_{反}$

$$\delta_{C=C-H}=5.25+\sum S \tag{7-15}$$

式中，5.25是乙烯质子的δ值，$\sum S$是乙烯基上各取代基$R_{同}$、$R_{顺}$和$R_{反}$对烯氢化学位移影响之和。$R_{同}$、$R_{顺}$和$R_{反}$的值见表7-4。

表 7-4　取代基对烯氢化学位移值的影响

取代基	$R_{同}$	$R_{顺}$	$R_{反}$	取代基	$R_{同}$	$R_{顺}$	$R_{反}$
—H	0	0	0	—COOH	1.00	1.35	0.74
烃	0.44	−0.26	−0.29	—COOH(共轭)	0.69	0.97	0.39
环烃	0.71	−0.33	−0.30	—COOR	0.84	1.15	0.56
—CH_2O	0.67	−0.02	−0.07	—COOR(共轭)	0.68	1.02	0.33
—CH_2I	0.67	−0.02	−0.07	—CHO	1.03	0.97	1.21
—CH_2S	0.53	−0.15	−0.15	—CON<	1.37	0.93	0.35
—CH_2Cl	0.72	0.12	0.07	—COCl	1.10	1.41	0.99
—CH_2Br	0.72	0.12	0.07	—OR	1.18	−1.06	−1.28
—CH_2N<	0.66	−0.05	−0.23	—OCOR	2.09	−0.40	−0.67
—C≡C—	0.50	0.35	0.10	—Ph	1.35	0.37	−0.10
—C≡N	0.23	0.78	0.58	—Br	1.04	0.40	0.55
—C=C—	0.98	−0.04	−0.21	—Cl	1.00	0.19	0.03
—C=C—(共轭)	1.26	0.08	−0.01	—F	1.03	−0.89	−1.19
—C=O	1.10	1.13	0.81	—NR_2	0.69	−1.19	−1.31
—C=O(共轭)	1.06	1.01	0.95	—SR	1.00	−0.24	−0.04

例如

H　　Cl
C=C
Cl　　F

$$\delta=5.25+1.00+0.19-1.19=5.25 \text{（实测为 5.56）}$$

(3) 苯环上质子的化学位移值

与烯氢化学位移值的计算类似，取代苯环上质子的化学位移值可用公式(7-16)计算：

$$\delta=7.30+\sum Z_i \tag{7-16}$$

式中，7.30是没有取代的苯环上质子的δ值；$\sum Z_i$是取代基对苯环上的剩余质子化学位移影响之和，Z_i不仅与取代基的种类有关，而且与取代基的相对位置有关。各种取代基的Z_i值列入表7-5中。

表 7-5 取代基对苯环上质子化学位移值的影响

取代基	$Z_{邻}$	$Z_{间}$	$Z_{对}$	取代基	$Z_{邻}$	$Z_{间}$	$Z_{对}$
—H	0	0	0	$—NHCH_3$	−0.80	−0.22	−0.68
$—CH_3$	−0.20	−0.12	−0.22	$—N(CH_3)_2$	−0.66	−0.18	−0.67
$—CH_2CH_3$	−0.14	−0.06	−0.17	$—NHNH_2$	−0.60	−0.08	−0.55
$—CH(CH_3)_2$	−0.13	−0.08	−0.18	—N═N—Ph	0.67	0.20	0.20
$—C(CH_3)_3$	0.02	−0.08	−0.21	—NO	0.58	0.31	0.37
$—CF_3$	0.32	0.14	0.20	$—NO_2$	0.95	0.26	0.38
$—CCl_3$	0.64	0.13	0.10	—SH	−0.08	−0.16	−0.22
$—CHCl_2$	0	0	0	$—SCH_3$	−0.08	−0.10	−0.24
$—CH_2OH$	−0.07	−0.07	−0.07	—S—Ph	0.06	−0.09	−0.15
$—CH═CH_2$	0.06	−0.03	−0.10	$—SO_3CH_3$	0.60	0.26	0.33
—CH═CH—Ph	0.15	−0.01	−0.16	$—SO_2Cl$	0.76	0.35	0.45
—C≡CH	0.15	−0.02	−0.01	—CHO	0.56	0.22	0.29
—C≡C—Ph	0.19	0.02	0	$—COCH_3$	0.62	0.14	0.21
—Ph	0.37	0.20	0.10	$—COC(CH_3)_3$	0.44	0.05	0.05
—F	−0.26	0	−0.20	—CO—Ph	0.47	0.13	0.22
—Cl	0.03	−0.02	−0.09	—COOH	0.85	0.18	0.27
—Br	0.18	−0.08	−0.04	$—COOCH_3$	0.71	0.11	0.21
—I	0.39	−0.21	0	—COO—Ph	0.90	0.17	0.27
—OH	−0.56	−0.12	−0.45	$—CONH_2$	0.61	0.10	0.17
$—OCH_3$	−0.48	−0.09	−0.44	—COCl	0.84	0.22	0.36
—O—Ph	−0.29	−0.05	−0.23	—COBr	0.80	0.21	0.37
$—OCOCH_3$	−0.25	0.03	−0.13	—CH═N—Ph	约 0.6	约 0.2	约 0.2
—OCO—Ph	−0.09	0.09	−0.08	—CN	0.36	0.18	0.28
$—OSO_2CH_3$	−0.05	0.07	−0.01	$—Si(CH_3)_3$	0.22	−0.02	−0.02
$—NH_2$	−0.75	−0.25	−0.65	$—PO(OCH_3)_2$	0.48	0.16	0.24

7.3 自旋耦合与自旋系统

7.3.1 自旋耦合与自旋裂分

以上在讨论化学位移时，考虑的只是氢核所处的电子环境，而未考虑同一分子中各核磁矩间的相互作用。事实上，这种作用虽然不会影响质子的化学位移，但对谱图的峰形却有着重要的影响。如在 CH_3CH_2Cl 的 NMR 图谱中：$—CH_3$ 的吸收峰被裂分为三重峰、$—CH_2—$的吸收峰被裂分为四重峰。

分子中邻近自旋核的核磁矩之间的相互干扰，称为自旋-自旋耦合，简称自旋耦合。由于自旋耦合引起的共振吸收峰增多的现象，称为自旋-自旋裂分，简称为自旋裂分。如 CH_3CH_2Cl，其分子结构为

$$H'_a-\overset{\overset{H''_a}{|}}{\underset{\underset{H_a}{|}}{C_a}}-\overset{\overset{H'_b}{|}}{\underset{\underset{H_b}{|}}{C_b}}-Cl$$

C_a 上的三个质子 H_a、H'_a、H''_a 及 C_b 上的两个质子 H_b、H'_b 是两组各自化学环境完全相同的质子。先分析 C_b 上的质子对 C_a 上的质子的影响。如图 7-8 所示。

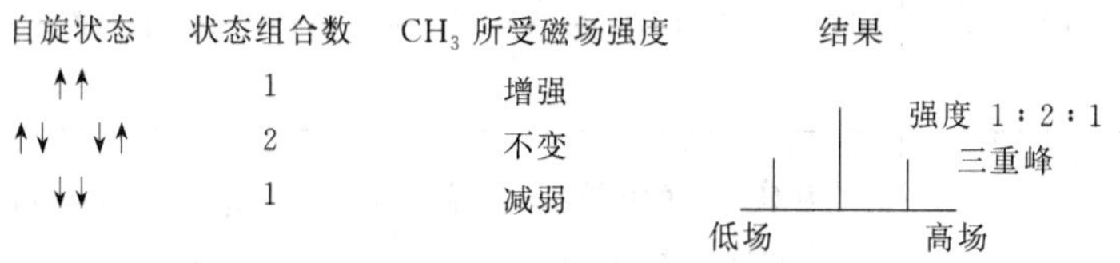

图 7-8 CH_3CH_2Cl 中甲基上氢核的自旋裂分

由于 C_b 上的两个质子有 4 种取向组合（↑↑，↑↓、↓↑，↓↓），产生三种不同的局部磁场，使 C_a 上的质子共振吸收峰被裂分为三重峰，其强度比为状态组合数之比（1∶2∶1）。

同理，C_a 上三个氢有 8 种取向组合，分别为↓↓↓，↑↑↓、↑↓↑，↓↑↑、↑↓↓、↓↑↓、↓↓↑和↑↑↑，产生四种不同的局部磁场，所以 C_b 上的质子共振吸收峰被裂分为四重峰，其强度比为 1∶3∶3∶1。

磁性核的耦合作用是通过成键电子传递的，所以磁性核之间的距离越大，耦合的程度越弱，我们通常只考虑相隔两个或三个键的核间的耦合，即超过三个单键的耦合可忽略不计。

从上面的讨论中可以看出，峰的自旋裂分是有一定规律可循的。当某基团的氢核与 n 个相邻的全同氢核耦合时，其共振吸收峰被裂分成 $n+1$ 条，而与该基团本身的氢核个数无关，这就是 $n+1$ 规律，即

$$\text{裂分峰数}=n+1 \tag{7-17}$$

各裂分峰强度（峰高）之比符合二项式 $(X+1)^n$ 展开式的各项系数之比。

例如：$n=0$ 时，$(X+1)^0=1$　(1)　单峰(s)

$n=1$ 时，$(X+1)^1=X+1$　(1∶1)　二重峰(d)

$n=2$ 时，$(X+1)^2=X^2+2X+1$　(1∶2∶1)　三重峰(t)

$n=3$ 时，$(X+1)^3=X^3+3X^2+3X+1$　(1∶3∶3∶1)　四重峰(q)

……　……　……　……

对于 $I\neq 1/2$ 的核，峰的裂分服从 $2nI+1$ 规律。例如：^2D，其 $I=1$，在一氘碘甲烷分子（H_2DCl）中，^1H 受一个 ^2D 核的磁性干扰，裂分成三重峰。

如果被耦合氢核与几组数量分别为 n、n'…的氢核相邻，有以下两种情况：

① 峰裂距相等（几组氢的耦合能力相同），峰被裂分为 $(n+n'+L)+1$ 重峰。

② 峰裂距不等（几组氢的耦合能力不同），则峰被裂分为 $(n+1)(n'+1)L$ 重峰。

一般来说，按照 $n+1$ 规律裂分的谱图叫作一级氢谱。不符合 $n+1$ 裂分规律、裂分峰强度也不符合 $(X+1)^n$ 展开式的各项系数之比的谱图，叫作二级谱图或高级谱图。

若有一组核的化学环境相同，即有相同的化学位移，则这组核称为化学等价的核。一组化学等价的核对组外任何一个核的耦合常数相同，则这组化学等价的核被称为磁等价的核或称磁全同的核。磁等价的核一定是化学等价的核，而化学等价的核不一定是磁等价的核。表 7-6 讨论了一些氢核之间的等价关系。

表 7-6 一些分子中氢核的等价关系

<table>
<tr><td>F_1
$H_1—C—F_2$
H_2</td><td>因为 $J_{H_1F_1}=J_{H_2F_1}$，$J_{H_1F_2}=J_{H_2F_2}$，所以 H_1、H_2 是化学等价，也是磁等价</td></tr>
<tr><td>$H_3\ \ H_5$
$H_2—C—C—Cl$
$H_1\ \ H_4$</td><td>H_1、H_2、H_3 和 H_4、H_5 分别是两组化学等价的核，也是磁等价的核</td></tr>
<tr><td>$H_1\ \ \ \ F_1$
$C=C$
$H_2\ \ \ \ F_2$</td><td>因为 H_1、H_2 的化学环境一样，但 $J_{H_1F_1}\neq J_{H_2F_1}$，$J_{H_1F_2}\neq J_{H_2F_2}$，所以 H_1、H_2是化学等价，而不是磁等价</td></tr>
<tr><td>NO_2
$H_1\ \ \ \ H_2$
$H_3\ \ \ \ H_4$
OCH_3</td><td>H_1、H_2 及 H_3、H_4 分别是化学等价，而不是磁等价</td></tr>
</table>

磁等价的核之间虽有自旋干扰，但并不产生峰的分裂；而只有磁不等价的核之间发生耦合时，才会产生峰的分裂。

应指出，在同一碳原子上的质子，不一定都是磁等价的，除了像上述的 1,2-二氟乙烯外，与手性 C 原子直接相连的—CH_2—上的两个氢核，是磁不等价的，例如：2-氯丁烷中，H_a，H_b 是磁不等价的。

$H_a\ \ H$
$H_3C—C—C—CH_3$
$H_b\ \ Cl$

(1) 耦合常数

一级图谱中两裂分峰之间的距离（以 Hz 为单位）称为耦合常数，用 J 表示。J 的大小表明自旋核之间耦合程度的强弱。与化学位移的频率差不同，J 不因外磁场的变化而变化，受外界条件（如温度、浓度及溶剂等）的影响也比较小，它只是化合物分子结构的一种属性。耦合的强弱与耦合核间的距离有关，

(2) 耦合类型

根据耦合核之间相距的键数分为同碳（偕碳）耦合、邻碳耦合和远程耦合三类。

① 同碳耦合　分子中同一个 C 上氢核的耦合称为同碳耦合，用 ^2J 表示（左上角的数字为两氢核相距的单键数）。同碳耦合常数变化范围非常大，其值与结构密切相关。如乙烯中同碳耦合 $J=2.3$Hz，而甲醛中 $J=42$Hz。同碳耦合一般观察不到裂分现象，要测定其裂分常数，需采用同位素取代等特殊方法。

② 邻碳耦合　相邻两个碳原子上的氢核之间的耦合作用称为邻碳耦合，用 ^3J 表示。在饱和体系中的邻碳耦合是通过三个单键进行的，耦合常数大约范围为 0～16Hz。邻碳耦合在核磁共振谱中是最重要的，在结构分析上十分有用，是进行立体化学研究最有效的信息之一。

③ 远程耦合　相隔四个或四个以上键的质子耦合，称为远程耦合。一般中间插有 π 键，耦合常数较小，通常为 0～3Hz。

根据耦合常数的大小，可以判断相互耦合氢核的键的连接关系，帮助推断化合物的结

构。目前尚无完整的理论来说明和推算，而人们已积累了大量耦合常数与结构关系的经验数据，供使用时查阅。见表 7-7。

表 7-7 质子自旋-自旋耦合常数表

类 型	J_{ab}/Hz	类 型	J_{ab}/Hz
H_a—C—H_b	10～15	H_a(C=C)H_b（环）	五元环 3～4 六元环 6～9 七元环 10～13
H_a—C—C—H_b	6～8	H_a—C=C—H_b（反式）	0～2
H_a—C—C—C—C—H_b	0	苯环 H_a、H_b	邻位 6～10 间位 1～3 对位 0～1
H_a—C=C—C—H_b	0～2	C=C—C=C（H_a H_b）	9～12

(3) 影响耦合常数的因素

耦合常数不因外磁场的变化而变化。它受外界条件如温度、溶剂和浓度的变化影响也小。耦合常数与两组氢核之间的键数有关，随着键数的增加，耦合常数逐步减小。间隔 3 个单键以上时，耦合常数趋近零，可以忽视不计。

7.3.2 自旋系统

(1) 自旋系统的分类及命名原则

通常按照$\frac{\Delta\nu}{J}$的比值对耦合体系进行分类，这里 $\Delta\nu$ 为 $\Delta\nu_{试样}$，是两组耦合核化学位移之差（H_Z）；J 为耦合常数。一般来说，$\frac{\Delta\nu}{J}>10$ 时为弱耦合，谱图较为简单，所以称为一级耦合；$\frac{\Delta\nu}{J}<10$ 时为强耦合，谱图复杂，称为二级耦合或高级耦合。前者属于一级图谱，后者属于高级图谱。

分子中相互耦合的很多核组成一个自旋系统，系统内部的核相互耦合，系统与系统之间的核不发生耦合。例如，在化合物 CH_3CH_2—O—$CH(CH_3)_2$ 中，CH_3CH_2—就构成了一个自旋系统，而氧原子另一侧的—$CH(CH_3)_2$ 构成另一个自旋系统。根据耦合的强弱，可以把核磁共振划分为不同的自旋系统，其命名原则如下：

① 化学位移相同的核构成一个核组，以一个大写英文字母标注，如 A。

② 若核组内的核磁等价，则在大写字母右下角用阿拉伯数字注明该核组的核的数目。比如一个核组内有三个磁等价核，则记为 A_3。

③ 几个核组之间分别用不同的字母表示，若它们化学位移相差很大（$\frac{\Delta\nu}{J}>10$），用相隔较远的英文字母表示，如 AX 或 AMX 等。反之，如果化学位移相差不大（$\frac{\Delta\nu}{J}<10$），则用相邻的字母表示，比如 AB、ABC、KLM 等。

④ 若核组内的核仅化学位移等价但磁不等价，则要在字母右上角标撇、双撇等加以区别。如一个核组内有三个磁不等价核，则可标为 AA′A″。

根据以上的命名原则，列出一些典型化合物的自旋体系名称，见表 7-8。

表 7-8 一些典型化合物中氢核的自旋体系

化合物	自旋体系	化合物	自旋体系
$CH_2=CCl_2$	A_2	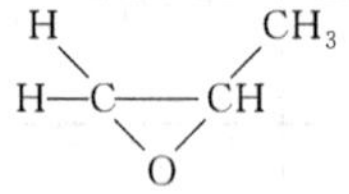 H CH$_3$ H—C—CH O	$ABCX_3$
$CH_2=CHCl$	ABX		
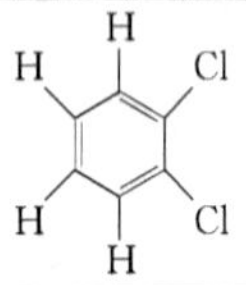 H H Cl H Cl H	AA′BB′	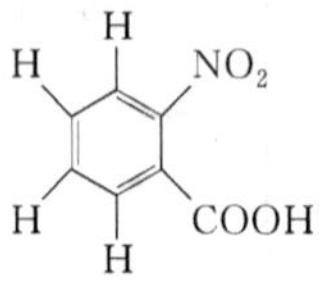 H H NO$_2$ H COOH H	ABCD
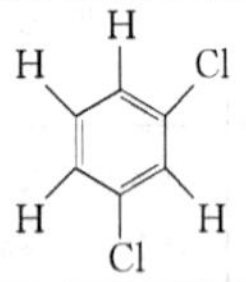 H H Cl H H Cl	A_2BC	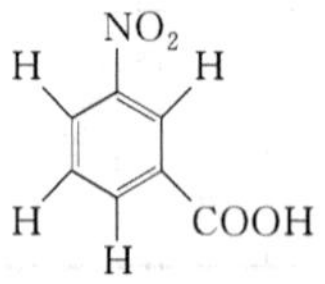 NO$_2$ H H H COOH H	ABCD
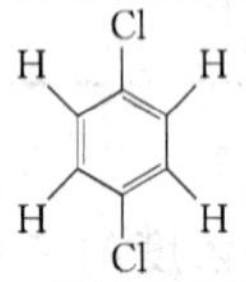 Cl H H H H Cl	A_4	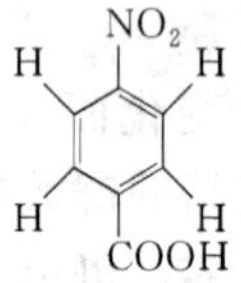 NO$_2$ H H H H COOH	AA′BB′
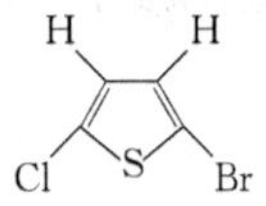 H H Cl S Br	AB	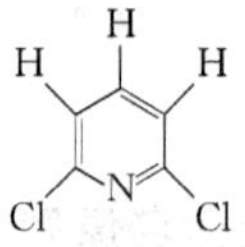 H H H Cl N Cl	AB_2
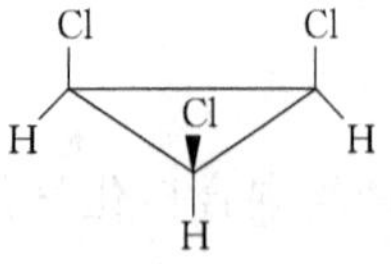 Cl Cl H Cl H H	A_3	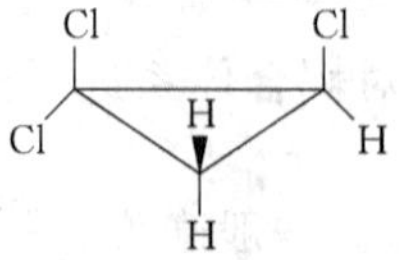 Cl Cl Cl H H H	ABX
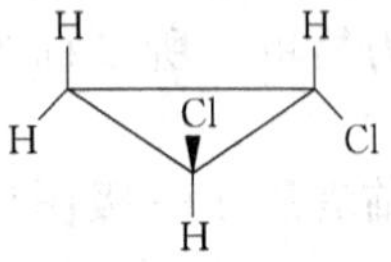 H H H Cl Cl H	AA′XX′	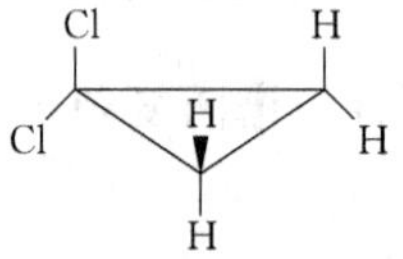 Cl H Cl H H H	AA′A″A‴
$CH_3CH_2NO_2$	A_3X_2		

（2）一级图谱和二级图谱

核磁共振氢谱根据谱图的复杂程度可分为一级图谱和二级图谱，或称为初级图谱和高级图谱。

① 一级图谱　产生一级图谱的条件是：两组相互耦合氢核化学位移之差远大于它们之间的耦合常数，即$\frac{\Delta\nu}{J}>10$；同一核组（化学位移相同）内各个质子均为磁等价的。

符合上述条件的一级图谱，具有以下几个基本特征：

a. 磁等价核之间，虽然 $J\neq0$，但对图谱不发生影响，比如 $ClCH_2CH_2Cl$ 只表现出一个峰。

b. 相邻氢核耦合后产生的裂分峰数符合 $n+1$ 规律。

c. 多重峰的中心即为化学位移 δ 值。

d. 裂分的峰大体左右对称，各裂分峰间距离相等，等于耦合常数 J。

e. 各裂分峰的强度比符合（$X+1)^n$ 展开式各项系数比。

② 二级图谱 不能满足一级图谱的两个条件的谱图，称为二级图谱或者高级图谱。二级图谱的图形复杂，与一级图谱相比具有以下几个特征：

a. 裂分峰数不符合 $n+1$ 规律。

b. 裂分峰的强度相对关系复杂，不再符合（$X+1)^n$ 展开式各项系数比。

c. 各裂分峰的间距不一定相等，裂分峰的间距不能代表耦合常数，多数裂分峰的中心位置也不再是化学位移。

二级图谱不能用解析一级图谱的方法来处理，高级耦合的理论比较复杂，不在本书要求范围之内。

7.3.3 核磁共振波谱仪及实验方法

(1) 核磁共振波谱仪

按照仪器的扫描方式不同，可将核磁共振波谱仪分为两种类型：连续波核磁共振仪和脉冲傅里叶变换核磁共振仪。

图 7-9 为一连续波核磁共振波谱仪的结构示意图。

连续波核磁共振波谱仪一般由 6 个部分组成：磁铁、射频振荡器、探头、扫描发生器、射频接收器及记录仪。

① 磁铁 磁铁是核磁共振波谱仪中最重要的部分，核磁共振波谱仪测定的灵敏度和分辨率主要决定于磁铁的质量和强度。磁铁的作用是提供一个均匀恒定的强磁场，使自旋核的能级发生分裂。

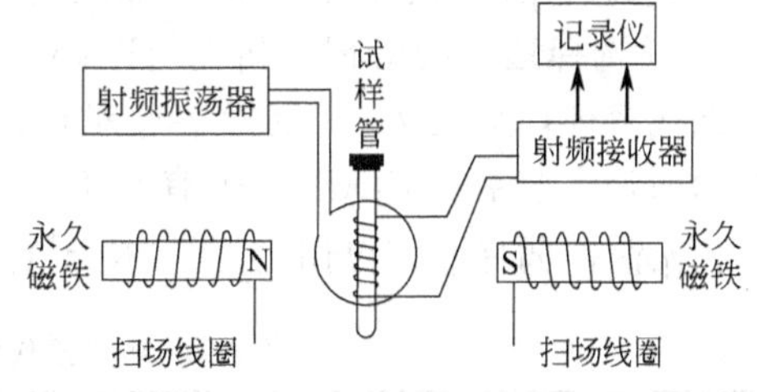

图 7-9 连续波核磁共振波谱仪示意图

根据共振条件，可以固定磁场，依次改变照射频率以获得核磁共振信号，这种方法称为扫频法。也可以固定频率，连续改变磁场强度，这种获得核磁共振信号的方法称为扫场法。

② 射频振荡器 射频振荡器是用来提供固定频率电磁辐射的部件。如为氢核提供 60MHz（则匹配的磁场为 1.4092T）或 100MHz（则匹配的磁场为 2.3487T）的射频辐射等。

③ 扫描发生器 通过在扫描线圈内施加一定的直流电，产生约 10^{-5}T 的附加磁场来进行磁场扫描。在连续波核磁共振波谱仪中，扫描方式采用最多的是扫场，也可以进行扫频，目前大多数仪器都配有扫频工作方式。

④ 探头 由试样管座、发送线圈、接收线圈、预放大器和变温元件等组成。用来装待测溶液的试样管一般是外径为 5mm（测定碳谱的试样管外径更粗，一般为 10mm）的硼硅酸盐玻璃管。在检测过程中，试样管通过试样管座中的小风轮推动以每分钟数百转的速度旋转，目的是使管内样品均匀地接收到磁场，提高分辨率。

⑤ 信号检测及记录处理系统 射频接收器的作用是接收氢核共振时所产生的吸收信号（几个毫伏的电压变化），经过放大后记录成核磁共振波谱图。

共振核产生的射频信号通过探头上的三组相互垂直的接收线圈加以检测。现代核磁共振波谱仪都配有一套积分装置，可以在图谱上以阶梯的形式显示出积分数据。由于积分信号不像峰高那样易受其他条件影响，可以通过它来估计各类核的相对数目及含量，有助于定量分析。随着计算机技术的发展，一些连续波核磁共振波谱仪配有多次重复扫描并将信号进行累加的功能，从而有效地提高仪器的灵敏度。但由于仪器的稳定性（噪声）影响，一般累加次数在100次左右为宜。

连续波核磁共振波谱仪在进行频率扫描时，是单频发射和单频接收的，扫描时间长，单位时间内的信息量少，信号弱。虽然也可以进行扫描累加，以提高灵敏度，但累加的次数有限，因此灵敏度仍然不高。脉冲傅里叶变换核磁共振仪不是通过改变扫描频率（或磁场）的方法找到共振条件，而是采用在恒定的磁场中，在所选定的频率范围内施加具有一定能量的脉冲，使所选范围内的所有自旋核同时发生共振，即从低能态激发到高能态。各种高能态核经过一系列非辐射途径又重新回到低能态，在这个过程中产生的感应电流信号，称为自由感应衰减信号（FID）。检测器检测到的FID信号是一种时间域函数的波谱图。一种化合物有多种共振吸收频率时，时域谱是多种自由感应衰减信号的信号叠加，图谱十分复杂，不能直接观测。FID信号经计算机快速傅里叶变换后，可得到常见的核磁共振谱（频域谱）。

脉冲傅里叶变换核磁共振仪获得的光谱背景噪声小，灵敏度及分辨率高，分析速度快，可用于动态过程、瞬时过程及反应动力学方面的研究。而且由于灵敏度高，所以脉冲傅里叶变换核磁共振仪成为对^{13}C、^{14}N等弱共振吸收信号的测量必不可少的工具。

(2) 样品的制备

核磁共振波谱法的样品通常都配制成溶液，在配制溶液时应注意：

① 选择适当的溶剂　研究^{1}H NMR谱时，溶剂不应含质子，常用的溶剂有CCl_4、CS_2及氘代溶剂，见表7-9。氘代溶剂对样品的溶解能力一般比CCl_4和CS_2好，但价格较贵。常用的氘代溶剂有$CDCl_3$，也有C_6D_6、$(CD_3)_2CO$、$(CD_3)_2SO$（氘代二甲亚砜，DMSO）等，水溶性的样品可以用D_2O，不含^{1}H的溶剂还有CF_2Cl_2、SO_2FCl等。

表7-9　某些氘代溶剂中残留^{1}H的共振吸收位置

溶剂	含H基团	化学位移	溶剂	含H基团	化学位移
$CDCl_3$	CH	7.28(单峰)	C_2D_5OD	CHD_2	1.17(五重峰)
$(CD_3)_2CO$	CD_2H	2.05(五重峰)		CHD	3.59(三重峰)
C_6D_6	$CH(C_6D_5H)$	7.20(多重峰)		OH	不定(单峰)
D_2O	HDO	约5.30(单峰)	$(CD_3)_2NCDO$	CD_2H	2.76(五重峰)
$(CD_3)_2SO$	CD_2H	2.5(五重峰)		CHO	8.06(单峰)
CD_3OD	CD_2H	3.3(五重峰)			

② 样品溶液的含量　含量一般为2%～10%，纯样品一般需要15～30mg。在用PFT-NMR法时，样品需要量较少，一般只需1mg，甚至更少。

(3) 实验方法

在测试样品时，选择合适的溶剂配制样品溶液，样品的溶液应有较低的黏度，否则会降低谱峰的分辨率。若溶液黏度过大，应减少样品的用量或升高测试样品的温度（通常是在室温下测试）。

当样品需做变温测试时，应根据低温的需要选择凝固点低的溶剂或按高温的需要选择沸点高的溶剂。

对于核磁共振氢谱的测量，应采用氘代试剂以便不产生干扰信号。氘代试剂中的氘核又可作核磁谱仪锁场之用。以用氘代试剂作锁场信号的“内锁”方式作图，所得谱图分辨率较好。特别是在微量样品需做较长时间的累加时，可以边测量边调节仪器分辨率。

对低、中极性的样品，最常采用氘代氯仿作溶剂，因其价格远低于其他氘代试剂。极性大的化合物可采用氘代丙酮、重水等。

针对一些特殊的样品，可采用相应的氘代试剂，如氘代苯（用于芳香化合物、芳香高聚物）、氘代二甲基亚砜（用于某些在一般溶剂中难溶的物质）、氘代吡啶（用于难溶的酸性或芳香化合物）等。

对于核磁共振碳谱的测量，为兼顾氢谱的测量及锁场的需要，一般仍采用相应的氘代试剂。

为测定化学位移值，需加入一定的基准物质。基准物质加在样品溶液中称为内标。若出于溶解度或化学反应性等的考虑，基准物质不能加在样品溶液中，可将液态基准物质（或固态基准物质的溶液）封入毛细管再插到样品管中，称之为外标。

对碳谱和氢谱，最常用的基准物质是四甲基硅烷。

7.4　核磁共振氢谱的解析

7.4.1　氢谱解析一般程序

① 尽可能了解清楚样品的一些来源情况，以便对样品有一些初步的认识；检查基线是否平稳，区别溶剂峰、杂质峰。

② 通过元素分析获得化合物的化学式，计算不饱和度 U。

③ 根据积分曲线高度，计算每组峰对应的氢核数。同时考虑分子对称性，当分子结构中具有对称因素时，可能会使谱图中出现的峰组数减少，强度叠加。

④ 根据化学位移、耦合常数等特征，识别一些强单峰及特征峰。即不同基团的^{1}H之间距离大于三个单键的基团。如，CH_3—Ar，CH_3—O—、CH_3—N—、CH_3CO—、RO—CH_2CN 等孤立的甲基或亚甲基共振信号；在低场区（化学位移大于 10）出现的—COOH、—CHO 信号；含活泼氢的未知物，可对比 D_2O 交换前后光谱的改变，以确定活泼氢的峰位及类型。

⑤ 若在化学位移 δ 为 6.5～8.5 范围内出现强的单峰或多重峰，往往要考虑是苯环上氢的信号。根据这一区域氢的数目，可以判断苯环的取代数。

⑥ 解析比较简单的多重峰，根据每组峰的化学位移及相对应的质子数，推测本身及相邻的基团结构。

通过以上几个步骤，一般可初步推断出可能的一种或几种结构式。然后从可能的结构式按照一般规律预测产生的 NMR 谱，与实际谱图对照，看其是否符合，进而推断出某种最可能的结构式。

对难解析的高级耦合系统，如有必要，可换用不同的溶剂再测定一次，有时由于化学位移的变化，共振谱会简化。如果条件允许，可换用高场强仪器或运用其他去耦技术测定。

7.4.2　氢谱解析示例

（1）谱图峰面积与氢核数目的关系

在 NMR 仪上都装配有自动电子积分仪，吸收峰的面积在图谱上用阶梯式的积分曲线高度表示。这种积分曲线的画法是从左到右，从低场到高场。从积分曲线起点到终点总高度与分子中氢核总数成正比，而每一个阶梯的高度与该吸收峰的氢核数目成正比。因为分子的对称性，各阶梯的积分高度只能定量地说明每组氢核的相对比例，并不能代表分子中氢核的绝对数目。当已知被测物质分子式时，根据积分曲线高度便可确定各峰所对应的氢核数目；假如不知道分子式，但谱图中有能很容易判断氢原子数目的基团，如甲基、羟基、单取代苯环等，以此为基准可以判断各含氢官能团的氢核数目。

图 7-10 中 δ 值为 7.7、4.4 和 2.4 的吸收峰的积分曲线高度比为 2∶2∶3，分别代表了苯环、亚甲基和甲基上氢核数之比。

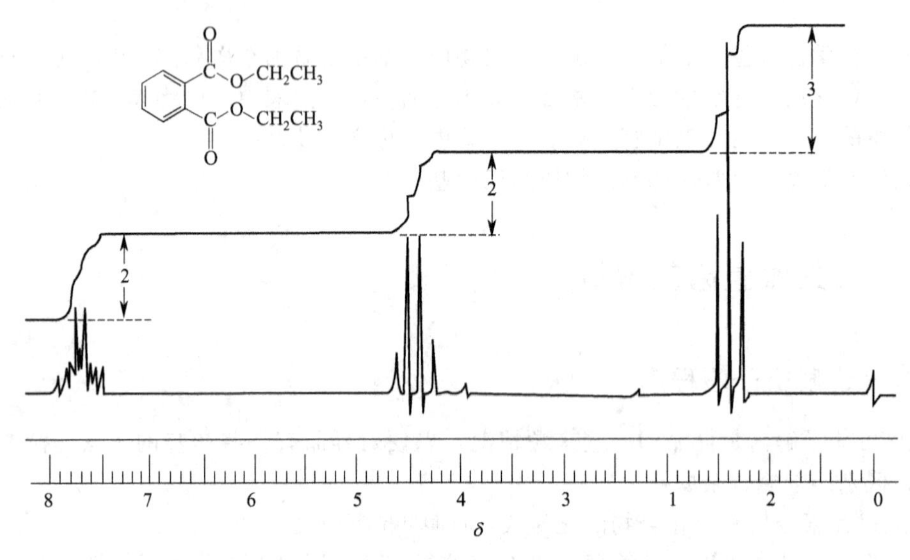

图 7-10　邻二苯甲酸乙酯核磁共振谱

（2）谱图中化合物的结构信息

① 共振吸收峰的组数　提供化合物中有几种类型共振吸收峰，即有几种不同化学环境的氢核，一般表明有几种带氢基团。

② 每组峰的面积比（相对强度）　提供各类型氢核（各基团）的数量比。

③ 峰的化学位移（δ）　提供每类质子所处的化学环境信息，用来判断其在化合物中的位置。

④ 峰的裂分数　判断相邻碳原子上的氢核数。

⑤ 耦合常数（J）　用来确定化合物构型。

【例 1】 某一有机物分子式为 $C_5H_{10}O_2$，^1H NMR 谱如图 7-11 所示，试推测其结构。

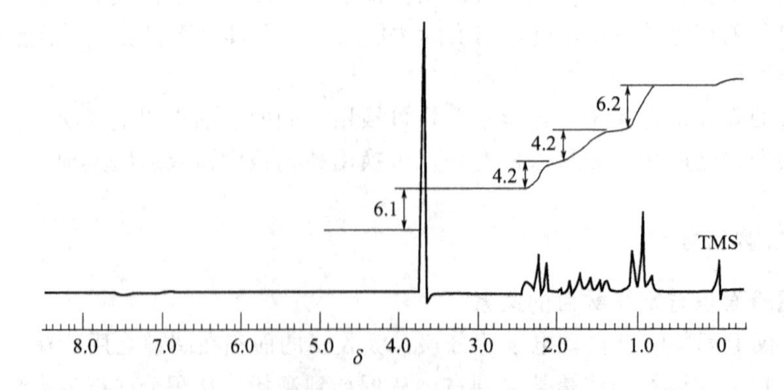

图 7-11　化合物 $C_5H_{10}O_2$ 的核磁共振氢谱图

解：

① 计算不饱和度 $U=\frac{2\times5-10+2}{2}=1$。

② 根据谱图上的积分曲线高度计算每组峰代表的氢核数。

化学位移值 δ	峰裂分数	积分线高度	氢核数
3.7	1	6.1	3
2.2	3	4.2	2
1.6	6	4.2	2
0.9	3	6.2	3

③ 代表7个 ^1H 的 δ 0.9、δ 1.6、δ 2.2 三处吸收峰分别耦合裂分为三重峰、六重峰和三重峰，由此可初步判定分子中有丙基（$CH_3CH_2CH_2—$）存在。

代表3个 ^1H 的 δ 3.7 为单峰，则可能是直接与高电负性原子相连的孤立的甲基峰。结合分子式，可判定有 $—\overset{O}{\overset{\|}{C}}—O—CH_3$ 结构存在。

④ 结合以上判断，此化合物可能的结构为：

$$H_3C—CH_2—CH_2—\overset{O}{\overset{\|}{C}}—O—CH_3$$

【例2】 某化合物的分子式为 C_9H_{12}，^1H NMR 谱如图7-12所示，试推测其结构。

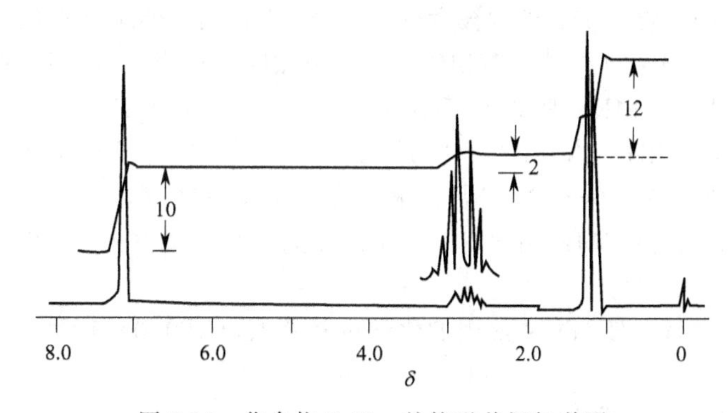

图7-12　化合物 C_9H_{12} 的核磁共振氢谱图

解：① 计算不饱和度

$$U=1+n_4+\frac{n_3-n_1}{2} \tag{7-18}$$

式中，n_4、n_3、n_1 分别为分子中所含的四价、三价和一价元素原子的数目。二价原子如S、O等不参加计算。

$U=0$，表示分子是饱和的，为链状烃及其不含双键的衍生物；双键、饱和环状结构时，$U=1$；三键时，$U=2$；苯环时，$U=4$，若 $U=5$，则可能含苯环及双键。

$U=\frac{2\times9-12+2}{2}=4$，可能有苯环。

② 根据谱图上的积分曲线高度计算每组峰代表的氢核数。

化学位移值 δ	峰裂分数	积分线高度	氢核数
7.2	1	10	5
2.9	7	2	1
1.2	2	12	6

③ δ 7.2 处的 5 个 ^{1}H 的单峰，证明分子中有单取代的苯环存在。

从分子式中扣除苯环的 C_6H_5，剩余部分为 C_3H_7，最可能是正丙基或异丙基。结合谱图，在 δ 1.2 处有代表 6 个 ^{1}H 的二重峰，证明有两个甲基存在，加上 δ 2.9 处有代表 1 个 ^{1}H 的七重峰，只能用异丙基的结构解释：

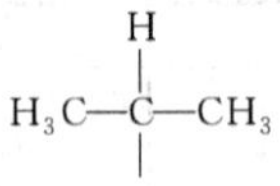

H
|
H_3C—C—CH_3
|

④ 综上所述，此化合物的结构式为：

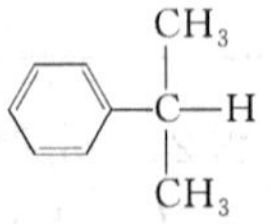

CH_3
|
C_6H_5—C—H
|
CH_3

7.5 核磁共振碳谱和二维核磁共振谱简介

7.5.1 核磁共振碳谱简介

核磁共振碳谱全称 ^{13}C 核磁共振波谱法（carbon-13 nuclear magnetic resonance spectroscopy，^{13}C NMR），简称碳谱。

^{13}C 核的共振现象早在 1957 年就被发现，但由于 ^{13}C 的天然丰度很低，为 1.1%，且 ^{13}C 的磁旋比 γ 也仅仅是 ^{1}H 的 1/4，^{13}C NMR 的相对灵敏度只相当于 ^{1}H NMR 的 1/5800，利用常规方法很难测定 ^{13}C NMR，所以早期研究得并不多。直至 1970 年后，发展了 Fourier NMR（PFT-NMR）应用技术，有关 ^{13}C 的核磁共振技术研究才开始增多。而且通过双照射技术的质子去耦作用（称为质子全去耦），大大提高了其灵敏度，使之逐步成为重要且常用的常规 NMR 方法。与 ^{1}H NMR 相比，^{13}C NMR 在测定有机及生化分子结构中具有很大的优越性：

① 化学位移范围宽。^{1}H NMR 常用的化学位移 δ 值范围在 0～10，^{13}C NMR 的化学位移一般在 0～200 之间。

② ^{13}C 与 ^{1}H 的耦合常数大。

^{13}C—^{1}H 的 $^1J_{CH}$ 为 100～200Hz。

远程耦合：^{13}C—C—^{1}H 的 $^2J_{CH}$ 为 0～60Hz；^{13}C—C—C—^{1}H 的 $^3J_{CH}$ 为 0～20Hz。

③ ^{13}C NMR 可以给出不与氢核相连的碳的共振吸收峰。

④ 碳谱具有多种实验方法，可以有效地将氢谱和碳谱中的峰对应起来。能初步得到分子中碳原子个数、基团归属及碳原子的级数等对结构解析有重要作用。

⑤ 碳原子的弛豫时间较长，能被准确测定，可以帮助对碳原子进行指认与用于构象分析。

尽管如此，^{13}C NMR 的缺点同样比较明显。碳谱的灵敏度比较低，^{13}C 的核磁共振信号很弱，在测定过程中需要比较大的试样量，并多次扫描进行累加。此外，碳谱的峰面积与碳数不成正比（定量碳谱除外），也是 ^{13}C NMR 的一个缺点。

(1) 化学位移

^{13}C 的化学位移与 ^{1}H 的化学位移表示方法一致，选用四甲基硅烷（TMS）标示化学位移的零点。不同化学环境中碳原子的化学位移从高场到低场的顺序为：饱和碳出现在较高

场，炔碳次之，烯碳和芳碳在较低场，而羰基碳会出现在最低场。

影响碳谱化学位移的因素主要有杂化效应、碳核周围电子云密度、磁各向异性等。碳谱中，化学位移的决定因素是顺磁屏蔽。

化合物中碳原子的轨道杂化状态，很大程度上决定了^{13}C的化学位移范围。各杂化态的屏蔽常数顺序为$\sigma_{sp^3}>\sigma_{sp}>\sigma_{sp^2}$。一般情况下，$sp^3$杂化碳的$\delta_C$在0～60之间；$sp^2$杂化碳的$\delta_C$值在100～220之间，需要特别指出的是，羰基碳的δ_C一般在160～220的低场；sp杂化碳的δ_C值在60～90之间。

(2) 去耦技术

由于^{13}C的NMR灵敏度很低，且碳与其相连的氢核耦合常数很大，$^1J_{CH}$可达到100～200Hz，再加上还有许多较小的远程耦合$^2J_{CH}$和$^3J_{CH}$，^{13}C的共振信号常交错在一起，使谱图复杂。因此，在实验中往往需要消除耦合以获得简明的碳谱，这种消除耦合效应的过程就是去耦。目前所见到的碳谱几乎都是氢核去耦谱。常见的去耦方法有质子宽带去耦、偏共振去耦、质子选择性去耦、门控去耦及反门控去耦等。

① 质子宽带去耦　质子宽带去耦谱为^{13}C NMR的常规谱，是一种双共振技术，记作$^{13}C\{^1H\}$。简单地说，是指在用射频场照射各种碳核并使其激发产生^{13}C核磁共振吸收的同时，附加另一个去耦射频场，使其覆盖全部质子的共振频率范围，且用强功率照射使所有的质子达到饱和，从而使质子对^{13}C的耦合全部去掉，每种碳核在谱图中均表现为单峰。同时，在去耦过程中会伴随着NOE（nuclear overhauser effect）效应，使^{13}C核信号增强，大大提高了^{13}C NMR的灵敏度。

在质子宽带去耦碳谱中，有多少种化学环境不同的碳就有多少条共振吸收峰，用于测定各碳的化学位移值。由于完全去耦，也失去了许多有用的结构信息，无法识别伯、仲、叔、季等不同类型的碳。

② 偏共振去耦　采用一个频率范围很小、比质子宽带去耦功率弱很多的射频场，其频率略高于（off set，偏置）样品中所有氢核的共振频率，从而消除^1H与^{13}C之间的远程耦合，部分保留直接与碳相连的氢核（$^{13}C—^1H$）的耦合信息。所以应用这种技术可以得到甲基碳为四重峰（q）、亚甲基碳为三重峰（t）、次甲基碳为二重峰（d）、季碳单峰（s）等非常有用的特征信息。由于这种图谱仍然存在谱线间的重叠，所以后来又发展了DEPT谱。

③ 质子选择性去耦　是偏共振去耦的特例。当测一个化合物的^{13}C NMR谱，而又准确知道这个化合物的^1H NMR各峰的δ值及归属时，就可测选择性去耦谱，以确定碳谱谱线的归属。

具体方法是调节去耦频率恰好等于某质子的共振吸收频率，且去耦场功率又控制到足够小（低于宽带去耦采用的功率）时，则与该质子直接相连的碳会发生全部去耦而变成尖锐的单峰，并因NOE而使谱线强度增大，从而确定相应^{13}C信号的归属。

④ DEPT谱　又称无畸变极化转移增益实验（distortionless enhancement by polarization transfer)，在135°DEPT谱中，甲基、次甲基显正峰，亚甲基显负峰，季碳无峰；在90°DEPT谱中，仅次甲基显正峰，其余均无峰。在45°DEPT谱中，甲基、亚甲基与次甲基显正峰，季碳无峰。因此，通过DEPT谱，可辨认碳的级别，即碳原子上相连氢原子的数目。

7.5.2　二维核磁共振谱简介

上述讨论的核磁共振波谱属于一维核磁共振，信号随时间改变的自由衰减信号（FID）

通过傅里叶变换，从时间域上的函数变换为频率域函数，得到只有一个频率横坐标，纵坐标为强度的信号。二维核磁共振波谱（2D NMR）有两个时间变量，经过两次傅里叶变换，得到两个独立的频率信号，即横坐标和纵坐标都是频率信号，第三维为强度信号。二维核磁共振波谱的最大特点是将化学位移、耦合常数等参数在二维平面上展开。二维核磁共振方法是一维谱衍生出来的新实验方法。引入二维核磁共振后，在一般一维谱中重叠在一个频率轴上的信号，被分散到两个独立的频率轴构成的二维平面上，减少了谱线的拥挤和重叠，提高了核之间相互关系的新信息。因而增加了结构信息，有利于复杂谱图的解析，特别是应用于复杂的天然产物和生物大分子的结构鉴定。

一维谱的信号是一个频率的函数，记为 $S(\omega)$，共振峰分布在一条频率轴上。而二维谱是两个独立频率变量的信号函数，记为 $S(\omega_1,\omega_2)$，共振峰分布在由两个频率轴组成的平面上。

二维核磁共振谱的基本原理如图 7-13 所示，所有二维核磁共振波谱在时间域上都可分为四个时期，即准备期、发展期、混合期（根据二维核磁共振谱的不同，混合期可能没有）及检测期。其中发展期的时间间隔为 t_1，检测期的时间间隔为 t_2。核磁共振准备期一般比较长，自旋系统在这一时期达到热平衡。发展期加上一个或多个射频脉冲使核系统演化。在混合期建立信号检出条件。在检测期，以发展期的时间间隔 t_1 为参数。只改变发展期的时间间隔，对于 t_1 的每一个增量，信号作为 t_2 的函数被检测，重复多次实验，即可得到时间域的二维信号 $S(t_1,t_2)$，对此做二维傅里叶变换即得频率域的二维核磁共振谱 $S(\omega_1,\omega_2)$。二维核磁共振谱可分为 3 类：

(1) J 分辨谱（J resolved spectroscopy）

J 分辨谱亦称 J 谱。它把化学位移和自旋耦合的作用分辨开来，包括异核和同核 J 谱。

(2) 化学位移相关谱（chemical shift correlation spectroscopy）

化学位移相关谱是二维谱的核心，通常所指的二维谱就是化学位移相关谱，包括同核化学位移相关谱、异核化学位移相关谱、NOESY 和化学交换。

(3) 多量子谱（multiple quantum spectroscopy）

通常所测定的核磁共振线为单量子跃迁（$\Delta m=\pm1$）。发生多量子跃迁时 Δm 为大于 1 的整数。用脉冲序列可以检测出多量子跃迁，得到多量子跃迁的二维谱。

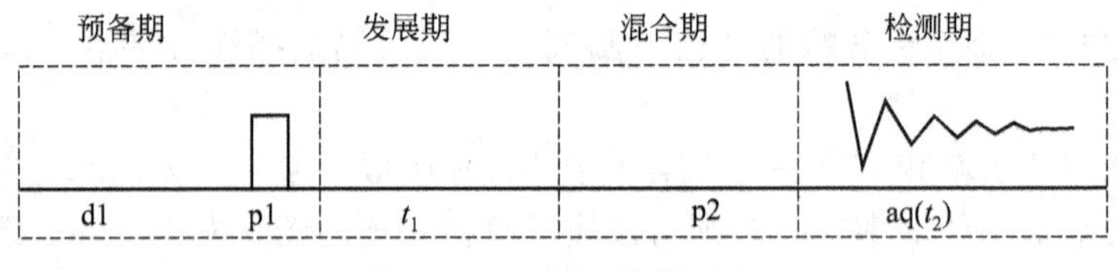

图 7-13　一般二维谱实验

【本章小结】

(1) 核磁共振波谱

射频电磁波能与暴露在强磁场中的磁性原子核相互作用，引起磁性原子核在外磁场中发生磁能级的共振跃迁，从而产生吸收信号，把这种原子对射频辐射的吸收称为核磁共振波谱。

(2) 产生核磁共振的条件

在外磁场中，质子受到射频电磁波辐射，只要射频电磁波的频率能满足两个相邻自旋态能级间的能量差 ΔE，质子就由低自旋态跃迁到高自旋态，发生核磁共振。质子共振需要的电磁波的频率与外磁场强度成正比。

屏蔽效应的存在于发生核磁共振时，射频电磁波的频率与外加磁场强度关系的公式应修正为：

$$\nu=\frac{\gamma}{2\pi}(1-\sigma)H_0$$

实现共振有两种方法。

① 固定外磁场强度 H_0 不变，改变电磁波频率 ν，称为扫频。

② 固定电磁波频率 ν 不变，改变磁场强度 H_0，称为扫场。

(3) 弛豫过程

高能态核回到低能态是通过非辐射途径，这个过程称为弛豫过程。

(4) 化学位移的产生

① 屏蔽作用　处于磁场中的原子核，其核外电子运动（电流）会产生感应磁场，其方向与外加磁场相反，抵消了一部分外磁场对原子核的作用，这种现象称屏蔽作用。屏蔽作用大小与核外电子云密度有关，电子云密度越大，屏蔽作用也越大，共振所需的磁场强度越强。

② 化学位移　由屏蔽作用引起的共振时磁场强度的移动现象，称化学位移。

(5) 化学位移的表示方法及其测定

① 化学位移（δ）的定义：

$$\delta=\frac{H_{标准}-H_{试样}}{H_{标准}}\times10^6$$

$$\delta=\frac{\nu_{试样}-\nu_{标准}}{\nu_{标准}}\times10^6=\frac{\Delta\nu}{\nu_{标准}}\times10^6$$

② 测定方法

a. 扫频法　H 恒定，改变频率。

b. 扫场法　频率恒定，改变 H。

(6) 影响化学位移的因素

① 电效应

a. 诱导效应　电负性强的取代基，可使邻近 ^{1}H 电子云密度减小，即屏蔽效应减小，故向低场移动，δ 增大。

b. 共轭效应　(a) 吸电子共轭，δ 增大；(b) 斥电子共轭，δ 减小。

② 磁各向异性　当化合物的化学键、电子云（环流）不对称时（即各向异性）就会对邻近的 ^{1}H 附加一个各向异性磁场，从而对外磁场起着增强或减弱的效应。

a. 三键各向异性结果　使 ^{1}H 位于屏蔽区，向高场移动（δ 减小）。

b. 双键各向异性结果　使 ^{1}H 位于去屏蔽区，向低场移动（δ 增大）。

c. 芳环键各向异性结果　使 ^{1}H 位于去屏蔽区，向低场移动（δ 增大）。

③ 氢键　由于形成氢键后，受静电场作用，质子周围电子云密度降低，产生去屏蔽作用。

④ 溶剂效应　由于溶剂影响而使化学位移发生变化的现象。

(7) 自旋耦合及自旋裂分

① 自旋耦合原理　对于一个有机化合物分子，由于所处的化学环境不同，其核磁共振谱于相应的δ值处出现不同的峰，各峰的面积与^{1}H数成正比。

a. 自旋耦合　相邻近^{1}H之间的核自旋之间的相互干扰作用称为自旋耦合。

b. 自旋裂分　由自旋耦合引起的谱线增多现象称为自旋裂分。

② 耦合常数（自旋耦合产生的多连峰的间隔）　邻近^{1}H自旋之间的相互干扰程度的大小用耦合常数J表示，耦合常数与外加磁场无关（与溶剂也基本无关），但与成键间隔的数目、成键类型、取代基电负性等有关。耦合常数与化学位移一样，对确定化合物的结构有重要作用，原子核的环境不同，耦合常数也不同。

③ 耦合作用的一般规律

a. 核的等价性质。

b. 化学等价　分子中同种类的核，其化学位移相等者，称为化学等价。

c. 磁等价　分子中同类核，化学位移相等，且以相同的耦合常数与分子中其他的核相互耦合，只表现出一种耦合常数，这类核称为磁等价。化学等价的核，磁不一定等价；磁等价的核，一定化学等价。

d. 磁全同　既化学等价又磁等价。

④ 耦合相互作用的一般规则

a. 一组相同的磁核所共有的裂分峰的数目，由邻近磁核的数目（n）决定，裂分峰数$=n+1$。

b. 裂分峰强度比相当于二项式$(X+1)^n$的展开系数比。

c. 磁全同的核之间也有耦合，但没有分裂，故是单峰。

⑤ 影响耦合常数的因素　与键长、键角、取代基电负性、^{1}H核间的相隔键的数目等相关，键长增加，J减小，键角增大，J减小，取代基电负性大，J减小。

（8）核磁共振仪

核磁共振仪主要由磁铁、射频振荡器、扫描器、探头、射频接收器、记录仪及附件等组成。

（9）核磁共振谱图

从核磁共振谱图上，可以得到如下信息：①吸收峰的组数，说明分子中化学环境不同的质子有几组。②质子吸收峰出现的频率，即化学位移，说明分子中的基团情况。③峰的分裂个数及耦合常数，说明基团间的连接关系。④阶梯式积分曲线高度，说明各基团的质子比。

【习题】

1. 解释下列词语

①化学位移；②屏蔽效应和去屏蔽效应；③自旋耦合和自旋裂分；④化学等价和磁等价。

2. 产生核磁共振的必要条件是什么？

3. 为什么用化学位移标示峰位，而不用共振频率的绝对值标示？

4. 氢核磁共振谱可提供哪三大信息？

5. 影响化学位移的因素有哪些？

6. 振荡器的射频为56.4MHz时，欲使^{1}H产生共振信号，外加磁场强度各需多少？

7. 下列化合物中—OH的氢核，何者处于较低场？为什么？

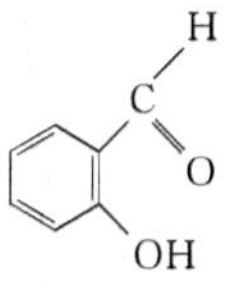

（Ⅰ） 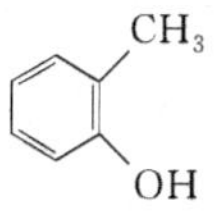　　　　（Ⅱ）

8. 解释在下列化合物中，H_a、H_b 的 δ 值为何不同？

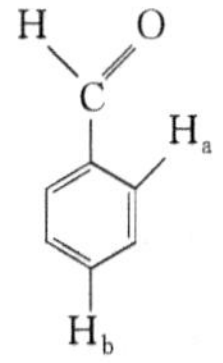

H_a：$\delta=7.72$

H_b：$\delta=7.40$

9. 何谓自旋耦合、自旋裂分？它们有什么重要性？

10. 在 $CH_3—CH_2—COOH$ 的氢核磁共振谱图中可观察到有四重峰及三重峰各一组。①说明这些峰的产生原因；②哪一组峰处于较低场？为什么？

11. 一酯类化合物的分子式为 $C_8H_{10}O$，核磁共振氢谱数据为 δ 1.2 三重峰，δ 3.9 四重峰，δ 6.7～7.3 多重峰，谱图从低场到高场质子面积比为 5∶2∶3，推测其结构。

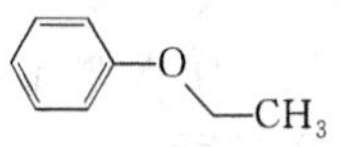

12. 一个由 C、H、O 三种元素组成的化合物，分子量为 138.2，C 和 H 各占 69.5%和 7.2%，红外光谱中 $3300cm^{-1}$ 左右有一宽吸收峰，指纹区 $750cm^{-1}$ 左右还有吸收峰，其核磁共振谱见图 7-14，推测其结构。

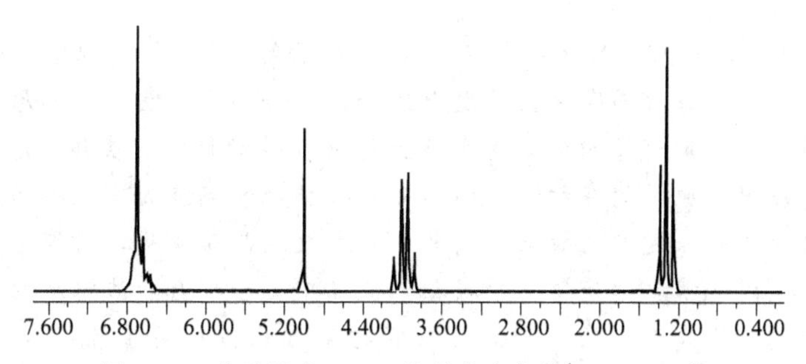

图 7-14　分子量为 138.2 的某化合物的 ^1H NMR 谱

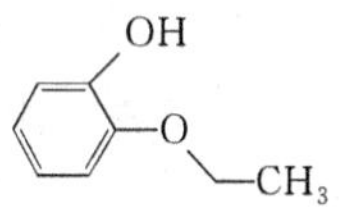

第8章

质谱法

【本章教学要求】

- 掌握分子离子、同位素离子、亚稳离子、碎片离子的形成规律；离子裂解的类型；质谱图解析。
- 熟悉常见有机化合物的裂解方式与规律、质谱仪的离子源和质量分析器的类型。
- 了解质谱仪的基本原理、质谱仪的主要性能指标。

【导入案例】

2010年10月初，美国食品药品监督管理局（FDA）建议美国雅培公司的减肥药诺美婷（西布曲明）撤市。随后国家药监局发布通知，叫停西布曲明制剂和原料药在我国的生产、销售和使用，已上市销售的药品由生产企业负责召回销毁。美国FDA和欧盟在之前已经叫停其用于减肥，原因就在于西布曲明导致心脑血管病症的发生率增加。但是，一些不法厂商为了增加减肥保健品的效果，向其中添加盐酸西布曲明，对消费者的身体健康造成了极大的危害。因此需要对市场上的减肥保健品中是否含有非法添加的西布曲明进行分析检测。具体检测方法如下：采用DART（实时直接分析）离子源结合三重串联四极杆质谱，采取子离子扫描对样品进行直接分析，通过对照品与样品的质谱图进行定性检测，检出限可达1×10^{-6}，可用于药品快速检验中批量样品的初筛。

质谱法（mass spectrum，MS）是利用离子化技术使被测样品分子产生各种离子，通过对离子质量和强度的测定来进行分析的一种方法。质谱中并不伴随有电磁辐射的吸收或发射，它不属于光谱，它是对具有不同质量的离子的观测。其基本过程如下：

① 将汽化样品导入离子源，样品分子在离子源中被电离成分子离子，分子离子进一步裂解，生成各种碎片离子；②离子在电场和磁场综合作用下，按照其质荷比（m/z）的大小依次进入检测器检测；③记录各离子的质量和强度信号，由此得到的图谱称为质谱。

1906年J. J. Thomson发明质谱并运用质谱法首次发现元素的稳定同位素，经过一百多年的发展，质谱法已成为一种重要的分析方法。近年来，电喷雾电离（ESI）、基质辅助激光解吸电离（MALDI）、表面增强激光解吸电离（SELDI）、快原子轰击（FAB）、离子喷雾电离（ISI）、大气压电离（API）等软电离技术以及飞行时间质谱（TOF-MS）、傅里叶变换离子回旋共振质谱（FT-ICR-MS）等新的质量分析方法的发展使质谱分析法的灵敏度、精确度和分辨率大大提高，不断开拓质谱技术应用新领域。

质谱分析法的特点：①应用范围广；②灵敏度高，样品用量少（样品的取样量为微克级）；③响应时间短，分析速度快，数分钟之内即可完成一次测试；④能和各种色谱法进行在线联用，如气相色谱-质谱联用（GC/MS）、液相色谱-质谱联用（LC/MS）等。

目前，质谱法已成为有机化学、药物学、生物化学、环境工程、石油化工、地球化学、毒物学等研究领域中的重要分析方法之一。

8.1 基本原理与仪器简介

质谱仪主要由进样系统、真空系统（离子源、质量分析器、离子检测器）和数据处理系统构成（见图 8-1）。

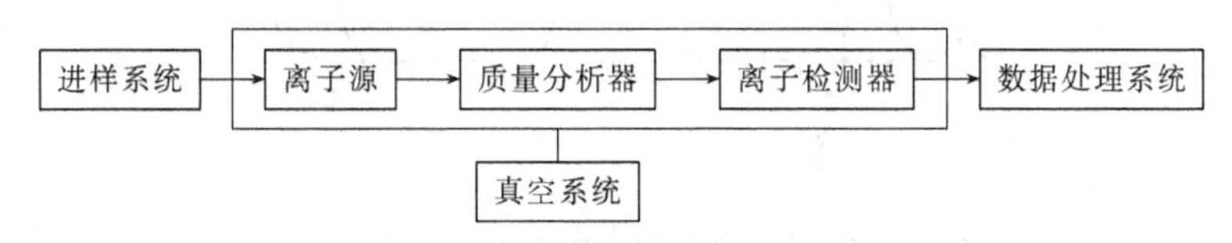

图 8-1 质谱仪的基本构成框图

质谱仪的工作原理是先将样品汽化，再利用适合的电离方法将样品分子电离成分子离子，同时也可断裂为碎片离子，然后通过质量分析器将各种不同质荷比的离子分开并依次进入检测器中检测，从而得到样品的质谱图。图 8-2 为单聚焦磁质谱仪结构示意图。

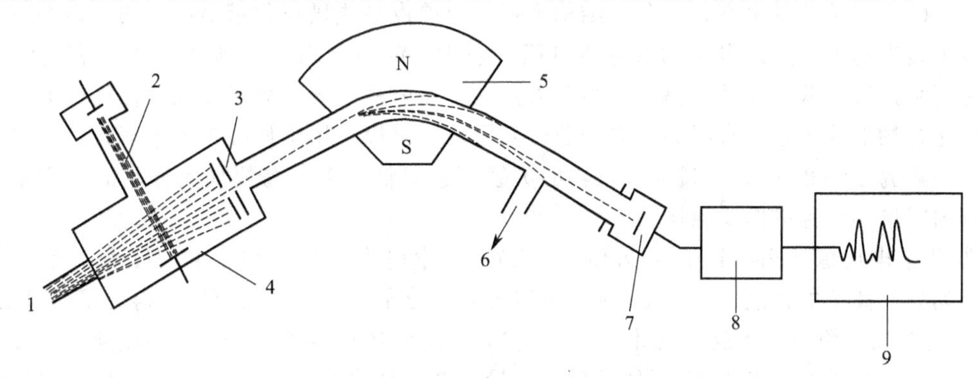

图 8-2 单聚焦磁质谱仪结构示意图

1—样品分子；2—电子束；3—加速电极与狭缝；4—离子源；5—扇形磁场；6—抽真空；7—检测器；8—放大器；9—记录器

(1) 进样系统

质谱仪进样方法的选择取决于试样的理化性质和所采用的离子化方式。对于纯品或纯度较高的样品，一般采用直接进样系统。进样时将固体或液体样品置于坩埚中，放进可加热的套圈内，通过真空隔离阀将直接进样杆插入高真空离子源附近，快速加热升温使固体样品挥发，进入离子源进行电离。加热的温度一般可达 300～400℃，此方法测定的物质其分子量可达 2000 左右，且所需的样品量很少（一般为几微克）。

(2) 离子源

离子源的作用是提供能量使待测样品分子电离转化为由不同质荷比离子组成的离子束。

在质谱仪中，要求离子源产生的离子强度大、稳定性好、质量歧视效应小。质谱仪的离子源种类很多，其原理各不相同，下面介绍几种常见的离子源。

① 电子轰击离子源（electron impact source，EI） 电子轰击离子源是目前应用最广泛、技术最成熟的一种离子源，主要用于挥发性样品的电离。其原理为：样品分子以气态形式进入离子源中，受到炽热灯丝发射的电子束的轰击，样品分子被打掉一个电子形成分子离子，也可能会发生化学键的断裂形成各种碎片，其中正离子在推斥电极的作用下离开离子源进入加速区被加速和聚集成离子束。而阴离子、中性碎片则被离子源的真空泵直接抽走，不进入加速器。图 8-3 为电子轰击离子源的示意图。

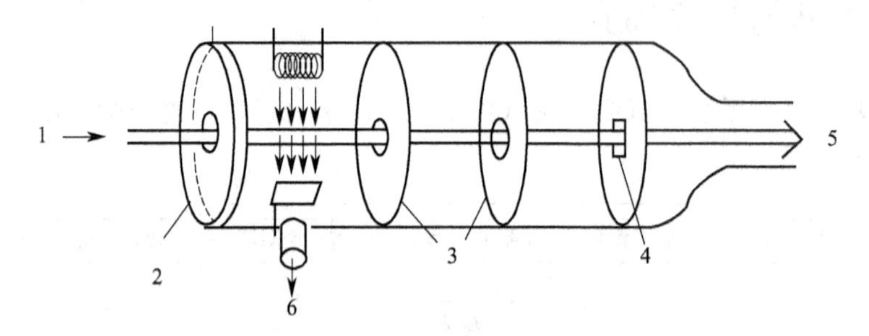

图 8-3 电子轰击离子源示意图

1—样品分子；2—推斥电极；3—加速电极；4—聚焦狭缝；5—离子流；6—抽真空

电子轰击离子源的电子能量常为 70eV，有机分子经轰击后先失去一个电子生成分子离子（用 $M^{+\cdot}$ 表示），分子离子可以进一步裂解形成“碎片”离子。EI 的优点是重现性好，灵敏度高，碎片离子信息丰富，有利于结构解析。目前商品质谱仪附带谱库中的质谱图一般是采用电子轰击离子源测定得到的（电离电压一般为 70eV）。EI 法的缺点是不适宜检测一些热不稳定和挥发性低的样品，另外，由于轰击能量比较高，分子离子峰强度往往较低，不利于测定化合物的分子量，有时为了得到分子离子峰，可以采用降低轰击电子能量的方式，电子能量一般为 10～20eV，不过此时仪器的灵敏度会降低很多，需要加大样品的进样量，而且得到的图谱不是标准的质谱图。

② 化学电离源（chemical ionization，CI） 化学电离源是一种软电离技术，有些用 EI 源得不到分子离子的样品，采用 CI 源后可以得到准分子离子，进而可以获得分子质量信息。CI 源是先在离子源中送入反应气体（如 CH_4），反应气体在电子轰击下电离成离子，反应气体离子和样品分子碰撞发生离子-分子反应，最后产生样品离子。化学电离源常用的反应气体有 CH_4、N_2、He、NH_3 等。

现以甲烷（CH_4）为反应气，简单介绍化学电离过程：

$$CH_4 + e \longrightarrow CH_4^{+\cdot} + 2e$$

$$CH_4^{+\cdot} \longrightarrow CH_3^{+} + H\cdot$$

$CH_4^{+\cdot}$ 和 CH_3^{+} 很快与大量存在的 CH_4 分子起反应，即

$$CH_4^{+\cdot} + CH_4 \longrightarrow CH_5^{+} + CH_3\cdot$$

$$CH_3^{+} + CH_4 \longrightarrow C_2H_5^{+} + H_2$$

CH_5^{+} 和 $C_2H_5^{+}$ 不与中性甲烷进一步反应，一旦小量样品（试样与甲烷之比为 1∶1000）导入离子源，试样分子（SH）发生下列反应：

$$CH_5^{+} + SH \longrightarrow SH_2^{+} + CH_4$$

$$C_2H_5^+ + SH \longrightarrow S^+ + C_2H_6$$

然后 SH_2^+ 和 S^+ 可能碎裂，产生质谱。由（M+H）或（M−H）离子很容易测得其分子量。

化学电离法可以大大简化质谱，若采用酸性比 CH_5^+ 更弱的 $C_4H_9^+$（异丁烷）、NH_4^+（氨）、H_3O^+（水）的试剂离子则可更进一步简化。

化学电离源的优点是对于大多数有机化合物都可得到较强的分子离子峰。其缺点是质谱图中碎片离子峰较少，提供的结构信息不多，不利于化合物结构的解析。

③ 快原子轰击离子源（fast atom bombardment，FAB） FAB 也是一种软电离技术，其工作原理是将样品溶解在基质中，常用的基质有甘油、硫代甘油、3-硝基苄醇和三乙醇胺等高沸点极性溶剂，它们的作用是保持样品处于液体状态，减少轰击对样品的破坏，再将样品溶液涂布在金属靶上，直接插入 FAB 源中，用经加速获得较大动能的惰性气体离子对准靶心轰击，轰击后快原子的大量动能以各种方式消散，其中有些能量导致样品蒸发和离解，最后进入质量分析器被检测（见图 8-4）。由于基质的存在，表层样品分子可不断更新，同时可以降低高的能量对样品的破坏。在 FAB 法中，由快原子轰击得到准分子离子 $[M+H]^+$ 以及与基质分子复合形成的复合离子 $[M+H+G]^+$、$[M+H+2G]^+$（G 为基质分子），根据这些准分子离子及复合离子即可推测分子量。

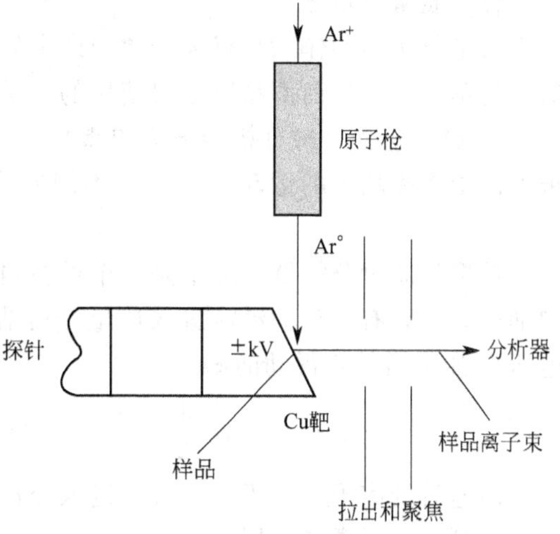

图 8-4 快原子轰击离子源示意图

FAB 不需要对样品加热，易得到稳定的分子离子峰，故适合分子量大、热稳定差、难汽化的有机化合物的分析，可检测多肽、低聚糖、核苷酸、有机金属配合物等，在生物大分子研究领域内具有广阔的应用前景。

④ 电喷雾电离（electron spray ionization，ESI） ESI 是 20 世纪 90 年代发展起来的一种使用强静电场的软电离技术，它主要应用于液相色谱-质谱联用仪。其原理是使样品溶液发生静电喷雾并在干燥气流中（接近大气压）被喷成无数细微带电荷的雾滴。随着溶剂不断蒸发，液滴不断变小，表面电荷密度不断增大从而形成强静电场使样品分子电离，并从雾滴表面“发射出来”（见图 8-5）。通常 ESI 法只形成准分子离子 $[M+H]^+$ 或 $[M-H]^+$，可

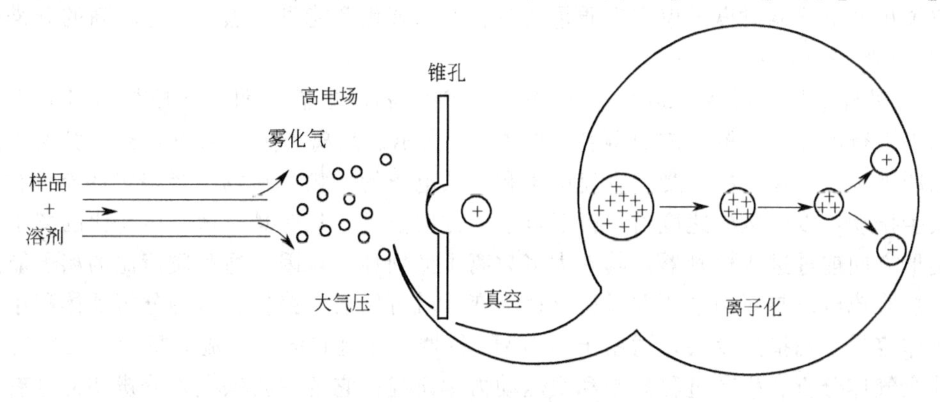

图 8-5 电喷雾电离示意图

能具有单电荷或多电荷。通常小分子得到单电荷的准分子离子，生物大分子则得到多种多电荷离子，在质谱图上得到多电荷离子簇。由于ESI能检测多电荷离子，因此即使用低质量范围的质谱仪也可检测分子量大的化合物，从而大大提高质谱仪质量检测范围。

(3) 质量分析器

质量分析器的作用是将离子源中产生的离子按质荷比（m/z）大小分离，相当于光谱仪器中的单色器。目前商品质谱仪使用的质量分析器种类较多，以下几种应用比较广泛。

① 磁分析器　磁分析器分为单聚焦和双聚焦质量分析器两种。单聚焦质量分析器主要根据离子在磁场中的运动行为，将不同质量的离子分开。图8-2即为单聚焦质量分析器质谱仪。

单聚焦质量分析器实际上是一个处在扇形磁场中的真空管状容器。离子源中出来的离子被加速后，具有一定的动能进入质量分析器。如一个质量为m，电荷数为z的离子经加速电压V加速后，获得动能zeV。

$$\frac{1}{2}mv^2=zeV(v\text{ 为离子的运动速度}) \tag{8-1}$$

加速后的离子垂直于磁场方向进入分析器，在磁场中磁场力的作用下做匀速圆周运动，离心力等于离子磁场作用力。

$$zevB=\frac{mv^2}{r}(B\text{ 为磁场强度},r\text{ 为离子偏转半径}) \tag{8-2}$$

式(8-1)与式(8-2)合并，整理得

$$\frac{m}{z}=\frac{B^2r^2}{2V} \tag{8-3}$$

从式(8-3)可以看出，离子在磁场中运动的半径r是由V、B和m/z三者决定的，测定时，仪器的磁场强度和加速电压一般固定不变，即V、B保持不变，因此离子的轨道半径就仅与离子的m/z有关。不同m/z的离子经过磁场后，由于偏转半径不同而彼此分开，这就是磁场的质量色散作用。但质量分析的半径一般固定不变，此时如固定磁场强度B而改变加速电压V，或者固定加速电压V而改变磁场强度B，都可以使不同m/z的离子按一定顺序依次通过狭缝到达检测器。前者称为电压扫描，后者称为磁场扫描，其中磁场扫描更为常用。

单聚焦分析器的优点是结构简单、体积小；缺点是分辨率低，只适用于分辨率要求不高的质谱仪。

双聚焦分析器能对离子束实现质量色散、方向聚焦和能量聚焦，具有较高的分辨率和高灵敏度，如图8-6所示。

② 四极杆质量分析器　20世纪50年代，Paul和同事们发明了四极杆质量分析器，因其由四根平行的棒状电极组成而得名，如图8-7所示。从离子源出来的离子流引入由四极杆组成的四极场（电场）中，受到直流电压和射频电压的影响，在场半径限定的空间内X、Y方向发生振动，以恒定的速度沿平行于电极的方向前进。只有具有适当质荷比的离子被调整为螺旋形方向前进进入检测器，其他大多数离子撞到杆上，因此适当质荷比的离子能走完全程。改变直流电压与射频电压并保持比率不变，就可做质量扫描。这种分析器体积小、重量轻、操作容易、扫描速度快，适用于GC/MS仪器，而且它的离子流通量大、灵敏度高，可用于残余气体分析、生产过程控制和反应动力学研究，它的主要缺点是分辨率低且有质量歧视效应。

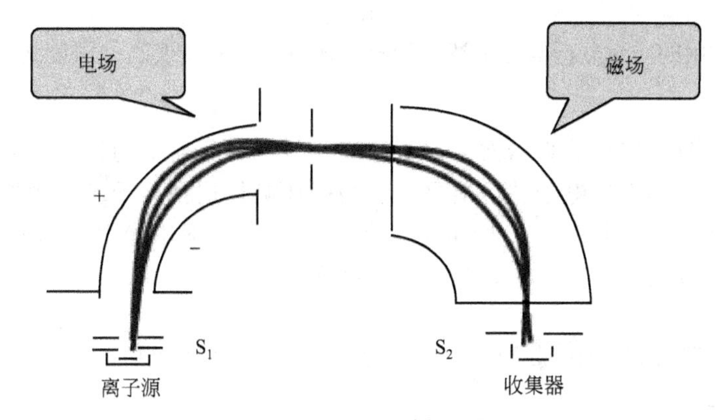

图 8-6 双聚焦质谱仪示意图

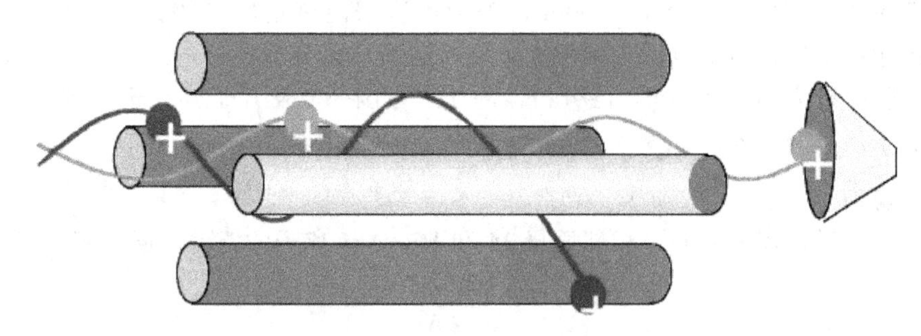

图 8-7 四极杆质量分析器

③ 离子阱分析器 离子阱的原理与四极杆质量分析器的原理相类似，因此也称为四极离子阱分析器。它是由两个端盖电极和一个环电极组成，直流电压和射频电压分别加在环电极和端盖电极之间，如图 8-8 所示。

离子阱的优点是结构简单、灵敏度高、可测质量范围大，能实现多级串联质谱，缺点是所得质谱与标准谱图有一定差别。

④ 飞行时间质量分析器 飞行时间质量分析器的核心部件是一个离子漂移管，离子在漂移管中飞行的时间与离子质荷比（m/z）的平方根成正比，即对于能量相同的离子，m/z 越大，到达检测器所用的时间越长，m/z 越小，所用时间越短。根据这一原理，可以把不同 m/z 的离子分开。增加漂移管的长度 L，可以提高分辨率。使用这种分析器的质谱仪叫“飞行时间质谱仪”。

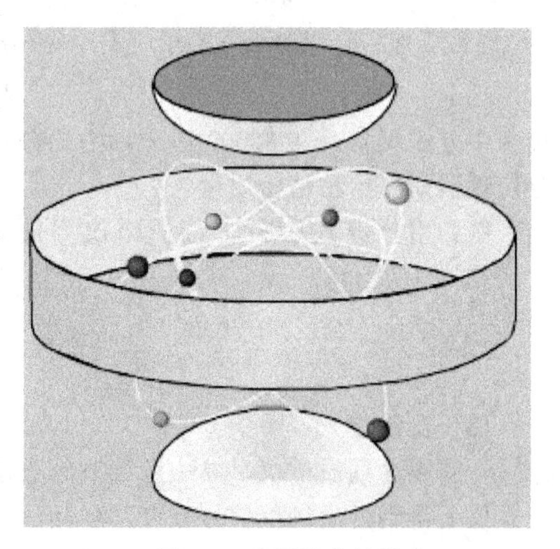

图 8-8 离子阱分析器

飞行时间质量分析器的优点：检测离子的 m/z 范围宽，特别适合生物大分子的质谱测定；扫描速度快，可在 10^{-5}～10^{-6}s 内观测、记录质谱，适合与色谱联用和研究快速反应；不需要电场也不需要磁场，只需要一个离子漂移空间，仪器结构比较简单；不存在聚焦狭缝，灵敏度很高。其缺点是分辨率随 m/z 的增加而降低，质量越大时，飞行时间的差值越小，分辨率越低。

有机质谱仪常用的质量分析器除上述几种外，还有傅里叶变换离子回旋共振质量分析器等。

(4) 检测器

离子检测器由收集器和放大器两个部分组成。打在收集器上的正离子流产生与离子流丰度成正比的信号。利用现代电子技术能灵敏、精确地测量这种离子流。例如将离子流打在一个固体打拿极上或一个闪烁器上，产生电子或光子，再分别用光电倍增管或电子倍增管接收，得到电信号，放大并记录下来，就可以得到质谱图。

8.1.1 质谱仪的主要性能指标

(1) 质量范围

质量范围即仪器所能测量的离子质量数的范围。通常采用原子质量单位（u）进行度量。例如某质谱仪质量范围为1～2000u，表示该质谱能测定质量数为1～2000u之间的离子。不同用途的质谱仪质量范围差别很大，飞行时间质量分析器可达几十万，四极杆质量分析器质量范围一般为50～2000u，磁分析器的质量范围一般从几十到几千。所以，质量范围的大小取决于质量分析器。

(2) 分辨率

分辨率即表示仪器分开两个相邻质量M和$M+\Delta M$离子的能力，通常用R表示。

$$R=\frac{M}{\Delta M} \tag{8-4}$$

例如N_2和CO所形成的离子，其质量分别为28.0061u和27.9949u，若某仪器能够刚好分开这两种离子，则该仪器的分辨率为

$$R=\frac{M}{\Delta M}=\frac{27.9949}{28.0061-27.9949}\approx 2500$$

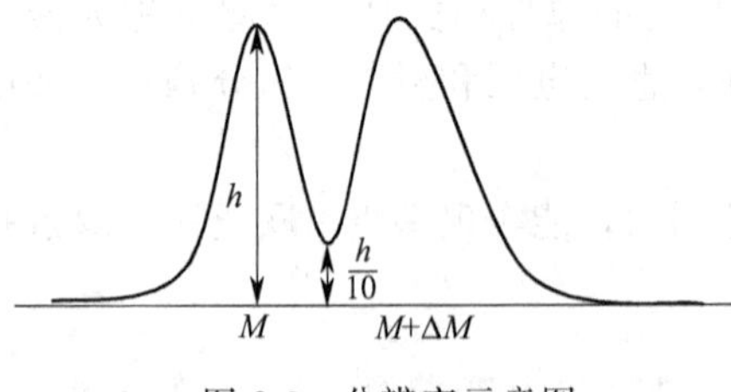

图 8-9 分辨率示意图

在实际测量时，并不一定要求两个峰完全分开，可以有部分的重叠。一般最常用的是10%峰谷定义，即两峰间的峰谷高度低于两峰平均高度的10%，则认为两离子被分离，如图8-9所示。一般R在1000以下者称为低分辨仪器，在1000～30000称为中分辨仪器，在30000以上称为高分辨仪器。低分辨仪器只能给出离子的整数质量，高分辨仪器则可给出精密质量。

例如用分辨率为20万的质谱仪测量分子量为500的化合物，则它能辨别质量数相差0.0025u的两个峰。

$$\Delta M=\frac{M}{R}=\frac{500}{200000}=0.0025\text{u}$$

(3) 灵敏度

不同用途的质谱仪，灵敏度的表示方法不同。有机质谱仪常采用绝对灵敏度表示，即在记录仪上得到的质谱仪信号强度与样品进样量的关系。如果样品进样量少而谱峰的强度高说明仪器的灵敏度高，反之，灵敏度低。无机质谱仪常采用相对灵敏度来表示，即仪器所能分析的样品中杂质的最低相对含量。样品中杂质最低相对含量检出值越低，则仪器灵敏度越高，反之，灵敏度越低。

8.1.2 质谱表示方法

(1) 质谱图

质谱仪记录下来的仅是各正离子的信号，不同质荷比的正离子经质量分析器分开，而后被检测，记录下来的谱图称为质谱图。负离子及中性碎片由于不受磁场作用，或在电场中往相反方向运动，所以在质谱中均不出峰。通常见到的质谱图多是经过处理的棒图形式。在图中横坐标表示各正离子的质荷比（以 m/z 表示，因为 z 一般为 1，故 m/z 多为离子的质量），纵坐标表示各离子峰的相对丰度（以质谱图中的最强峰作为基峰，其强度定义为100%，其他离子峰的强度与最强峰的强度的比值即为相对丰度）。图 8-10 为甲苯的质谱图。

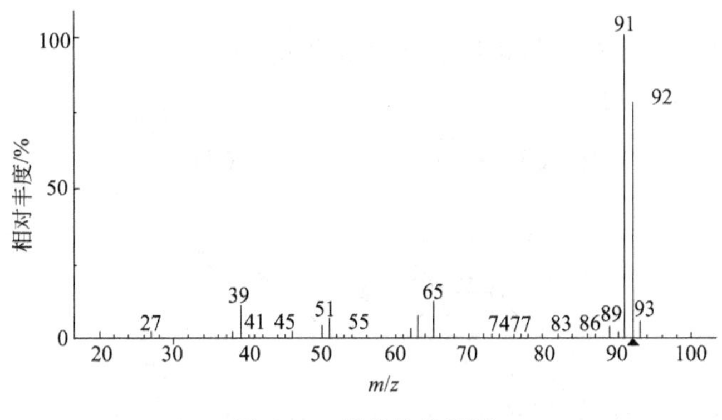

图 8-10 甲苯的质谱图

(2) 质谱表

质谱表指的是以列表的形式表示质谱，即把质谱图数据加以归纳，列成以质荷比为序列的表格形式。表中列出各峰的 m/z 值和对应的相对丰度。表 8-1 为甲苯的质谱表。

表 8-1 甲苯质谱表

m/z	相对丰度/%	m/z	相对丰度/%	m/z	相对丰度/%	m/z	相对丰度/%
26	0.50	46	0.90	63	7.40	86	4.50
27	1.70	49	0.60	64	4.30	87	0.40
28	0.20	50	4.10	65	12.10	89	3.90
37	1.00	51	6.40	66	1.40	90	2.10
38	2.40	52	1.50	73	0.10	91	100.00(基峰)
39	10.70	53	0.70	74	0.90	92	74.60
40	1.10	55	0.10	75	4.40	93	5.40
41	1.10	57	4.20	76	0.30	94	0.10
43	0.10	60	0.10	77	0.90		
44	0.10	61	1.40	83	0.10		
45	1.40	62	3.20	85	0.40		

8.2 离子的主要类型

质谱中出现的离子类型主要包括：分子离子、同位素离子、亚稳离子、碎片离子、重排离子、多电荷离子。识别这些离子和了解这些离子的形成规律对质谱的解析十分重要。下面介绍几种常见的离子。

8.2.1 分子离子

样品分子受高速电子轰击后失去电子，在尚未碎裂的情况下形成的正离子称为分子离子，用 $M^{+\cdot}$ 表示。其相应的质谱峰称为分子离子峰。与分子相比，分子离子仅少一个电子，由于电子的质量相对整个分子而言可忽略不计，因此在质谱中，分子离子的质荷比 m/z 即为分子量。形成分子离子的过程如下：

$$M+e \longrightarrow M^{+\cdot}+2e \text{（e 表示轰击电子，} M^{+\cdot} \text{表示分子离子）}$$

有机化合物中不同类型的电子具有不同的能量。通常，n 电子的能量高于 π 电子，π 电子的能量又高于 σ 电子。因此，样品分子在电离时，最容易失去的是 n 电子，接下来是 π 电子，再次是 σ 电子。

某些分子离子失去电子的位置可以直接表示出来，如：

① 失去杂原子上的 n 电子：

$$R—CH_2—\overset{+\cdot}{O}H \qquad R—CH=\overset{+\cdot}{O}$$

② 失去 π 电子：

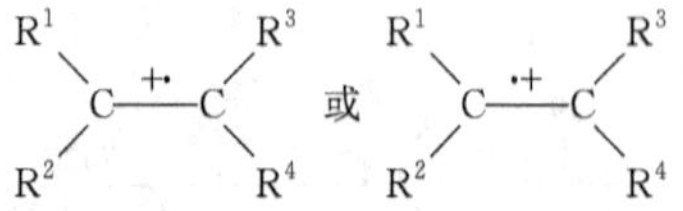

$$(R^1)(R^2)C\overset{+\cdot}{—}C(R^3)(R^4) \quad 或 \quad (R^1)(R^2)C\overset{\cdot+}{—}C(R^3)(R^4)$$

③ 失去 σ 电子：

$$R^1—CH_2+\cdot CH_2—R^2 \quad 或 \quad R^1—CH_2\cdot+CH_2—R^2$$

当有些化合物中很难确定分子中哪个电子被打掉时，可用 $[M]^{+\cdot}$ 或 $M^{\urcorner +\cdot}$ 来表示，如：

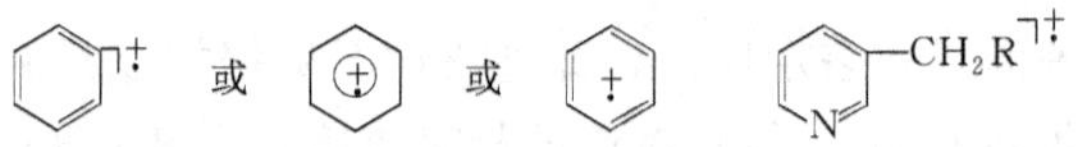

$$[C_6H_6]^{\urcorner +\cdot} \quad 或 \quad (\oplus) \quad 或 \quad (\dot{+}) \qquad [C_5H_4N—CH_2R]^{\urcorner +\cdot}$$

由于分子离子峰的强度与化合物的分子结构关系密切，分子离子峰的强度取决于分子离子的稳定性，稳定性越高分子离子峰则越强。常见化合物在 EI 质谱中分子离子峰的强度大致有如下规律：芳香族化合物＞共轭多烯＞脂环化合物＞烯烃＞直链烷烃＞酰胺＞酮＞醛＞胺＞醚＞羧酸＞支链烷烃＞伯醇＞仲醇＞叔醇。

8.2.2 同位素离子

质谱中还常有同位素离子。自然界中，大多数元素都存在同位素，如氢原子具有 ^1H、^2H 和 ^3H 三种同位素。通常，相对丰度最大的同位素称为该元素的轻质同位素，而重质同位素一般比轻质同位素重 1～2 个质量单位，且相对丰度较小。组成有机化合物的一些主要元素如 C、H、O、N、Cl、Br 、S 等均存在同位素，表 8-2 中列出了一些常见元素的同位素丰度比（丰度比是以丰度最大的轻质同位素为 100％计算得到的）。

表 8-2 常见元素的同位素丰度比表

同位素	$^{13}C/^{12}C$	$^2H/^1H$	$^{17}O/^{16}O$	$^{18}O/^{16}O$	$^{15}N/^{14}N$	$^{37}Cl/^{35}Cl$	$^{81}Br/^{79}Br$	$^{33}S/^{32}S$	$^{34}S/^{32}S$
丰度比(100％)	1.12	0.015	0.040	0.20	0.36	31.98	97.28	0.80	4.44

由于同位素的存在，质谱峰均表现为峰簇，即质谱中除了有由元素的轻质同位素构成的分子离子峰之外，往往在分子离子峰的右边 1～2 个质量单位处出现含重质同位素的离子峰，这些峰是由同位素引起的，故称为同位素离子峰。质量比分子离子峰大 1 个质量单位的同位

素离子峰用 $M+1$ 表示，大 2 个质量单位的峰用 $M+2$ 表示。重质同位素峰与丰度最大的轻质同位素峰的峰强度比，用 $\frac{M+1}{M}$、$\frac{M+2}{M}$ 表示，它的数值由同位素的丰度比及分子中此种元素原子数目决定。

例如在萘的质谱图（图 8-11）上可观察到分子离子峰区有一组簇峰：分别为 m/z128（100%）、m/z129（11.0%）m/z130（0.5%）三个峰，其中 m/z128 强度最强，为分子离子峰，离子结构中所有的碳均为 ^{12}C，m/z129 离子中含有 1 个 ^{13}C，m/z130 离子中含有 2 个 ^{13}C（由于 ^{2}H 及 ^{3}H 在自然界的丰度太低，其对 $M+1$，$M+2$ 峰的影响可忽略不计）。m/z 大于 130 的同位素峰由于强度太低，在质谱图上观察不到。

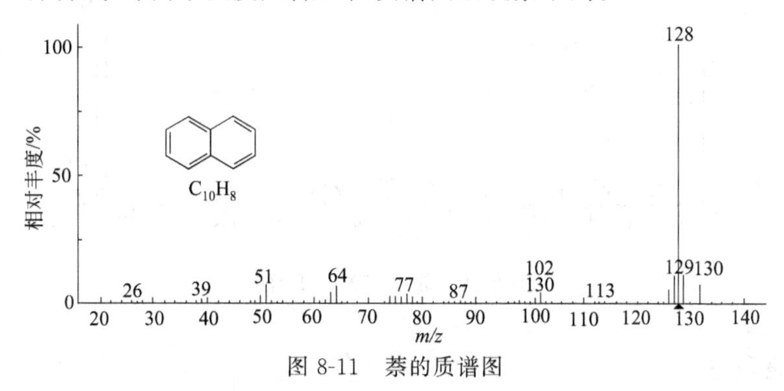

图 8-11　萘的质谱图

由于自然界中各元素的同位素丰度恒定，如 ^{13}C 的丰度约为 ^{12}C 的 1.1%，因此同位素离子峰的强度之比具有一定规律。根据这些规律，Beynon 在 1963 年计算了分子量在 250 以内的 C、H、O、N 等原子的各种可能组合式的同位素丰度比，并编制成一个表，称为 Beynon 表，表中列出了各种组合式的 $(M+1)/M$ 和 $(M+2)/M$ 的数值。利用 Beynon 表和所测到的同位素峰丰度比可以确定化合物的分子式。

^{2}H 和 ^{17}O 丰度比太小，可以忽略不计，自然界中有机物一般含碳原子数较多，因此质谱中碳的同位素峰较常见，另外 ^{35}Cl 与 ^{37}Cl 的丰度比约为 3∶1、^{79}Br 与 ^{81}Br 的丰度比约为 1∶1，^{32}S 与 ^{34}S 的丰度比约为 23∶1，它们的同位素峰非常明显，因此可以利用同位素峰强度比推断分子中是否含有 Cl、Br、S 原子以及含有的数目。如：

当分子中含有 1 个 Cl，则 $M:(M+2)=100:31.98\approx 3:1$

当分子中含有 1 个 Br，则 $M:(M+2)=100:97.28\approx 1:1$

若分子中含有多个同位素离子，各同位素峰丰度之比可用二项式 $(a+b)^n$ 展开后的各项之比表示。例如：

当 $n=2$ 时，　$(a+b)^n=a^2+2ab+b^2$

当 $n=3$ 时，　$(a+b)^n=a^3+3a^2b+3ab^2+b^3$

……

（a 是轻质同位素丰度，b 是重质同位素丰度，n 为原子数目）

如邻二氯苯分子中含有 2 个 Cl 原子，其可能的结构如下：

^{35}Cl / ^{35}Cl　　^{35}Cl / ^{37}Cl　　^{37}Cl / ^{35}Cl　　^{37}Cl / ^{37}Cl

M　　$M+2$　　$M+4$

$n=2$、$a=3$，$b=1$

$$(a+b)^2=a^2+2ab+b^2=9 \quad + \quad 6 \quad + \quad 1$$
$$\qquad\qquad\qquad M \qquad M+2 \qquad M+4$$

M、$M+2$、$M+4$ 峰的丰度之比为 9∶6∶1。

图 8-12 为邻二氯苯的质谱图。

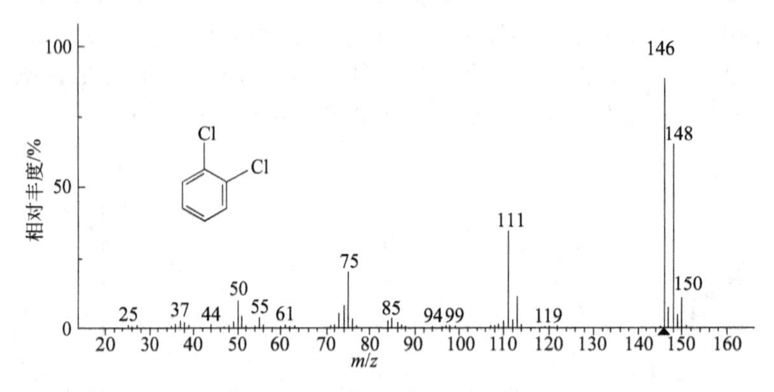

图 8-12 邻二氯苯的质谱图

8.2.3 亚稳离子

质谱中一般离子峰不管是强是弱，峰形都很尖锐，但有时会出现个别极弱的但很宽的峰，它的峰形有凸起、凹陷和平缓等形状，其质荷比不为整数，这种峰叫作亚稳离子峰，其具体形成过程：在离子源中形成的 m_1^+，如最开始在离子源中没有裂解，但在进入检测器之前这一段飞行过程中发生裂解，失去一个中性碎片，生成 m_2^+。由于一部分动能要被中性碎片夺走，这种 m_2^+ 的动能比在离子源中裂解得到的 m_2^+ 要低，因此其进入磁场后偏转的半径也相对较小。尽管两种 m_2^+ 的质荷比相同，但在质谱中出现在不同的位置。为了区别两种离子，将这种在飞行途中裂解形成的 m_2^+ 称为亚稳离子，用 m^* 表示。

$$m_1^+ \longrightarrow m_2^+ + \text{中性碎片}$$

m_1^+ 为母离子，m_2^+ 为子离子

亚稳离子与 m_1^+、m_2^+ 之间的关系为：

$$m^*=\frac{m_2^2}{m_1} \tag{8-5}$$

亚稳离子峰的出现可以确定 $m_1^+ \longrightarrow m_2^+$ 开裂过程的存在。但要注意并不是所有的开裂都会产生亚稳离子，没有亚稳离子峰出现并不能否定某种开裂过程的存在。

例如对氨基茴香醚在 m/z 94.8 和 m/z 59.2 处，出现两个亚稳离子峰（从峰形和强度来判断），根据 m^* 与 m_1^+、m_2^+ 之间的关系可得：

$$\frac{108^2}{123}=94.8；\ \frac{80^2}{108}=59.2$$

因此，可以确定对氨基茴香醚存在如下裂解过程：

$$m/z\,123 \xrightarrow{m^*\,94.8} m/z\,108 \xrightarrow{m^*\,59.2} m/z\,80$$

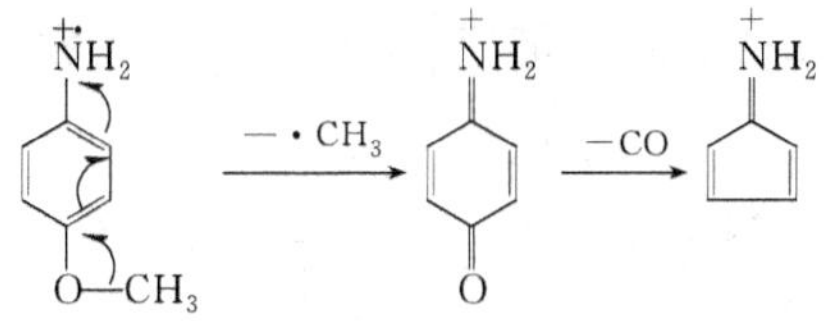

由此可知 m/z80 离子并非由分子离子直接裂解形成，而是经过两步裂解形成。

图 8-13 为对氨基茴香醚的质谱图的一部分。

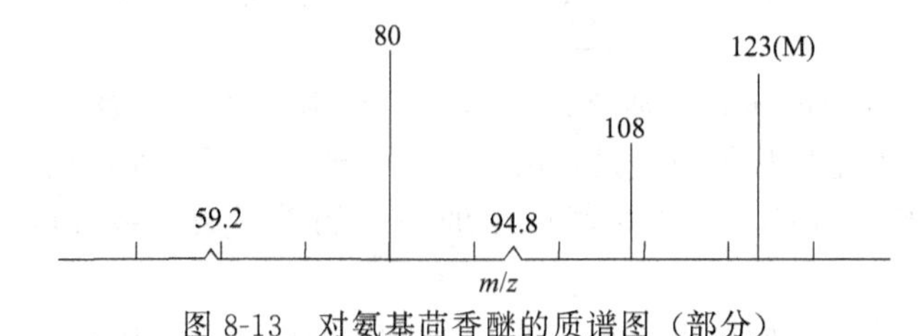

图 8-13 对氨基茴香醚的质谱图（部分）

8.2.4 碎片离子

质谱图中低于分子离子质量的离子都是碎片离子。它大致分为两类：一类是简单裂解产生的，另一类是重排裂解产生的。例如甲苯质谱中（图 8-10），m/z92 为分子离子峰，m/z27～m/z91 的峰为碎片离子峰。碎片离子裂解的一般规律在本章“8.3 离子的裂解”中再做详细讨论。

8.2.5 重排离子

经过重排反应产生的离子，其结构并非分子的原有结构。在重排反应中，化学键的断裂和生成同时发生，并丢失中性分子或碎片。

8.2.6 多电荷离子

在电离过程中，分子有时可能失去两个或更多电子而成为多电荷离子。在质量数为 m/nz（n 为失去的电子数）的位置出现多电荷离子峰。

8.3 离子的裂解

分子离子在离子源中会进一步裂解生成质量较小的碎片离子，部分碎片离子还能进一步裂解生成质量更小的碎片离子。这种裂解并不是任意的，一般都遵循一定的规律。研究离子的裂解规律对质谱的解析具有十分重要的作用。

8.3.1 裂解的表示方法

(1) 正电荷表示法

正电荷用“+”或“+·”表示。含偶数个电子的离子称为偶电子离子，用“+”表示。含奇数个电子的离子称为奇电子离子，用“$\dot{+}$”表示。

① 正电荷一般在杂原子或不饱和化合物的 π 键上，例如：

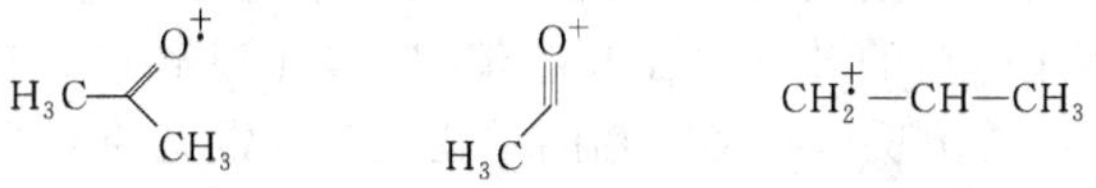

$CH_2^{\dot{+}}$—CH—CH_3

② 当不清楚正电荷的具体位置时，可用[ ]$^{+\cdot}$、[ ]$^{+}$或┐$^{+\cdot}$、┐$^{+}$表示，例如：

$$[R-CH_3]^{+\cdot} \longrightarrow [R]^{+} + \cdot CH_3$$

$$C_6H_5-CH_2R]^{+\cdot} \longrightarrow C_6H_5-CH_2]^{+} + \cdot R$$

(2) 开裂方式

① 均裂 σ键开裂后，每个原子带走一个电子，称为均裂。如：

$$X-Y \longrightarrow X\cdot + Y\cdot$$

均裂中涉及一个电子的转移，通常用鱼钩形的半箭头"⌒"表示，有时省去其中一个单箭头。有机分子中发生均裂的原因是自由基具有强烈的电子配对倾向，它提供的孤电子与相邻原子上的电子形成新键，导致相邻原子的另一侧键断裂。裂解后正电荷的位置保持不变。

② 异裂 σ键开裂后，两个电子均被其中一个碎片带走，称为异裂。如：

$$X-Y \longrightarrow X^{+} + Y: \text{ 或 } X-Y \longrightarrow X: + Y^{+}$$

异裂中涉及两个电子的转移，通常用整箭头"⌒"表示。

③ 半异裂 已电离的σ键的开裂，如：

$$X+\cdot Y \longrightarrow X^{+} + Y\cdot \quad \text{或} \quad X+\cdot Y \longrightarrow X\cdot + Y^{+}$$

在成键的σ轨道上仅有一个电子，所以用单箭头表示。

8.3.2 裂解类型

(1) 简单裂解

简单裂解的特征是仅有一个键发生断裂。带奇数个电子的离子容易发生简单开裂。开裂后形成的子离子与母离子质量的奇偶性正好相反，即母离子的质量如为奇数，则子离子的质量应为偶数；母离子的质量如为偶数，子离子的质量就应为奇数。

① 游离基引发的α裂解 由于电子具有强烈的成对倾向，由游离基提供一个奇电子与邻接原子形成一个新键，同时这个原子的另一个键断裂，这种断裂通常称为α裂解。化合物中若含有C—X或C═X（X为杂原子）基团或C—C不饱和键，则与这些基团相连的α键容易发生α裂解，如

$$R^1-C(=\overset{+\cdot}{O})-R^2 \longrightarrow \cdot R^1 + C(=\overset{+}{O})-R^2$$

$$CH_3-CH_2-\overset{+\cdot}{O}H \longrightarrow \cdot CH_3 + H_2C=\overset{+}{O}H$$

此外，含有双键的化合物以及含有杂原子的有机化合物（如胺、硫醚、卤化物等）容易在β键处断裂，称为β裂解。如：

$$CH_2\overset{+\cdot}{-}CH-CH_2-CH_3 \longrightarrow \overset{+}{C}H_2-CH=CH_2 + \cdot CH_3$$

（乙苯分子离子 β裂解 → 亚甲基环己二烯正离子）

② 正电荷引发的i裂解 这是由正电荷引发的裂解过程，它涉及两个电子的转移，用"⌒"表示，其结果是正电荷的转移。在某些情况下，i裂解和α裂解过程可能同时发生，具体哪种产物占优势，主要由反应物和产物的结构决定。常见的i裂解过程：

$$R-\overset{+\cdot}{Y}-R \xrightarrow{i} R^{+} + \dot{Y}R$$

$$R_2C{=}\overset{+\cdot}{Y} \left(\longrightarrow R_2\overset{+}{C}-\dot{Y}\right) \xrightarrow{i} \overset{+}{R} + R-\dot{C}{=}Y$$

常见的 i 裂解：

$$H_3C-\overset{+\cdot}{O}-CH_2CH_3 \xrightarrow{i} H_3C-CH_2^{+} + \dot{O}-CH_2CH_3$$

$$H_3C(CH_2)_7-C(=O)-O-CH_2CH_3 \xrightarrow{i} H_3C(CH_2)_6CH_2^{+} + {}^{-}O-C-O-CH_2CH_3$$

③ σ 断裂　当化合物分子中不含 O、N 等杂原子，也没有 π 键时，只能发生 σ 断裂。断裂后形成的产物越稳定，断裂就越容易进行。碳正离子的稳定性顺序为叔碳离子＞仲碳离子＞伯碳离子，因此，碳氢化合物最容易在分支处发生 σ 键断裂，且失去最大烷基的断裂最容易发生。如：

$$H_3C-C(CH_3)_2-CH_2CH_3 \xrightarrow{-e} H_3C-\overset{+\cdot}{C}(CH_3)_2-CH_2CH_3 \xrightarrow{\sigma} H_3C-\overset{+}{C}(CH_3)_2 + H_2\dot{C}-CH_3$$

（2）重排裂解

有些离子不是由简单裂解产生，而是通过断裂两个或两个以上的键，结构重新排列形成的，这种裂解称为重排裂解，产生的离子称为重排离子。重排的类型有很多，其中最为常见的是 McLafferty 重排（麦氏重排）和逆 Diels-Alder 重排（RDA 重排）。

① McLafferty 重排　化合物中如含有不饱和 C＝X（X 为 O、N、S、C 等）基团，并且与这个基团相连的链上有 γ 氢原子时，可发生 McLafferty 重排。重排时，首先分子形成六元环过渡态，γ 氢原子转移到 X 原子上，同时 β 键发生断裂，脱去一个中性分子。该断裂过程是 McLafferty 在 1956 年首先发现的，因此称为 McLafferty 重排（麦氏重排）。McLafferty 重排规律性很强，对解析质谱很有意义。其基本通式为：

$$R^4-\overset{\gamma}{C}H(H)-\overset{\beta}{C}H(R^3)-\overset{\alpha}{C}H(R^2)-C(=\overset{+\cdot}{X})-R^1 \longrightarrow R^4-CH{=}CH-R^3 + R^2-HC{=}C(\overset{+\cdot}{X}H)-R^1$$

具有 γ 氢的醛、酮、酸、酯、酰胺、羰基衍生物及烷基苯、长链烯烃均可以发生麦氏重排。如 3-己酮。

$$C_2H_5-C(=\overset{+\cdot}{O})-CH_2-CH_2-CH_2-H \longrightarrow C_2H_5-C(\overset{+\cdot}{O}H){=}CH_2 + CH_2{=}CH_2$$

由简单裂解或重排产生的碎片若能满足麦氏重排条件，可以进一步发生麦氏重排。

② 逆 Diels-Alder 重排（RDA 重排）　这种重排是 Diels-Alder 反应的逆向过程。具有环己烯结构类型的化合物可发生 RDA 裂解，产物一般为一个共轭二烯阳离子自由基及一个烯烃中性碎片。如

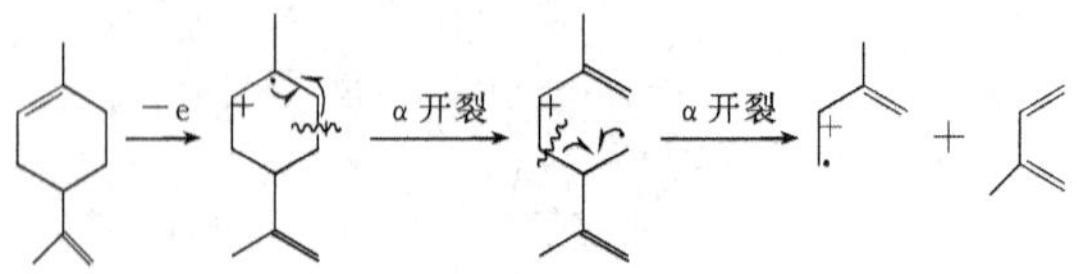

8.3.3 常见有机化合物的裂解方式与规律

各类有机化合物由于结构上的差异，在质谱中显示出特有的裂解方式和裂解规律，这些信息对未知化合物的结构解析具有重要作用。以下是各类有机化合物的裂解方式和规律。

(1) 烷烃

烷烃的质谱有以下特征（如图 8-14、图 8-15 所示）：

① 分子离子峰较弱，且强度随碳链增长而降低直至消失。

② 直链烷烃出现一系列 m/z 相差 14 的碎片离子峰，其中 m/z43 或 m/z57 峰很强（一般为基峰）。

③ 直链烷烃不易失去甲基，因此 $M-15$ 峰一般不出现。

④ 具有支链的烷烃在分支处最易裂解，形成稳定的碳正离子结构，开裂时优先失去最大烷基，形成稳定的仲碳或叔碳阳离子。支链烷烃的分子离子峰强度比直链烷烃更低。

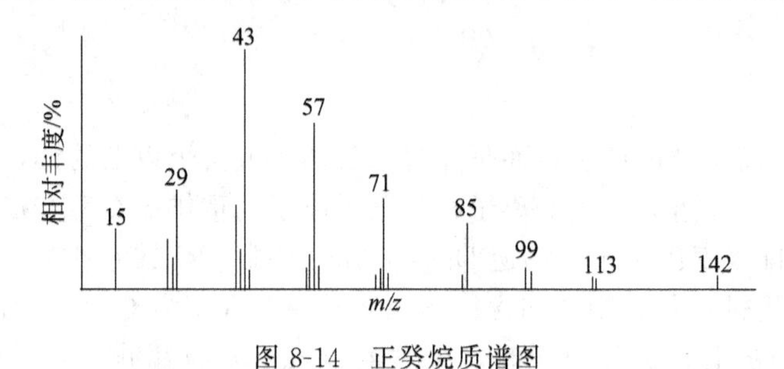

图 8-14　正癸烷质谱图

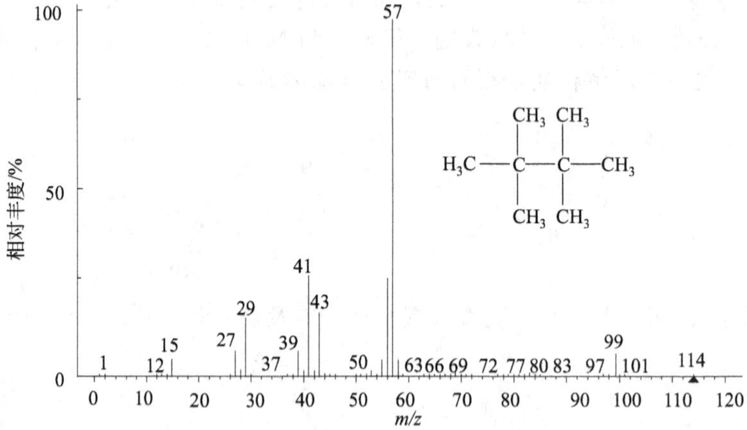

图 8-15　2,2,3,3-四甲基丁烷质谱图

(2) 烯烃

烯烃的质谱有以下特征（图 8-16、图 8-17）：

① 分子离子峰较强，强度随分子量增加而减弱。

② 烯烃易发生 β 裂解，电荷留在不饱和的碎片上，此碎片离子峰一般为基峰。这是由于断裂后生成的丙烯基碳正离子有利于电荷分散，因此它非常稳定。

$$\overset{+\cdot}{CH_2}—\overset{\frown}{CH}—CH_2—CH_3 \longrightarrow \overset{+}{C}H_2—CH═CH_2 + \cdot CH_3$$

③ 如果烯烃分子中含有 γ 氢原子，则可发生 McLafferty 重排。

$+CH_2═CH_2$

④ 环状烯烃易发生逆 Diels-Alder 重排（RDA 重排）。

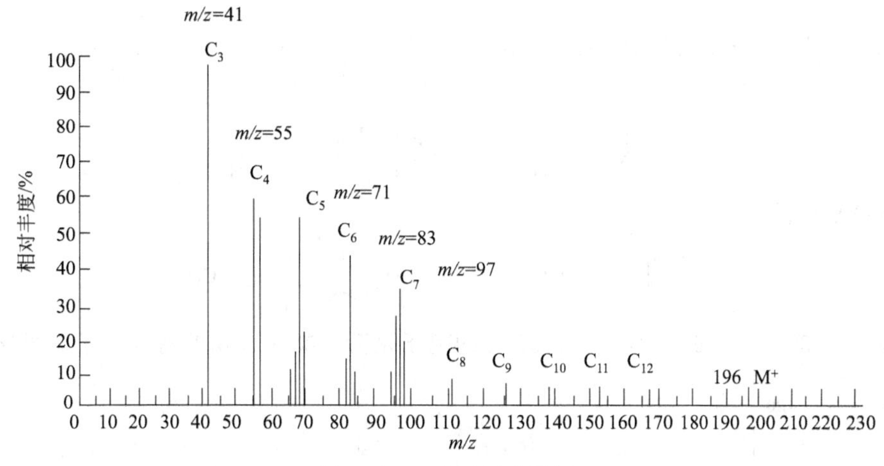

图 8-16 1-十四烯质谱图

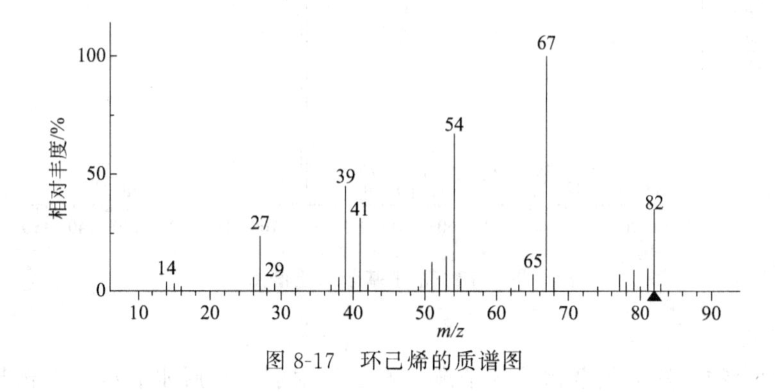

图 8-17 环己烯的质谱图

(3) 芳烃

大多数芳烃的分子离子峰很强。原因是芳环结构能使分子离子稳定。芳烃类化合物的裂解方式主要有：

① 烷基取代苯易发生 β 裂解生成 m/z91 的鎓离子。鎓离子非常稳定。一般在质谱图上表现为基峰，这是烷基取代苯的重要特征。鎓离子的出现可确定苯环上有烷基取代。若基峰的 m/z 为 $91+14n$，则表明苯环 α-碳上有取代基，裂解后生成了有取代基的鎓离子。

m/z91（鎓离子）

鎓离子可进一步裂解生成环戊二烯及环丙烯正离子。

$$m/z\,91 \xrightarrow{—CH≡CH} m/z\,65 \xrightarrow{—CH≡CH} m/z\,39$$

② 烷基取代苯也能发生 α 裂解，生成苯基阳离子（m/z77）。

$$C_6H_5-R^{\cdot+} \longrightarrow C_6H_5^+ \quad (m/z77)$$

此外，烷基取代苯发生 α 裂解时，其质谱中有 m/z78（重排产物）、m/z79（苯加氢）的离子峰。

③ McLafferty 重排（如有 γ-H 存在）：

$$C_6H_5-CH_2-CH_2-CH(H)-CH_3^{\cdot+} \longrightarrow C_6H_6=CH_2^{\cdot+} + CH_2=CH-CH_3$$

④ RDA 开裂：

$$\longrightarrow \longrightarrow \quad + CH_2=CH_2$$

质荷比为 39、51、65、77、91、92 等的离子是芳烃类化合物的特征离子。见图 8-18。

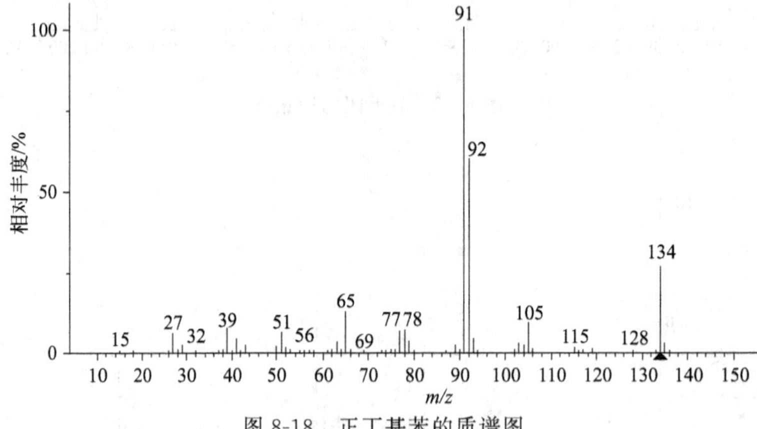

图 8-18 正丁基苯的质谱图

(4) 醇和醚

① 醇类化合物 醇类化合物的分子离子峰往往很弱，热脱水和电子轰击导致的失水很容易发生，失水后的进一步碎裂与烯烃的碎裂一致。醇类化合物的裂解方式主要有：

a. α 开裂 形成极强的 m/z31 峰（$CH_2=\overset{+}{O}H$，伯醇）、m/z45 峰（$MeCH\overset{+}{O}H$，仲醇）或 m/z59 峰（$Me_2C\overset{+}{O}H$，叔醇）。这些峰对鉴定醇类化合物非常有价值。由于醇类化合物脱水后的碎裂与相应烯烃相似，m/z31 或 m/z45、m/z59 峰的存在可判断样品是醇而不是烯。

$$CH_3-CH_2-\overset{\cdot+}{O}H \longrightarrow \cdot CH_3 + H_2C=\overset{+}{O}H$$

b. 脱水 主要包括 1,2 脱水、1,3 脱水以及 1,4 脱水，丢失中性水分子后生成 $M-18$ 峰。

$$R-CH_2-CH_2(OH)^{\cdot+} \xrightarrow{1,2\text{ 脱水}} R-CH=CH_2^{\cdot+} + H_2O$$

$$R-CH(H\cdots\overset{+}{O}H)-(CH_2)_n-CH_2 \xrightarrow[\text{或 }1,4\text{ 脱水}]{1,3\text{ 脱水}} [CH_2-CH(R)-(CH_2)_n]^{\cdot+} + H_2O$$

醇类分子 1,3 脱水和 1,4 脱水分别经过五元环和六元环的过渡态。

c. 在醇类化合物的质谱中往往可观察到 m/z19（H_3O^+）和 m/z33（$CH_3\overset{+}{O}H_2$）的强峰。正戊醇的质谱见图 8-19。

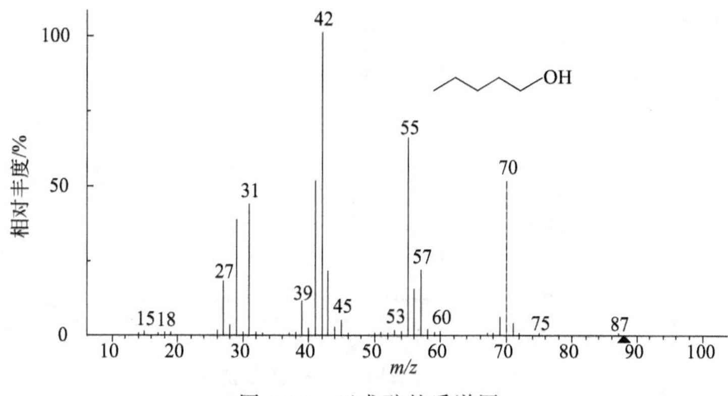

图 8-19 正戊醇的质谱图

② 醚类化合物 质谱图特征（图 8-20）和主要裂解方式：

a. 醚类化合物的分子离子峰均较小，但芳香醚除外。

b. β 裂解 正电荷留在氧原子上，优先失去大的取代基，如：

$$CH_3CH_2—CH_2—\overset{+\cdot}{O}—CH_2—CH_3 \longrightarrow CH_2=\overset{+}{O}—CH_2—CH_3 + \cdot CH_2CH_3$$

m/z73 51%

$$CH_3CH_2—CH_2—\overset{+\cdot}{O}—CH_2—CH_3 \longrightarrow CH_3CH_2—\overset{+}{O}=CH_2 + \cdot CH_3$$

m/z87 4%

c. α 裂解 脂肪醚发生 α 裂解，正电荷通常保留在烷基碎片上，大的取代基团优先丢失。如为芳香醚，正电荷则通常保留在氧原子上，再进一步脱去 CO。

$$R'—\overset{+\cdot}{O}—R \longrightarrow R'—O\cdot + R^+$$

$$C_6H_5—\overset{+\cdot}{O}—R \longrightarrow C_6H_5—\overset{+}{O} + \cdot R$$

$$\downarrow$$

$$C_5H_5^{+} + \cdot R$$

d. 芳香醚的裂解与脂肪醚相似，同时伴有芳环裂解反应的特征。

（5）醛与酮类

① 醛类 质谱图（图 8-21）特征和主要裂解方式：

a. 醛类分子都有较明显的分子离子峰，并且芳醛分子离子峰强度比脂肪醛更高。

b. α 裂解 醛类化合物能发生与酮类化合物相类似的裂解，其特征碎片峰是通过 α 裂解脱去氢游离基后形成的 $M-1$ 峰。

$$R—\underset{}{C}(=\overset{+\cdot}{O})—H \xrightarrow{-R\cdot} H—C\equiv\overset{+}{O}\quad (m/z\,29)$$

$$R—C(=\overset{+\cdot}{O})—H \xrightarrow{-H\cdot} R—C\equiv\overset{+}{O}\ (M-1) \xrightarrow{-CO} R^+\ (M-29)$$

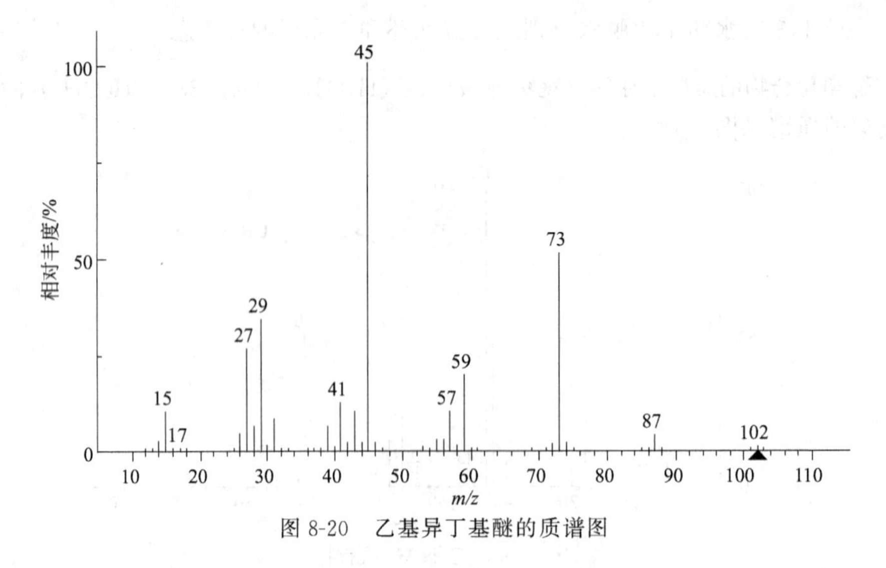

图 8-20 乙基异丁基醚的质谱图

c. 具有 γ-H 的醛，能产生 McLafferty 重排。例如丁醛：

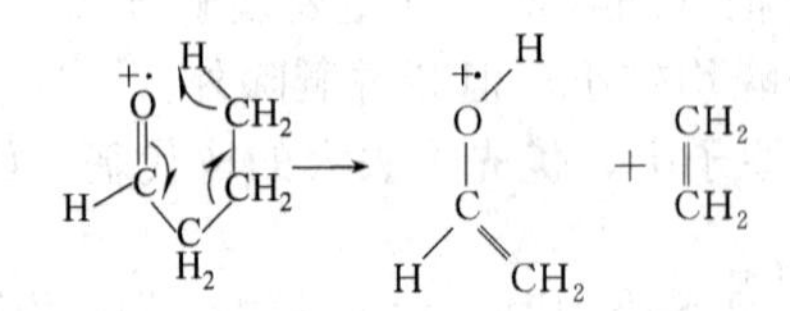

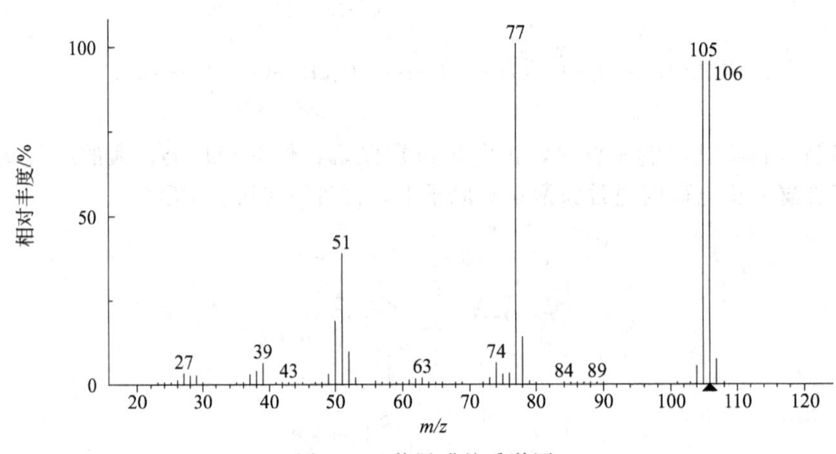

图 8-21 苯甲醛的质谱图

② 酮类 质谱图特征（图 8-22）和主要裂解方式：

a. 脂肪酮的分子离子峰清晰可见，环酮和芳酮的分子离子峰较大。

b. α 裂解：

$$
\begin{matrix} R^1 \\ \quad \backslash \\ \quad C{=}\overset{+\cdot}{O} \\ \quad / \\ R^2 \end{matrix}
\begin{cases} \longrightarrow \cdot R^1 + R^2{-}C{\equiv}\overset{+}{O} \xrightarrow{-CO} R^{2+} \\ \longrightarrow \cdot R^{1+} + R^2{-}C{\equiv}\dot{O} \end{cases}
$$

酮类分子发生 α 裂解所形成的含氧碎片通常为基峰，脂肪酮失去烃基时优先丢失最大烃基。

c. 含有 γ-H 的酮可发生 McLafferty 重排，例如甲基丁基酮：

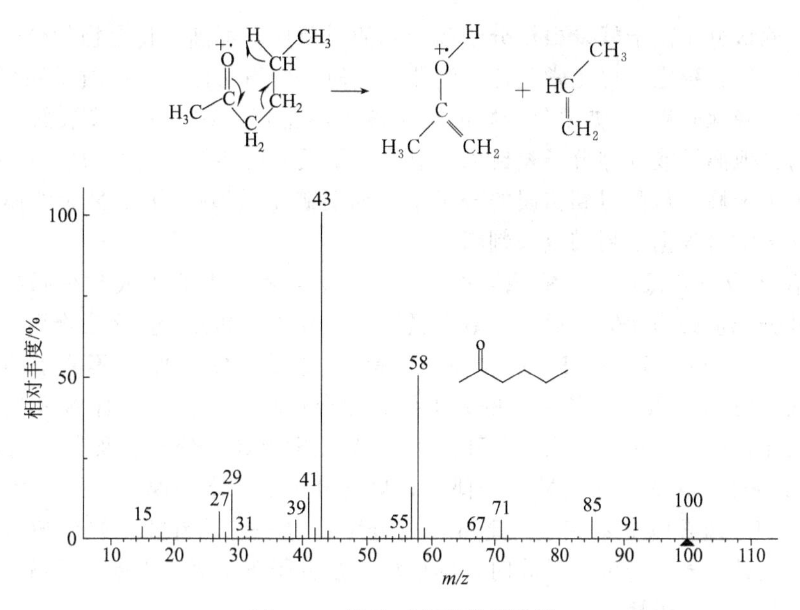

图 8-22 甲基丁基酮的质谱图

(6) 酸与酯类

质谱图特征和主要裂解方式有：

① 一元饱和羧酸及其酯的分子离子峰一般都较弱。芳香酸及其酯的分子离子峰则较强。

② 含有 γ-H 的羧酸及酯易发生 McLafferty 重排，如

$$H_3CO-\overset{\overset{+\cdot}{O}}{\overset{\|}{C}}-CH_2-CH_2-CH(H)-CH_3 \longrightarrow H_3CO-\overset{\overset{+\cdot}{O}-H}{\overset{|}{C}}=CH_2 + HC(CH_3)=CH_2$$

③ 易发生 α 裂解，如

$$R^1-\overset{\overset{+\cdot}{O}}{\overset{\|}{C}}-OR^2 \longrightarrow \overset{\overset{+}{O}}{\overset{\|}{C}}-OR^2 + \cdot R^1$$

$$R^1-\overset{\overset{+\cdot}{O}}{\overset{\|}{C}}-OR^2 \longrightarrow \overset{\overset{+}{O}}{\overset{\|}{C}}-R^1 + \cdot OR^2$$

$$R^1-\overset{\overset{+\cdot}{O}}{\overset{\|}{C}}-OR^2 \longrightarrow \overset{\overset{\cdot}{O}}{\overset{\|}{C}}-OR^2 + R^{1+}$$

$$R^1-\overset{\overset{+\cdot}{O}}{\overset{\|}{C}}-OR^2 \longrightarrow \overset{\overset{\cdot}{O}}{\overset{\|}{C}}-R^1 + \cdot\overset{+}{O}R^2$$

8.4 质谱解析

8.4.1 分子离子峰的确定

质谱可用来测定化合物的分子量，进一步确定其分子式和分子结构，而得到分子量的关

键是在质谱中确认分子离子峰，根据分子离子峰的质荷比即可确定化合物的分子量。如果化合物的分子离子比较稳定，可正常到达检测器，其质谱中质荷比最大的质谱峰即为分子离子峰（同位素离子峰除外）。但如果化合物的分子离子不稳定，容易进一步裂解，或者分子离子产生后即与其他离子或气体分子相碰撞，成为质量更高的离子。此时很容易将这些离子峰误认为是分子离子峰，从而得到错误的分子量。而要确定质谱中 m/z 最大的质谱峰是否是分子离子峰，通常可根据下列四点来判断。

① 分子离子应符合氮规则。氮规则的具体表述为：不含氮原子或含有偶数个氮原子的有机分子，其分子量必为偶数；而含奇数个氮原子的分子，其分子量必为奇数。因为有机化合物主要由 C、H、O、N、S、F、Cl、Br、I 等元素组成。C、O、S 等原子的原子量和化合价均为偶数，而 H、Cl、Br 等原子的原子量和化合价均为奇数，只有 N 不同，N 的原子量为偶数，而化合价却为奇数。由 C、H、O、S 等元素组成的分子以及含有偶数个 N 原子的分子，其 H 原子和卤素原子总数必为偶数，故其分子量一定是偶数。而含有奇数个 N 原子的分子，其 H、卤素原子之和必为奇数，故分子量也一定是奇数。如果知道样品不含奇数个氮而最高质量端显示奇数质量峰时，则该峰不是分子离子峰。因此凡不符合氮规则的质谱峰都不可能是分子离子峰。

② 分子离子必须是一个奇电子离子。由于有机分子都带有偶数个电子，因此失去一个电子生成的分子离子必定是奇电子离子。

③ 应有合理的丢失碎片。即分子离子与邻近离子之间的质量数应合理。在质谱中与分子离子峰紧邻的碎片离子峰，必定是由分子离子失去某个基团或小分子形成的。分子离子峰的质量数和相邻的碎片离子峰质量数之差 Δm 是丢失碎片的质量。如 $\Delta m=15$ 为失去甲基的峰。$\Delta m=17$ 为丢失羟基的峰。如果 Δm 在 3～14 之间，则该峰不可能是分子离子峰，因为分子离子一般不可能直接丢失一个亚甲基和失去 3 个以上的氢原子，这需要很高的能量。

④ 注意加合离子峰和 $M-1$ 峰。某些化合物的质谱中分子离子峰很小或者根本找不到，而 $M+1$ 峰的强度却很大。这是因为这些化合物的分子离子在电离碰撞过程中捕获一个氢原子形成的。解析此类化合物图谱时，其分子量应比此峰质量数小 1 个单位。而某些醛、醇或含氮化合物的分子离子峰较弱，但 $M-1$ 峰较大，此时应根据氮规则、丢失碎片是否合理加以确认。

8.4.2 分子式的确定

(1) 分子量的测定

在质谱图中确认分子离子峰后，根据分子离子峰的质荷比（m/z）来确定化合物的分子量。用低分辨率的质谱仪只能测得每一个质谱峰（包括分子离子峰）整数的质量数。而用高分辨质谱法能精确测定分子量。通常可记录到小数点后四位甚至更多的数字。质谱仪分辨率越高，测定越精确。

(2) 分子式的确定

在质谱分析中，常用的确定化合物分子式的方法主要有三种，分别为高分辨质谱法、查 Beynon 表法以及计算法。

① 高分辨质谱法　利用高分辨质谱仪，可精确测定分子离子（包括碎片离子）的质荷比。如果离子的质荷比非常精确，则可以确定该化合物的唯一的分子式。

如用高分辨质谱仪测得某有机物的分子离子的精密质量为 78.0462，试确定该有机物的分子式。

查精密质量表可知，$M=78$ 的离子共有 14 个。其中质量比较接近的有五个，分别为 $H_4N_3O_2$（78.0304）、H_6N_4O（78.0542）、$CH_6N_2O_2$（78.0429）、$C_2H_6O_3$（78.0317）、C_6H_6（78.0470）。第一个 $H_4N_3O_2$ 不服从氮规则。在剩下的四种离子中，C_6H_6（78.0470）的质量最接近，因此该化合物最可能的分子式为 C_6H_6。

② 查 Beynon 表法　Beynon 根据同位素峰强度比与离子的元素组成间的关系，编制了按离子质量为序，含 C、H、O、N 的分子离子及碎片离子的 $(M+1)/M$ 及 $(M+2)/M$ 数据表。使用时，只需将所测化合物的分子离子峰的质量、$(M+1)/M$ 及 $(M+2)/M$ 等数据与 Beynon 表中各数据进行对比，找出数据最接近的化学式，即为该化合物的分子式。

【例 1】 某化合物质谱中高质量端有三个峰，它们的丰度比如下：

m/z 122	M	100%
m/z 123	$(M+1)/M$	8.68%
m/z 124	$(M+2)/M$	0.56%

解：从 Beynon 表中查得分子量为 122 的分子式共有 24 个，见表 8-3。

表 8-3　部分 Beynon 表（$M=124$ 部分）

分子式	$M+1/\%$	$M+2/\%$	分子式	$M+1/\%$	$M+2/\%$	分子式	$M+1/\%$	$M+2/\%$	分子式	$M+1/\%$	$M+2/\%$
$C_2H_6N_2O_4$	3.18	0.84	$C_4N_3O_2$	5354	0.53	$C_6H_2O_3$	6.63	0.79	$C_7H_{10}N_2$	8.49	0.32
$C_2H_8N_3O_3$	3.55	0.65	$C_4H_2N_4O$	5.92	0.35	$C_6H_4NO_2$	7.01	0.61	$C_8H_{10}O$	8.84	0.54
$C_2H_{10}N_4O_2$	3.93	0.46	C_5NO_3	5.90	0.75	$C_6H_6N_2O$	7.38	0.44	$C_8H_{12}N$	9.22	0.38
$C_3H_8NO_4$	3.91	0.86	$C_5H_2N_2O_2$	6.28	0.57	$C_6H_8N_3$	7.76	0.26	C_9H_{14}	9.95	0.44
$C_3H_{10}N_2O_3$	4.28	0.67	$C_5H_4N_3O$	6.65	0.39	$C_7H_6O_2$	7.74	0.66	C_9N	10.11	0.45
$C_4H_{10}O_4$	4.64	0.89	$C_5H_6N_4$	7.02	0.21	C_7H_8NO	8.11	0.49	$C_{10}H_2$	10.84	0.53

从表 8-3 中可以看出，与 $(M+1)/M=8.68\%$，$(M+2)/M=0.56\%$ 的分子式最为接近的是 $C_8H_{10}O$，因此可以确定该化合物的分子式为 $C_8H_{10}O$。

由于 Beynon 表仅列出了含 C、H、N、O 的化合物，如某化合物中含 S、Cl、Br 等原子时应注意 $M+2$ 的百分比，计算时要先扣除 S、Cl、Br 等元素的质量，另外从 $M+1$、$M+2$ 的百分比中减去它们的百分比，剩余的数值再查 Beynon 表来推断分子式。

【例 2】 已知某化合物的

m/z 132	M	100%
m/z 133	$(M+1)/M$	8.62%
m/z 134	$(M+2)/M$	4.70%

试求该化合物的分子式。

解：由 $(M+2)/M=4.70\%>4.40\%$，可知分子中含一个 S，扣除 S 的贡献

$$M=132-32=100$$

$$(M+1)/M=8.62\%-0.80\%=7.82\%$$

$$(M+2)/M=4.70\%-4.40\%=0.30\%$$

用剩余数查 Beynon 表，分子量为 100 的分子式共 18 个，其中 $(M+1)/M$，$(M+2)/M$ 接近的离子只有四个。

元素组成	$M+1/\%$	$M+2/\%$
$C_6H_{14}N$	7.09	0.22
C_7H_2N	7.98	0.28
C_7H_{16}	7.82	0.26
C_8H_4	8.71	0.33

其中第一和第二个分子式 $C_6H_{14}N$、C_7H_2N 含奇数个氮，而分子量=100 为偶数，不符合氮规则，应排除，剩下的式子中 C_7H_{16} 的 $M+1$，$M+2$ 的含量与之最接近，因此分子式应为 $C_7H_{16}S$。

8.4.3 质谱解析步骤及示例

质谱图的解析是利用质谱所提供的信息来推测分子结构。对于分子量比较小、结构简单的化合物，仅靠质谱数据比如高分辨质谱仪有可能推出其分子结构，而对于分子量较大、结构复杂的化合物，仅靠质谱很难完全确定其分子结构。在结构解析中，质谱主要用于测定分子量，推断分子式和作为光谱解析结论的佐证。目前大多数商品质谱仪都提供了大量的已知化合物质谱数据库，使用者能通过检索数据库来简化解析工作。尽管如此，了解和掌握质谱规律仍是非常必要的。

(1) 解析步骤

① 首先确认分子离子峰，从而确定分子量。

② 用高分辨质谱法和查 Beynon 表法来确定分子式。

③ 计算化合物不饱和度，即确定化合物结构中环或不饱和键的数目。

$$U=1+n_4+\frac{n_3-n_1}{2}$$

式中，n_4、n_3、n_1 分别代表 4 价、3 价、1 价元素的原子个数。

④ 研究高质量端的离子峰是由分子离子脱去某些基团形成的，通过脱去的碎片可以确定化合物中含有哪些取代基，低质量端的离子可推测碎片离子结构和化合物类型。

⑤ 将各结构单元组合起来，推测化合物可能的结构式。

⑥ 验证。将所得结构式按质谱断裂规律裂解，看所得离子与未知物谱图是否一致；或查阅该化合物的标准质谱图，看是否与未知谱图相同。

(2) 解析示例

【例 3】 已知某化合物分子式为 C_4H_8O，其质谱图如图 8-23 所示，试确定其分子结构。

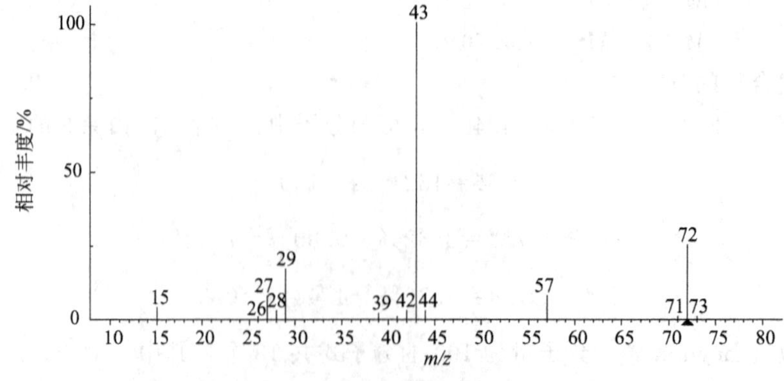

图 8-23　未知物质谱图

解：化合物的不饱和度 $U=\dfrac{2+2\times4-8}{2}=1$，提示分子中存在一个双键或环。

m/z72 峰为分子离子峰，m/z57 峰结构可能为 $C_2H_5CO^+$ 或 $C_4H_9{}^+$，而 m/z57 峰（72－57＝15）为 M 脱去一个甲基后形成的，m/z57 如为 $C_4H_9{}^+$，整个分子的分子式为 C_5H_{12}，不饱和度为 0，而化合物的不饱和度为 1，故不合题意。因此 m/z57 的峰为 $C_2H_5CO^+$。化合物的分子式为 $C_2H_5COCH_3$。m/z43 峰为基峰，结构为 CH_3CO^+。各离子的裂解过程如下：

$$\underset{m/z\,72}{CH_3-\overset{\overset{+\cdot}{O}}{\overset{\|}{C}}-C_2H_5} \longrightarrow \underset{m/z\,15}{CH_3^+} + \cdot\overset{O}{\overset{\|}{C}}-C_2H_5$$

$$\underset{m/z\,72}{CH_3-\overset{\overset{+\cdot}{O}}{\overset{\|}{C}}-C_2H_5} \longrightarrow \underset{m/z\,29}{C_2H_5^+} + \cdot\overset{O}{\overset{\|}{C}}-CH_3$$

$$\underset{m/z\,72}{CH_3-\overset{\overset{+\cdot}{O}}{\overset{\|}{C}}-C_2H_5} \longrightarrow \cdot C_2H_5 + \underset{m/z\,43}{\overset{\overset{+}{O}}{\overset{\|}{C}}-CH_3}$$

$$\underset{m/z\,72}{CH_3-\overset{\overset{+\cdot}{O}}{\overset{\|}{C}}-C_2H_5} \longrightarrow \cdot CH_3 + \underset{m/z\,57}{\overset{\overset{+}{O}}{\overset{\|}{C}}-C_2H_5}$$

【例 4】 推测化合物 $C_8H_8O_2$ 的结构。其质谱图如图 8-24 所示。

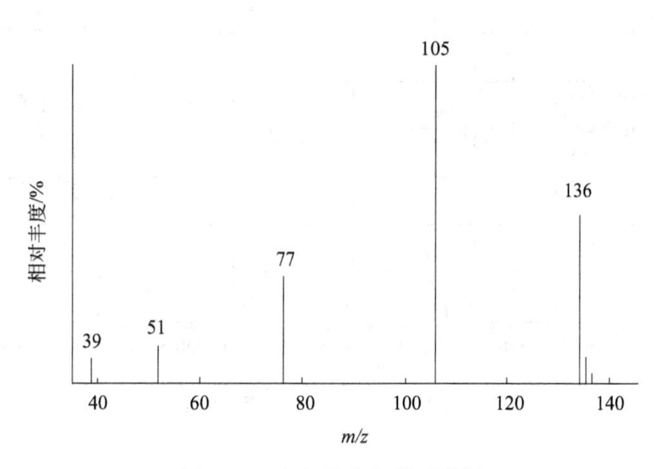

图 8-24　未知化合物的质谱图

解：① 计算不饱和度：

$$U=\frac{2+2\times8+0-8}{2}=5$$

从而推断分子中可能含有苯环、一个双键。

② 质谱中无 m/z 为 91 的峰，说明不是烷基取代苯，因此可能的结构有以下四种：

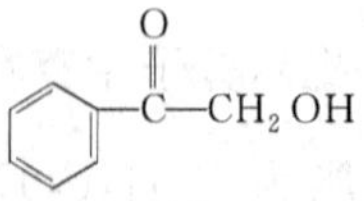

$C_6H_5-CO-CH_2OH$ (a)　　$C_6H_5-CO-OCH_3$ (b)

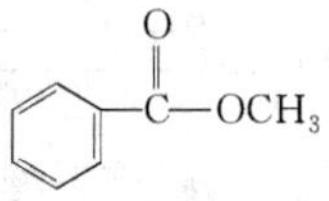

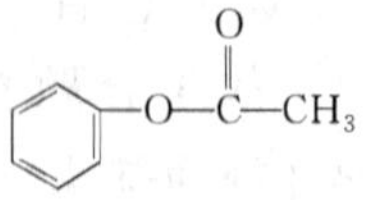

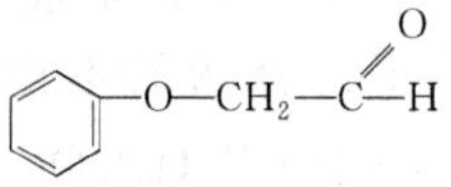

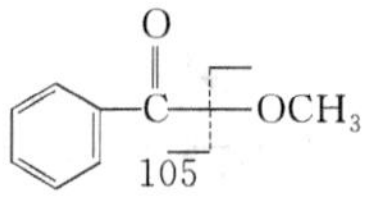

$C_6H_5-O-CO-CH_3$ (c)　　$C_6H_5-O-CH_2-CHO$ (d)

③ 质谱验证：

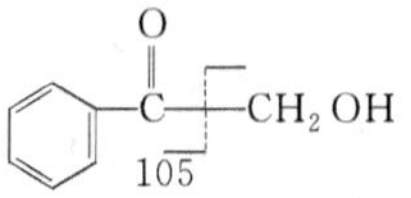

$C_6H_5-CO \mid CH_2OH$（105）(a)　　$C_6H_5-CO \mid OCH_3$（105）(b)

$$C_6H_5-C\equiv O^+ \xrightarrow{-CO} C_6H_5^+ \ (m/z\ 77) \xrightarrow{-CH=CH} C_4H_3^+ \ (m/z\ 51)$$

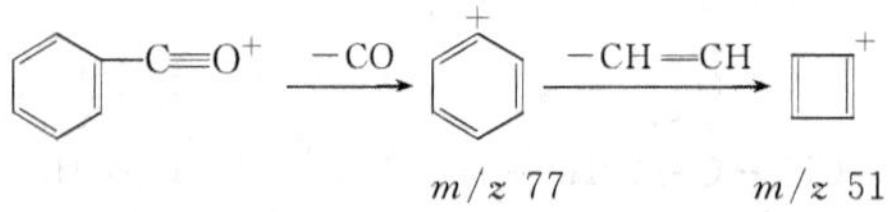

(c)、(d) 结构式得不到 m/z 为 105 的碎片离子，可以排除。因此可能的结构为 (a) 或者 (b)，具体是 (a) 还是 (b) 要借助其他光谱来确认。

【企业图谱实例】

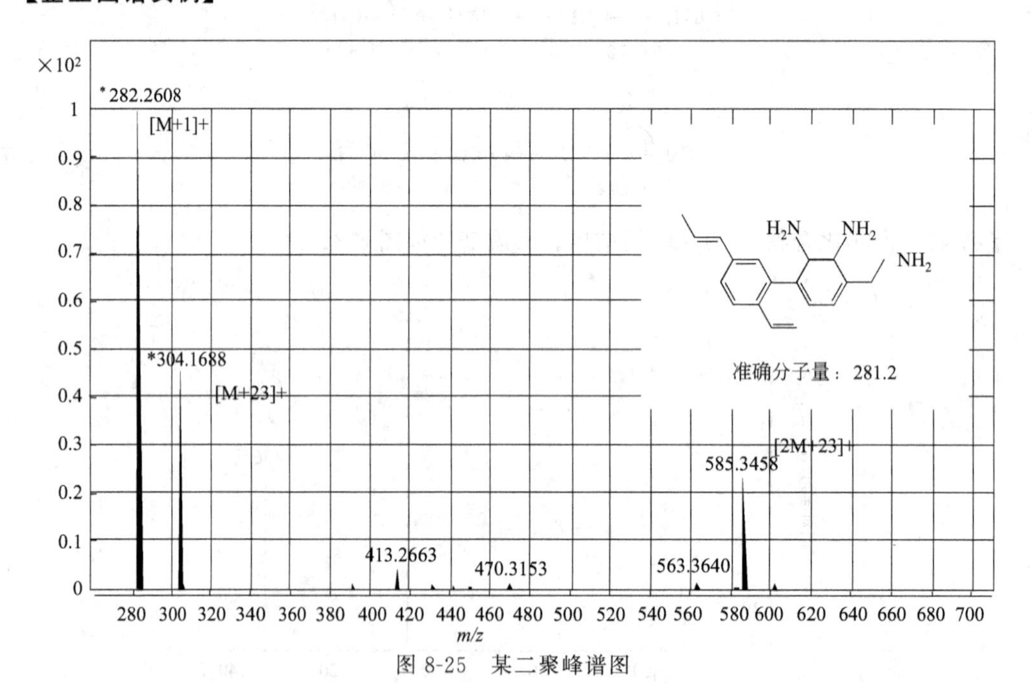

图 8-25　某二聚峰谱图

(1) 二聚及多聚峰

图 8-25 是一个二聚峰的谱图，化合物的精确分子量是 281.2，从谱图中可以看到准分子离子峰、加钠峰和二聚加钠的峰，这是比较常见的一种情况。

(2) 双电荷或多电荷离子峰

通常分子结构中含杂原子（如 N、O、S 原子等）较多时，有时会带两个或多个电荷，如图 8-26 所示，化合物的精确分子量是 1150.7，因带了两个电荷，使得质荷比为 $[1/2(M+2)]^+$。

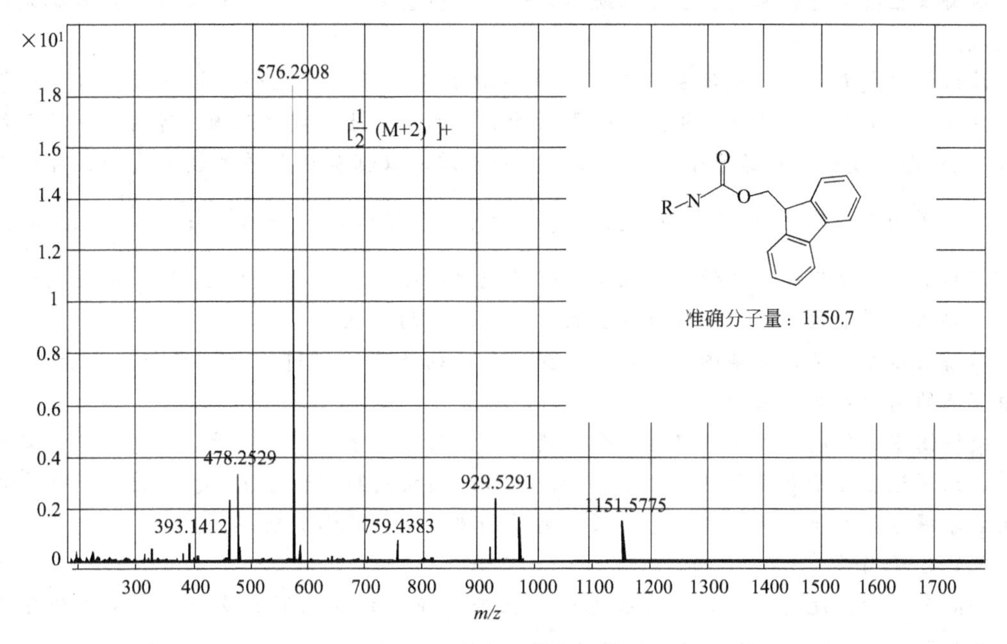

图 8-26 某双电荷离子谱图

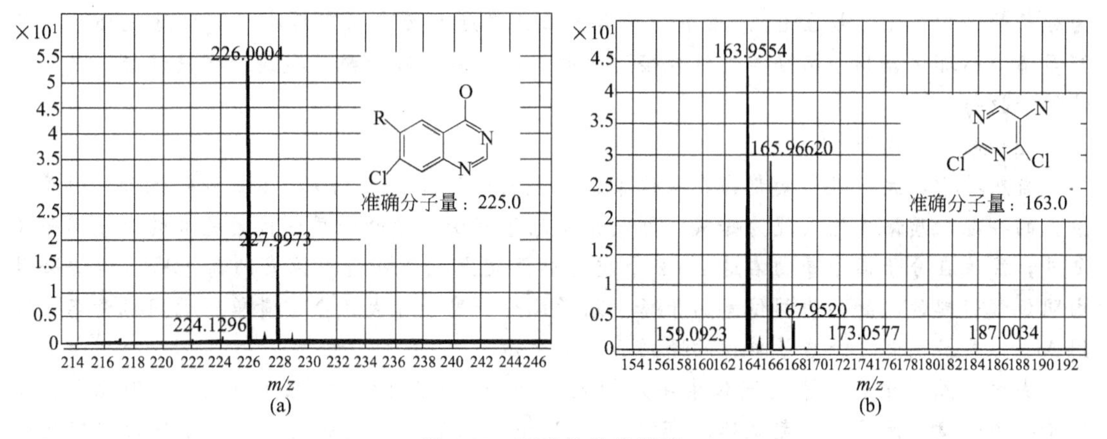

图 8-27 两种物质的谱图

(3) 同位素峰

同位素峰在MS解谱中具有重要作用，自然界中有仅有一种稳定同位素，如F、P、I、Na；也有加1的同位素，如C、N；最受关注的还是加2的同位素峰，如O、S、Cl、Br、Si，这其中Cl和Br更为常见，建议记住常见的几种同位素峰高比例，或者也可以用$(a+b)^n$二项式展开式的系数来记忆，比如这个实例中结构式中有两个Cl，3和1分别为Cl的轻、重同位素的相对丰度，2为分子中该元素的原子个数，所以$(3+1)^2=9+6+1$，两个Cl的同位素峰高比例为9∶6∶1，见图8-27所示。

【本章小结】

质谱法是利用离子化技术使被测样品分子产生各种离子，通过对离子质量和强度的测定来进行分析的一种方法。

质谱仪主要由进样系统、真空系统（离子源、质量分析器、离子检测器）和数据处理系统构成。

质谱仪的灵敏度、精确度和分辨率的高低取决于质谱仪的几个主要性能指标：质量范围、分辨率和灵敏度。质量范围是指仪器所能测量的离子质量数的范围。通常采用原子质量单位（u）进行度量，根据原子质量的大小可知道质谱仪测量离子质量数的大小。分辨率表示仪器分开两个相邻质量 M 和 $M+\Delta M$ 离子的能力，通常用 R 表示。$R=\dfrac{M}{\Delta M}$，从 R 的大小可以知道仪器分辨率的高低。有机质谱仪的绝对灵敏度表示在记录仪上得到的质谱仪信号强度与样品进样量的关系，由此可以反映仪器灵敏度的高低。

质谱表示方法常用质谱图来表示，不同质荷比的正离子经质量分析器分开而后被检测，记录下来的谱图称为质谱图。

质谱图中出现的离子主要包括：分子离子、同位素离子、碎片离子、亚稳离子、重排离子等。识别这些离子和了解这些离子的形成规律对质谱的解析十分重要。在这些离子中尤其要重点掌握分子离子、同位素离子、亚稳离子和碎片离子的形成规律。

（1）分子离子

样品分子受高速电子轰击后失去电子，在尚未碎裂的情况下形成的正离子称为分子离子，用 $M^{+\cdot}$ 表示。其相应的质谱峰称为分子离子峰。与分子相比，分子离子仅少一个电子，由于电子的质量相对整个分子而言可忽略不计，因此在质谱中，分子离子的质荷比 m/z 即为分子量。常见化合物在EI质谱中分子离子峰的强度大致有如下规律：芳香族化合物＞共轭多烯＞脂环化合物＞烯烃＞直链烷烃＞酰胺＞酮＞醛＞胺＞醚＞羧酸＞支链烷烃＞伯醇＞仲醇＞叔醇。

（2）同位素离子

自然界中，大多数元素都存在同位素，如氢原子具有 ^{1}H、^{2}H 和 ^{3}H 三种同位素。由于同位素的存在，质谱峰均表现为峰簇，即质谱中除了有由元素的轻质同位素构成的分子离子峰之外，往往在分子离子峰的右边1～2个质量单位处出现含重质同位素的离子峰，这些峰是由同位素引起的，故称为同位素离子峰。质量比分子离子峰大1个质量单位的同位素离子峰用 $M+1$ 表示，大2个质量单位的峰用 $M+2$ 表示。

由于自然界中各元素的同位素丰度恒定，如 ^{13}C 的丰度约为 ^{12}C 的1.1%，因此同位素离子峰的强度之比具有一定规律。可以利用Beynon表和所测到的同位素峰丰度比确定化合物的分子式。

（3）亚稳离子

在离子源中生成的 m_1^+，如在离子源中没有裂解，但在进入检测器之前这一段飞行过程中发生裂解，失去一个中性碎片，生成 m_2^+。由于一部分动能要被中性碎片夺走，因此这种 m_2^+ 的动能比在离子源中裂解得到的 m_2^+ 要低，其进入磁场后偏转的半径也相对较小。亚稳离子的质荷与 m_1^+、m_2^+ 之间有如下关系：

$$m^{*}=\frac{m_2^2}{m_1}$$

亚稳离子峰的出现可以确定 $m_1^+ \longrightarrow m_2^+$ 开裂过程的存在。

（4）碎片离子

质谱图中低于分子离子质量的离子都是碎片离子。它大致分为两类：一类是简单裂解产生的，另一类是重排裂解产生的。掌握碎片离子的两种裂解类型，即简单裂解和重排裂解。

简单裂解主要有三种：游离基引发的α裂解、正电荷引发的i裂解、σ断裂。重排裂解主要是McLafferty重排和逆Diels-Alder重排（RDA重排）两种。

常见有机化合物如烷烃、烯烃、芳烃、醇和醚类、醛与酮类、酸与酯类，在质谱中显示出特有的裂解方式和裂解规律，这些信息对未知化合物的结构解析具有重要作用。因此，理解并记忆这些典型的有机化合物的裂解特征对解析质谱至关重要。

【习题】

1. 欲分辨下列各离子对，质谱仪的分辨率需要多大？

①质量为75.03和75.06的两个离子。（2501）

②质量分别为164.0712和164.0950的两个离子。（6894）

2. 判断分子离子峰的基本原则是什么？

3. 在质谱图中，离子的稳定性和相对强度的关系如何？

4. 何谓氮规则？如何根据氮规则确定质谱中的分子离子峰？

5. 试写出CH_3Cl中所有可能的同位素峰？

6. 某化合物质谱中，最高质量区有三个峰：m/z225，m/z211，m/z197。试判断哪一个可能为分子离子峰？并说明理由。（225）

7. 某化合物质谱图中有m/z105峰，而且在m/z56.5处有一亚稳离子峰。则m/z105的碎片离子在离开电离室后进一步裂解，生成的子离子的m/z应是多少？（77）

8. 某化合物MS图中，$M:(M+1)=100:24$，该化合物有多少个碳原子？（22）

9. 在低分辨质谱中，m/z为28的离子可能是CO、N_2、CH_2N、C_2H_4中的某一个。高分辨率质谱仪测定值为28.0227。试问上述四种离子中哪一个最符合该数据？（各原子的原子量分别为：C 12.0000；H 1.0080；N 14.0067；O 15.9994）

（CH_2N）

10. 某有机化合物的结构可能是甲或乙，它的质谱中出现m/z 29和m/z 57峰。试推测该化合物是甲还是乙？解释m/z 57及m/z29峰的成因。

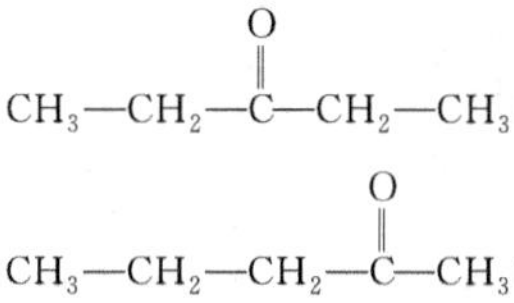

$$CH_3—CH_2—\overset{O}{\overset{\|}{C}}—CH_2—CH_3\text{(甲)}$$

$$CH_3—CH_2—CH_2—\overset{O}{\overset{\|}{C}}—CH_3\text{(乙)}$$

11. 已知化合物的结构，各峰的质荷比和峰强度如下：348(7.1)，312(2.6)，189(9.6)，123(100)，试归属各峰，并推导其主要的裂解方式。

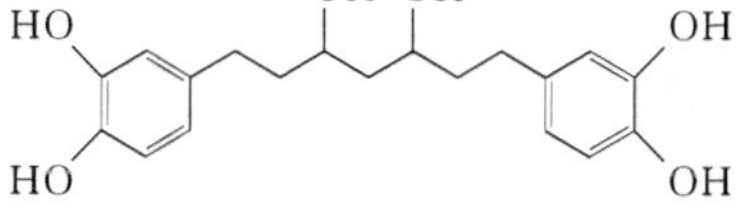

HO OH OH OH HO OH

12. 某化合物质谱图上的分子离子峰区有一簇峰，分别为：M(89)17.12%，$M+1$(90)0.54%，$M+2$(91)5.36%。试判断其可能的分子式。

13. 一个未知物质的MS呈现强的$[M]^{+\cdot}=128$。①如果这个化合物是烃类，有多少种可能的分子式？②如果这个化合物是含氧物质，有多少种可能的分子式？指出每个分子的不饱和度。

（一种；三种）

14. 某化合物分子量 $M=108$，其质谱图见图 8-28。试给出它的结构，并写出获得主要碎片的裂解方程式。

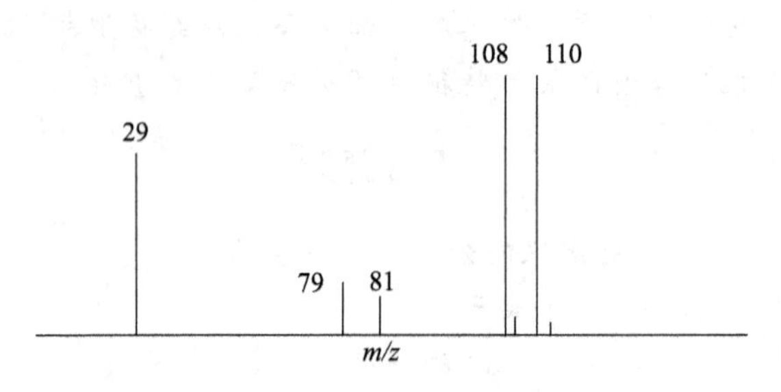

图 8-28 某知物的质谱图

15. 试预测化合物 $CH_3CH_2CH_2CH_2CHO$ 在质谱上的主要离子峰，并解释各离子峰的成因。

第9章

波谱综合解析

复杂化合物只靠一种波谱法往往很难解析其化学结构。如果将化合物的紫外光谱（UV）、红外光谱（IR）、核磁共振光谱（NMR）和质谱（MS）结合起来，相互补充、相互验证，则可以更好地进行结构解析。综合运用化合物的四种波谱进行结构解析叫作波谱综合解析。

9.1 综合解析方法

9.1.1 综合解析对分析试样的要求

（1）试样的纯度

待测样品要么是纯化合物要么是混合物，混合物的各组分的结构分析只能采用色谱和波谱联用的方法，如 GC-IR、GC-MS、HPLC-MS。纯化合物的结构分析则采用波谱法，化合物的纯度一般要求＞98%。在实际情况下，试样或多或少含有一定的杂质，因此，需要采用蒸馏、萃取、重结晶、升华或色谱分离等手段进行纯化处理。

（2）样品用量

样品用量常取决于测定仪器的灵敏度和实验目的。进行结构分析时 MS 法因灵敏度高，样品一般取样量为微克级；IR 光谱取样量为 1～2mg；^{1}H NMR 为 2～5mg；^{13}C NMR 需要十几毫克至几十毫克试样。

9.1.2 综合解析中常用的波谱学方法

四种波谱法在结构解析中所起的作用各有不同。

（1）质谱

质谱主要用于测定化合物的分子量，确定分子式，通过解析分子离子峰、同位素峰以及氮规则和开裂形式等综合判断，得出可能的结构单元。另外，质谱法还可以作为一个验证手段验证推测结果的正确性。

(2) 紫外吸收光谱

紫外吸收光谱主要用于确定化合物类型及共轭情况，如是否是不饱和化合物，是否具有芳香环结构等。但紫外光谱曲线比较单调，提供的信息量很少，因此在综合光谱解析中用得比较少。

(3) 红外吸收光谱

红外吸收光谱主要用于确定化合物具有哪些官能团以及确定化合物的类别，判断属于芳香族、脂肪族、羰基化合物、羟基化合物、胺类等类别。

(4) 核磁共振氢谱

^{1}H NMR 在结构解析中主要提供有关质子类型、氢分布及峰的裂分三个方面的结构信息：

① 根据质子类型说明化合物具有哪些官能团，如是否含有醛基、双键、芳环等。

② 根据化学位移值判断官能团质子。

③ 峰的裂分可以确定氢核间的耦合关系以及相邻基团含有氢原子的数目，有助于确定各基团的连接顺序。

(5) 核磁共振碳谱

^{13}C NMR 在结构解析中主要提供氢谱无法提供的明确的碳原子类型信息，为化合物结构骨架的确定提供非常有用的信息。

① 确定谱线数目，推断碳原子个数。

② 由 DEPT 谱或偏共振谱确定各种碳的类型：季碳、叔碳、仲碳、伯碳。

③ 区分 sp^3 碳原子、sp^2 碳原子和羰基碳原子。

④ 分析各个碳的 δ_C，推断碳原子上所连的官能团及双键、三键存在的情况。

9.2 综合解析程序

9.2.1 分子式的确定

(1) 元素分析法

采用元素分析仪定量测定出分子中 C、H、O、N、S 等元素的含量，并以此计算出各元素的原子个数比，拟定化学式，再根据分子量和化学式确定分子式。

(2) 质谱法

利用质谱可以测定精确的分子量。高分辨质谱仪不仅能测定精确分子量，还能推出可能的分子式。如果采用的是低分辨质谱仪，则可利用分子离子峰与同位素峰相对丰度比，结合 Beynon 表来确定化合物的分子式。

(3) 核磁共振波谱法

在^{1}H NMR 中，峰面积（积分曲线）与氢核数成正比，结合^{13}C NMR 得出的碳原子个数可推算出可能的分子式。

9.2.2 结构式的确定

(1) 计算不饱和度

分子式确定后，先计算不饱和度（U），从而推测未知物的类别。

(2) 结构式的推定

总结典型官能团和结构片段，找出各结构单元的关系，进一步确定结构单元可能的连接顺序，再结合其他化学分析和理化性质，将简单的结构单元组成完整的结构，并提出一种或数种被测物可能的结构式。

9.2.3 验证结构

推测出可能的结构式以后要对其进行验证，通过核对各种谱图，检验其是否与标准谱图相符，以便得出正确的结论。常用的验证方法有：

(1) 质谱谱图验证

可以通过质谱图中主要离子峰的强度和出峰位置来进行验证。如分子离子峰的确认、同位素峰的相对强度大小、特征碎片离子是否符合正确的裂解规律等。

(2) 标准图谱验证

对于确定的分子结构，也可与其他各种方法获得的标准图谱对照，但应注意实验条件的一致性。

9.3 综合解析示例

【例1】 某化合物的MS、IR、^{1}H NMR图如图9-1所示，试根据各波谱提供的信息解析化合物的结构。

解：① 从化合物的IR图可以看出，1585cm^{-1}、1603cm^{-1}等峰说明化合物具有苯环结构，1713cm^{-1}提示化合物具有羰基。

② 氢谱中，δ7.2～8.2的信号进一步验证化合物中具有苯环结构。化合物的分子离子峰为m/z150峰，可知化合物中可能含有一个苯环。氢谱中各信号的氢的数目之比为5∶2∶3，可知苯环为单取代。δ4.32处的信号说明化合物可能含有一个—CH_2，δ1.43处的信号说明化合物可能含有一个—CH_3。而且δ4.32处信号为四重峰，δ1.43处的信号为三重峰，可知—CH_2是与—CH_3直接相连。

③ 化合物质谱中m/z105峰说明化合物可能具有 C_6H_5—C(=O)— 结构，δ4.32处为—CH_2信号，化学位移较大，说明—CH_2与电负性较大的原子相连。化合物的分子量为150，C_6H_5—C(=O)—、CH_2、CH_3的分子量之和为134，150－134＝16，可知—CH_2与一氧原子相连。故化合物结构为：

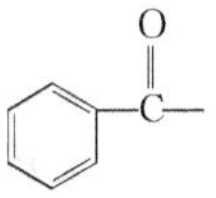

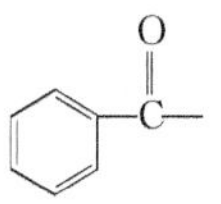

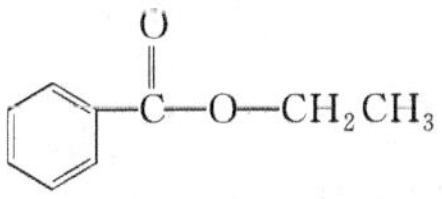

C_6H_5—C(=O)—O—CH_2CH_3

④ 验证：

C_6H_5—C(=O)—O—CH_2CH_2—H $^{+\cdot}$ —麦氏重排→ C_6H_5—C(OH)=O $^{+\cdot}$ ＋ CH_2═CH_2

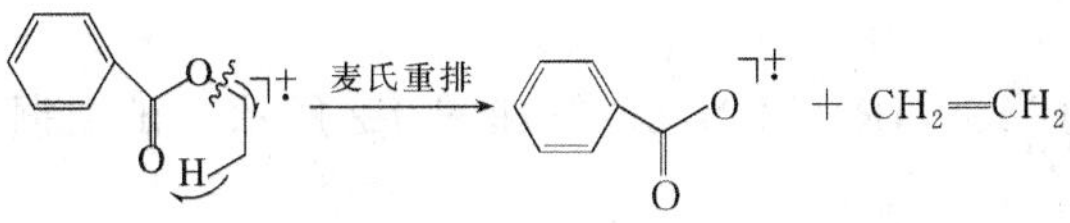

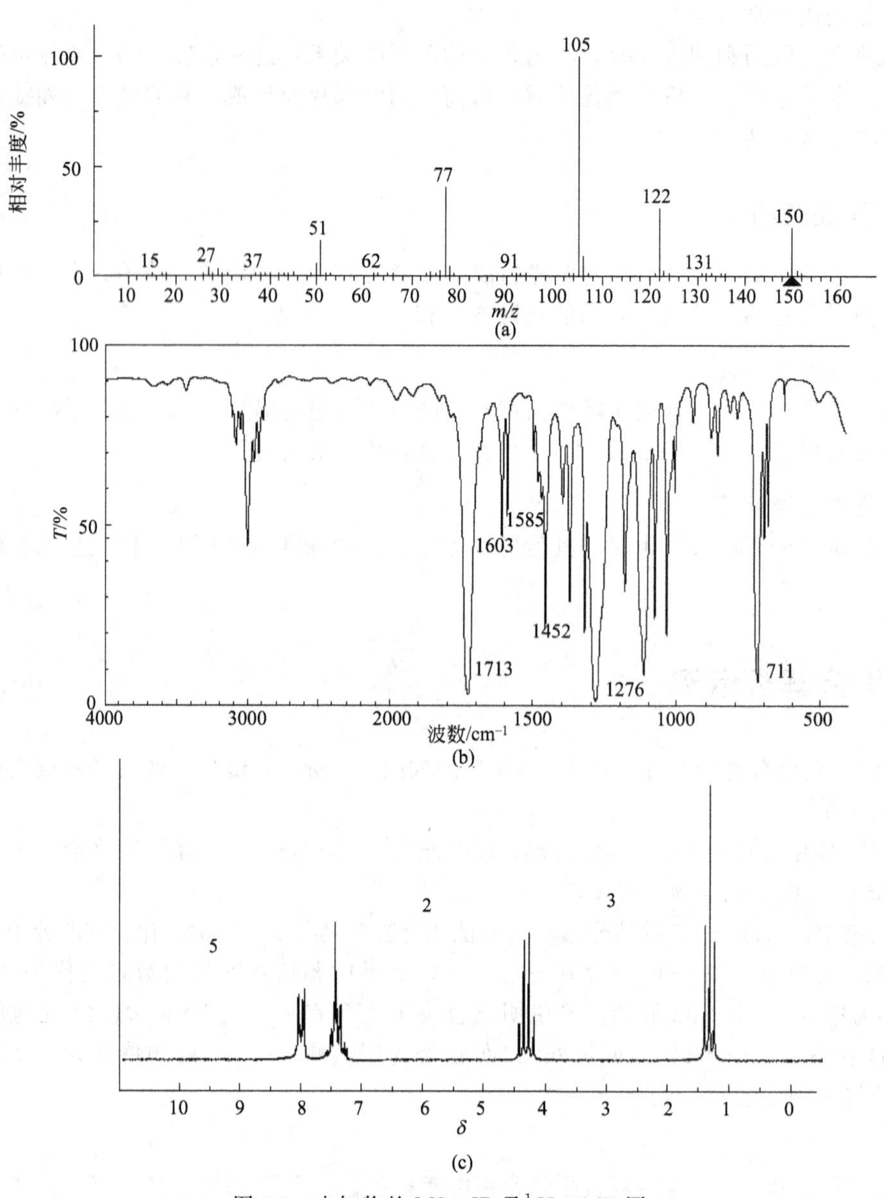

图 9-1 未知物的 MS、IR 及 ^{1}H NMR 图

$m/z\,150$ $m/z\,122$

CH_2 CH_3 → $+\cdot OCH_2CH_3$

$m/z\,150$ $m/z\,105$

$-CH{\equiv}CH$

$m/z\,51$ $m/z\,77$

【例 2】 某化合物的 MS、IR、^{1}H NMR 图如图 9-2 所示，试根据各波谱提供的信息确定化合物的结构。

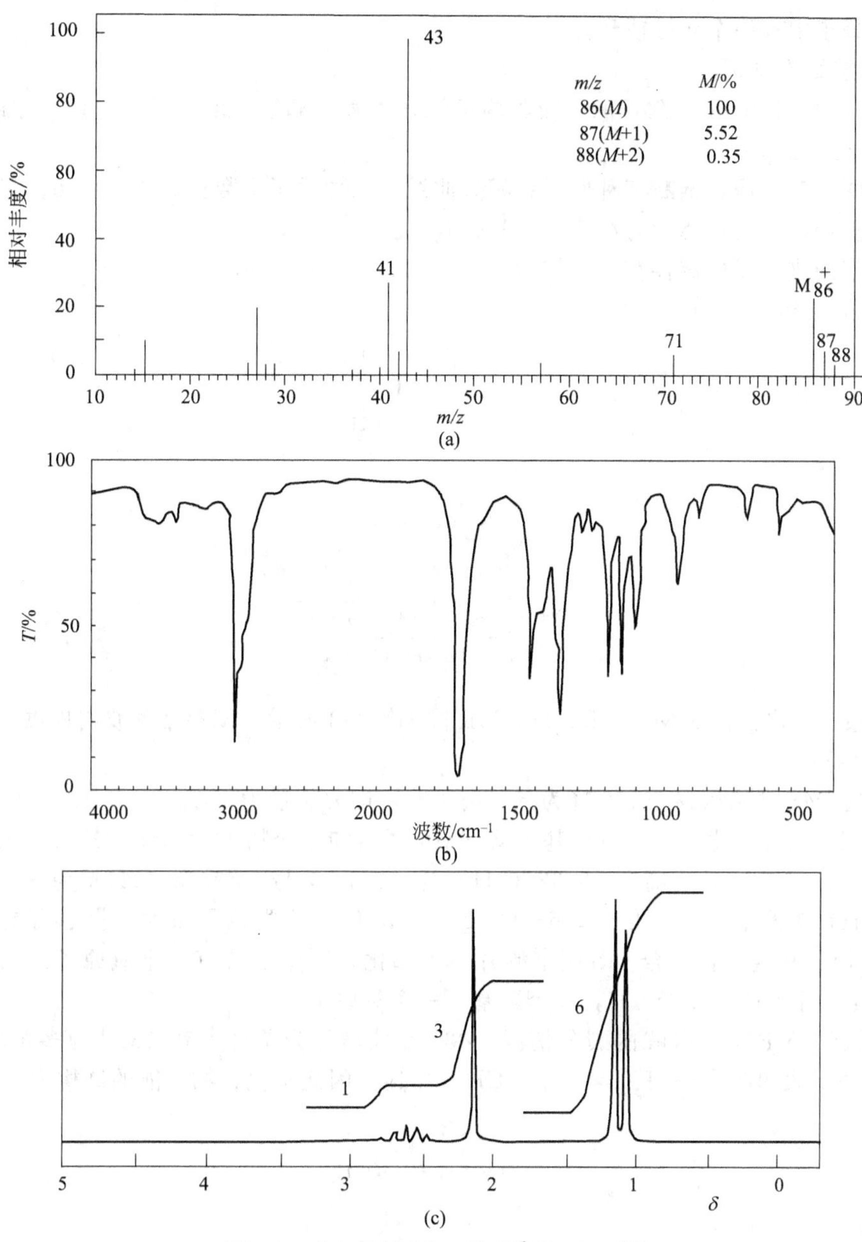

图 9-2 未知物的 MS、IR 及 ^{1}H NMR 图

解：① 确定分子量和分子式 从 MS 图谱得知分子离子峰为 86，即分子量为 86；根据分子离子（m/z 86）与 $M+1$ 同位素离子（m/z 87）的相对强度比可推测该分子中可能有 5 个 C；

② 由 ^{1}H NMR 图中积分曲线高度比可知该分子中有 10 个 H；5 个 C、10 个 H 的分子量总和为 70，86－70＝16，推算出可能含有一个 O（16）。

由此推出分子式为 $C_5H_{10}O$。

③ 计算分子的不饱和度：

$$\begin{aligned} U &= (2+2\times n_4+n_3-n_1)/2 \\ &= (2+2\times 5+0-10)/2 \\ &= 1 \end{aligned}$$

提示分子中有一个双键或环。

④ 确定结构单元：

IR 图：由 $1720cm^{-1}$ 附近的强吸收峰可知含羰基；靠近 $3000cm^{-1}$ 的强吸收峰，说明含—CH_2 或—CH_3；

核磁图中三组峰，推断三种质子；积分曲线，三种质子个数比为 1∶3∶6；裂分数，二重峰和七重峰，推出可能含有结构—$CH(CH_3)_2$。

由质谱图进一步确定存在稳定结构单元—CH—$(CH_3)_2$(43)

⑤ 可能结构：

$$CH_3-\overset{\overset{O}{\|}}{C}-CH(CH_3)_2$$

⑥ 验证：

$$CH_3 \,\vert\, \overset{\overset{O}{\|}}{C} \,\vert\, CH(CH_3)_2$$

m/z15, m/z71 (CH₃—C 键断裂)；m/z43, m/z43 (C—CH 键断裂)；m/z71, m/z15 (CH—CH₃ 键断裂)

【例 3】 某化合物的 MS、IR、^{1}H NMR 图如图 9-3 所示，试根据各波谱提供的信息确定化合物的结构。

解：① MS 谱显示 $m/z102$ 峰为分子离子峰，即分子量为 102。

② 从 IR 图可知化合物含有羰基，从 NMR 图可知化合物不含苯环，各信号积分曲线高度比为 3∶1∶6，可大致确定 $\delta3.62$（3H）为—CH_3 信号，$\delta2.73$（1H）为—CH—信号，$\delta1.05$（6H）为两个—CH_3 信号。$\delta3.62$ 处—CH_3 信号化学位移较大，提示可能与电负性较大的 O 原子相连。再结合 MS 图谱碎片，可知化合物中还含有一个氧原子。因此结构单元分别为：3 个 CH_3，1 个 CH，一个羰基、一个氧原子。

③ 根据 NMR 谱中各峰的裂分情况：$\delta3.62$ 处信号为单峰，$\delta2.73$ 处为多重峰，$\delta1.05$ 处为两重峰，表明两个—CH_3 与一个—CH—相连。因此该化合物可能的结构为：

$$CH_3-\overset{\overset{CH_3}{|}}{CH}-\overset{\overset{O}{\|}}{C}-OCH_3$$

④ 验证：

$$CH_3-\overset{\overset{CH_3}{|}}{CH}-\overset{\overset{+\cdot}{O}}{\overset{\|}{C}}-OCH_3\ (m/z102) \longrightarrow CH_3-\overset{\overset{CH_3}{|}}{\dot{C}H} + \overset{\overset{+}{O}}{\overset{\|}{C}}-OCH_3\ (m/z59)$$

$$CH_3-\overset{\overset{CH_3}{|}}{CH}-\overset{\overset{O}{\|}}{C}-OCH_3\ (m/z102) \longrightarrow CH_3-\overset{\overset{CH_3}{|}}{CH}-\overset{\overset{+}{O}}{\overset{\|}{C}}\ (m/z71) + \cdot OCH_3$$

$$\downarrow -CO$$

$$CH_3-CH\cdot + \overset{+}{C}H_3\ (m/z15) \longleftarrow CH_3-\overset{\overset{CH_3}{|}}{\overset{+}{C}H}\ (m/z43)$$

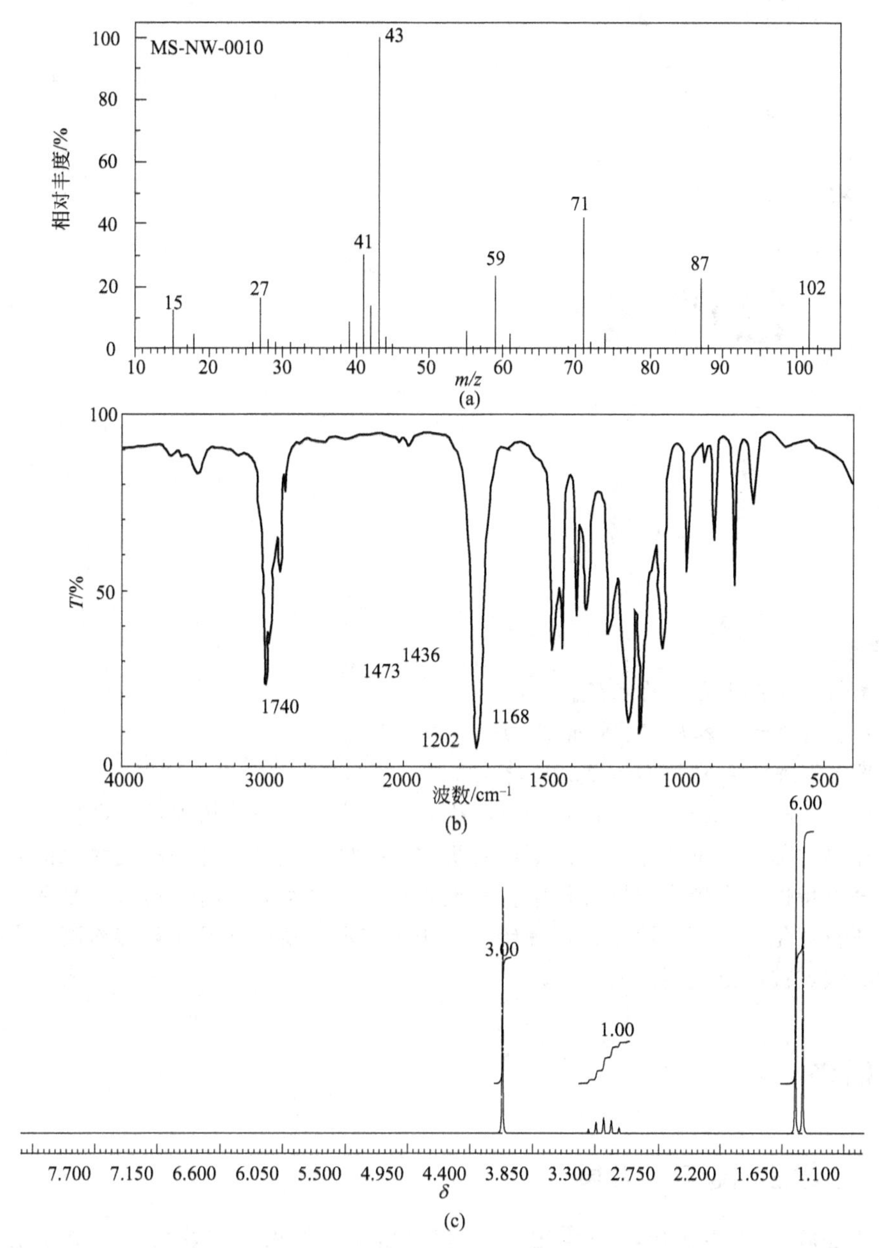

图 9-3 未知物的 MS、IR 及 ^{1}H NMR 图

第10章 色谱法

【本章教学要求】

- 掌握色谱过程及有关的术语。
- 熟悉色谱法的基本原理、色谱法的分类与作用。
- 了解色谱法发展过程及色谱法的特点。

色谱法（chromatography）也称为色层法或层析法，是一种物理或物理化学分离分析方法，如同经典的蒸馏、重结晶、溶剂萃取及沉淀法一样，也是一种分离技术。该方法具有高效快速的分离特性，在现代仪器分析中占有重要地位。这类方法特别适宜于复杂混合物的分离分析，在石油化工、临床诊断、病理研究、法医鉴定、新药开发、环境检测、合成材料和质量监管等领域被广泛应用。

10.1 概述

10.1.1 色谱法的起源和发展

色谱法起源于20世纪初，20世纪50年代之后飞速发展，并发展出一个独立的三级学科——色谱学。1952年英国科学家阿切尔·约翰·波特·马丁（Archer John Porter Martin，1910—2002）、理查德·劳伦斯·米林顿·辛格（Richard Laurence Millington Synge，1914—1994）因发明分配色谱分离法而共同获得诺贝尔化学奖，此外，色谱分析方法还在多项获得诺贝尔化学奖的研究工作中起到关键作用。

1850年龙格（F. F. Lunge）观察到将一滴染料混合物溶液滴到吸墨纸上时，会扩散成一层层的圆形环。申拜恩（C. F. Schoenbein）在1861年注意到，如果把一滴无机盐混合溶液滴在一张滤纸上，那么各种盐分会以不同的速度向四周扩散成层。德伊（D. T. Day）在1897年和克利特卡（S. K. Kritka）在1900年初发现，把石油简单地通过碳酸钙的细粉柱时，它就会被分成不同部分。但是首先认识到这种色谱分离现象和分离方法大有可为的是俄国的植物学家茨维特（M. Tswett）。

茨维特在华沙大学研究植物色素的过程中，在一根玻璃管的底部塞上一团棉花，在管内填入粉末状碳酸钙，然后把有色植物叶子的石油醚萃取液倾注到柱内的碳酸钙上面，用纯净的石油醚进行冲洗。结果植物叶中的几种色素就在管内展开了，形成三种颜色的 5 个色带。当时茨维特把这种色带叫作“色谱”，玻璃管叫作“色谱柱”，碳酸钙叫作“固定相”，纯净的石油醚叫作“流动相”。茨维特开创的这种方法叫液-固色谱法（liquid-solid chromatography）。由于茨维特的开创性工作，因此人们尊称他为“色谱学之父”，而以他的名字命名的茨维特奖也成为色谱界的最高荣誉奖。

茨维特的试验虽然意义重大，但并没有立即得到当时化学界的重视，在发明后的最初二三十年发展非常缓慢。1931 年，奥地利化学家 R. 库恩（Richard Kuhn，1900—1967）等利用和发展了茨维特的色谱法。库恩利用茨维特的液-固色谱法分离了 60 多种胡萝卜素，并测定了胡萝卜素的分子式。同年，他和芬德史坦（Winterstein）等又扩大液-固吸附色谱法的应用，制取了叶黄素结晶，并从蛋黄中分离出叶黄素，另外还把腌鱼腐败细菌所含的红色类胡萝卜素制成了结晶。从此，吸附色谱法才迅速为各国的科学工作者所注意和应用，促使这种技术不断发展。

1940 年英国的 Martin 和 Synge 提出液-液分配色谱法（liquid-liquid partition chromatography），即固定相是吸附在硅胶上的水，流动相是某种有机溶剂。1941 年 Martin 和 Synge 提出用气体代替液体作流动相的可能性，11 年之后 James 和 Martin 发表了从理论到实践比较完整的气-液色谱方法（gas-liquid chromatography），因而获得了 1952 年的诺贝尔化学奖。

1956 年 Van Deemter 等在前人研究的基础上，发展了描述色谱过程的速率理论。1957 年 Golay 开创了开管柱气相色谱法（open-tubular column chromatography），又称为毛细管柱气相色谱法（capillary column chromatography）。1965 年 Giddings 总结和扩展了前人的色谱理论，为液相色谱的发展做出了贡献。20 世纪 60 年代末，在经典液相色谱基础上，引入了气相色谱的理论和技术，采用高压泵、小颗粒高效固定相、高灵敏度在线检测器发展起来了一种重要的分离分析方法——高效液相色谱法（HPLC）。

20 世纪 80 年代初毛细管超临界流体色谱（SFC）得到发展，但在 90 年代后未得到较广泛的应用。而由 Jorgenson 等集前人经验而发展起来的毛细管电泳（CE），在 90 年代得到广泛的发展和应用。同时集 HPLC 和 CE 优点的毛细管电色谱在 90 年代后期，特别是整体毛细管电色谱柱受到广泛重视。

21 世纪初随着新型固定相的研制成功和超速高液相色谱仪的问世，产生了崭新的超高液相色谱法（UPLC），使得色谱柱的分离效率、检测灵敏度大大提高，分析时间大大缩短，分离分析的成本大幅下降。因此，这种方法必将具有广阔的应用前景。

10.1.2 色谱法分类

色谱分析的方法多种多样，可按操作形式、两相的状态、分离机理及应用领域的不同进行分类。

(1) 按操作形式分类

① 柱色谱法（column chromatography） 将固定相装于柱管内的色谱法，称为柱色谱法。主要包括经典的液相柱色谱法、现代的气相色谱法和高效液相色谱法等。

② 平面色谱法（plane chromatography） 平面色谱法是在平面上进行的一种色谱方法，

它主要包括薄层色谱法和纸色谱法。

a. 薄层色谱法（thin layer chromatography，TLC） 将固态的吸附剂均匀地涂铺在平面板（玻璃板、塑料板等）上，形成一薄层，在此薄层上进行分离分析的一种色谱方法。

b. 纸色谱法（paper chromatography，PC） 以吸附在纸纤维（载体）上的水（或其他物质）作为固定相，有机溶剂作为流动相，进行分离分析的一种色谱方法。

(2) 按使用目的分类

① 分析用色谱仪 分析用色谱仪又可分为实验室用色谱仪和便携式色谱仪。这类色谱仪主要用于各种样品的分析，其特点是色谱柱较细，分析的样品量少。

② 制备用色谱仪 制备用色谱仪又可分为实验室用制备型色谱仪和工业用大型制造纯物质的制备色谱仪。制备型色谱仪可以完成一般分离方法难以完成的纯物质制备任务，如高纯度化学试剂的制备、蛋白质的纯化、手性药物的拆分和提纯等。

③ 流程色谱仪 流程色谱仪在工业生产流程中为在线连续使用的色谱仪。目前主要有工业气相色谱仪，用于石油精炼、石油化工及冶金工业中。

(3) 按分离机理分类

① 吸附色谱法（adsorption chromatography） 以吸附剂作为固定相，有机溶剂作为流动相，利用样品中不同组分在吸附剂上吸附能力的差别进行分离分析的一种色谱方法。

② 分配色谱法（partition chromatography） 以液态的溶剂（通常这种溶剂又被称为固定液，均匀地涂布在载体的表面）作为固定相，与之不相混溶的另一溶剂作为流动相，利用样品中不同组分在这互不相溶的两相中溶解度（分配系数）的差异进行分离分析的一种色谱方法。

③ 化学键合相色谱法（bonded phase chromatography，BPC） 将有机分子（固定液）通过适当的化学反应以共价键的形式结合在载体（支持剂）的表面，所制备的固定相称为化学键合固定相。使用化学键合固定相的色谱方法称为化学键合相色谱法，简称键合相色谱法。

④ 空间排阻色谱法（steric exclusion chromatography，SEC） 以凝胶（有机高分子的多孔聚合物）作为固定相，有机溶剂或水溶液作为流动相，利用样品中不同组分的分子尺寸的差异进行分离分析的一种色谱方法，又称为空间排阻色谱法或凝胶色谱法。

⑤ 离子交换色谱法（ion exchange chromatography，IEC） 以离子交换剂作为固定相，水溶液作为流动相，利用样品中不同组分（离子性化合物）的交换能力的差别进行分离分析的一种色谱法，称为离子交换色谱法。

⑥ 毛细管电泳法（capillary electrophoresis，CE） 以高压直流电场为驱动力，含有液体介质（电解质溶液）的毛细管为分离通道，利用样品中不同带电组分的电泳淌度的差别进行分离分析的方法，称为毛细管电泳法。实际上，这是一种现代化的纯电泳技术，只不过它应用了色谱法中的毛细管柱技术而已。

⑦ 毛细管电色谱法（capillary electro-chromatography，CEC） 以在高压直流电场中所产生的电渗流为驱动力，毛细管色谱柱为分离通道，依据样品中不同组分的分配系数及电泳淌度的差别进行分离分析的方法，称为毛细管电色谱法。它是一种以现代电泳和色谱技术及其理论相结合的分离分析方法。

毛细管电色谱法是近十几年才发展起来的一种色谱方法，它具有高柱效、高选择性及分离分析速度快等特点，发展与应用前景广阔。

(4) 按流动相和固定相的状态分类

以流动相状态分类，用气体作为流动相的色谱法称为气相色谱法（GC）；用液体作为流动相的色谱法称为液相色谱法（LC）；以超临界流体作为流动相的色谱法称为超临界流体色谱法（SFC）。按固定相的状态不同，气相色谱又可分为气-固色谱法（GSC）和气-液色谱法（GLC）。液相色谱法也可分为液-固色谱法（LSC）和液-液色谱法（LLC）。

综上所述，简化分类如图10-1所示。

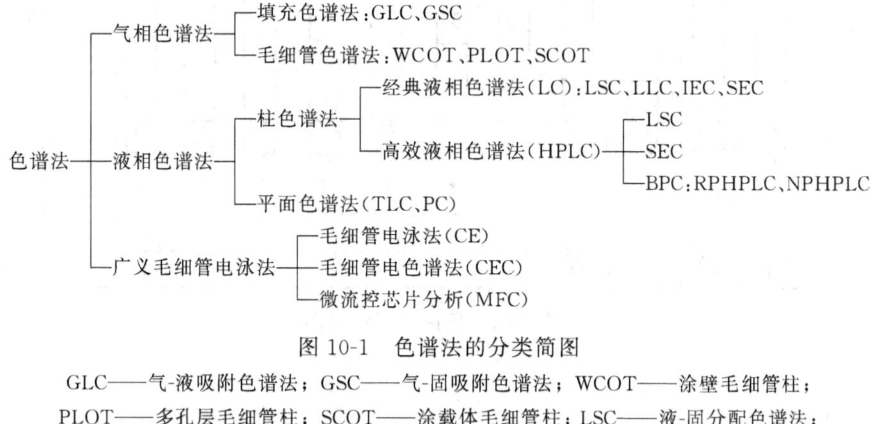

图10-1 色谱法的分类简图

GLC——气-液吸附色谱法；GSC——气-固吸附色谱法；WCOT——涂壁毛细管柱；PLOT——多孔层毛细管柱；SCOT——涂载体毛细管柱；LSC——液-固分配色谱法；LLC——液-液分配色谱法；IEC——离子交换色谱法；SEC——分子排阻色谱法（凝胶色谱法）；BPC——化学键合相色谱法；RPHPLC——反相高效液相色谱法；NPHPLC——正相高效液相色谱法；TLC——薄层色谱法；PC——纸色谱法

10.2 色谱过程及有关术语

10.2.1 色谱过程

色谱过程的本质是待分离物质在固定相和流动相之间分配平衡的过程，不同的物质在两相之间的分配会不同，这使其随流动相运动速度各不相同，随着流动相的运动，混合物中的不同组分在固定相上相互分离。

例如，一个二组分A、B的混合物，它们在通过色谱柱时，若能被分离，必须二者的迁移速度不等（分配系数不等），即流出色谱柱的时间不相同。若A比B的分配系数小，即A的迁移速度大于B，故A在色谱柱内滞留的时间短，先被流动相带出色谱柱；当A进入检测器时，流出曲线开始突起，随A在检测器中的浓度变化而形成A组分的色谱峰；当A完全通过检测器后，流出曲线恢复平直。同理，随后B组分通过检测器而形成B组分的色谱峰。因此，样品中各组分按分配系数从小到大的顺序，依次流出色谱柱，见图10-2。

欲使A、B两组分实现完全分离，应根据被分离物质的性质，通过选择适当的固定相和流动相，建立一个合适的色谱分离条件，使不同的物质有不同的分配系数，且这种差别越大分离越完全。

10.2.2 色谱图

色谱分离过程在色谱柱内完成，当组分流出色谱柱后，立即进入检测器。检测器能够将样品组分的存在与否转变为电信号，而电信号的大小与被测组分的量或浓度成正比。当将这

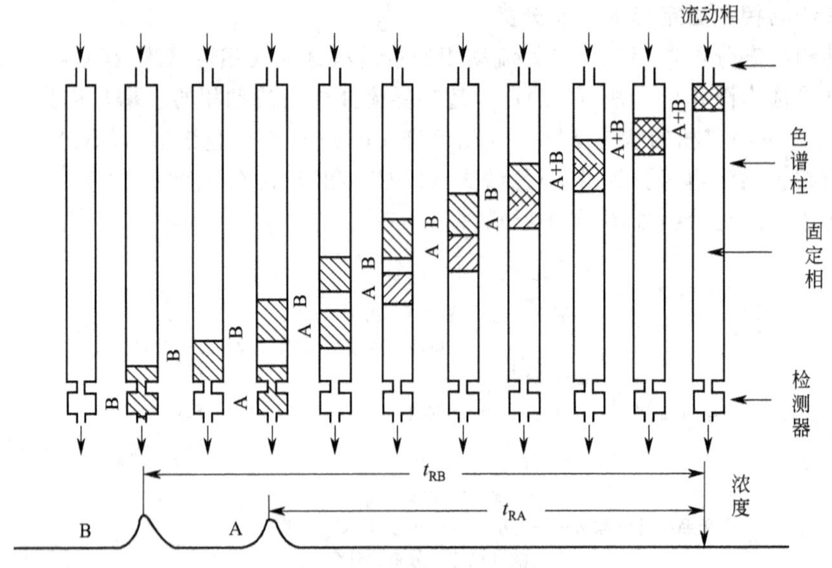

图 10-2 色谱过程示意图

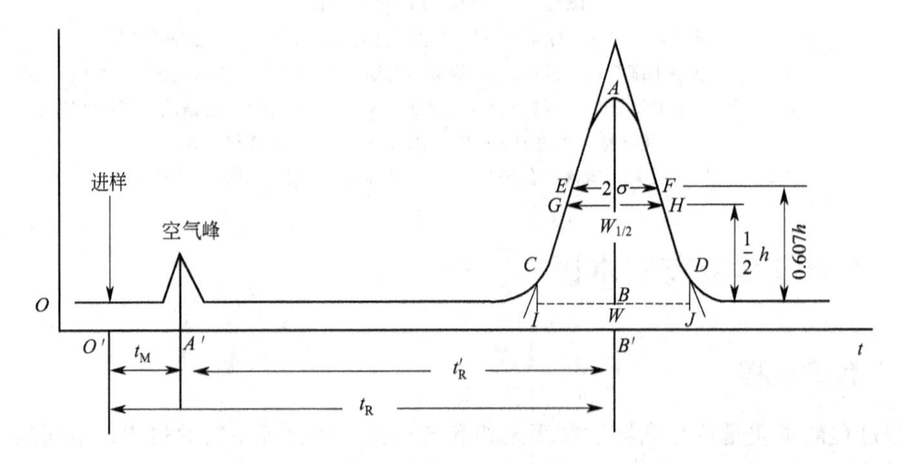

图 10-3 色谱流出曲线

些信号放大并记录下来时，就形成色谱图。如图 10-3 所示，图中突起部分就是色谱峰。一般色谱峰是一条左右对称的分布曲线。由若干个色谱峰组成的图叫色谱图。

从色谱图上可以得到许多重要信息：

① 色谱柱中仅有流动相时，检测器响应信号的记录值称为基线，稳定的基线应该是一条直线。通过观察基线的稳定情况来判断仪器是否正常。

② 根据色谱峰的个数，可以判断试样中所含组分的最少个数。

③ 色谱峰的分布情况及扩展情况，可作为判断柱效好坏的依据。

④ 色谱峰的保留时间或保留体积值，可作为组分定性分析的依据。

⑤ 根据色谱峰的面积或峰高，可以对组分进行定量分析。

10.2.3 常用术语

(1) 基线（base line）

基线为只含有流动相而没有组分进入检测器时，检测器所给信号随时间变化的线。

① 稳定的基线　是一条直线，是测量基准，也是检查仪器工作是否正常的指标之一。

② 基线噪声　指由各种因素引起的基线起伏。

③ 基线飘移　指基线随时间定向的缓慢变化。

(2) 峰高

色谱峰顶点与基线之间的垂直距离称为色谱峰高，用 h 表示。如图 10-3 中 BA 段所示。

(3) 色谱峰区域宽度

色谱峰区域宽度是色谱流出曲线中的一个重要参数，在色谱定量分析中经常要用到这些参数值。通常度量色谱峰宽有三种表示方法：

① 标准偏差 σ　即 0.607 倍峰高处色谱峰宽度的一半，如图 10-3 中 EF 距离的一半。

② 半峰宽 $W_{1/2}$　即峰高一半处对应的宽度，如图 10-3 中 GH 间的距离，它与标准偏差的关系为

$$W_{1/2}=2\sigma\sqrt{2\ln 2}=2.355\sigma \tag{10-1}$$

③ 基线（峰底）宽度 W　通过色谱峰两侧拐点处的切线在基线上截距间的距离，即 0.134 倍峰高处色谱峰的宽度。如图 10-3 中 IJ 间的距离，它与标准偏差和半峰宽的关系为

$$W=4\sigma=1.699W_{1/2} \tag{10-2}$$

(4) 拖尾因子

拖尾因子（tailing factor）又叫对称因子（symmetry factor），用于衡量色谱峰的对称性。计算式为

$$T=\frac{W_{0.05h}}{2A}=\frac{A+B}{2A} \tag{10-3}$$

式中，$W_{0.05h}$ 为 0.05 倍峰高处的峰宽；A、B 分别为在该处的色谱峰前沿与后沿和色谱峰顶点至基线的垂线之间的距离。T 应在 0.95～1.05 之间，此时色谱峰为对称峰，见图 10-4。

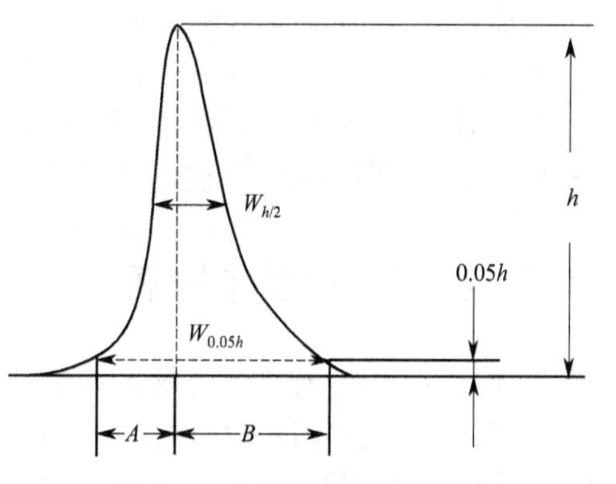

图 10-4　拖尾因子计算示意图

(5) 保留时间

保留时间为组分在色谱柱内滞留的时间。

① 死时间 t_M　不被固定相吸附或溶解的组分（如空气、甲烷），从进样开始到出现峰极大值所需的时间称为死时间，它正比于色谱柱的空隙体积，如图 10-3 中 $O'A'$ 所示。因为这种物质不被固定相吸附或溶解，故其流动速度与流动相相同。测定流动相平均线速 u 时，可用柱长 L 与 t_M 比值计算，即

$$u=\frac{L}{t_M} \tag{10-4}$$

② 保留时间 t_R　组分从进样开始到色谱柱后出现浓度极大值时所需要的时间，称为保留时间，如图 10-3 中 $O'B'$ 所示。

③ 调整保留时间 t'_R　某组分的保留时间扣除死时间后，称为该组分的调整保留时间，即

$$t'_R=t_R-t_M \tag{10-5}$$

由于组分在色谱柱中的保留时间 t_R 包含了组分随流动相通过柱子所需的时间和组分在

固定相中滞留所需的时间，所以 t'_R 实际上是组分在固定相中的保留时间。

保留时间是色谱法定性的依据，但同一组分的保留时间常受到流动相流速的影响，因此有时用保留体积来表示保留值。

（6）保留体积

保留体积为将组分洗脱出色谱柱所需流动相体积。

① 死体积 V_M　死体积系指色谱柱内固定相颗粒间的间隙体积、色谱仪中连接管道、接头及检测器的内部体积的总和。当后两项很小可忽略不计时，死体积可由死时间与流动相的体积流速 F_C（mL/min）计算，即

$$V_M = t_M F_C \tag{10-6}$$

② 保留体积 V_R　指从进样开始到被测物质在柱后出现浓度极大值所通过的流动相体积。保留体积与保留时间的关系为

$$V_R = t_R F_C \tag{10-7}$$

③ 调整保留体积 V'_R　某组分的保留体积扣除死体积后就是该组分的调整保留体积，即

$$V'_R = V_R - V_M = t'_R F_C \tag{10-8}$$

（7）相对保留值 $r_{i,s}$

待测成分 i 与基准物质 s 的调整保留值之比，称为待测成分 i 对基准物 s 的相对保留值 $r_{i,s}$。相对保留值也可以是它们的分配系数、容量因子之比。

$$r_{i,s} = \frac{t'_{Ri}}{t'_{Rs}} = \frac{V'_{Ri}}{V'_{Rs}} = \frac{K_i}{K_s} = \frac{k_i}{k_s} \tag{10-9}$$

$r_{i,s}$ 只与柱温、固定相和流动相的性质有关。而与柱径、柱长、填充均匀程度和流动相流速无关，因此 $r_{i,s}$ 是色谱定性分析的重要参数之一。$r_{i,s}$ 亦可用于衡量色谱的选择性。

基准物质 s 是另外加入的并非样品中存在的一种纯物质，例如，气相色谱法在样品中加入的苯、丙酮、乙酸乙酯等。要求基准物质的色谱峰在待测成分的附近，且彼此完全分离。

在色谱分离过程中，基准物 s 可能在待测成分之前流出色谱柱，也可能在其后流出色谱柱，因此，$r_{i,s}$ 可能是一个大于 1 的参数，也可能是一个小于 1 的参数。

10.3 色谱法的基本原理

色谱理论的建立促进了色谱法的发展。组分的保留时间受色谱过程的热力学因素控制（温度及流动相和固定液的结构与性质），而色谱峰变宽则受色谱过程的动力学因素控制（组分在两相中的运动情况）。色谱理论需要解决色谱分离过程中的热力学和动力学两个方面的问题，即影响分离及柱效的因素与提高柱效的途径、柱效的评价指标与色谱参数间的关系等。

10.3.1 分配系数及保留因子与选择因子的关系

组分在固定相和流动相间发生的吸附、脱附，或溶解、挥发过程叫作两相分配过程。当组分在固定相中的量较大时，在色谱柱中停留时间必然长，即组分的保留时间较大。色谱分离与两相分配过程有关，试样组分在两相中的分配情况可用分配系数来表征。

（1）分配系数（partition coefficient）

分配系数是在一定温度和压力下，组分在固定相和流动相中平衡浓度的比值，用 K 表

示如下

$$K=\frac{c_s}{c_m} \tag{10-10}$$

式中，c_s 为组分在固定相中的浓度，g/mL；c_m 为组分在流动相中的浓度，g/mL。

分配系数是由组分、固定相和流动相的热力学性质决定的，它是每一个组分的特征值。它与两相性质和温度有关，与两相体积、柱管特性及所使用仪器无关。同一条件下，如两组分的 K 值相等，则色谱峰重合。若两组分 K 值不同，则 K 小的组分在流动相中浓度大，先流出色谱柱；反之，则后流出色谱柱。

(2) 保留因子（retention factor）

在实际工作中，也常用保留因子来表征色谱分配平衡过程。保留因子表示在一定温度和压力下，分配平衡时，组分在两相中的质量比，用 k 表示如下

$$k=\frac{m_s}{m_m} \tag{10-11}$$

式中，m_s 为组分在固定相中的质量；m_m 为组分在流动相中的质量。k 越大，表示组分在色谱柱内固定相中的量越大，相当于柱容量越大，因此，分配比又称为容量因子。

分配系数与保留因子都是与组分、固定相及流动相的热力学性质有关的常数，随分离柱温度、柱压力的改变而变化，因而可通过改变操作条件来提高分离效果。分配系数与保留因子也都是衡量色谱柱对组分保留能力的参数，数值越大，该组分的保留时间越长。分配系数无法直接由实验获得，但保留因子可以由实验测得某组峰的保留值后计算获得。

(3) 分配系数与保留因子的关系

分配系数与保留因子之间存在着联系，其关系如下

$$k=\frac{c_sV_s}{c_mV_m}=K\frac{V_s}{V_m}=\frac{m_s}{m_m} \tag{10-12}$$

$$K=k\frac{V_m}{V_s}=k\beta \tag{10-13}$$

式中，β 称为相比率，它是反映各种色谱柱柱型特点的一个参数。例如对填充柱，β 值一般为 6～35；对毛细管柱，β 值一般为 5～1500。

(4) 分配系数及保留因子与选择因子的关系

混合物中组分 2 与组分 1 的调整保留时间之比称为选择因子 α。组分 2 与组分 1 均为样品中存在的成分。

$$\alpha=\frac{t'_{R_2}}{t'_{R_1}}=\frac{V'_{R_2}}{V'_{R_1}}=\frac{K_2}{K_1}=\frac{k_2}{k_1} \tag{10-14}$$

通过选择因子 α 把实验测得值 k 与热力学性质的分配系数 K 直接联系起来，α 对固定相的选择具有实际意义。但 α 不能反映两物质的实际分离情况，还需引入分离度的概念。

10.3.2 保留因子与保留时间的关系

色谱过程是物质在相对运动的两相间平衡分布的过程，当达到动态平衡时，从微观出发，一个样品分子在流动相中出现的概率，即在流动相中停留的时间分数，以 R' 表示。若

$R'=1/3$，则表示这个分子有 1/3 的时间在流动相，而有 2/3 的时间在固定相。从宏观出发，对于大量的溶质分子而言，则表示有 1/3 的分子在流动相，有 2/3（即 $1-R'$）的分子在固定相中。我们定义组分的这个时间分数或浓度分数为保留因子 R'。流动相和固定相中溶质分子的量分别用 $c_m V_m$ 和 $c_s V_s$ 表示，因此

$$\frac{1-R'}{R'}=\frac{c_s V_s}{c_m V_m}=K\frac{V_s}{V_m} \tag{10-15}$$

整理上式即得

$$R'=\frac{1}{1+K\dfrac{V_s}{V_m}}=\frac{1}{1+k} \tag{10-16}$$

当 $R'=1$ 时，溶质全部随流动相前移，不能进入固定相，不被保留；当 $R'=0$ 时，溶质全部进入固定相，不随流动相前移。可见 R' 在 0～1 之间，它可以衡量溶质被保留的情况，所以又称保留因子。

同理，R' 也是表示溶质分子在流经整个柱时的相对移动速度。若 $R'=1/3$，表示溶质分子在柱中移行的速度相当于流动相流经整个柱的移行速度的 1/3。因为 t_M 表示流动相分子流经整个色谱柱的时间，所以溶质分子流经同样路程的保留时间 t_R 将是 t_M 的 $1/R'$ 倍。即

$$t_R=\frac{t_M}{R'}=t_M\left(1+K\frac{V_s}{V_m}\right)=t_M(1+k) \tag{10-17}$$

此式说明在给定条件下，分配系数或容量因子越大，溶质分子的保留时间越长。

同理，溶质分子在色谱柱中经过同样路程的保留体积 V_R 将是流动相体积 V_M 的 $1/R'$ 倍。

$$V_R=\frac{V_M}{R'}=V_M\left(1+K\frac{V_s}{V_m}\right)=V_M(1+k) \tag{10-18}$$

由式(10-17) 可得

$$k=\frac{t_R-t_M}{t_M}=\frac{t'_R}{t_M} \tag{10-19}$$

根据上式，k 值可直接由色谱图数据求得。

10.3.3 色谱分离的前提条件

当试样由载气携带进入色谱柱并与固定相接触时，被固定相溶解或吸附，随着载气的不断通入，被溶解或吸附的组分又从固定相中挥发或脱附，向前移动时又再次被固定相溶解或吸附，随着载气的流动，溶解、挥发，或吸附、脱附的过程反复地进行，从而实现了色谱分离。因此，若要使混合物中的组分完全分离，必须满足三点：两组分的分配系数必须有差异；区域扩宽的速率应小于区域分离的速率；在保证快速分离的前提下，提供足够长的色谱柱。前两点是完全分离的必要条件。

10.3.4 塔板理论

1941 年詹姆斯和马丁提出塔板理论，并用数学模型描述了色谱分离过程。他们把色谱柱比作一个精馏塔，借用精馏塔中塔板的概念来描述组分在两相间的分配行为，同时引入理论塔板数作为衡量柱效率的指标，即色谱柱是由一系列连续的、相等水平的塔板组成。同时还建立了塔板理论假设：① 在每一个平衡过程间隔内，平衡可以迅速达到；② 将载气看作脉动（间歇）过程；③ 试样沿色谱柱方向的扩散可忽略；④ 每次分配的分配系数相同。

色谱柱长（L）、虚拟的塔板高度（H）与色谱柱的理论塔板数（n）三者的关系为

$$n=\frac{L}{H} \tag{10-20}$$

色谱峰的方差 σ 与柱长或保留时间的关系为：

$$H=\frac{\sigma_{L}^{2}}{L}=\frac{\sigma_{t}^{2}L}{t_{R}^{2}} \tag{10-21}$$

标准色谱峰为正态分布，在 0.607 倍峰高处的峰宽为 2σ，峰底宽 $W=4\sigma$，则

$$n=5.54\left(\frac{t_{R}}{W_{1/2}}\right)^{2}=16\left(\frac{t_{R}}{W}\right)^{2} \tag{10-22}$$

根据塔板理论可知，色谱峰越窄，单位柱长的塔板数 n 越多，理论塔板高度 H 就越小，则柱效能就越高，分离能力就越强。

在实际应用中，经常出现计算出来的 n 值尽管很大，H 很小，但色谱柱的分离能力却不高的现象。这是由于采用 t_R 计算时，并未扣除死时间 t_M，而死时间并不参与柱内的分配。因而提出了用扣除死时间后的有效理论塔板数和有效理论塔板高度作为柱效能指标。

$$n_{有效}=5.54\left(\frac{t'_{R}}{W_{1/2}}\right)^{2}=16\left(\frac{t'_{R}}{W}\right)^{2} \tag{10-23}$$

$$H_{有效}=\frac{L}{n_{有效}} \tag{10-24}$$

由于不同物质在同一色谱柱的分配系数不同，所以同一色谱柱对不同物质的柱效能是不一样的。因此，在说明柱效时，除注明色谱条件外，还应指出用什么物质进行测量的。

塔板理论用热力学观点解释了溶质在色谱柱中的分配平衡和分离过程，导出了流出曲线的数学模型，给出了衡量色谱柱分离效能的指标。但柱效并不能表示被分离组分的实际分离效果，因为两组分的分配系数 K 相同时，无论该色谱柱的塔板数多大都无法实现分离。在实验过程中还发现同一色谱柱在不同的载气流速下柱效不同的实验结果，从以上塔板理论的关系式来看无法解释。同时，塔板理论也不能指出影响柱效的因素及提高柱效的途径。由于流动相的快速流动及传质阻力的存在，分离柱中两相间的分配平衡不能快速建立，所以塔板理论存在不足，只是近似描述了发生在色谱柱中的实际过程。

10.3.5　速率理论

范第姆特（Van Deemter）等在研究气液色谱时，提出了色谱分离过程的动力学理论——速率理论。他们吸收了塔板理论中塔板高度的概念，同时考虑了影响塔板高度的动力学因素，指出理论塔板高度是色谱峰展宽的量度，导出了塔板高度与载气线速度的关系式，此关系式称为速率理论方程式，简称范式方程。范式方程的数字简化式为

$$H=A+\frac{B}{u}+Cu \tag{10-25}$$

式中，H 为理论塔板高度；u 为流动相的流动速率；A、B、C 为常数，分别对应于涡流扩散、分子扩散、传质阻力三项。

由此可知，减小 A、B、C 的值可提高柱效，但这三项分别与哪些因素有关是我们所关心的问题，下面对这三项分别进行讨论。

(1) 涡流扩散项

在填充色谱柱中，载有组分分子的流动相碰到填充物颗粒时，不断改变流动方向，使组分分子在前进中形成紊乱的类似“涡流”的流动，故称涡流扩散。

由于填充物颗粒大小的不同及其填充的不均匀性，组分分子通过色谱柱时的路径长短不同，因而，同时进入色谱柱的路径长短不同，所以同时进入色谱柱的相同组分在柱内停留时间不同，到达柱子出口的时间有先有后，导致色谱峰变宽，如图 10-5 所示。

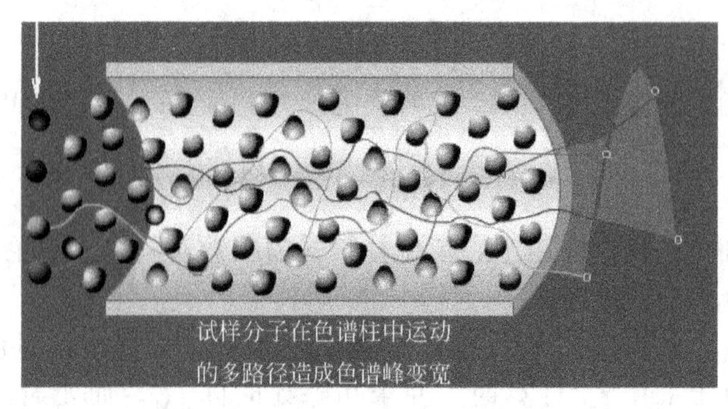

图 10-5 涡流扩散

涡流扩散项的大小与固定相的平均颗粒直径和填充是否均匀有关，可表述为

$$A=2\lambda d_{p} \tag{10-26}$$

式中，d_p 为固定相的平均颗粒直径；λ 为固定相的填充不均匀因子。涡流扩散项的大小与流动相流速无关。固定相颗粒越小，填充得越均匀，A 值越小，柱效越高，表现在由涡流扩散所引起的色谱峰变宽现象减轻，色谱峰较窄。

(2) 分子扩散项

组分以很窄的“塞子”形式进入色谱柱，由于其前后存在浓度差，当其随着流动相向前流动时，试样中组分分子将沿着柱子产生纵向扩散，导致色谱峰变宽。如图 10-6 所示。

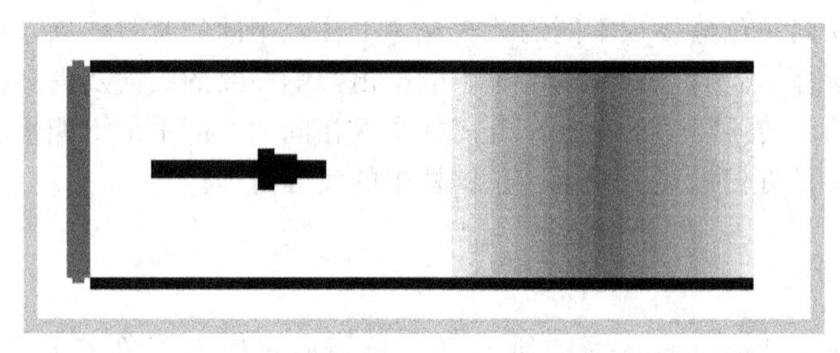

图 10-6 分子扩散

分子扩散项系数为

$$B=2\gamma D_{g} \tag{10-27}$$

式中，γ 是填充柱内流动相扩散路径弯曲的因素，也称弯曲因子，它反映了固定相颗粒的几何形状对自由分子扩散的阻碍情况；D_g 为组分在流动相中的扩散系数，cm^3/s。

分子扩散项与流速有关，流速越小，组分在柱中滞留的时间越长，扩散越严重。组分分子在气相中的扩散系数要比在液相中的大，故气相色谱中的分子扩散要比液相色谱中的严重。在气相色谱中，采用摩尔质量较大的载气，可使 D 值减小，两者之间存在如下关系：

$$D_{g} \propto \frac{1}{\sqrt{M_{载气}}} \tag{10-28}$$

(3) 传质阻力项

传质阻力包括流动相传质阻力 C_m 和固定相传质阻力 C_s，即：

$$C=C_{m}+C_{s} \tag{10-29}$$

$$C_m = \frac{0.01k^2}{(1+k)^2} \times \frac{d_p^2}{D_m} \tag{10-30}$$

$$C_s = \frac{2}{3} \times \frac{k}{(1+k)^2} \times \frac{d_f^2}{D_s} \tag{10-31}$$

式中，k 为容量因子，D_m、D_s 为扩散系数。

由上式可见，减小固定相颗粒粒度，选择相对分子质量小的气体作载体，可降低传质阻力。

速率方程中，A 项与流速无关。在毛细管色谱中，分离柱为中空毛细管，则 $A=0$。B、C 两项对塔板高度的贡献随流动相流速改变而不同。流动相流速较高时，传质阻力项是影响柱效的主要因素，流速增加，传质不能快速到达平衡，柱效下降；载气流速低时，分子扩散项成为影响柱效的主要因素，流速增加，柱效增加。B、C 两项对塔板高度的贡献随流动相流速的变化关系如图 10-7 所示。

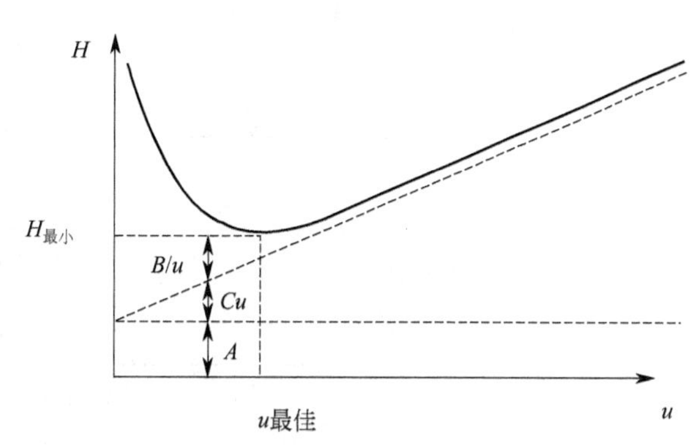

图 10-7 H-u 关系图与最佳载气流速

由于流速对 B、C 两项完全相反的作用，流速对柱效的总影响使得存在着一个最佳流速值，即速率方程式中塔板高度对流速的一阶导数有一极小值。

$$\frac{dH}{du} = -\frac{B}{u^2} + C = 0 \tag{10-32}$$

$$u_{最佳} = \sqrt{\frac{B}{C}} \tag{10-33}$$

$$H_{最佳} = A + 2\sqrt{BC} \tag{10-34}$$

选取三个不同的载气流速并测定某组分的保留值，由塔板理论公式分别计算出不同载气流速下分离柱的理论塔板高度，并将数据分别代入速率方程，得到一个方程组，可解得 A、B、C 的值，代入以上关系即可获得最佳流速和最小塔板高度。

由以上的讨论，可归纳出速率理论的要点：

① 组分分子在柱内运动的多路径，涡流扩散、浓度梯度所造成的分子扩散，及传质阻力使气液两相间的分配平衡不能瞬间达到等因素，是造成色谱峰扩展、柱效下降的原因。

② 通过选择适当的固定相粒度、载气种类、液膜厚度及载气流速可提高柱效。

③ 速率理论为色谱分离和操作条件选择提供了理论指导，阐明了流速和柱温对柱效及分离的影响。

④ 各种因素相互制约。如流速增大，分子扩散项的影响减小，使柱效提高，但同时传质阻力项的影响增大，又使柱效下降。柱温升高，有利于传质，但又加剧了分子扩散项的影响，选择最佳操作条件，才能使柱效达到最高。

10.3.6 分离度与色谱分离方程式

塔板理论和速率理论都难以描述难分离物质对的实际分离程度，即柱效为多大时，相邻两组分能够被完全分离。难分离物质对的分离度大小受色谱分离过程中两种因素的综合影响：保留值之差——色谱分离过程的热力学因素；区域宽度——色谱分离过程中的动力学因素。

色谱分离中的四种情况如图 10-8 所示。图中①的柱效较高，ΔK（分配系数）较大，完全分离；图中②的 ΔK 不是很大，柱效较高，峰较窄，基本分离；图中③的柱效较低，ΔK 较大，但分离得不好；图中④的 ΔK 小，柱效低，分离效果更差。

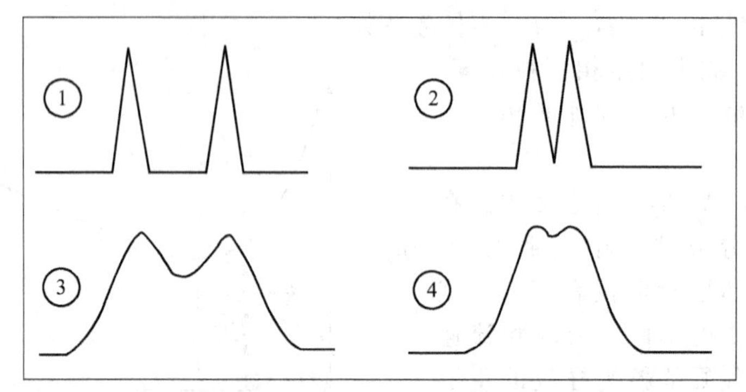

图 10-8　色谱分离中的四种情况

考虑色谱分离过程的热力学因素和动力学因素，引入分离度（R）来定量描述混合物中相邻两组分的实际分离程度。

(1) 分离度

分离度又称分辨率，其大小为相邻两组分色谱峰保留值之差与两组分色谱峰底宽总和的一半的比值，即：

$$R=\frac{2(t_{R_2}-t_{R_1})}{W_1+W_2} \tag{10-35}$$

分离度 R 是一个综合性指标。它既能反映柱效率又能反映选择性，称总分离效能指标。R 值越大，表明相邻两组分分离越好。一般来说，当 $R<1$ 时，两峰有部分重叠；当 $R=1$ 时，分离程度可达 98%；当 $R=1.5$ 时，分离程度可达 99.7%。通常用 $R=1.5$ 作为组分已完全分离的标志。

(2) 色谱分离方程式

分离度受柱效 n、选择因子 α 和容量因子 k 三个参数控制。对于难分离物质对，由于它们的分配比差别小，可合理地假设 $k_1 \approx k_2 = k$，$W_1 \approx W_2 = W$。由 $n=16(t_R/W)^2$ 得

$$\frac{1}{W}=\frac{\sqrt{n}}{4}\times\frac{1}{t_R} \tag{10-36}$$

分离度 R 为

$$R=\frac{\sqrt{n}}{4}\left(\frac{\alpha-1}{\alpha}\right)\left(\frac{k}{k+1}\right) \tag{10-37}$$

即为基本色谱分离方程式。在实际应用中，往往用有效理论塔板数代替 n。

$$n=n_{\text{有效}}\left(\frac{k+1}{k}\right)^2 \tag{10-38}$$

将上述两式结合，可得到基本的色谱方程的表达式

$$R=\frac{\sqrt{n_{\text{有效}}}}{4}\left(\frac{\alpha-1}{\alpha}\right) \tag{10-39}$$

① 分离度与柱效的关系　由式(10-39) 可以看出，具有一定选择因子 α 的物质对，

分离度直接和有效塔板数有关，说明有效塔板数能正确地代表柱效能。当固定相确定，被分离物质对的 α 确定后，分离度将取决于 n。这时，对于一定理论板高的柱子，分离度的平方与柱长成正比，即

$$\left(\frac{R_1}{R_2}\right)^2=\frac{n_1}{n_2}=\frac{L_1}{L_2} \tag{10-40}$$

这说明用较长的色谱柱可以提高分离度，但延长了分析时间。因此，提高分离度的好方法是制备出一根性能优良的柱子，通过降低板高，提高分离度。

② 分离度与选择因子的关系　由基本色谱方程式判断，当 $\alpha=1$ 时，$R=0$。这时，无论怎样提高柱效也无法使两组分分离。显然，α 大，选择性好。研究证明，α 的微小变化，就能引起分离度的显著变化。一般通过改变固定相和流动相的性质和组成或降低柱温，可有效增大 α 值。

③ 分离度与保留因子的关系　保留因子 k 值增大时，对 R 有利。当 $k>10$ 时，$k/(k+1)$ 的改变不大，对 R 改进不明显，故 k 值最佳范围是 $1<k<10$，这样既可得到较大的 R 值，又可减少分析时间和峰的扩展。

【本章小结】

(1) 半峰宽 $W_{1/2}$

即峰高一半处对应的宽度，它与标准偏差的关系为

$$W_{1/2}=2\sigma\sqrt{2\ln 2}=2.355\sigma$$

(2) 基线（峰底）宽度 W

W 为通过色谱峰两侧拐点处的切线在基线上截距间的距离，即0.134倍峰高处色谱峰的宽度。它与标准偏差和半峰宽的关系是 $W=4\sigma=1.699W_{1/2}$。

(3) 拖尾因子

拖尾因子又叫对称因子，用于衡量色谱峰的对称性。

计算式为

$$T=\frac{W_{0.05h}}{2A}=\frac{A+B}{2A}$$

(4) 保留时间

保留时间为组分在色谱柱内滞留的时间。

① 死时间 t_M　从进样开始到出现峰极大值所需的时间。

② 保留时间 t_R　组分从进样开始到色谱柱后出现浓度极大值时所需要的时间。

③ 调整保留时间 t'_R　某组分的保留时间与死时间的差值，即 $t'_R=t_R-t_M$。

(5) 保留体积

① 死体积 V_M　死体积系指色谱柱内固定相颗粒间的间隙体积、色谱仪中连接管道、接头及检测器的内部体积的总和。

② 保留体积 V_R　指从进样开始到被测物质在柱后出现浓度极大值所通过的流动相体积。

③ 调整保留体积 V'_R　某组分的保留体积与死体积的差值。即 $V'_R=V_R-V_M=t'_RF_C$。

(6) 相对保留值 $r_{i,s}$

待测成分i与基准物质s的调整保留值之比，称为待测成分i对基准物s的相对保留值 $r_{i,s}$。相对保留值也可以是它们的分配系数、容量因子之比。

$$r_{i,s}=\frac{t'_{Ri}}{t'_{Rs}}=\frac{V'_{Ri}}{V'_{Rs}}=\frac{K_i}{K_s}=\frac{k_i}{k_s}$$

(7) 分离度与色谱分离方程式

① 分离度　分离度又称分辨率，其大小为相邻两组分色谱峰保留值之差与两组分色谱峰底宽总和的一半的比值，即：

$$R=\frac{2(t_{R_2}-t_{R_1})}{W_{b_2}+W_{b_1}}$$

R 值越大，表明相邻两组分分离越好。当 $R<1$ 时，组分有部分重叠；当 $R=1$ 时，分离程度可达 98%；当 $R=1.5$ 时，分离程度可达 99.7%。通常用 $R=1.5$ 作为组分已完全分离的标志。

② 色谱分离方程式　分离度受柱效 n、选择因子 α 和容量因子 k 三个参数控制。

a. 分离度与柱效的关系　对于一定理论板高的柱子，分离度的平方与柱长成正比：$\left(\frac{R_1}{R_2}\right)^2=\frac{n_1}{n_2}=\frac{L_1}{L_2}$。

b. 分离度与选择因子的关系　由基本色谱方程式判断，当 $\alpha=1$ 时，$R=0$。这时，无论怎样提高柱效也无法使两组分分离。α 大时，选择性好。通过改变固定相和流动相的性质和组成或降低柱温，可有效增大 α 值。

c. 分离度与保留因子的关系　保留因子 k 值增大时，对 R 有利。当 $k>10$ 时，$k/(k+1)$ 的改变不大，对 R 改进不明显，故 k 值最佳范围是 $1<k<10$，这样既可得到较大的 R 值，又可减少分析时间和峰的扩展。

(8) 速率理论

① 速率理论方程式，简称范式方程：$H=A+\frac{B}{u}+Cu$

② 影响柱效的动力学因素包括以下三项：

a. 涡流扩散项　　$A=2\lambda d_p$

固定相颗粒越小，填充得越均匀，A 值越小，柱效越高，表现在由涡流扩散所引起的色谱峰变宽现象减轻，色谱峰较窄。

b. 分子扩散项　　$B=2\gamma D_g$

ⅰ. 存着着浓度差，产生纵向扩散，扩散导致色谱峰变宽，H 增加（n 下降），分离变差。

ⅱ. 分子扩散项与流速有关，流速下降，滞留时间增加，扩散严重。

ⅲ. 选用分子摩尔质量较大的载气，可使 B 值减小。

c. 传质阻力项　传质阻力包括流动相传质阻力 C_m 和固定相传质阻力 C_s，即：

$$C=C_m+C_s \qquad C_m=\frac{0.01k}{(1+k)^2}\times\frac{d_p^2}{D_m} \qquad C_s=\frac{2}{3}\times\frac{k}{(1+k)^2}\times\frac{d_f^2}{D_s}$$

ⅰ. 降低液膜厚度可以减少传质阻力，C 值变小，H 减小。

ⅱ. 升高温度有利于物质传递，减小传质阻力，C 值变小，H 降低。

③ 最佳流速

$$u_{最佳}=\sqrt{\frac{B}{C}} \qquad H_{最佳}=A+2\sqrt{BC}$$

【习题】

1. 色谱法是如何进行分类的？

2. 说明容量因子的物理含义及与分配系数的关系。为什么容量因子（或分配系数）不等是分离的前提？

3. 分离度 R 是分离性能的综合指标。R 怎样计算？在一般定量、定性或制备色谱纯物质时，对 R 如何要求？

4. 提高柱效的方法和途径有哪些？

5. 假如一个溶质的保留因子为0.2，计算它在色谱柱流动相中的质量分数。 (83.3%)

6. 某色谱柱死体积30mL，固定相体积1.5mL，组分A、B保留时间分别为360s、390s，死时间60s，计算A、B的分配系数以及相对保留值。 (100，110，1.1)

7. 在一定条件下，两个组分的调整保留时间分别为85s和100s，要达到完全分离，即 $R=1.5$。计算需要多少块有效塔板。若填充柱的塔板高度为0.1cm，柱长是多少？

(1547，1.55m)

8. 在一定条件下，两个组分的保留时间分别为12.2s和12.8s，计算分离度（柱长1m，$n=3600$）。 (0.72)

9. 某一气相色谱柱速率方程中的 A、B 和 C 值分别是0.08cm，0.36cm^2/s和 4.3×10^{-2}s，计算最佳线速度和最小塔板高度。 (2.9cm/s，最小塔板高度为0.33cm)

10. 某气相色谱柱中流动相体积是固定相体积的20倍，载气流速为6cm/s，柱的理论塔板高度为0.60mm，两组分在柱中的分配系数比为1∶1，后出柱组分的分配系数为120。当两组分达完全分离时，第二组分的容量因子为多少？柱的理论塔板数为多少？柱长是多少？第二组分的保留时间是多少？ (6.0，5900，3.6m，7.0min)

第11章 气相色谱法

【本章教学要求】

- 掌握重要色谱检测器的结构、原理、特性；色谱条件的选择方法，定量分析方法及相关应用、计算。
- 熟悉气相色谱仪的基本结构流程及关键部件。
- 了解固定相的选择，气质联用技术及其应用。

【导入案例】

随着新交通法的实施，驾车者血液中乙醇含量的检测日趋普遍，利用气相色谱法定性及定量检测血液中乙醇含量成为了司法认定的主要检测手段。

气相色谱的出现使色谱技术从最初的定性分离手段进一步演化为具有分离功能的定量测定手段，并且极大地刺激了色谱技术和理论的发展。相比于早期的液相色谱，以气体为流动相的色谱对设备的要求更高，这促进了色谱技术的机械化、标准化和自动化；气相色谱需要特殊和更灵敏的检测装置，这促进了检测器的开发；而气相色谱的标准化又使得色谱学理论得以形成，色谱学理论中有着重要地位的塔板理论和Van Deemter方程，以及保留时间、保留指数、峰宽等概念都是在研究气相色谱行为的过程中形成的。

用气体作为流动相的色谱法称为气相色谱法（gas chromatography，GC）。它具有高选择性、高效能、灵敏度高、操作简单、分析速度快及应用广泛等特点。特别是在分析过程中，由于使用了高灵敏度的检测器，可以检测10^{-10}～10^{-13}g物质，因此气相色谱法是环境监测、食品安全、化工、医药产品检测等方面一种应用最广的方法。

11.1 气相色谱仪

11.1.1 气相色谱仪的基本流程

进行气相色谱法分析时，载气（一般用氮气或氢气）由高压钢瓶供给，经减压阀减压后，载气进入净化管干燥净化，然后由稳压阀控制载气的流量和压力，并由流量计显示载气进入柱之前的流量，然后以稳定的压力进入汽化室、色谱柱、检测器，最后放空。当汽化室中注入样品时，样品立即被汽化并被载气带入色谱柱进行分离。分离后的各组分，先后流出色谱柱进入检测器，检测器将其浓度信号转变成电信号，再经放大器放大后在记录器上显示出来，就得到了色谱的流出曲线。利用色谱流出曲线上的色谱峰就可以进行定性、定量分析。气相色谱仪基本流程如图 11-1 所示。

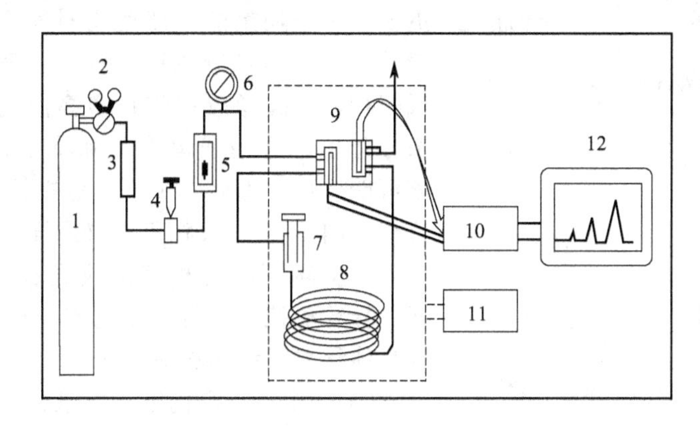

图 11-1 气相色谱仪基本流程示意图

1—载气钢瓶；2—减压阀；3—净化干燥管；4—针形阀；5—流量计；6—压力表；
7—进样口与汽化室；8—色谱柱；9—热导检测器；10—放大器；11—温度控制器；12—记录仪

11.1.2 气相色谱仪的基本结构

气相色谱仪的型号较多，随着计算机的广泛使用和自动化控制程度的提高，仪器设备的性能也有了较大幅度的提高，但各类仪器的基本组成大致相同，均由气路系统、进样系统、分离系统、检测系统和数据处理系统组成。

(1) 气路系统

气路系统包括气源、气体净化、气体流速控制和测量。其作用是提供稳定而可调节的气流，保证气相色谱仪的正常运转，因此，正确选择载气、控制气体的流速，是气相色谱仪正常操作的重要条件。

① 气源 气源就是提供载气和/或辅助气体的高压钢瓶或气体发生器。载气构成气相色谱过程中的重要一相——流动相。可作为载气的气体很多，原则上，只要不与被分析组分发生化学反应的气体均可作为载气。常用的有氮气、氢气、氦气和氩气等。在实际应用中载气的选择主要根据检测器的特性来决定，同时也考虑色谱柱的分离效能和分析时间。

② 净化器 净化器是用来提高载气纯度的装置，其主要作用是去除载气中的微量水、有机物等杂质，保证基线的稳定性及提高仪器的灵敏度。净化剂主要有活性炭、分子筛、硅胶和脱氧剂，它们分别用来除去烃类物质、水分和氧气。

③ 气流控制装置 一般由压力表、针形阀、稳流阀构成，具备自动化程度的仪器还有电磁阀、电子流量计等。由于载气流速是影响色谱分离和定性分析的重要操作参数之一，因此要求载气流速稳定，尤其是在使用毛细管柱时，柱内载气流量一般为 1～3mL/min，如果控制不精确，就会造成保留时间的重现性差。

(2) 进样系统

进样系统包括样品导入装置（如注射器、六通阀和自动进样器等）和汽化室。进样方式可采用溶液直接进样或顶空进样。

① 样品导入装置　液体或固体样品一般需用适当的溶剂将其溶解后，用微量注射器进样，气相色谱手动进样最常用的是 10μL 微量注射器，其进样量一般不要小于 1μL。为防止进样后漏气，气进样口一般设有隔垫，材质一般为硅橡胶。硅橡胶在使用多次后会失去作用，应经常更换。一个隔垫的连续使用时间不能超过一周。由于硅橡胶中不可避免地含有一些残留溶剂或低分子低聚物，且硅橡胶在汽化室高温的影响下还会发生部分降解，这些残留溶剂和降解产物进入色谱柱，就可能出现“鬼峰”（即不是样品本身的峰），影响分析。图 11-2 为气相色谱仪进样系统示意图。

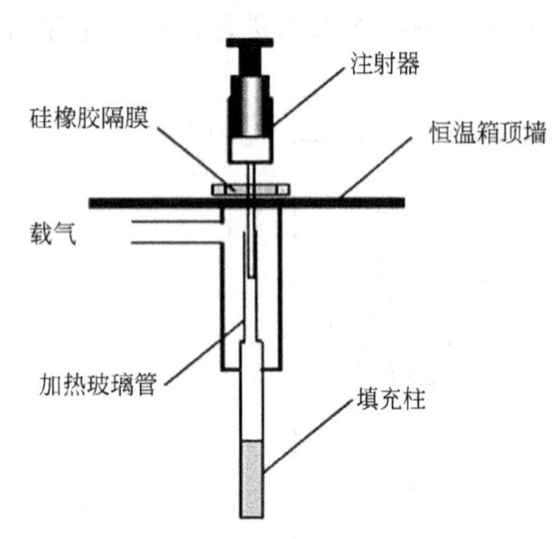

图 11-2　气相色谱仪进样系统示意图

许多高档的气相色谱仪还配置了自动进样器，通过计算机控制使得气相色谱分析实现了全自动化，其具体结构可参阅相关专著。

② 汽化室　汽化室是将液体样品瞬间汽化为蒸气的装置。为了让样品瞬间汽化而不被分解，要求汽化室热容量大，温度足够高，而且无催化效应。为了尽量减小柱前色谱峰的展宽，汽化室的死体积应尽可能小。

(3) 分离系统

分离系统主要包括色谱柱和柱箱。色谱柱是色谱分离的心脏，主要由固定相、流动相组成，其性质好坏决定了色谱分离的成败。

在分离系统中，柱箱相当于一个精密的恒温箱。柱箱最重要的参数是控温参数。柱箱的操作温度一般在 450℃左右，且均带有多阶程序升温设计，能满足色谱优化分离的需要。

(4) 检测系统

检测系统由检测器与放大器等组成。其作用是将经色谱柱分离的各组分，按其特性和含量转换成易于记录的电信号，再经放大器放大后输送给记录仪记录下来，常被视为色谱仪的“眼睛”，是色谱仪的关键部件。

(5) 数据处理系统

数据处理系统最基本的功能是将检测器输出的模拟信号进行采集、信号转换、数据处理与计算，并打印出信号强度随时间的变化曲线，即色谱图。

现代的色谱仪都有一个色谱工作站（由工作软件＋微型计算机＋打印机组成），它能完成数据处理系统的所有任务，有的还能对色谱仪器实现实时自动控制。

11.2 色谱柱

色谱柱由柱体和柱内的固定相组成。色谱柱可分为填充柱和毛细管柱两种。填充柱柱体材料大多数情况下使用不锈钢，毛细管柱体普遍使用石英玻璃。填充柱一般采用内径 2～4mm 的不锈钢管制成螺旋形管柱，常用柱长 2～3m。毛细管柱通常为内径 0.1～0.5mm、长 25～300m 的石英玻璃柱，呈螺旋形，固定相涂在或键合在毛细管壁上。

气相色谱柱中常见的固定相有固体固定相和液体固定相。

11.2.1 固体固定相

固体固定相是具有多孔性及较大面积的固体颗粒吸附剂。常用的有非极性的活性炭、氧化铝、强极性的硅胶等。

① 活性炭 非极性，具有较大的比表面积，吸附性较强，主要可分离永久性气体及低沸点烃类，最高使用温度不超过300℃。

② 活性氧化铝 弱极性，适用于常温下O_2、N_2、CO、CH_4、C_2H_6、C_2H_4等气体的分离，最高使用温度不超过400℃。CO_2能被活性氧化铝强烈吸附而不能用这种固定相进行分析。

③ 硅胶 具有较强的极性，与活性氧化铝具有大致相同的分离性能，除能分析上述物质外，还能分析CO_2、N_2O、NO、NO_2等，且能够分离臭氧，但由于臭氧在硅胶和热导检测器电阻丝上的分解作用使定量不够准确。

④ 分子筛 碱及碱土金属的硅铝酸盐，也称沸石，具有多孔性，属极性固定相。广泛应用于H_2、O_2、N_2、CH_4、CO等的分离，还能测定He、Ne、Ar、NO、N_2O等。气相色谱中常用的有5A分子筛和13X分子筛。5A分子筛特别适用于空气中O_2、N_2的分离，13X分子筛适合CH_4、CO等的分离。

⑤ 高分子多孔微球（GDX系列） 近年来发展的苯乙烯（或乙基苯乙烯）与二乙烯苯共聚而成的高分子多孔微球，扩展了气-固色谱的应用范围。

虽然气-固色谱固定相使用方便，但种类有限，能分离的对象不多，通常只应用于气体和低沸点物质的分析，远不如气-液色谱固定相应用广泛。

11.2.2 液体固定相

液体固定相由载体和固定液组成。

(1) 载体

载体一般是一种具有化学惰性、多孔的固体颗粒，能提供较大的比表面积，承担固定液使之成薄膜状分布在载体上。载体应表面积较大、化学惰性、热稳定性好、有一定的机械强度、不宜破碎。一般选用40～60目、60～80目或80～100目的颗粒。

载体主要有硅藻土和非硅藻土两大类，目前使用较多的载体主要是硅藻土类。硅藻土类载体包括红色载体和白色载体。

① 红色载体 由天然硅藻土直接煅烧而成，表面孔穴密集，孔径较小，表面积较大，机械强度好。缺点是表面存在活性吸附中心点，适宜非极性固定液，分离非极性或弱极性组分的试样；若与极性固定液配合使用，则易造成涂敷不均而影响柱效。

② 白色载体 天然硅藻土在煅烧之前加入了助熔剂（碳酸钠），形成的较大的疏松颗粒，孔径较大，比表面积较小，机械强度较差，但吸附性显著减小，适宜分离极性组分的试样。

③ 硅藻土载体处理方法 通常采取的方法有酸洗、碱洗、硅烷化等。

(2) 固定液

① 对固定液的要求 a. 蒸气压低、热稳定、化学稳定，操作温度高于固定液最低使用温度时为液体，低于固定液最高使用温度时不流失、不分解，不与载体、载气、组分发生化学反应；b. 对样品中各组分溶解度大，选择性高；c. 能在载体表面形成均匀液膜。

② 固定液的类型　固定液分类方法有多种，如按分子结构、极性、应用等分类方法。一般将固定液按有机化合物的分类方法分为脂肪烃、芳烃、醇、酯、聚酯、胺、聚硅氧烷等类别，并给出每种固定液的相对极性、最高最低使用温度、常用溶剂、分析对象等数据，以便选用时参考。在众多的固定液中，按使用频率、应用范围、极性、使用温度区间分布等因素筛选出一部分组成优选固定液组合，基本可满足大部分分析任务的需要。表 11-1 给出了常见的固定液品种。对于复杂的难分析组分，通常采用特殊固定液或两种及多种固定液配制成混合固定液。

表 11-1　常见的固定液品种

固定液名称	商品牌号	使用温度(最高)/℃	溶剂	相对极性	麦氏常数总和	分析对象(参考)
角鲨烷(异三十烷)	SQ	150	乙醚	0	0	烃类及非极性化合物
阿皮松 L	APL	300	苯	—	143	非极性和弱极性各类高沸点有机化合物
硅油	OV-101	350	丙酮	+1	229	各类高沸点弱极性有机化合物，如芳烃
苯基(10%)甲基聚硅氧烷	OV-3	350	甲苯	+1	423	
苯基(20%)甲基聚硅氧烷	OV-7	350	甲苯	+2	592	
苯基(50%)甲基聚硅氧烷	OV-17	300	甲苯	+2	827	
苯基(60%)甲基聚硅氧烷	OV-22	350	甲苯	+2	1075	
邻苯二甲酸二壬酯	DNP	130	乙醚	+2		
三氟丙基甲基聚硅氧烷	OV-210	250	氯仿	+2	1500	
氰丙基(25%)苯基(25%)甲基聚硅氧烷	OV-225	250		+3	1813	
聚乙二醇	PEG-20M	250	乙醇	氢键	2308	醇、醛酮、脂肪酸、酯等极性化合物
丁二酸二乙二醇聚酯	DEGS	225	氯仿	氢键	3430	

③ 固定液的选择　固定液的选择是实现样品成功分离的关键。固定液一般根据“相似相溶”的原理进行选择，大致可分为以下五种情况。

a. 分离非极性物质，一般选用非极性固定液，这时试样中各组分按沸点次序先后流出色谱柱，沸点低的先出峰，沸点高的后出峰。

b. 分离极性物质，选用极性固定液，这时试样中各组分主要按极性顺序分离，极性小的先流出色谱柱，极性大的后流出色谱柱。

c. 分离非极性和极性（或易被极化的组分）混合物时，一般选用极性固定液，这时非极性组分先出峰，极性组分（或易被极化的组分）后出峰。

d. 能形成氢键的试样，如醇、酚、胺和水等的分离，一般选择极性的或氢键型的固定液，这时试样中各组分按与固定液分子间形成氢键的能力大小先后流出，不易形成氢键的先流出，最易形成氢键的最后流出。

e. 对于复杂的难分离的组分，采用一种简单的固定液不能使多个性质接近的组分逐个分开，只好采用特殊的固定液或两种甚至两种以上的固定液，配成混合固定液，才能取得满意效果。

11.2.3 毛细管色谱柱

色谱动力学理论认为，可以把气-液填充柱看成一束涂有固定液的长毛细管。由于这束毛细管是弯曲的、多路径的，而使涡流扩散严重，传质阻力大，致使柱效不高。根据这种理论推断，1957年戈雷（Golay）把固定液直接涂在细而长的空心柱的内壁上，进行色谱分离，获得了极高的柱效。这种色谱柱被称为“开管柱（open tubular column）”，习惯上称为毛细管柱。这标志着毛细管气相色谱法（capillary gas chromatography，CGC）的诞生，它为气相色谱法开辟了新的途径。1979年Dandeneau和Zerenner制备出熔融二氧化硅开管柱（fused silica open tubular column，FSOT），在拉制毛细管的同时，在毛细管外壁涂上聚酰亚胺类的有机层，所得到的毛细管柱可弯曲而不被折断，故我国习惯称之为“弹性石英毛细管柱”。1983年惠普公司推出0.53mm大口径毛细管柱，大有取代填充柱的趋势。近几年来，毛细管柱制备技术不断发展，新型高效毛细管柱不断出现，大大提高了气相色谱法对样品中复杂组分的分离能力。

(1) 毛细管色谱柱的分类

按制备方法的不同，毛细管色谱柱可分为开管型和填充型两大类。前者又有壁涂开管柱（wall-coated open tubular column，WCOT）、载体涂渍开管柱（support-coated open tubular column，SCOT）和多孔层开管柱（porous layer open tubular column，PLOT）之分，其中WCOT柱最常用，这种毛细管柱把固定液直接涂在毛细管内壁上。

WCOT柱一般都采用熔融石英玻璃管材，按尺寸可进一步分为微径柱、常规柱和大口径柱三种。微径柱内径小于0.1mm，主要用于快速分析；常规柱内径为0.2～0.32mm，商品规格一般有0.25mm和0.32mm两种，用于常规分析；大口径柱内径为0.53～0.75mm，商品规格为0.53mm。一般液膜厚度较大，常可替代填充柱用于定量分析。它可以接在填充柱进样口上，采用不分流进样。

常用毛细管柱商品牌号对照见表11-2。

表11-2 常用的不同厂商毛细管色谱柱牌号对照

极性	固定液	HP (Agilent)	J&W	Supelco	Alltech	SGE	适用范围
非极性	OV-1、SE-30	HP-1 Ultra-1	DB-1	SPB-1	AT-1	BP-1	脂肪烃化合物，石化产品
弱极性	SE-54 SE-52	HP-5，Ultra-2，HP-5MS	DB-5	SPB-5	AT-5	BP-5	各类弱极性化合物及各种极性组分的混合物
中极性	OV-1701，OV-17	HP-17，HP-50	DB-1701	SPB-7	AT-1701，AT-50	BP-10	极性化合物，如农药等
强极性	PEG-20M FFAP	HP-20M HP-FFAP	DB-WAX	Supelco wax 10	AT-WAX	BP-20	极性化合物，如醇类，羧酸酯等

(2) 开管毛细管柱与一般填充柱的比较

与一般填充柱相比，开管毛细管柱具有如下特点：

① 柱渗透性好，即载气流动阻力小，可以增加柱长，提高分离度。

② 相比率（β）大，可以用高载气流速进行快速分析。另外β大使k减小，因此对于同一样品，可以在更低的柱温下取得分离（低温下选择因子α大），这对固定液的稳定性、方便操作和延长柱子寿命都是有益的。

③ 柱容量小，允许进样量少。这是由于柱内径小，固定液膜薄（一般 0.25～5μm），其固定液量只有填充柱的几十分之一至几百分之一，因此通常需采用分流进样，也要求检测器有更高的灵敏度。

④ 总柱效高，分离复杂混合物组分的能力强。一根毛细管柱的理论塔板数最高可达 10^6，最低也有几万。由于高柱效，与填充柱相比，相同量的物质可以得到更高的峰高，不仅能提高定量的检测限，而且在常规分析中，对固定液的选择性也没有填充柱那样高的要求。据估计，一个常规实验室只要购置三种毛细管柱，就可应付 85%以上的气相色谱分析任务。这三种柱是 OV-1（或 SE-30）、SE-54、OV-17（或 OV-1701）。如果再加一根 PEG-20M（或 FFAP）柱，则可应付 95%的任务。

⑤ 允许操作温度高，固定液流失小。这样有利于沸点较高组分的分析，亦有利于提高分析的灵敏度。影响色谱柱热稳定性的因素除固定液本身的物理化学稳定性外，还有柱内表面对固定液的催化作用。而石英玻璃管内表面是纯净的二氧化硅，故以其制成的毛细管涂渍柱的热稳定性一般都很好。而且近年来，固定液的固定化使毛细管柱具有液膜稳定，不易被冲洗脱落，使用寿命长，可以扩大固定液的最高使用温度等优点。固定液的固定化的方法有三种：第一种是使固定液分子中的功能基团和毛细管柱内表面产生化学结合，形成一个稳定的液膜，称为固定液的键合（bonding）；第二种是使固定液分子之间化学结合，交联形成一个网状的大分子覆盖在毛细管柱内表面，成为不可抽取的液膜，称为固定液的交联（cross-linking）；第三种是使固定液分子既与毛细管柱内表面形成化学键合，其自身又交联成网状大分子，称为键合交联。

⑥ 易实现气相色谱-质谱联用。由于毛细管柱的载气流量小，较易维持质谱仪离子源的高真空。

11.3 检测器

气相色谱仪的检测器有多种类型，其原理和结构各异。按应用对象可分为广谱型和专属型两类。广谱型检测器对所有物质均有响应，如热导检测器。专属型检测器仅对特定物质有高灵敏响应，如火焰光度检测器仅对含硫磷的化合物有响应，属于专属型检测器。根据检测原理的不同，还可将检测器分为浓度型和质量型两类。浓度型检测器测量的是响应信号与载气中组分的瞬间浓度的线性关系，但峰面积受载气流速影响，因此，当用峰面积定量时，载气应当恒流。常用的浓度型检测器有热导检测器、电子捕获检测器等。质量型检测器测量的是响应信号与单位时间内进入检测器组分质量的线性关系，而与组分在载气中的浓度无关，因此峰面积不受载气流速影响。常用的质量型检测器有氢火焰离子化检测器、热离子检测器和火焰光度检测器等。

11.3.1 热导检测器

热导检测器（thermal conductivity detector，TCD）是气相色谱中应用最广泛的通用型检测器，其结构简单，性能稳定，线性范围宽，而且不破坏样品，易于和其他检测器联用，但灵敏度较低。

热导检测器是根据各种组分和载气的导热率不同，采用电阻温度系数高的热敏元件（热丝）通过惠斯通电桥进行检测的。

(1) 热导检测器的结构

热导池由池体和热敏原件组成。池体由不锈钢块制成，有两个或四个大小相同、形状完全对称的孔道，孔道内装有热敏元件。热敏原件是电阻率高、电阻温度系数大的金属丝或半导体热敏电阻。电阻温度系数是指温度每变化1℃导体电阻的变化值。热导池结构示意图见图11-3。

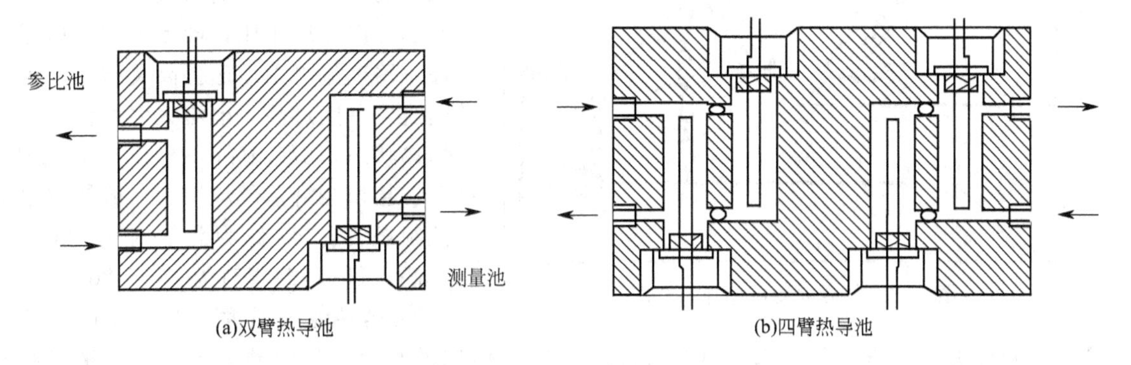

图 11-3 热导池结构示意图

目前使用最广泛的金属丝是采用铼钨合金制成的热丝，铼钨丝具有较高的电阻温度系数和电阻率，抗氧化性好，机械强度、化学稳定性及灵敏度都高。各孔道内的金属丝要求长短、粗细、电阻值都一样。

(2) 热导检测器的基本原理

热导检测器是根据不同物质具有不同的热导率的原理制成的。几种常用气体和蒸气的热导率见表11-3。

表 11-3 几种常用气体与蒸气的热导率 单位：10^{-5}J/(cm·℃·s)

气体	λ(100℃)	气体	λ(100℃)
氢气	224.3	甲烷	45.8
氦气	175.6	乙烷	30.7
氧气	31.9	丙烷	26.4
空气	31.5	甲醇	23.1
氮气	31.5	乙醇	22.3
氩气	21.8	丙酮	17.6

热导池中的参考臂和测量臂电阻丝与电阻 R_1 和 R_2 组成平衡电桥，如图11-4所示。参考臂和测量臂电阻丝被载气包围，接通电源，热导池的加热与散热达到平衡后，调节两臂电阻值，使 $R_{参}=R_{测}$，$R_1=R_2$，则电桥达到平衡，桥路中无电流流过，放大器也无电压信号输出，记录的信号为直线（基线）。进样后，载气流经参比池，带着试样组分流经测量池，由于测量池中传热介质（试样组分加载气）的热导率与参比池中的传热介质（纯载气）的差异，传出的热量不同，导致测量池的温度改变，从而引起电阻的变化，使测量池和参比池的电阻值不等，即 $R_{参}\neq R_{测}$。此时电桥失去平衡，电桥a、b两端存在着电位差，产生桥电流，流过电阻 R 给出电压信号输出到放大器。信号强度与组分浓度相关，即进入检测臂中试样组分的浓度越大，温度改变越大，电阻值变化越大。记录装置记录下组分进入检测器的浓度随时间变化的曲线，即得到组分的峰形色谱图。浓度高，色谱峰太大时，改变图中串电阻 R 输出点的位置，可调整色谱峰的大小，即改变检测器量程。

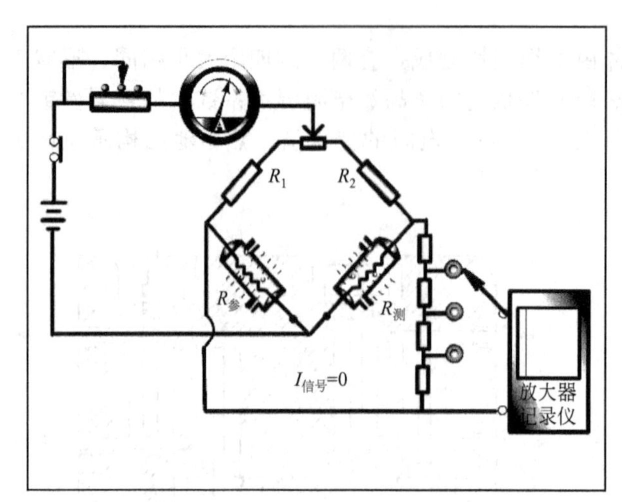

图 11-4 热导检测器原理示意图

(3) 影响热导检测器的因素

① 桥路工作电流 电流增加，使铼钨丝温度提高，铼钨丝和热导池体的温差加大，气体就容易将热量传出去，温度变化大，产生的电阻变化大，灵敏度就提高。热导池检测器灵敏度与桥路电流的三次方成正比，即 $S \propto I^3$。所以增加桥路电流可以迅速提高灵敏度。但是电流也不能过高，电流太大使钨丝处于灼热状态，引起基线不稳，呈不规则抖动，甚至会将钨丝烧坏。一般桥路电流控制条件：N_2 作为载气时为 100～150mA，H_2 作载气时为 150～200mA。

② 热导池体温度 当桥路电流一定时，钨丝温度一定。若适当降低池体温度，可以使钨丝与池体的温差加大，使灵敏度提高，但池体温度不能低于柱温，否则将使被测组分在检测器中冷凝。

③ 载气的种类 载气与试样的热导率相差越大，在检测器两臂中产生的温差和电阻差也就越大，检测器的灵敏度越高。载气的热导率大，传热好，通过桥路的电流也可适当加大，则检测器的灵敏度提高，因此通常采用氢气作载气。

④ 热敏元件阻值 选择阻值高、电阻温度系数大的热敏元件（钨丝），当温度稍有变化时，就能引起电阻明显变化，灵敏度高。

热导池工作时注意事项：开机时要先通载气，后开电源；关机时要先断电源，再关气源。高温后要继续通入载气，否则空气扩散入池，使钨丝氧化、烧断。

11.3.2 氢火焰离子化检测器

氢火焰离子化检测器（hydrogen flame ionization detector，HFID）属准通用型检测器（只对碳氢化合物产生信号），是应用广泛的一种。氢火焰离子化检测器具有以下特点：属于典型的质量型检测器；对有机化合物具有很高的灵敏度；结构简单，稳定性好，响应迅速，线性范围宽；比热导检测器的灵敏度高出近 3 个数量级，检出限可达 10^{-12}。

(1) 氢火焰离子化检测器的结构

氢火焰离子化检测器主要由离子室、离子头及气体供应三部分组成。其结构如图 11-5 所示。

在收集极和发射极之间加有 100～300V 的直流电压，构成一个外加电场，发射极兼作点火电极。采用氢火焰离子化检测器时，以氮气为载气，氢气为燃气，氢气在进入检测器时与载气混合，在石英喷嘴处被点燃。使用时需要调整三种气体的比例关系，使检测器灵敏度达到最佳。

(2) 氢火焰离子化检测器的工作原理

被测组分被载气携带，从色谱柱流出后，与氢气混合后一起进入离子室，由毛细管喷嘴喷出。氢气在空气的助燃下经引燃后进行燃烧，以产生的高温为能源，使被测有机物组分在氢火焰的 C 层（图 11-6）发生裂解反应产生自由基：$C_nH_m \longrightarrow \cdot CH$。产生的自由基在 D 层火焰中与外面扩散进来的激发态原子氧或分子氧发生如下反应：$\cdot CH + O \longrightarrow CHO^+ + e$。生成

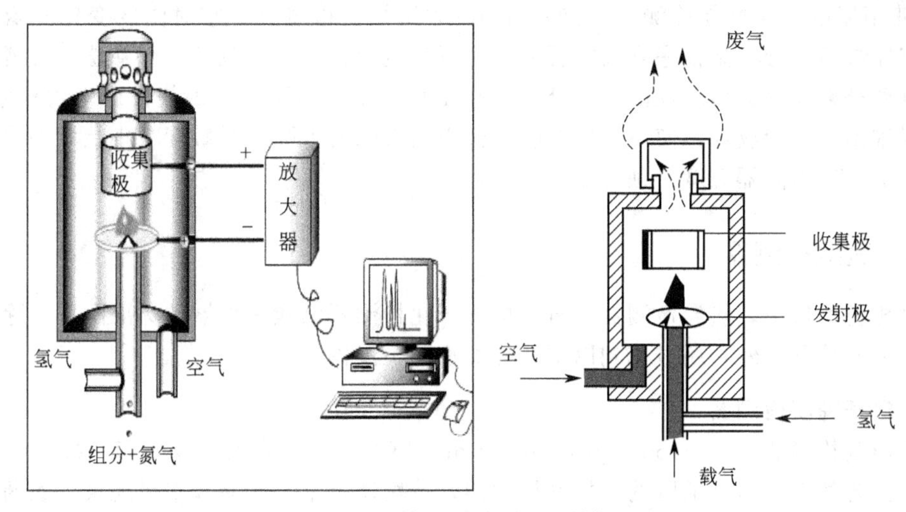

图 11-5 氢火焰离子化检测器的结构示意图

的正离子 CHO^+ 与火焰中大量水分子碰撞而发生分子离子反应：$CHO^+ + H_2O \longrightarrow H_3O^+ + CO$。化学电离产生的正离子和电子在外加恒定直流电场的作用下分别向两极定向运动而产生微电流（约 $10^{-6} \sim 10^{-14}$ A）。一定范围内，微电流的大小与进入离子室的被测组分质量成正比，微电流经放大器放大后，由记录仪记录下来，得到峰面积与组分质量成正比的色谱流出曲线。

（3）氢火焰离子化检测器的主要操作条件

① 气体流速

a. 载气流速　一般用 N_2 作载气，载气流速的选择主要考虑分离效能。对一定的色谱柱和试样，要找到一个最佳的载气流速，使柱的分离效果最好。

b. 氢气流速　氢气流速主要影响氢火焰的温度及灵敏度。氢气流速过低，氢火焰温度太低，组分分子电离数目少，产生电流信号就小，灵敏度就低，而且易熄火。氢气流速太高，热噪声就大，基线不稳。故氢气必须维持适宜流速。当氮气作载气时，一般氢气与氮气流量之比是（1∶1）～（1∶1.5）。

c. 空气流速　空气是助燃气，并为生成 CHO^+ 提供 O_2。空气流量在一定范围内对响应值有影响。当空气流量较小时，对响应值影响较大，流量很小时，灵敏度较低。一般氢气与空气流量之比为 1∶10。

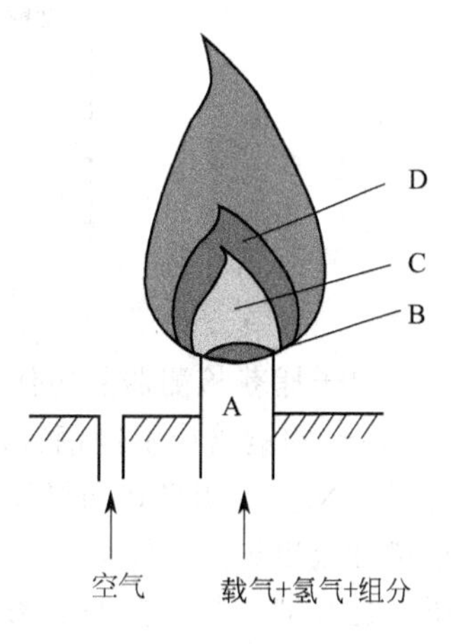

图 11-6 氢火焰区图
A—预热区；B—点燃火焰；C—热裂解区（温度最高）；D—反应区

② 气体纯度　气体中的机械杂质或载气中含有微量有机杂质时，对基线的稳定性影响很大，因此要保证管路的干净。三种气体都要经干燥、净化才能进入仪器，气路密闭性要好，流量必须稳定，否则基线漂移、噪声显著。

③ 极化电压　施加电压在发射极与收集极之间，使组分离子化后尽快向两极移动，避免复合，形成较大离子流。因此极化电压的大小直接影响响应值。在极化电压较低时，响应值随极化电压的增加而增大，增大到一定值后趋于稳定，通常极化电压值一般为 100～300V。

④ 使用温度　与热导检测器不同，HFID为质量型检测器，它对温度变化不敏感。但在用填充柱或毛细管柱做程序升温时要特别注意基线漂移，可用双柱进行补偿，或者用仪器配置的自动补偿装置进行“校准”和补偿。在HFID中，由于氢气燃烧，产生大量水蒸气，从检测器排出，冷凝成水，使高阻值的收集极阻值大幅度下降，灵敏度减小，增加噪声。所以，要求HFID检测器温度必须在120℃以上。

11.3.3　其他检测器

在气相色谱仪中，热导检测器和氢火焰离子化检测器已成为仪器的标准配置，除以上两种应用较多的检测器外，还可见到以下几种类型的检测器。

(1) 电子捕获检测器

电子捕获检测器（electron capture detector，ECD）是对含有卤素、磷、硫、氧等元素的电负性化合物有很高灵敏度的选择性检测器，特别适合于农产品和水果蔬菜中农药残留量的检测。在生物化学、药物、农药、环境监测、食品检验、法庭医学等领域也有着广泛应用。但该检测器也存在范围窄、受操作条件影响大及重现性差等不足。

电子捕获检测器的结构如图11-7所示。

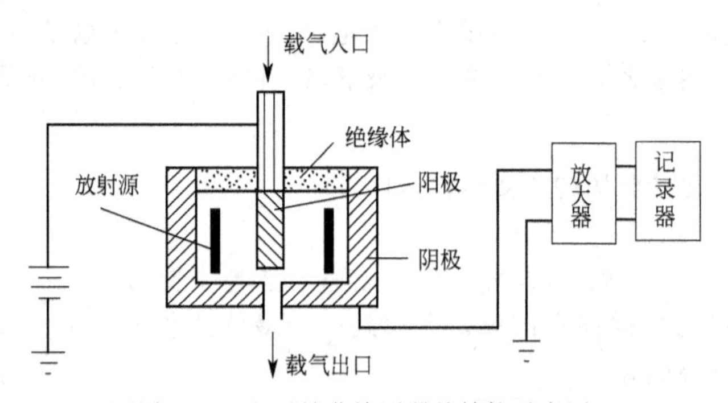

图11-7　电子捕获检测器的结构示意图

电子捕获检测器的主体是电离室，目前广泛采用的是圆筒状同轴电极结构。阳极是外径约2mm的铜管或不锈钢管，金属池体为阴极。离子室内壁装有β射线放射源，常用的放射源是^{63}Ni。在阴极和阳极间施加一直流或脉冲极化电压。载气用N_2或Ar。载气（N_2）从色谱柱流出进入检测器时，放射源放射出的β射线，使载气电离，产生正离子及低能量电子。这些带电粒子在外电场作用下向两电极定向流动，形成了约为10^{-8}A的离子流，即为检测器基流。当电负性组分进入离子室时，因为电负性组分有较强的电负性，可以捕获低能量的电子，而形成负离子，并释放出能量。

电子捕获反应中生成的负离子与载气的正离子N_2^+复合生成中性分子。由于电子捕获和正负离子的复合，电极间电子数和离子数目减少，致使基流降低，产生了组分的检测信号。由于被测样品捕获电子后降低了基流，所以产生的电信号是负峰，负峰的大小与组分的浓度成正比，这正是ECD的定量基础。负峰不便观察和处理，通过极性转换即为正峰。

ECD一般采用高纯N_2（$>99.999\%$）作载气，载气必须严格纯化，彻底除去水和氧。为了保持ECD池洁净，不受柱固定相污染，应尽量选用低配比的耐高温或交联固定相。

为了防止放射性污染，检测器出口一定要用管道接到室外通风出口。与HFID相似，连接毛细管柱时，为了同时获得较好的柱分离效果和较高基流，尾吹气流量至少要达到

25mL/min，以便检测器内 N_2 达到最佳流量。

电子捕获检测器的结构流程示意图见图 11-8。

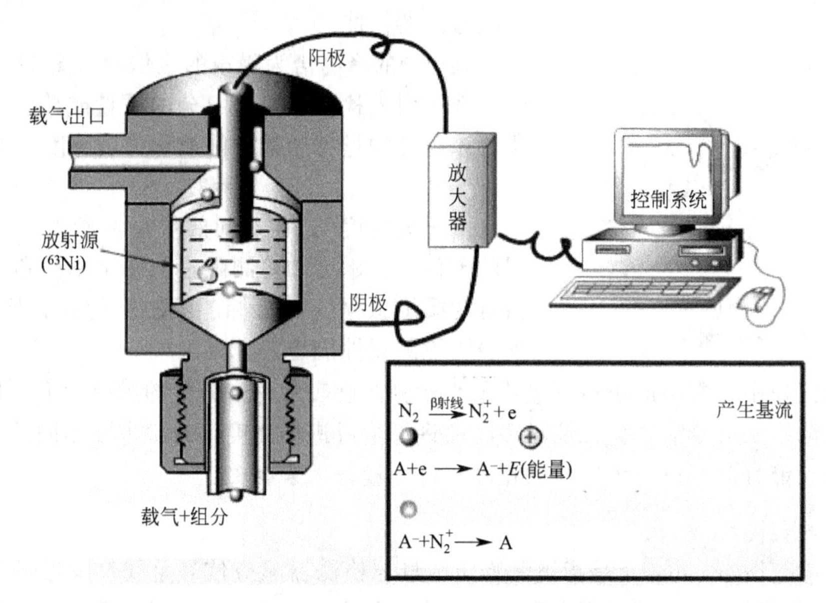

图 11-8 电子捕获检测器的结构流程示意图

(2) 热离子检测器

热离子检测器（thermionic detector，TID）或热离子专一检测器（thermionic specific detector，TSD），是对含氮、磷化合物有高灵敏度的检测器。TID 的结构与 HFID 相似，只是在喷嘴与收集极之间加一个由硅酸铷或硅酸铯等制成的玻璃球，含氮、磷化合物在受热分解时，受硅酸铷作用产生大量电子，提高了检测灵敏度。

(3) 火焰光度检测器

火焰光度检测器（flame photometric detector，FPD）是对含硫、磷化合物具有高灵敏度的选择性检测器。它是利用富氢火焰使含硫、磷杂原子的有机物分解，形成激发分子，当它们回到基态时，发射出一定波长的光。此光强度与被测组分量成正比。

11.3.4 检测器的性能指标

评价检测器性能常用的指标有灵敏度、检测限、线性范围等。

(1) 灵敏度

灵敏度是评价检测器性能好坏的重要指标。

气相色谱检测器的灵敏度（sensitivity，S）是指通过检测器的物质的量变化时，该物质响应值的变化率。一定量的组分（Q）进入检测器产生响应信号（R），将物质的量与响应信号作图，其中线性部分的斜率就是检测器的灵敏度，即

$$S=\frac{\Delta R}{\Delta Q} \tag{11-1}$$

式中，Q 的单位因检测器的类型不同而异；S 的单位随之亦有不同。

(2) 检测限

灵敏度不能全面地表明一个检测器的优劣，因为它没有反映检测器的噪声水平。信号可

以被放大器任意放大，使灵敏度增高，但噪声也同时放大，弱信号仍然难以辨认。因此评价检测器不能只看灵敏度，还要考虑噪声的大小。检测限（detectability，D）从这两方面来说明检测器性能。

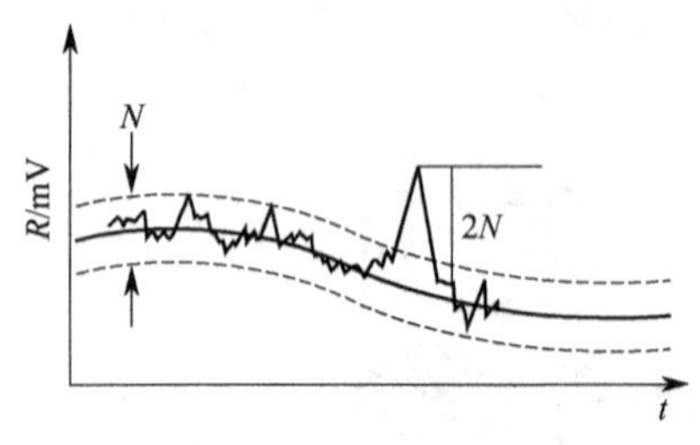

图 11-9　检测器的噪声、漂移和检测限

某组分的峰高恰为噪声的三倍时（图 11-9），单位时间内载气引入检测器中该组分的质量或单位体积载气中所含该组分的量称为检测限或称为敏感度。即

$$D=3N/S \tag{11-2}$$

由于灵敏度 S 有不同的单位，所以检测限也有不同的单位。灵敏度和检测限是从两个不同角度表示检测器对物质敏感程度的指标。灵敏度越大，检测限越小，则表明检测器性能越好。

在实际工作中，常用最小检测量或最小检测浓度表示色谱分析的敏感程度。最小检测量或最小检测浓度是恰好能产生三倍噪声时的进样量或进样浓度。与检测限不同的是它们不仅与检测器的性能有关，还与色谱峰的宽度和进样量等因素有关。

（3）线性范围

线性范围（liner range）是指被测物质的量与检测器响应信号呈线性关系的范围，以最大允许进样量与最小进样量之比表示。线性范围与定量分析有密切的关系，该比值越大，在定量分析中可能测定的浓度或质量范围就越大。

表 11-4 列出了常用检测器的性能。

表 11-4　常用检测器的性能

检测器	检测对象	噪声	检测限	线性	适用载气
TCD	通用	0.01mV	10^{-5} mg/mL	10^4	N_2、He
HFID	含碳氢化合物	10^{-4}A	10^{-10}mg/s	10^7	N_2
ECD	含电负性基团	8×10^{-12}A	5×10^{-11} mg/mL	5×10^4	N_2
NPD	含磷氮化合物		10^{-12} mg/s	10^5	N_2、Ar
PFD	含硫磷化合物		3×10^{-10} mg/s	10^5	N_2、He

11.4　色谱条件的选择

在气相色谱分析中，除了要选择好固定相之外，还要选择分离操作的最佳条件，在处理这一问题时，既应考虑使难分离的物质对达到完全分离的要求，还应尽量缩短分析所需的时间。

11.4.1　色谱柱的选择

色谱柱的选择包括固定相与柱长两方面。

（1）固定相的选择

对于气-固色谱，固定相的种类较少，可根据试样的性质，参考各种吸附剂的特性和应用范围进行选择。对于气-液色谱，总选择方案是查询色谱手册，根据所列各种固定液的应用范围进行筛选；另一种方案是根据“相似相溶”的总原则在优选固定液中进行选择。具体的选择原则在前面已经叙述，此处不再详细介绍。

(2) 柱长的选择

增加柱长对提高分离度有利，分离度 R 的平方正比于柱长 L。由计算可得，当柱长由1m增加到4.87m，分离度由0.68增加到1.50。但在柱长增加时，组分的保留时间 t_R 也增加，峰变宽，柱阻力增加，不便操作。所以不可能通过无限制增加柱长来提高分离度。柱长的选择原则是在能满足分离目的的前提下，尽可能选用较短的柱，以利于缩短分析时间。填充色谱柱的柱长通常为1～3m，柱内径一般为3～4cm。毛细管柱长一般为5～60m，柱内经一般为0.25mm、0.32mm或0.53mm。

11.4.2 柱温的选择

柱温是一个重要的操作参数，它直接影响色谱柱的使用寿命、柱的选择性、柱效能和分析速度。柱温低有利于分配，有利于组分的分离；但柱温过低，被测组分可能在柱中冷凝，或者传质阻力增加，使色谱峰扩张，甚至拖尾。柱温高，虽有利于传质，但分配系数变小不利于分离。一般通过实验选择最佳柱温，原则是：在使最难分离物质对有尽可能好的分离度的前提下，尽可能采用较低的柱温，但以保留时间适宜，峰形不拖尾为度。在实际工作中一般根据样品沸点来选择柱温。

(1) 恒温

对于高沸点混合物（300～400℃），在低于其沸点100～200℃下分析；对于沸点不太高的混合物（200～300℃），可在中等柱温下操作，柱温比其平均沸点低100℃；对于沸点在100～200℃的混合物，柱温可选在其平均沸点2/3左右；对于气体、气态烃等低沸点混合物，柱温选在其沸点或沸点以上，以便能在室温或50℃以下分析。

当然，这些柱温的选择还要配合其他条件，如固定液的质量分数、进样量及检测器的类型等。

(2) 程序升温

对于宽沸程（混合物中高沸点组分与低沸点组分的沸点之差称为沸程）样品，用恒定柱温往往造成低沸点组分分离不好，而高沸点组分峰形扁平，需采取程序升温方法，即在同一个分析周期内，柱温按预定的加热速度，随时间做线性或非线性的变化。其优点是能缩短分析周期，改善峰形，提高检测灵敏度，但有时会引起基线漂移。图11-10为宽沸程样品在恒定柱温与程序升温条件下的色谱对比图，可以看出程序升温改善了复杂组分样品的分离效果，使各组分都能在较适宜的温度下分离。

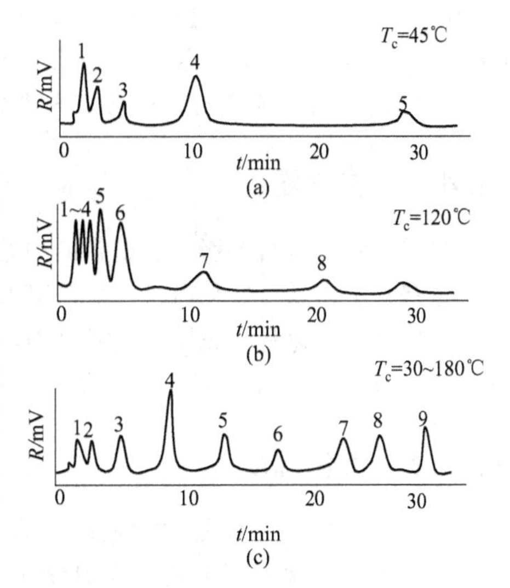

图11-10 宽沸程混合物的恒温色谱与程序升温色谱分离效果的比较

1—丙烷（−42℃）；2—丁烷（−0.5℃）；3—戊烷（36℃）；4—己烷（68℃）；5—庚烷（98℃）；6—辛烷（126℃）；7—溴仿（150.5℃）；8—间氯甲苯（161.6℃）；9—间溴甲苯（183℃）

在使用程序升温时，一般来讲，色谱柱的初始温度应接近样品中最轻组分的沸点，而最终温度则取决于最重组分的沸点。升温速率则要依样品的复杂程度而定。在没有资料可供参考的情况下，建议毛细管柱的尝试温度条件设置为：

OV-1（或SE-30）或SE-54柱：从50℃到280℃，升温速率10℃/min；

OV-17（或OV-1701）柱：从60℃到260℃，升温速率8℃/min；

PEG-20M（或 FFAP）柱：从 60℃到 200℃，升温速率 8℃/min。

以上只是方法开发时的初始参考条件，具体工作中一定要根据样品的实际分离情况来优化设定。

11.4.3 载气及流速的选择

对一定的色谱柱和组分，有一个最佳的载气流速，此时柱效最高。根据式(10-25)

$$H=A+B/u+Cu$$

用塔板高度 H 对载气流速 u 作图，为二次曲线。曲线最低点所对应的板高最小（$H_{最小}$），柱效最高，此时的流速称为最佳流速（$u_{最佳}$）。H-u 曲线如图 11-11 所示。

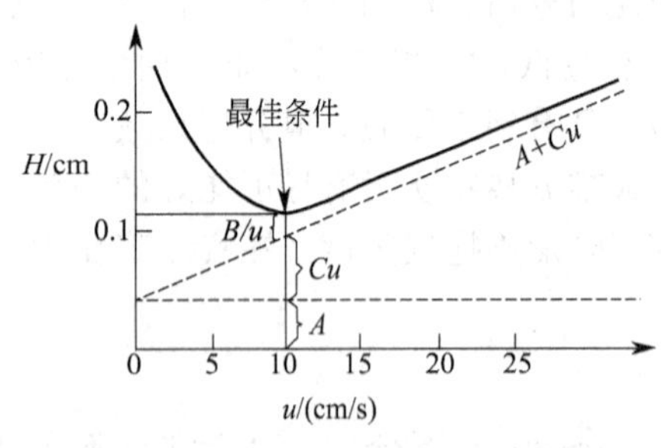

图 11-11　塔板高度 H 与流速 u 关系

$u_{最佳}$ 及 $H_{最小}$ 可由式(10-25) 微分求得，见式(10-31)～式(10-33)。

在实际工作中，为了缩短分析时间，往往使流速稍高于最佳流速。从式(10-25) 及图 11-11 可见，当流速较小时，分子扩散系数（B）就成为色谱峰展宽的主要因素，此时宜用分子量较大的氮气或氩气作为载气（D_g 小）；而当流速较大时，传质阻力系数（C）为控制因素，宜采用分子量较小的氢气或氦气作为载气（D_g 大）。色谱柱较长时，在柱内产生较大压力降，此时采用黏度低的氢气较合适。

对于填充柱，N_2 最佳速度为 7～10cm/s；H_2 为 10～12cm/s。通常载气流速（F_C）可在 20～80mL/min 内，可通过实验确定最佳流速，以获得高柱效。对于开管毛细管柱，N_2、He 和 H_2 最佳流速分别约为 20cm/s、25cm/s 和 30cm/s。

当然，在选择载气时，还应综合考虑载气的安全性、经济性及来源是否广泛等因素。

11.4.4 进样量

进样量的多少直接影响着谱带的初始宽度。因此，只要检测器的灵敏度足够高，进样量越少，越有利于得到良好分离。一般情况下，柱越长，管径越粗，组分的容量因子越大，则允许的进样量越大。通常填充柱的进样量为：气体样品 0.1～1mL；液体样品 0.1～1μL，最大不超过 4μL 。此外，进样速度要快，进样时间要短，以减小纵向扩散，有利于提高柱效。

11.4.5 汽化温度

汽化温度取决于样品的挥发性、沸点范围及进样量等因素。汽化温度选择不当，会使柱效下降。进样后要有足够的汽化温度，使液体试样迅速汽化后被载气带入柱中。在保证试样不分解的情况下，适当提高温度对分离及定量有利，尤其当进样量大时更是如此。一般选择汽化温度比柱温高 30～70℃，而且与试样的平均沸点接近。对热稳定性差的试样，汽化温度不宜过高，以防试样分解。

11.5 定性与定量分析

气相色谱分析的目的是获得试样的组成和各组分含量等信息，以降低试样系统的不确定度。但在获得的色谱图中，并不能直接给出每个色谱峰代表何种组分及其准确含量，需要掌握一定的定性定量方法。

11.5.1 定性分析

色谱定性分析就是要确定各色谱峰所代表的化合物。由于各种物质在一定的色谱条件下均有确定的保留时间，因此保留值可作为一种定性指标。目前各种色谱定性方法都是基于保留值的。但是不同物质在同一色谱条件下，可能具有相似或相同的保留值，即保留值并非专属的。因此仅根据保留值对一个完全未知的样品定性是困难的，近年来，利用色谱对混合物的高分离能力和其他结构鉴定结合在一起而发展起来的联用仪器，使得色谱法的定性问题得到了很好解决。

(1) 利用保留值定性

根据同一种物质在同一根色谱柱上和相同的操作条件下保留值相同的原理进行定性。

① 利用标准品直接对照定性　一种最简单的方法，它是将样品和标准品在同一根色谱柱上，用相同的色谱条件进行分析，作出色谱图后进行对照比较，如图 11-12 所示。在具有已知标准物质的情况下常使用此法，但要求载气的流速、柱温一定要恒定。为了避免载气流速和温度的微小变化而引起的保留时间的变化对定性分析结果带来的影响，可采用以下两个办法：

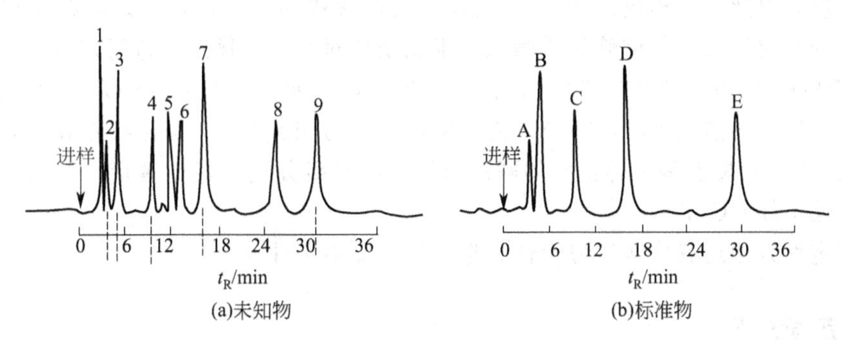

图 11-12　以标准物直接对照进行定性分析示意图

标准物：A 为甲醇；B 为乙醇；C 为正丙醇；D 为正丁醇；E 为正戊醇

a. 利用相对保留值定性　由于分配系数 K 只决定于组分的性质、柱温与固定液的性质，而与固定液的用量、柱长、载气流速及柱填充情况等无关，因此当载气流速和温度发生微小变化时，被测组分与参比组分的保留时间同时发生变化，而它们的比值——相对保留值 $r_{i,s}$ 则不变，可作为定性分析时较可靠的参数。

b. 利用加入标准品增加峰高定性　将适量的标准品加入样品中，混匀，进样。对比加入前后的色谱图，若加入后某色谱峰相对增高，则该色谱组分与已知标准物质可能为同一物质。这是确认某一复杂样品中是否含有某一组分的较好办法。

② 利用文献值对照进行定性　在无法获得标准品时可利用文献值对照定性，即利用标准品的文献保留值（相对保留值或保留指数）与未知物的测定保留值进行比较对照来进行定性分析。

③ 双柱定性　无论采用标准品直接对照定性，还是采用文献值对照定性，都是在同一根柱子上进行分析比较定性的。其定性的准确度都还不是很高，往往还需要其他方法再加以确认。如果将标准品直接对照定性或文献值对照定性与保留值规律结合定性，则可以大大提

高定性分析结果的准确度。双柱定性是在两根不同极性的柱子上，将未知物的保留值与标准品的保留值或其在文献上的保留值进行对比分析。在用双柱定性时，所选择的两根柱子的极性差别应尽可能大，极性差别越大，定性分析结果的可信度越高。

(2) 利用两谱联用定性

气相色谱的分离效率很高，但仅用色谱数据定性却很困难。通常称“四大谱”的质谱法、红外光谱法、紫外光谱法和核磁共振波谱法对于单一组分（纯物质）的有机化合物具有很强的定性能力。因此，若将色谱分析与这些仪器联用，就能发挥各方法的长处，很好地解决组成复杂的混合物的定性分析问题。

联用方法一般有两种：一种方法是将色谱分离后需要进行定性分析的某些组分分别收集起来，然后再用上述“四大谱”的方法或其他的定性分析方法进行分析，这一方法烦琐，费时且易污染样品，一般只在没有其他办法的时候才采用（如与某仪器没有合适的连接技术）；另一种方法是将色谱与上述几种仪器通过适当的连接技术——“接口”直接连接起来，将色谱分离后的每一组分，通过“接口”直接送到上述仪器中进行定性分析。这样，色谱和所联用的仪器就成为了一个整体——联用仪，可以同时得到样品的定性和定量结果。

目前比较成熟的在线联用仪有以下两种。

① 气相色谱-质谱联用仪（GC-MS） 由于质谱的灵敏度高（需样量仅 $10^{-11}\sim10^{-8}$g）、扫描时间快（0～1000 质量数，扫描时间可短于 1s），并能准确测定未知物的分子量，给出许多结构信息。因此，气相色谱-质谱联用仪是目前最成功的联用仪器。它在获得色谱图的同时，可得到对应于每个色谱峰的质谱图，根据质谱对每个色谱组分进行定性。

② 气相色谱-傅里叶红外光谱联用仪（GC-FTIR） 傅里叶变换红外光谱仪（FTIR）扫描速度快（全波数扫描 0.1s 至几秒），灵敏度高（信号可累加），而且红外吸收光谱的特征性强，因此 GC-FTIR 也是一种很好的联用仪器，能对组分进行定性鉴定。但其灵敏度与图谱自动检索还不如 GC-MS。

其他的定性方法还有化学反应定性、选择性检测器定性等。

11.5.2 定量分析

色谱分析的重要作用之一是对样品进行定量分析。其主要依据是在一定的分离和分析条件下，色谱峰的峰面积或峰高（检测器的响应值）与所测组分的质量（或浓度）成正比。即

$$m_i = f'_i A_i \tag{11-3}$$

式中，m_i 为组分量，它可以是质量，也可以是物质的量，对气体则可为体积；f'_i 称为定量校正因子，定义为单位峰面积所代表的待测组分 i 的量；A_i 为峰面积。

由于其大小不易受操作条件如柱温、流动相流速、进样速度等的影响，从这一点来看，峰面积更适于作为定量分析的参数。现代色谱仪配套的工作站一般都装有准确测量色谱峰面积的电学积分仪，不仅具有积分仪的所有功能，还能对仪器进行实时控制，对色谱输出信号进行自动数据采集和处理，选择分析方法和分析条件，报告定量、定性分析结果，使分析测定的精度、灵敏度、稳定性和自动化程度都大为提高。

(1) 定量校正因子

相同量的同一种物质在不同类型检测器上往往有不同的响应灵敏度；同样，相同量的不同物质在同一检测器上的响应灵敏度也往往不同，即相同量的不同物质产生不同值的峰面积或峰高。这样，就不能用峰面积来直接计算物质的含量。为了使检测器产生的响应信号能真

实地反映物质的含量，就要对响应值进行校正，因此引入定量校正因子。

① 定量校正因子的定义　定量校正因子分为绝对定量校正因子和相对定量校正因子。由上述峰面积与物质量之间的关系［式(11-3)］可知：

$$f_i'=m_i/A_i \tag{11-4}$$

f_i' 称为绝对定量校正因子，其值随色谱实验条件而改变，因而很少使用。

在实际工作中一般采用相对校正因子。其定义为某组分 i 与所选定的参比物质 s 的绝对定量校正因子之比，即：

$$f_{i,\mathrm{s}}=\frac{f_i'}{f_\mathrm{s}'}=\frac{m_i/A_i}{m_\mathrm{s}/A_\mathrm{s}} \tag{11-5}$$

式中，m 以质量表示，因此 $f_{i,\mathrm{s}}$ 又称为相对质量校正因子，通常简称为质量校正因子。

对于热导检测器来说，它只与待测组分、参比物质以及检测器类型有关，而与检测器的结构及操作条件如柱温、载气流速、固定液性质等无关，因而是一个能通用的常数。

② 定量校正因子的测定　气相色谱的定量校正因子常可以从手册和文献中查到，但是有些物质的校正因子查不到，或者所用检测器类型或载气与文献中的不同，这时就需要自己测定。测定方法为：准确称取待测校正因子的物质 i（纯品）和所选定的基准物质 s，配制成溶液，混匀后进样，测得两色谱峰面积 A_i 和 A_s，用式(11-5) 求得物质 i 的质量校正因子。显然，选择不同的基准物质测得的校正因子数值不同，气相色谱手册中数据常以苯或正庚烷为基准物质。也可以根据需要选择其他基准物质，如采用归一化法定量时，选择样品中某一组分为基准物质。测定校正因子的条件（检测器类型）应与定量分析的条件相同。还应该注意的是，使用热导检测器时，以氢气或氦气作载气测得的校正因子相差不超过 3%，可以通用，但以氮气作载气测得的校正因子与前两者相差很大，不能通用。而氢火焰离子化检测器的校正因子与载气性质无关。

(2) 定量分析方法

气相色谱定量分析与绝大部分的仪器定量分析一样，是一种相对定量方法，而不是绝对定量方法。常用的定量方法有归一化法、外标法、内标法和标准加入法。这些定量方法各有优缺点和使用范围，因此实际工作中应根据分析的目的、要求以及样品的具体情况选择合适的定量方法。如严格控制操作条件，气相色谱定量分析的相对标准偏差可达到 1%～3%。

① 归一化法（normalization method）　如果样品中所有组分都能产生信号，得到相应的色谱峰，那么可以用式(11-3) 计算各组分的量，再用下式计算某一组分或所有组分的含量。

$$w_i=\frac{A_if_i}{A_1f_1+A_2f_2+A_3f_3+\cdots+A_nf_n}\times100\%=\frac{A_if_i}{\sum A_if_i}\times100\% \tag{11-6}$$

若样品中各组分的校正因子相近，可将校正因子消去，直接用峰面积归一化进行计算。中国药典用不加校正因子的面积归一化法测定药物中各杂质及杂质的总量限度，即

$$w_i=\frac{A_i}{A_1+A_2+A_3+\cdots+A_n}\times100\%=\frac{A_i}{\sum A_i}\times100\% \tag{11-7}$$

例如，用 5%甲基硅橡胶（SE-30）柱，柱温 100℃，分离某醇类混合物，用氢火焰离子化检测器检测。测得的数据用校正面积归一化法与面积归一化法计算各种醇的含量，结果列于表 11-5。由表可见，由校正与未校正的面积归一化计算所得的含量差别很大。

归一化法的优点是：简便、准确、定量结果与进样量重复性无关（在色谱柱不超载的范

围内)、操作条件略有变化时对结果影响较小。缺点是：必须所有组分在一个分析周期内都流出色谱柱，而且检测器对它们都产生信号。它不适用于微量杂质的含量测定。

表 11-5 醇类混合物的分析结果

项目	甲醇	乙醇	正丙醇	正丁醇	正戊醇
峰面积 A/cm^2	2.0	4.0	3.0	2.5	2.2
f_m(以正庚烷为标准)	4.35	2.18	1.67	1.52	1.39
校正面积归一化/%	29.7	29.8	17.1	13.0	10.4
面积归一化/%	14.6	29.2	21.9	18.2	16.1

② 外标法（external standard method） 用待测组分的纯品作标准品（对照品），在相同条件下以标准品和样品中待测组分的响应信号相比较进行定量的方法称为外标法。此法可分为工作曲线法及外标一点法等。

工作曲线法是用标准品配制一系列浓度的标准溶液确定标准曲线，求出斜率（即绝对校正因子）、截距。在完全相同的条件下，准确进样与标准溶液相同体积的样品溶液，根据待测组分的信号，用线性回归方程计算。通常截距应为零，若不等于零说明存在系统误差。为节省时间，工作曲线法有时可以用外标二点法代替。当待测组分含量变化不大，工作曲线的截距为零时，也可用外标一点法（即直接对照法）定量。

外标一点法是用一种浓度的标准溶液对比测定样品溶液中待测组分的含量。将标准溶液与样品溶液在相同条件下多次进样，测得峰面积的平均值，用下式计算样品中待测组分 i 的量：

$$c_i = A_i (c_i)_s / (A_i)_s \tag{11-8}$$

式中，c_i 与 A_i 分别代表在样品溶液中所含 i 组分的量及相应的峰面积。$(c_i)_s$ 及 $(A_i)_s$ 分别代表在标准溶液中含纯品 i 组分的量及相应峰面积。外标法方法简便，不需用校正因子，不论样品中其他组分是否出峰，均可对待测组分定量。工作曲线可以使用一段时间，特别适合于大批量样品的分析。但此法的准确性受进样重复性和实验条件稳定性的影响。此外，为了降低外标一点法的实验误差，应尽量使配制的标准溶液的浓度与样品中组分的浓度相近。

③ 内标法（internal standard method） 选择样品中不含有的纯物质作为参比物质加入待测样品溶液中，以待测组分和参比物质的响应信号进行对比，测定待测组分含量的方法称为内标法。“内标”的由来是因为标准（参比）物质加入样品中，有别于外标法。该参比物质称为内标物。

在一个分析周期内不是所有组分都能流出色谱柱（如有难汽化组分），或检测器不能对每个组分都产生信号，或只需测定混合物中某几个组分的含量时，可采用内标法。

准确称量 m 克样品，再准确称量 m_s 克内标物，加入样品中，混匀，进样。测量待测组分 i 的峰面积 A_i 及内标物的峰面积 A_s，则 i 组分在 m 克样品中所含的质量 m_i，与内标物的质量 m_s 有下述关系

$$\frac{m_i}{m_s} = \frac{f_i A_i}{f_s A_s} \tag{11-9}$$

待测组分 i 在样品中的质量分数 w_i 为：

$$w_i = \frac{m_i}{m} \times 100\% = \frac{A_i f_i}{A_s f_s} \times \frac{m_s}{m} \times 100\% = f_{i,s} \frac{A_i}{A_s} \times \frac{m_s}{m} \times 100\% \tag{11-10}$$

内标法的关键是选择合适的内标物。对内标物的要求是：a. 内标物是原样品中不含有

的组分，否则会使峰重叠而无法准确测量内标物的峰面积；b. 内标物的保留时间应与待测组分相近，或处于几个待测组分的色谱峰之间，但彼此能完全分离（$R\geqslant 1.5$）；c. 内标物必须是纯度合乎要求的纯物质，加入的量应接近于待测组分；d. 内标物与待测组分的理化性质（如挥发性、化学结构、极性以及溶解度等）最好相似，这样当操作条件变化时，更有利于内标物及待测组分做匀称的变化。

内标法的优点是：a. 在进样量不超限（色谱柱不超载）的范围内，定量结果与色谱条件的微小变化特别是进样量的重复性无关；b. 只要待测组分及内标物出峰，且分离度合乎要求，就可定量，与其他组分是否出峰无关；c. 特别适用于微量组分的分析。如测定药物中微量有效成分或杂质的含量，由于微量有效成分或杂质与主要成分含量相差悬殊，无法用归一化法测定含量，用内标法则很方便。加一个与杂质量相当的内标物，加大进样量突出杂质峰，测定杂质峰与内标峰面积之比，即可求出杂质含量。但样品配制比较麻烦和内标物不易找寻是其缺点。

【例 1】 无水乙醇中微量水分的测定。

样品配制　准确量取被测无水乙醇 100mL，称量为 79.37g。用差减法加入无水甲醇（内标物）约 0.25g，精密称定为 0.2572g，混匀待用。

实验条件：色谱柱，上试 401 有机载体（或 GDX-203）；柱长，2m；柱温，120℃；汽化室温度，160℃；检测器，热导池；载气，H_2；流速，40～50mL/min。

实验所得色谱图如图 11-13 所示。

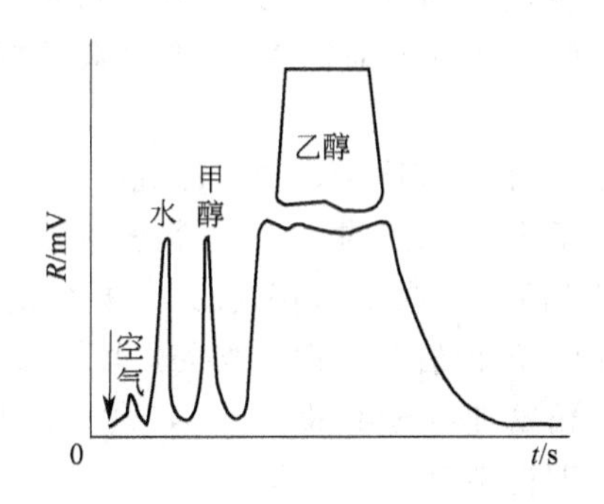

图 11-13　无水乙醇中的微量水分的测定

测得数据　水，$A=0.637$mV/s；甲醇，$A=0.856$mV/s。

从《分析化学手册》第五分册气相色谱分析上查得：相对质量校正因子 $f_{水}=0.70$，$f_{甲醇}=0.75$。

解：质量分数

$$w_{H_2O}=\frac{0.70\times 0.637}{0.75\times 0.856}\times\frac{0.2572}{79.37}\times 100\%=0.23\%$$

④ 内标标准曲线法（internal standard and standard curve method）　为使内标法适用于大批量样品分析，将其与标准曲线法结合起来，即内标标准曲线法。方法：配制一系列浓度的标准溶液，并在其中分别加入相同量的内标物，混匀后进样。以待测组分与内标物的响应值之比（A_i/A_s）对标准溶液的浓度（$c_{i标}$）进行线性回归。样品溶液中也要加入相同量的内标物。通常截距近似为零，因此可用内标对照法定量，即

$$c_{i样}=\frac{(A_i/A_s)_{样}}{(A_i/A_s)_{标}}c_{i标} \tag{11-11}$$

如此就可省去测定校正因子的工作。

【例 2】 顶空固相微萃取-气相色谱法测定头孢匹胺钠中多种有机溶剂残留量。

头孢匹胺钠系第三代头孢类抗生素，由于其在生产精制过程中采用了甲醇、乙醇、丙酮、乙腈、*N*,*N*-二甲基乙酰胺（DMAC）等有机溶剂，故应对原料药中有机溶剂的残留量进行测定。

① 色谱条件　AT OV-1301 石英毛细管柱（30m×0.32mm×0.5μm）；程序升温，起始柱温 50℃维持 1min，然后以 2.5℃/min 的速率升至 60℃，再以 30℃/min 的速率升至 250℃维持 10min。HFID 检测器，温度 250℃。分流/不分流进样器，温度 270℃，不分流时间为 1min。氮气为载气，线速度为 20cm/s。

② 顶空固相微萃取条件　平衡温度为 75℃，平衡时间为 10min。95μm 聚甲基苯基乙烯基硅氧烷/羟基硅油复合涂层固相微萃取器。

③ 样品测定及结果　5 种有机溶剂完全分离，在所考察的浓度范围内具有良好的线性，*r* 为 0.9992～0.9999，平均回收率为 87.6%～101.8%，精密度、重复性 RSD 均小于 10%，检测限为 0.01～0.2μg/mL。方法快速、灵敏、准确。

【例 3】 维生素 E 胶丸中维生素 E 的含量测定。

① 色谱条件和系统适用性试验　以聚硅氧烷（OV-17）为固定相，涂布浓度为 2%，或以 HP-1 毛细管柱（100%二甲基聚硅氧烷）为分析柱；柱温 265℃。理论板数按维生素 E 峰计算不低于 500（填充柱）或 5000（毛细管柱），维生素 E 峰与内标物质峰的分离度应符合要求。

② 校正因子的测定　取正三十二烷适量，加正己烷溶解并稀释成 1mL 中含 1.0mg 的溶液，作为内标溶液。另取维生素 E 对照品约 20mg，精密称定，置棕色具塞瓶中，精密加内标溶液 10mL，密塞，振摇使其溶解；取 1～3μL 注入气相色谱仪，计算校正因子。

③ 测定法　取装量差异项下的内容物，混合均匀，取适量（约相当于维生素 E 20mg），精密称定。置棕色具塞瓶中，精密加内标溶液 10mL，密塞，振摇使其溶解；取 1～3μL 注入气相色谱仪，测定，计算，即得结果。

【例 4】 四种中药橡胶膏剂中樟脑、薄荷脑、冰片和水杨酸甲酯含量的气相色谱法测定。

用气相色谱法同时测定伤湿止痛膏、安阳精制膏、少林风湿跌打膏和风湿止痛膏中樟脑、薄荷脑、冰片和水杨酸甲酯的方法灵敏、准确、重现性好、通用性强。

① 色谱条件与系统适用性试验　玻璃柱（3mm×3m），固定相为聚乙二醇（PEG）-20M（10%），HFID 检测器。载气 N_2 压力 60kPa，流速为 58mL/min，H_2 压力 70kPa，空气压力 15kPa，柱温 130℃，进样器/检测器温度 170℃。

② 样品测定及结果　以萘为内标物，采用内标物预先加入法，用挥发油测定器蒸馏制备供试液。4 种制剂样品中的樟脑、薄荷脑、冰片（异龙脑和龙脑）、水杨酸甲酯及内标物萘均得到良好的分离。方法学研究表明，樟脑、薄荷脑、冰片和水杨酸甲酯的加样回收率都大于 95.54%（RSD≤2.8%）。

【例 5】 毛细管气相色谱法测定 5-单硝酸异山梨酯血药浓度。

5-单硝酸异山梨酯是硝酸异山梨酯的主要代谢产物，作为一种较新型的硝酸酯类抗心绞痛药物，它的生物利用度高，分布容积广，疗效可靠。建立 GC-ECD 检测方法为研究该药物在人体内的药动学和生物利用度提供依据。

① 色谱条件 Alltech SE-30 毛细管柱，15m×0.25mm，0.25μm（SGE）；分流/不分流进样衬管（4mm，去活化）；进样温度 180℃，ECD 温度 225℃，柱前压 90kPa，载气流速 1.2mL/min，阳极吹扫速率 4mL/min，隔垫吹扫速率 4mL/min，尾吹速率 50mL/min，采用分流进样，分流比为 50∶1；程序升温程序为初始温度 105℃，维持 3min，然后以 5℃/min 速率升至 115℃，再以 50℃/min 速率升至 200℃，维持 1.5min。

③ 样品测定及结果 以 2-单硝酸异山梨酯为内标，血样经正己烷-乙醚（1∶4）提取液两次萃取后，分离有机相，氮气下浓缩，甲苯溶解进样。标准曲线在 24～1200ng/mL 浓度内，$r=0.9993$，日内、日间 RSD 为 3.29%～9.50%，平均回收率为（101.66±1.11）%。方法准确度高，专一性强，简便易行，可以满足血药浓度测定及药动学研究的需要。

11.6 气相色谱-质谱联用技术简介

色谱是一种高效分离分析方法，但定性能力差。质谱是一种具有超强定性能力的分析方法，但对混合物的分析无能为力。如果把色谱仪和质谱仪二者结合起来，则能发挥各自专长，使其同时具有分离和鉴定的能力。因此，早在 20 世纪 60 年代就开始了气相色谱-质谱联用技术的研究，并出现了早期的气相色谱-质谱联用仪。在 20 世纪 70 年代末，这种联用仪器已经达到很高的水平。目前，在有机质谱仪中，除激光解析电离-飞行时间质谱仪和傅里叶变换质谱仪之外，所有质谱仪都是和气相色谱或液相色谱组成联用仪器，这使质谱仪无论在定性分析还是定量分析方面都十分方便。因此，气相色谱-质谱联用（gas chromatography-mass spectrometry，GC-MS）现已成为在分析联用技术中最成功的一种，而且广泛应用于常规分析。

11.6.1 气相色谱-质谱联用技术的特点

无论是气相色谱或是质谱法各有长处和短处，GC-MS 联用则能够使两者的优、缺点得到互补，充分发挥气相色谱法高分离效率和质谱法定性属性的能力，兼有两者之长，其特点如下：

① 气相色谱作为进样系统，将待测样品进行分离后直接导入了质谱进行检测，既满足了质谱分析对样品单一性的要求，还省去了样品制备、转移的烦琐过程，不仅避免了样品受污染，对于质谱进样量还能有效控制，也减少了质谱仪器的污染，极大地提高了对混合物的分离、定性、定量分析效率。

② 质谱作为检测器，检测的是离子质量，获得化合物的质谱图，解决了气相色谱定性的局限性，既是一种通用性检测器，又是选择性检测器。因为质谱法的多种电离方式可使各种样品分子得到有效的电离，所有离子经质量分析器分离后均可以被检测，有广泛适用性。而且质谱的多种扫描方式和质量分析技术，可以有选择地只检测所需要的目标化合物的特征离子，而不检测不需要的质量离子，如此专一的选择性，不仅能排除基质和杂质峰的干扰，还极大地提高了检测灵敏度。在食品安全的有害物质残留分析中，GC-MS 方法由于在选择性和灵敏度上的优势，而被作为最终确证方法。

③ 联用的优势还体现在可获得更多信息。单独使用气相色谱只获得保留时间、强度两维信息，单独使用质谱也只获得质荷比和强度两维信息，而气相色谱-质谱联用可得到质量、

保留时间、强度三维信息。增加一维信息意味着增强了解决问题的能力。化合物的质谱特征加上气相色谱保留时间双重定性信息，和单一定性分析方法比较，显然专属性更强。质谱特征相似的同分异构体，靠质谱图难以区分，而有色谱保留时间就不难鉴别了。

④ 气相色谱-质谱联用技术的发展促进了分析技术的计算机化，计算机化不仅改善并提高了仪器的性能，还极大地提高了工作效率，从控制仪器运行，数据采集和处理，定性、定量分析，谱库检索以及打印报告输出等方面，计算机的介入使仪器可以全自动昼夜运行，从而缩短了各种新方法开发的时间和样品运行时间，实现了高通量、高效率分析的目标。

实际上，联用技术还带来许多无形的利益，包括减低成本。现代 GC-MS 的分离度和分析速度、灵敏度、专属性和通用性，至今仍是其他联用技术难以达到的，因此只要待测成分适用于 GC 分离，GC-MS 就成为联用技术中首选的分析方法。

11.6.2 气相色谱-质谱联用仪的基本结构

GC-MS 主要由色谱部分、接口部分（GC 和 MS 之间的连接装置）、质谱部分和计算机四部分组成，见图 11-14。

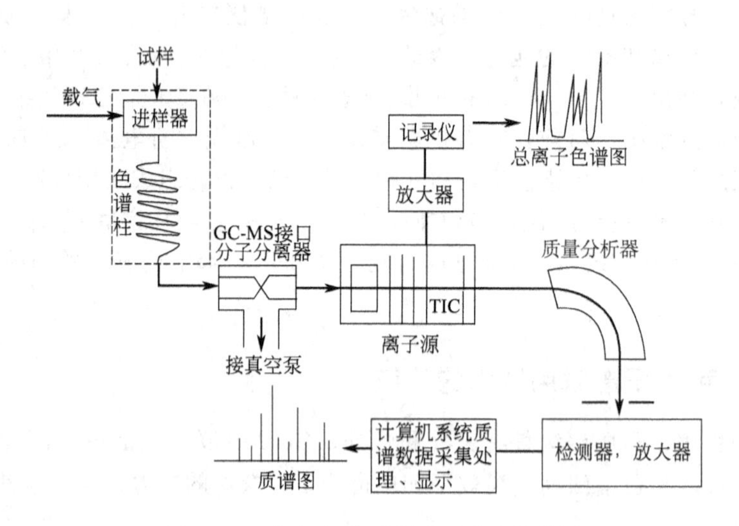

图 11-14　气相色谱-质谱联用基本结构图

（1）色谱部分

GC-MS 的色谱部分和一般的色谱仪基本相同，一般不再有色谱检测器，而是利用质谱仪作为色谱的检测器。色谱仪使用毛细管柱，混合试样在合适的色谱条件下被分离成单个组分，然后进入质谱仪进行鉴定。

（2）接口部分

GS-MS 的接口部分在 GS-MS 商品化初期一直是 GC-MS 发展的瓶颈，气相色谱（GC）早期采用填充柱，分析时在 60mL/min 或更高的载气流速下工作。这一流速与高真空的 MS 系统并不相容，为克服上述限制，要求接口必须将 GC 色谱柱的体积流速减小至能够维持质量分析器高真空的程度，并且保持对载气的选择性分离及试样的色谱分离。目前，气相色谱普遍采用毛细管色谱柱，由于毛细管气相色谱（CGC）载气流速很低，这实际上就相当于解决了上述与接口技术相关的问题。目前 GC-MS 的接口一般采用直接耦合接口和开口分流直接耦合接口。

(3) 质谱部分

GC-MS 的质谱仪部分可以是磁式质谱仪、四极质谱仪，也可以是飞行时间质谱仪和离子阱质谱仪。目前使用最多的是四极质谱仪。离子源主要是 EI 源和 CI 源。

(4) 计算机部分

由于计算机技术的提高，GC-MS 的主要操作都是由计算机控制进行，这些操作包括利用标准试样（一般用 FC-43）校准质谱仪，设置色谱和质谱的工作条件，数据的收集和处理以及库检索等。这样，一个混合物试样进入色谱仪后，在合适的色谱条件下，被分离成单一组分并逐一进入质谱仪，经离子源电离得到具有试样信息的离子，再经分析器、检测器即得到每个化合物的质谱图。这些信息都由计算机储存，根据需要，可以得到混合物的色谱图、单一组分的质谱图和质谱的检索结果等。

11.6.3 GC-MS 联用仪的工作原理

样品由进样口进入色谱柱，分离后各组分随载气（常用氦气）先后经过接口，组分分子被导入质谱仪的离子源。在离子源中电离后，分子离子或碎片离子进入质量分析器，按质荷比（m/z）的不同一一分离开，形成的离子流进入质谱检测器，由质谱记录仪描绘成该组分的质谱图，根据其提供的信息可推断该组分的结构。

如果质量分析器在设定的质量范围内（如原子量为 10～1000）快速地以固定时间间隔不断重复扫描，检测器就能得到连续不断变化着的质谱图集。这种扫描从进样就开始，得到的所有信息就是 GC-MS 联用仪的原始数据。计算机将每次扫描的离子流信号求和获得总离子流（total ion current，TIC）。随着进入离子源组分的不同，总离子流随之变化，得到总离子流强度随色谱时间而变化的谱图，即总离子流色谱图（total ion chromatogram）。这种工作方式称为全扫描。与 GC 相似，总离子流图中的峰面积或峰高可以用作定量分析的依据，同时还得到了保留时间的信息。

11.6.4 数据的采集

气相色谱-质谱联用仪主要有全扫描（SCAN）和选择离子检测（SIM）两种工作方式。

全扫描方式是指样品进入离子源后被连续电离，不同质量的组分离子在质量分析器中按时间先后分离，某一时刻只允许某一质量数离子通过，并被检测器检测的工作方式。如果质量分析器以固定时间间隔不断重复扫描，检测系统就能得到连续不断变化着的质谱图的集合。计算机将每次扫描后采集的数据即离子流求和而获得总粒子流（TIC）。随组分变化，就形成总离子流色谱图。全扫描方式适用于未知物的定性分析。

选择离子检测（SIM）是指在质谱测定的过程中，把质量分析器调节到只传输某一个或某一类待测组分的一个或数个特征离子（如分子离子、功能团离子或强碎片离子）的状态，检测色谱过程中所选定 m/z 的离子流随时间变化的谱图——质量离子色谱图的方法。待定量组分的分析常采用选择离子检测方式。

采用 SIM 方式时，MS 相当于 GC 的选择性高灵敏度检测器，而采用 TIC 方式时，MS 则是 GC 最高灵敏度的通用性检测器。SIM 方式的检测灵敏度较 TIC 方式要高约两个数量级；也高于 GC 的 HFID、FPD、NPD 等。另外，分析 TIC 上尚未分离或被化学噪声掩盖的组分。如对某些色谱混峰进行“分离”，大麻中含有吗啡、蒂巴因和可卡因，它们的结构相似，极性又强，很不容易分离。但可对这 3 种物质做多离子检测，即可在其选择离子检测图上将它们分离。

11.6.5 应用

GC-MS联用技术与GC技术相比，扩大了其应用范围，在石油、化工、医药、环保、食品、轻工等方面，特别是在许多有机物常规检测中已成为一种必备的工具。环境分析是GC-MS应用最重要的领域。水（地表水、废水、饮用水等）、危害性废物、土壤中有机污染物、空气中挥发性有机物、农药残留量等的GC-MS分析方法已被美国环保局（EPA）及许多国家采用，有的还以法规形式确认，这也促使其向其他法规性领域扩展，例如法医毒品的检定、公安案例的物证、体育运动中兴奋剂的检验等，已形成一系列法定性或公认的标准方法。另外，在药物分析中，GC-MS也常用于挥发油成分的鉴别、甾体药物的分析、中药材中农药检测、药物代谢等的研究。

【例6】 莪术与三棱挥发油成分的GC-MS分析。

莪术是我国传统的中药材，具有活血破淤，行气止痛之功效。近年来的研究表明，其挥发油具有抗肿瘤、抗早孕、抗炎、抗菌和降酶等作用。过去采用GC/MS分析莪术挥发油，只鉴定出约100种组分。

仪器与测试实验条件　采用Agilent6890N/5973IGC-MS联用仪进行实验。初始温度60℃，以10℃/min速率升至100℃，再以4℃/min速率升至200℃，最后以20℃/min速率升至280℃（保持2min）。汽化温度250℃；载气为高纯氦（纯度为99.999%）；柱前压力52.6kPa，载气流量1.0mL/min；进样量1μL；分流比40∶1。离子源为EI源；离子源温度为230℃；四级杆温度为150℃；发射电流34.6μA；接口温度为280℃；溶剂延迟4min。

通过运用气相色谱-质谱（GC-MS）联用技术，优化温度程序和调制参数等色谱条件，建立了分析中药莪术挥发油组成的GC-MS分析方法，实现了莪术挥发油的单个组分与族组分分析。

【本章小结】

气相色谱法是用气体作为流动相的色谱法，具有选择性高、效能高、灵敏度高、操作简单、分析速度快及应用广泛等特点。气相色谱仪主要组成部分：气路系统、进样系统、分离系统、检测系统和数据处理系统五大系统。常见的气相色谱检测器有热导检测器、氢火焰离子化检测器。

气相色谱法在应用中，要注意测试条件的选择，包括：色谱柱的选择、柱温的选择、载气及流速的选择、进样量及汽化温度的选择。

在进行定量分析时，可用归一化法、外标法或内标法。

【习题】

1. 试用方框图说明气相色谱仪的流程。
2. 氢火焰离子化检测器的工作原理是什么？
3. 气相色谱法定性分析的依据是什么？为什么？
4. 柱温是最重要的色谱操作条件之一。柱温对色谱分析有何影响？实际分析中应如何选择柱温？
5. 色谱归一化定量法有何优点？在哪些情况下不能采用归一化法？
6. 用气相色谱法定量测定时常需用定量校正因子校正响应值（A或h），为什么？

7. 采用3m色谱柱对A、B二组分进行分离，此时测得非滞留组分的 t_M 值为0.9min，A组分的保留时间 $t_{R(A)}$ 为15.1min，B组分的 $t_{R(B)}$ 为18.0min，要使二组分达到基线分离（R=1.5），最短柱长应选择多少米？（设B组分的峰宽为1.1 min）　(1m)

8. 一根色谱柱的理论塔板数为1600，组分A、B的保留时间分别为90min和100min，死时间为5min，它们能完全分离吗？　（R=1.05，不能完全分离）

9. 气相色谱法测定某试样中水分的含量。称取0.0186g内标物加到3.125g试样中进行色谱分析，测的水分和内标物的峰面积分别是135mm^{2}和162mm^2。已知水和内标物的相对校正因子分别为0.55和0.58，计算试样中水分的含量。　(0.47%)

10. 一试样含甲酸、乙酸、丙酸及其他物质。取此样1.132g，以环己酮为内标物，称取环己酮0.2038g加入试样中混匀，进样2.00μL，色谱图中的数据如下：

项目	甲酸	乙酸	丙酸	环己酮
峰面积	10.5	69.3	30.4	128
相对质量校正因子	0.261	0.562	0.938	1.00

分别计算甲酸、乙酸、丙酸的质量分数。　($w_{甲酸}$=5.66%，$w_{乙酸}$=17.3%，$w_{丙酸}$=4.56%)

11. 在1m长的色谱柱上，某镇静药A及其异构体B的保留时间分别为5.80 min和6.60 min，峰宽分别为0.78 min和0.82 min，甲烷通过色谱柱需1.10 min。计算：①载气的平均线速度；②组分B的容量因子；③A和B的分离度；④分离度为1.5时，所需的柱长；⑤在长色谱柱上B的保留时间。　(1.52cm/s，5.00，1，2.25m，14.85min)

12. 用一根长2m的GC填充柱分离多组分混合物，理论板数为4000m^{-1}，死时间为20s，混合物中最后流出色谱柱的组分的容量因子为10。问：①若不考虑组分间的分离度，求最后流出色谱柱的组分所需要的时间；②若其他条件不变，当最难分离物质对的选择性因子为1.10时，求其流出色谱柱的时间。　(220s，76.4s)

13. 某混合物中只含有乙醇、正庚烷、苯和乙酸乙酯，用热导池检测器进行色谱分析，测定数据如下：

化合物	色谱峰面积/cm^2	校正因子 f
乙醇	5.0	0.64
正庚烷	9.0	0.70
苯	4.0	0.78
乙酸乙酯	7.0	0.79

计算各组分的质量分数。

（依次为17.6%，34.7%，17.2%，30.5%）

14. 采用内标标准曲线法测定某药品中丁香酚含量。取丁香酚标准对照品和水杨酸甲酯（内标物）配制系列标准溶液。精密称取药物样品0.2518g，经处理后得到10.0mL供试品溶液，加入水杨酸甲酯后的浓度与标准对照品溶液相同。进样后，测定数据如下：

丁香酚浓度/(mg/mL)	0.83	0.93	1.04	1.14	1.24	供试品溶液
丁香酚色谱峰面积/(mV/s)	56428	61664	68619	78387	84901	63247
水杨酸甲酯色谱峰面积/(mV/s)	53335	52037	51710	53837	53700	51757

计算药品中丁香酚含量。　(3.84%)

第⑫章

经典液相色谱法

【本章教学要求】

● 掌握吸附色谱、分配色谱、离子交换色谱、分子排阻色谱、聚酰胺色谱常用固定相；柱色谱、薄层色谱、纸色谱的操作方法。

● 理解吸附色谱、分配色谱、离子交换色谱、分子排阻色谱、聚酰胺色谱分离原理。

● 熟悉吸附色谱、分配色谱、离子交换色谱、分子排阻色谱、聚酰胺色谱应用范围。

【导入案例】

色谱法起源于20世纪初，1906年俄国植物学家米哈伊尔·茨维特用碳酸钙填充竖立的玻璃管，以石油醚洗脱植物色素的提取液，经过一段时间洗脱之后，植物色素在碳酸钙柱中实现分离，由一条色带分散为数条平行的色带。由于这一实验将混合的植物色素分离为不同的色带，因此茨维特将这种方法命名为Хроматография，这个单词最终被英语等拼音语言接受，成为色谱法的名称。汉语中的色谱也是对这个单词的意译。

茨维特并非著名科学家，他对色谱的研究以俄语发表在俄国的学术杂志之后不久，第一次世界大战爆发，欧洲正常的学术交流被迫终止。这些因素使得色谱法问世后十余年间不为学术界所知，直到1931年德国柏林威廉皇帝研究所的库恩将茨维特的方法应用于叶红素和叶黄素的研究，库恩的研究获得了广泛的承认，也让科学界接受了色谱法，此后的一段时间内，以氧化铝为固定相的色谱法在有色物质的分离中取得了广泛的应用，这就是今天的吸附色谱。

经典液相色谱法是在常温、常压下依靠重力和毛细管作用输送流动相的色谱方法。按操作形式不同可分为柱色谱、薄层色谱法、纸色谱法。按分离原理可分为吸附色谱法、分配色谱法、离子交换色谱法、分子排阻色谱法、聚酰胺色谱法等。经典液相色谱具有设备简单、操作方便等特点。在药物研究、食品化学、环境化学、临床化学、法检分析及化学化工等领域都有广泛的应用。特别是在天然药物成分的鉴别、分离等方面发挥着独特的作用。

12.1 吸附色谱法

吸附色谱（liquid solid adsorption chromatography，LSC）是以吸附剂为固定相，有机溶剂为流动相（洗脱剂、展开剂），利用不同组分在吸附剂上吸附性能的差异，进行分离分析的方法。该方法适用于分离分析极性至弱极性的化合物。

12.1.1 基本原理

(1) 吸附与吸附平衡

吸附剂是一些多孔性的极性微粒物质，如氧化铝、硅胶等。对于每一种溶质而言，在给定的色谱条件（吸附剂、洗脱剂、温度）下，洗脱过程是洗脱剂分子与被吸附的溶质分子发生竞争吸附的过程，存在一个吸附和解吸的动态平衡，吸附平衡常数 K 表示溶质在固定相和流动相中的浓度比：

$$K=\frac{\text{溶质在固定相中的浓度}}{\text{溶质在流动相中的浓度}}=\frac{c_s}{c_m} \tag{12-1}$$

K 值相差越大，各组分越容易实现相互分离。因此，应根据被分离物质的性质（极性），通过选择适当的固定相和流动相，建立一个最佳的色谱分离条件，使不同物质的 K 值有尽可能大的差异。

(2) 吸附等温线（absorption isotherm）

在一定温度下，某一组分在固定相和流动相之间达到平衡时，以组分在固定相中的浓度 c_s 为纵坐标，以组分在流动相中的浓度 c_m 为横坐标得到的曲线，称为吸附等温线。它有三种类型：线性、凸形和凹形。通常在低浓度时，每种等温线均呈线性，而高浓度时，等温线则呈凸形或凹形。

① 线性吸附等温线　线性吸附等温线是理想的等温线，是左右对称的流出曲线。如图 12-1(a) 所示。

② 非线性吸附等温线　在绝大多数情况下，吸附等温线都有些弯曲而呈现非线性，一般液固吸附色谱大多呈凸形吸附等温线。如图 12-1(b) 所示。色谱峰形成拖尾峰。

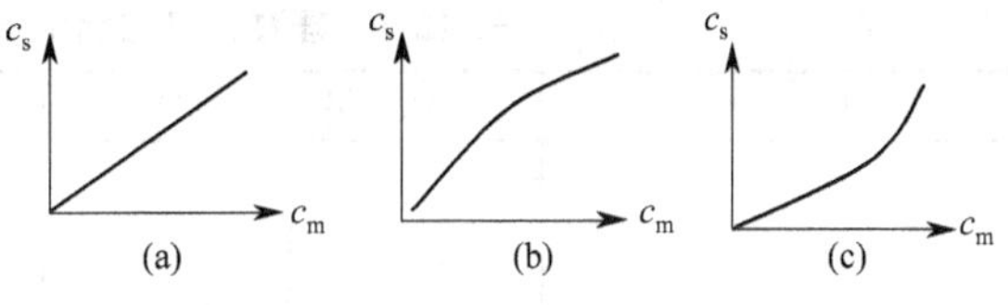

图 12-1　吸附等温线的形状

应尽量避免色谱峰的拖尾。克服的方法是：控制溶质的量，利用凸形吸附等温线的直线部分，使其在一定的线性范围内，从而得到左右对称的流出曲线。

在极少数情况下，吸附等温线呈凹形。如图 12-1(c) 所示。

12.1.2 吸附剂

(1) 常用吸附剂

① 硅胶　色谱用硅胶常以 $SiO_2 \cdot xH_2O$ 表示，是多孔性的硅氧（—Si—O—Si—）交联结构。其骨架表面的硅羟基（—Si—OH）能吸附大量水分，这种表面吸附水称为“结合水”，加

热至 105～110℃能除去。硅羟基为吸附中心，它对不同极性的物质具有不同的吸附能力。硅羟基有三种形式：一种是游离羟基（Ⅰ）；一种是键合羟基（Ⅱ）；当硅胶加热到 200℃以上时，失去水分，使表面羟基变为硅醚结构（Ⅲ）。后者不再对极性化合物有选择性保留作用而失去吸附活性。

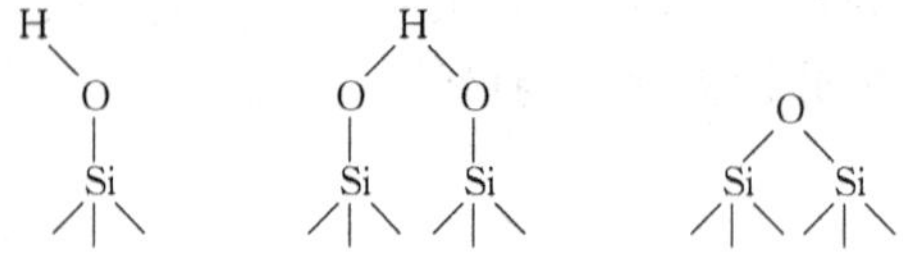

（Ⅰ）　　（Ⅱ）　　（Ⅲ）

硅胶具有弱酸性，适用于分离酸性和中性化合物。

② 氧化铝　一种吸附力较强的吸附剂，具有分离能力强、活性可控等优点。有碱性、中性和酸性三种。

碱性氧化铝（pH 9～10）适用于碱性和中性化合物的分离，如多环碳氢化合物类、生物碱类、胺类、脂溶性维生素以及醛酮类。

中性氧化铝（pH 7.5）适用范围广，凡是适用于酸性、碱性氧化铝的，中性氧化铝都适用。尤其适用于分离生物碱、挥发油、萜类、甾体、蒽醌以及在酸碱中不稳定的苷类、醌、内酯等成分。

酸性氧化铝（pH 4～5）适用于分离酸性化合物，如有机酸、酸性色素及某些氨基酸、酸性多肽类以及对酸稳定的中性物质。

(2) 吸附剂的吸附活性

硅胶、氧化铝等吸附剂的吸附活性（能力）除与吸附剂本身的性质有关以外，还与其含水量相关，见表 12-1。含水量越低，活度级别越小，其吸附力越强。分离极性小的物质，一般选用活度级别小的吸附剂。分离极性大的物质则应选用活度级别大的吸附剂。

在一定温度下，加热除去水分以增强吸附活性的过程称为活化，因此吸附剂在使用前必须活化处理。反之，加入一定量水使其吸附活性降低，称为失活或减活。

表 12-1　硅胶、氧化铝的含水量与活度级别的关系

硅胶含水量/%	氧化铝含水量/%	活度级别	吸附力
0	0	Ⅰ	强 ↑
5	3	Ⅱ	
15	6	Ⅲ	
25	10	Ⅳ	
38	15	Ⅴ	弱

同一种吸附剂，如果制备和处理方法不同，吸附剂的吸附性能相差较大，分离结果的重现性也较差。因此应尽量采用相同批号与同样方法处理的吸附剂。

12.1.3　色谱条件的选择

选择色谱分离条件时，必须从吸附剂、被分离物质、流动相（洗脱剂或展开剂）三方面进行综合考虑。在吸附色谱中，由于吸附剂的种类有限，因此，当被分离物质、吸附剂种类一定时，分离成败的关键取决于流动相的选择。现用图 12-2 来表示这三者之间的关系和流动相的选择原则。如被分离物质极性较弱，则宜选用活性较高的吸附剂和极性弱的流动相。上述仅为一般原则，最终的色谱条件还需通过预实验来确定。

常见化合物按其极性由小到大顺序为：烷烃＜烯烃＜醚＜硝基化合物＜二甲胺＜酯类＜酮类＜醛类＜硫醇＜胺类＜酰胺类＜醇类＜酚类＜羧酸类。

常用溶剂的极性顺序为：石油醚＜环己烷＜四氯化碳＜苯＜甲苯＜二氯甲烷＜三氯乙烯＜乙醚＜氯仿＜乙酸乙酯＜丙酮＜正丁醇＜乙醇＜乙酸＜甲醇＜水等。

为了提高分离能力，有时需要采用两种或两种以上的溶剂按一定比例组成流动相。使用混合溶剂可以调整流动相的极性、酸碱性、互溶性和黏度，以达溶质相互分离的目的。

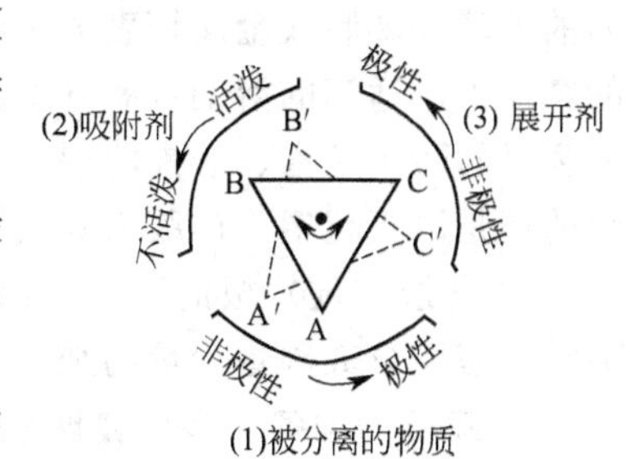

图 12-2　化合物极性/吸附剂活度和展开剂极性间的关系

12.1.4　操作方法

(1) 液固吸附柱色谱法

① 色谱柱的制备　常用的柱管材料为玻璃，内径与柱长的比例，一般在 1∶(10～20) 之间，如有特殊需要，可采用细长型色谱柱或短粗色谱柱。吸附剂的颗粒大小一般应在 100～200 目。氧化铝用量为样品重量的 20～50 倍，对于难分离化合物，氧化铝用量可增加至 100～200 倍；如果用硅胶作固定相其比例一般为 1∶(30～60)，如为难分离化合物，可高达 1∶(500～1000)。

柱要求填装均匀，且不能有气泡。装柱时首先将玻璃柱垂直地固定于支架上（管下端塞有少量棉花或装有玻璃砂芯的滤板），再采用干法或湿法填装。

a. 干法装柱　将吸附剂均匀地、不间断地倒入柱内。通常在柱管上端放一玻璃漏斗，使吸附剂经漏斗成一细流，慢慢加入管内。必要时轻轻敲打色谱柱使填装均匀。

b. 湿法装柱　先将准备使用的洗脱剂加入柱管内，然后把吸附剂（或将吸附剂以相同洗脱剂拌湿后）慢慢连续不断地倒入柱内，此时应将管下端活塞打开，使洗脱剂慢慢流出。吸附剂慢慢沉降于柱管的下端，待加完吸附剂后，继续使洗脱剂流出，直到吸附剂的沉降不再变动。再在吸附剂上面加少许棉花或直径比柱内径略小的滤纸片。

两种方法，以湿法装柱为优，因其可较好克服柱内留有气泡的问题。

② 加样与洗脱　首先将被分离样品溶于一定体积的溶剂中，选用的溶剂极性应低，体积要小。上样前，应将柱内溶剂放出至与吸附剂平面接近平齐，再沿管壁慢慢加入样品溶液。试样溶液加完后，打开活塞将液体慢慢放出，至柱内液面与吸附剂平面再度接近平齐。必要时再用少量溶剂冲洗原来盛有样品的容器，全部加入色谱柱内。

连续不断地加入洗脱剂开始洗脱，调节一定的流速。洗脱时应始终保持一定高度的液面，切勿断流。收集洗脱液，将收集液用薄层色谱或纸色谱定性检查，根据检查结果，将成分相同的洗脱液合并，回收溶剂，得到某单一成分。如为几个成分的混合物，可再用其他方法进一步分离。

③ 检出　可以通过分段收集流出液，采用相应的物理和化学方法进行检出。对有色混合物，很容易观察化合物的分离情况，对无色物质，可用紫外光观察荧光色带而检出。也可用荧光吸附剂，通过荧光熄灭定位。

(2) 液固吸附薄层色谱法

薄层色谱法（thin layer chromatography，TLC）是将固定相均匀地涂铺在具有光滑表面的玻璃、塑料或金属箔表面上形成一薄层，然后将待分离样品点在薄层板的一端，在密闭的容器中用适当的溶剂（展开剂）及方法对组分分离、鉴定、定量的方法。根据分离原理可分为吸附薄层色谱、分配薄层色谱法、离子交换薄层色谱法和凝胶薄层色谱法，但应用最广泛的还是以氧化铝、硅胶为吸附剂的液固吸附薄层色谱法。

① 薄层（硬）板的制备　以硅胶、氧化铝为固定相制备的薄板，一般厚度以 0.25mm 为宜。若要分离制备少量的纯物质，薄层厚度应稍大些。

a. 载板的准备　多用玻璃板作为载板，要求表面光滑，平整清洁，以便吸附剂能均匀地涂铺于上。常用规格有 10cm×10cm、20cm×10cm、20cm×20cm 等。

b. 薄层（硬）板的铺制

ⅰ. 调制固定相　取一定量的吸附剂按表 12-1 中含水量及活化条件，加入水溶液，朝同一方向研磨，直至成稀糊状匀浆。

ⅱ. 铺板

（ⅰ）倾注法　将吸附剂匀浆按预定体积倾入玻璃板一端，用玻璃棒平行于一端置于倾斜的玻璃板上，将匀浆引导至另一端，涂布成一均匀薄层，再稍加振动，使整板薄层均匀，表面平坦。铺好的薄板置水平台上晾干，再在烘箱中活化，取出，置干燥器中保存，备用。该法操作简单，但板面的一致性差，厚度无法控制，只适用于定性和分离制备。

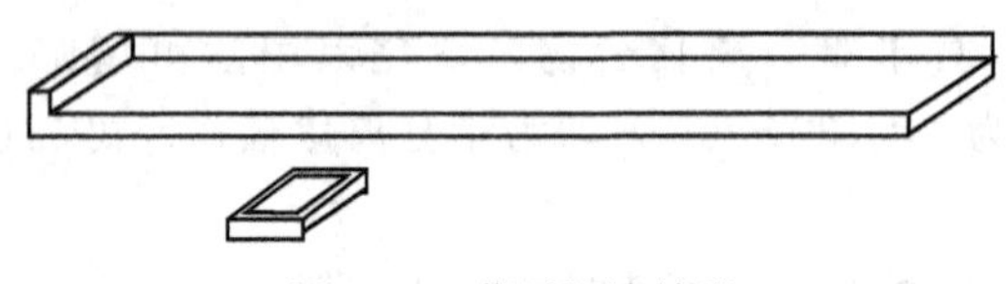

图 12-3　薄层板涂铺器

（ⅱ）涂铺法　将吸附剂匀浆倒入涂布器，用手动或自动涂布器铺板，如图 12-3 所示。铺好的薄板置水平台上晾干，再在烘箱中活化，取出，置干燥器中保存，备用。使用器械涂铺的薄层板厚度可调、均匀一致，可用于定量分析。

② 点样　溶解样品的溶剂一般用甲醇、乙醇、丙酮、三氯甲烷等挥发性有机溶剂，常用的点样器为不同体积的定量毛细管、微量注射器或自动点样器。适当的点样量，可使斑点集中。点样量过大，斑点易拖尾或扩散；点样量过少，斑点不易被检出。用点样量器吸取样品后，轻轻接触于薄层的起始线（一般距薄层板底端 1cm 以上，先用铅笔做好标记）上，点成圆形，每次点样后，原点扩散的直径以不超过 2～3mm 为宜，若样品浓度较小，可反复多点几次，点样时可借助电吹风、电加热板或红外线使溶剂迅速挥发。多个样品点在同一薄层板的起始线上时，其点间距应在 1cm 以上，见图 12-4。点样操作要迅速，避免薄层板暴露在空气中时间过长而吸水降低活性。如用于制备，可采用带状点样法。

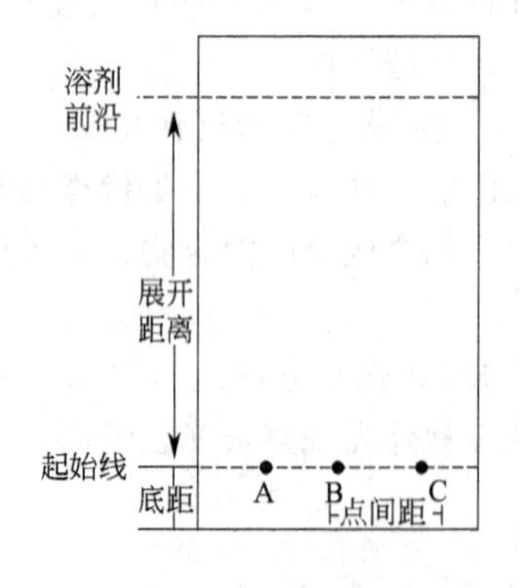

图 12-4　点样示意图

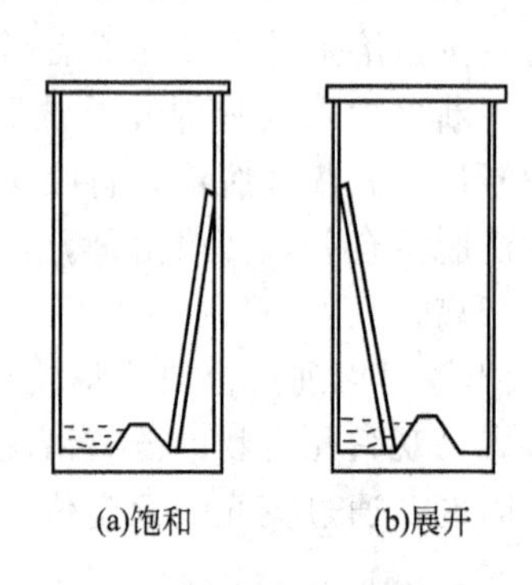

图 12-5　双槽色谱缸及上行展开示意图

③ 展开　将点好样的薄层板浸入展开剂中，展开剂借薄层板上固定相的毛细管作用携带样品组分在薄层板上迁移一定距离的过程称为展开，见图 12-5。展开剂浸入薄层下端高度不应超过 0.5cm。点样处不可接触展开剂，展距一般 5～8cm。

a. 上行展开　将点好样的薄层板放入已盛有展开剂的直立型色谱缸中，斜靠于色谱缸的一边，展开剂沿薄层下端借毛细管作用缓慢上升。待展开距离适当时，取出薄层板，做好前沿标记，挥干溶剂，检视。该方式在薄层色谱中最常用。

b. 单向多次展开　取经展开一次后的薄层板让溶剂挥干，再用同一种展开剂，按同样的展开方向进行第二次、第三次……展开，以达到更好的分离效果。

c. 单向多级展开　取经展开一次后的薄层板让溶剂挥干，再改用另一种展开剂，按同样的展开方向进行第二次、依此类推进行的多次展开，以达到更好的分离效果。

d. 双向展开　第一次展开后，取出，挥去溶剂，将薄层板旋转 90°角后，再改用另一种展开剂展开，见图 12-6。

除此之外，尚有径向展开（薄层板为圆形）等展开方式。还有自动多次展开仪，可进行程序化多次展开。

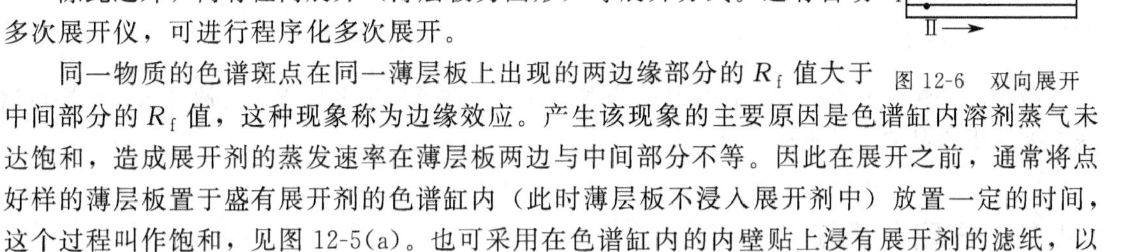

图 12-6　双向展开

同一物质的色谱斑点在同一薄层板上出现的两边缘部分的 R_f 值大于中间部分的 R_f 值，这种现象称为边缘效应。产生该现象的主要原因是色谱缸内溶剂蒸气未达饱和，造成展开剂的蒸发速率在薄层板两边与中间部分不等。因此在展开之前，通常将点好样的薄层板置于盛有展开剂的色谱缸内（此时薄层板不浸入展开剂中）放置一定的时间，这个过程叫作饱和，见图 12-5(a)。也可采用在色谱缸内的内壁贴上浸有展开剂的滤纸，以加快展开剂蒸气在色谱缸内迅速达到饱和。待色谱缸的内部空间及放入其中的薄层板被展开剂蒸气完全饱和后，再将薄层板浸入展开剂中展开。

④ 检视

a. 光学检出法　对有色物质的色谱斑点定位，可直接在日光下观察。有些物质可在紫外灯下观察薄层板上有无荧光斑点或暗斑（荧光猝灭斑点）。常用波长有 254nm 和 365nm。

b. 化学检出法

喷雾显色　将显色剂用喷雾器直接喷洒于已展开并晾干的薄层板上，直接显色或加热显色。显色剂可分为通用型显色剂和专属型显色剂两种。一般选用专属型显色剂。

专属型显色剂是对某个或某一类化合物显色的试剂。如三氯化铁的高氯酸溶液可显色吲哚类生物碱；茚三酮则可显色氨基酸和脂肪族伯胺；0.05%荧光黄的甲醇溶液是芳香族与杂环化合物的专用显色剂；溴甲酚绿可使羧酸类物质显色等。

通用型显色剂有碘、硫酸乙醇溶液等。碘对许多有机化合物都可显色，如生物碱、氨基酸、肽类、酯类、皂苷等，其最大特点是显色反应往往是可逆的，在空气中放置，碘可升华挥发，组分恢复原来状态。10%的硫酸乙醇溶液可使大多数无色化合物显色，形成有色斑点，如红色、棕色、紫色等，还可在紫外灯下观察不同颜色的荧光。

⑤ 定性分析　在薄层色谱法中，常用比移值 R_f 来表示各组分的位置，与 R' 具有相同含义。比移值 R_f 的定义为：原点至斑点中心的距离与原点至溶剂前沿的距离之比：

$$R_f=\frac{\text{原点至斑点中心的距离}}{\text{原点至溶剂前沿的距离}} \tag{12-2}$$

相同物质在同一色谱条件下的 R_f 值相同，这就是薄层色谱法作为定性鉴别的依据。但由于 R_f 值易受吸附剂性质和展开剂极性、溶解性等因素影响，重现性较差。为解决这一问题，常采用相对比移值 R_{sf} 来定性。

$$R_{sf}=\frac{原点到样品组分斑点中心的距离}{原点到参考物斑点中心的距离} \tag{12-3}$$

R_{sf} 值是相对 R_f 值，是样品与参考物移动距离之比，可消除许多系统误差。参考物可另外加入，也可以直接以样品中某一组分作为参考物。

注意，薄层板展开后溶剂前沿的点不能判断是一个点，因为如果选用的展开剂极性过大，在板展开后，多个物质就会重合到溶剂前沿上。同理，原点上的点也不能判断是一个点，所以要尽量选择合适的展开剂使反应的 R_f 值控制在 0.2～0.8 之间。

⑥ 定量分析　目前常用的薄层定量方法是薄层扫描法。使用薄层扫描仪，将一束长宽可调节、一定波长、一定强度的光线，按照一定方式照射到薄层板上，对整个斑点扫描，用仪器记录通过斑点时光束强度的变化，从而达到定性的目的。该法快速、简便、结果灵敏、准确，适用于多组分物质和微量组分的定量，但由于重现性差，对操作要求高等因素，已越来越少应用于定量分析。

12.1.5　应用

吸附色谱法主要用于亲脂性样品的分离和分析，柱色谱主要用于制备性分离，薄层色谱法主要用于样品的定性定量分析。

12.2　分配色谱法

12.2.1　基本原理

分配色谱法（partition chromatography）是将某种溶剂（固定液）涂布在多孔微粒的表面或纸纤维上，形成一层液膜，构成固定相。多孔微粒或纸纤维称为支持剂（solid support）或载体（carrier）、担体。溶质在固定相和流动相之间分配。各组分因分配系数 K 不同而获得分离。

$$K=\frac{溶质在固定相中的浓度}{溶质在流动相中的浓度}=\frac{c_s}{c_m} \tag{12-4}$$

K 值大，说明物质保留时间长，移动速度慢，较迟出现在流出液中；反之，K 值小，保留时间短，移动速度快，较早出现在流出液中。此法尤其适宜于亲水性物质及既能溶于水又稍能溶于有机溶剂的物质，如极性较大的生物碱、苷类、有机酸、酸性成分、糖类及氨基酸的衍生物等。

12.2.2　载体

在分配色谱法中，载体只起支撑与分散固定液的作用。对它的要求是化学惰性，对被分离组分没有吸附能力，且又能吸留较大量的固定相液体。载体必须纯净，颗粒大小均匀。大多数的商品载体在使用之前需要精制、过筛。常用的载体包括：

① 硅胶　当它吸收相当于本身重量的50%以上的水后，硅胶丧失吸附作用，变成载体，水为固定液。

② 硅藻土　硅藻土是现在应用最多的载体。

③ 纤维素　纤维素既是纸色谱的载体，也是分配柱色谱常用的载体。

此外，还有淀粉，近几年来还采用有机载体，如微孔聚乙烯粉等。

12.2.3 固定液及其选择

强极性固定液有水、各种缓冲溶液、稀硫酸、甲醇、甲酰胺或丙二醇等以及它们的混合液，按一定的比例与载体混匀后填装于色谱柱中，用有机溶剂作为洗脱剂进行洗脱分离。适用于分离极性物质，弱极性物质先流出色谱柱，极性物质后流出色谱柱。

弱极性固定液如硅油、液体石蜡等，以水、水溶液或与水混溶的有机溶剂为流动相，适用于分离中等极性至非极性的物质，亲脂性成分移动慢，亲水性成分移动快。

12.2.4 流动相及其选择

一般常用的流动相有强极性的水、各种水溶液（包括酸、碱、盐及缓冲液）或低级醇类或极性较小的有机溶剂，如石油醚、醇类、酮类、酯类、卤代烷类、苯以及它们的混合物。

固定液与流动相的选择：①根据被分离物中各组分在两相中的溶解度之比即分配系数而定；②两者不互溶；③固定相、流动相极性大小，参照液固吸附色谱法。

12.2.5 操作方法

(1) 分配柱色谱法

① 固定液的涂布与装柱　装柱前，首先将固定液与载体混合。如果用硅胶、纤维素等作载体，可直接称出一定量的载体，再加入一定比例的固定液，混匀后即可装柱。如果以硅藻土为载体，加固定液直接混合的办法不容易得到涂布均匀的固定相。为此先把硅藻土放在大量的流动相中，在不断搅拌下，逐渐加入固定液，加完后继续搅拌片刻，然后装柱。装柱时，分批小量地倒入柱中，随时把过量的溶剂放出，待全部装完后，即得到一个装填均匀的色谱柱。

根据样品量，拌样硅胶一般是样品量的1～2倍，柱子中的硅胶是10～30倍。这些硅胶加入柱子后的径高比在1∶(5～10)为比较合适的比例。如果比例太小1∶(1～3)，硅胶高度不够，分离度比较差；如果比例太大1∶(10～20)，流速会非常慢。

② 加样和洗脱　加样的方法有三种：a. 试样配成浓溶液，用吸管轻轻沿管壁加入柱内；b. 试样溶液用少量固定相吸附，待溶剂挥干后，加入柱内；c. 用一块比色谱柱内径略小的圆形滤纸吸附试样溶液，待溶剂挥发后，加入柱内。

洗脱同液固吸附色谱法。

(2) 纸色谱法

纸色谱法（paper chromatography，PC）是以滤纸作为载体，以滤纸纤维素所结合的水分为固定液，以有机溶剂为展开剂的色谱分析方法。构成滤纸的纤维素分子中有许多羟基，被滤纸吸附的水分中约有6%与纤维素上的羟基以氢键结合成复合态，这一部分水是纸色谱的固定相。由于这一部分水与滤纸纤维结合比较牢固，所以流动相既可以是与水不相混溶的有机溶剂，又可以是与水混溶的有机溶剂，如乙醇、丙醇、丙酮甚至水。流动相借毛细管作用在纸上展开，与固定在纸纤维上的水形成两相，样品依其在两相间分配系数的不同而相互分离。除水以外，纸纤维也可以吸留其他物质如甲酰胺等作为固定相。

① 色谱纸的选择和处理

a. 滤纸的选择　纸色谱使用的滤纸应具备如下条件：滤纸的质地要均匀，厚薄均一，全纸必须平整；具有一定的机械强度，被溶剂润湿后仍能悬挂；具有足够的纯度，某些滤纸常含有 Ca^{2+}、Mg^{2+}、Cu^{2+}、Fe^{3+} 等杂质，必要时需进行净化处理，其方法是先将滤纸放在 2mol/L 乙酸或 0.4mol/L 盐酸中浸泡几天，然后用蒸馏水充分洗涤，可除去纸上的无机杂质，再把滤纸放在丙酮-乙醇（1∶1）的混合溶液中浸泡数日，取出风干，这样可除去大部分有机杂质；滤纸纤维松紧适宜，厚薄适当，展开剂移动的速度适中。常见的有 Whatman 公司、Macherey-Nagel（MN）公司的滤纸及国产新华滤纸。

b. 滤纸的处理　有时为了适应某些特殊化合物分离的需要，可对滤纸进行处理，使滤纸具有新的性能。有些化合物受 pH 值的影响而有离子化程度的改变，例如多数生物碱在中性溶剂系统中分离，往往产生拖尾现象，如将滤纸预先用一定 pH 值的缓冲溶液处理就能克服这一现象。有时在滤纸上加一定浓度的无机盐类，借以调整纸纤维中的含水量，改变组分在两相间分配的比例，促使混合物相互分离，如某些混合生物碱类的分离可采用此法。

也有将溶剂系统中的亲脂性液层固定在滤纸上作为固定相，水或亲水性液层为流动相，分离一些亲脂性强、水溶性小的化合物。操作时先制备疏水性滤纸，以改变滤纸的性能，使其适合水或亲水性溶剂系统的展开。另一种方法是将滤纸纤维经过化学处理使其产生疏水性。例如，乙酰化滤纸是比较常用的一种。

② 点样　将样品溶于适当溶剂中，一般用乙醇、丙酮、三氯甲烷等有机溶剂，最好采用与展开剂极性相似的溶剂。若样品为液体，一般可直接点样。点样量的多少由滤纸的性能、厚薄及显色剂灵敏度来决定，一般为几到几十微克。与柱色谱法相比较，纸色谱更适用于微量样品的分离。点样方法与薄层色谱法相同。

③ 展开剂的选择　纸色谱所选用的展开剂与薄层色谱有很大的不同，多数采用含水的有机溶剂。纸色谱最常用的展开剂是水饱和的正丁醇、正戊醇、酚等。此外，为了防止弱酸、弱碱的离解，有时需加少量的酸或碱，如乙酸、吡啶等。如用正丁醇-乙酸作流动相，应当先在分液漏斗中把它们与水振摇，分层后，分离被水饱和的有机层作流动相。有时加入一定比例的甲醇、乙醇等，使展开剂极性增加，增强它对极性化合物的展开能力。

④ 展开　在展开前，先用溶剂蒸气饱和容器内部，或用浸有展开剂的滤纸条贴在容器内壁，下端浸入溶剂中，使容器尽快地被展开剂所饱和。然后再将点有样品的滤纸浸入溶剂中进行展开。

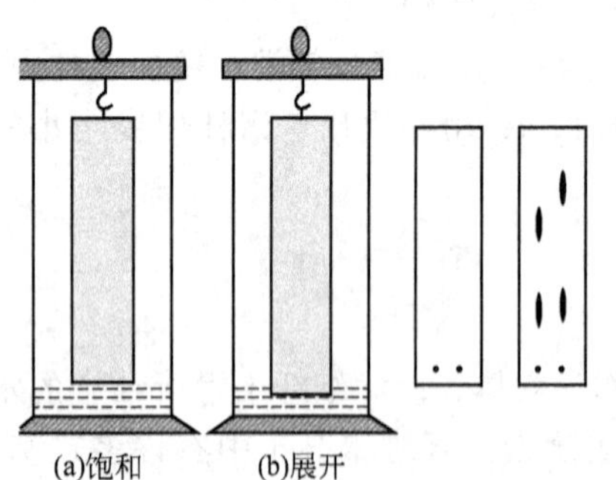

图 12-7　纸色谱上行法

纸色谱的展开方式，通常采用上行法，让展开剂借毛细管效应自下向上移动，见图 12-7。若要同时进行多样品的色谱分离，可在方形滤纸一端每隔 2～2.5cm 进行点样，然后缝成圆筒形，在圆形缸中展开。上行法操作简单，但溶剂渗透慢，适用于 R_f 相差较大的组分分离。

对于 R_f 值相差较小的样品，可使用下行法，借助重力使溶剂由毛细孔向下移动，这样斑点移动距离大，可使组分获得较好的分离。

⑤ 检视　薄层色谱所用检视方法，除不能使用腐蚀性的显色剂以外都可用于纸色谱法检视。纸色谱还有其他一些检出方法，例如有抗菌作用的成分，可应用生物检定法。此法是将纸色谱加到细菌的培养基内，经过培养后，根据抑菌圈出现的情况，来确定化合物在纸上

的位置。也可以用酶解方法，例如无还原性的多糖或苷类在纸色谱上经过酶解，生成还原性的单糖，就能应用氨性硝酸银试剂显色。也可以利用化合物中所含的示踪同位素来检识化合物在纸色谱上的位置。

⑥ R_f 值的测量　展开完毕，立即记录溶剂前沿，找出斑点，计算出 R_f 值。

12.2.6　应用

分配色谱法的优点是有较好的重现性，并可以根据 K 值预测分离效果。分配系数在较大范围内是常数。在大多数情况下，能找到一组适合的溶剂进行分离，因而适用于各类型化合物的分离，尤其是在吸附色谱中分离效果不理想的强极性物质。分配柱色谱主要用于制备性分离，纸色谱多用于定性鉴别。

12.3　离子交换色谱法

利用离子交换剂对各组分交换性能的差异使其分离分析的方法称为离子交换色谱法（ion exchange chromatography，IEC）。离子交换剂可分为无机离子交换剂和有机离子交换剂，目前在国内生产和应用最多的是有机离子交换剂中的离子交换树脂（ion exchange resin）。

12.3.1　离子交换树脂及其特性

（1）离子交换树脂

离子交换树脂主要是由高分子聚合物的骨架和活性基团组成。骨架具有特殊网状结构，根据树脂合成时所用原料，可分为酚醛型、聚苯乙烯型、环氧型和丙烯酸型，其中聚苯乙烯型化学性质稳定、交换容量大，所以最为常用。根据活性基团的性质以及所交换离子的电荷可分为阳离子交换树脂和阴离子交换树脂。

① 阳离子交换树脂　以阳离子作为交换离子的树脂叫阳离子交换树脂，它们含有$-SO_3H$、$-COOH$、$-OH$、$-SH$、$-PO_3H_2$ 等酸性基团，其中可电离的 H^+ 与样品溶液中某些阳离子进行交换。当树脂上可交换的离子是 H^+ 时，称为氢型树脂；当树脂上可交换的离子是金属离子时，称为盐型树脂。依据其酸性强度，由强至弱依次为：$R-SO_3H>HO-R-SO_3H>R-PO_3H_2>R-COOH>R-OH$。以磺酸型阳离子交换树脂为例，离子交换与再生反应为：

$$R-SO_3^-H^+ + X^+ \rightleftharpoons R-SO_3^-X^+ + H^+$$

② 阴离子交换树脂　以阴离子作为交换离子的树脂叫阴离子交换树脂，它们含有$-NH_2$、$-NHR$、$-NR_2$ 或$-N^+R_3X^-$ 等碱性基团。含有铵基者为强碱性，含有$-NH_2$、$=NH$、$\equiv N$等基团者为弱碱性。其中可电离的 OH^- 与样品溶液中某些阴离子进行交换。

离子交换树脂可以再生：

$$R-N(CH_3)_3^+OH^- + Y^- \rightleftharpoons R-N(CH_3)_3^+Y^- + OH^-$$

（2）离子交换树脂的特性

选择离子交换树脂进行色谱分离时，树脂的颗粒大小、密度、机械强度、多孔性、溶胀特性、交换容量和交联度等因素均应考虑。

① 交联度（degree of cross-linking）　交联度表示离子交换树脂中交联剂的含量，通常以质量分数来表示。即在合成树脂时，二乙烯苯在原料中所占总质量的百分比。例如，上海

树脂厂生产的聚苯乙烯型强酸性阳离子交换树脂，产品牌号为 732（强酸 1×7），其中 1×7 表示交联度为 7%。

应根据分离对象选择交联度，例如分离氨基酸等小分子物质，则以 8%树脂为宜，而分离多肽等分子量较大的物质，则以 2%～4%树脂为宜。

② 交换容量（exchange capacity） 交换容量是指每克干树脂中真正参加交换反应的基团数，常用单位为 mmol/g；也有用 mmol/mL 表示的，即 1mL 干树脂中真正参加交换反应的基团数。

③ 溶胀（swelling） 当树脂浸入水中，大量水进入树脂内部，引起树脂膨胀，此现象称为溶胀。一般来说，1g 树脂最大吸水量为 1g。

④ 粒度（granularity） 离子交换树脂的颗粒大小，一般是以溶胀状态所能通过的筛孔来表示。颗粒小，离子交换达到平衡快，但洗脱流速慢，在实际操作时应根据需要选用不同粒度的树脂。制备纯水常用 10～50 目树脂，分析用树脂常用 100～200 目的。

12.3.2 基本理论

(1) 离子交换平衡

离子交换反应可用下列通式表示：

$$R^-A^+ + B^+ \rightleftharpoons R^-B^+ + A^+$$

当交换反应达到平衡时，以浓度表示的平衡常数为：

$$K_{A/B}=\frac{[R^-B^+][A^+]}{[R^-A^+][B^+]} \tag{12-5}$$

式中，$[R^-A^+]$、$[R^-B^+]$ 分别表示 A^+ 与 B^+ 在树脂相中的浓度，$[A^+]$ 与 $[B^+]$ 分别表示离子在溶液中的浓度。平衡常数 $K_{A/B}$ 为 A^+ 对 B^+ 的选择性系数，也称为交换系数，它是衡量某离子交换树脂交换能力大小的一种量度。若 $K_{A/B}>1$，则表示离子交换树脂对 A^+ 的交换能力大于对 B^+ 的交换能力。选择性系数大的组分，在柱中停留的时间长，后流出色谱柱。

$$t_{R_A}=\left(1+K_{A/B}\frac{m_T}{V_m}\right) \tag{12-6}$$

式中，m_T 是离子交换树脂柱的交换总容量。

(2) 影响选择性系数的因素

选择性系数与离子的化合价和水合离子半径有关。化合价高、水合离子半径小的离子，其选择性系数大，亲和力强。

12.3.3 操作方法及应用

(1) 树脂的处理和再生

离子交换树脂在使用前必须经过处理，以除去杂质并使其全部转变为所需要的形式。如阳离子交换树脂一般在使用前将其转变为氢型，阴离子交换树脂通常将其转变为氯型或羟基型。具体操作是：先将树脂浸于蒸馏水中使其溶胀，然后用 5%～10%盐酸处理阳离子交换树脂使其变为氢型；阴离子交换树脂用 10%NaOH 或 10%NaCl 溶液处理，使其变为羟基型或氯型；最后用蒸馏水洗至中性，即可使用。已用过的树脂可使其再生并反复使用，方法是将用过的树脂用适当的酸或碱、盐处理即可。

(2) 装柱

把已处理好的树脂置于烧杯中，加水充分搅拌，静置，倾去上面泥状微粒。重复上述过程直到上层液透明为止。通常采用湿法装柱。

(3) 洗脱

由于水是优良的溶剂，具有电离性，因此大多数用离子交换色谱进行分离时，都是在水溶液中进行的。有时也加入少量的有机溶剂，如甲醇、乙醇、乙腈等，也可用弱酸、弱碱和缓冲溶液。

12.3.4 应用

离子交换色谱法分离设备简单，操作方便，而且树脂可以再生，因而获得了广泛应用，例如，除去干扰离子、测定盐类含量、微量元素的富集、有机物或生化溶液脱盐等，并且在药物生产、抗生素及草药的提取分离和水的纯化等方面都有广泛应用。

12.4 分子排阻色谱法

分子排阻色谱法（size exclusion chromatography，SEC）是20世纪60年代发展起来的一种色谱分离方法，又称为凝胶色谱法（gel chromatography）、空间排阻色谱法（steric exclusion chromatography）、分子筛色谱法（molecular sieve chromatography）和尺寸排阻色谱法（molecular exclusion chromatography）。该色谱法根据流动相的不同又可分为两类：以有机溶剂为流动相者，称为凝胶渗透色谱法（gel permeation chromatography，GPC）；以水溶液为流动相者，称为凝胶过滤色谱法（gel filtration chromatography，GFC）。该方法主要用于大分子物质如蛋白质、多糖等的分离。

12.4.1 基本原理

分子排阻色谱是根据溶质分子大小的不同即分子筛效应而进行分离的。图12-8为分子排阻色谱分离示意图。溶液中分子量大（分子直径大）的溶质组分完全不能进入凝胶颗粒内的孔隙中，只能经过凝胶颗粒之间的间隙随流动相快速地流出色谱柱；而分子量小（分子直径小）的组分，可渗入凝胶颗粒内的孔隙中，因此在流经凝胶颗粒之间的间隙和全部凝胶颗粒的孔隙之后，才从柱的下端流出；介于大、小分子中间的组分，只能进入颗粒内一部分较大的孔隙。淋洗时此组分流过凝胶颗粒之间的间隙和它能进入的颗粒内孔隙，才能流出色

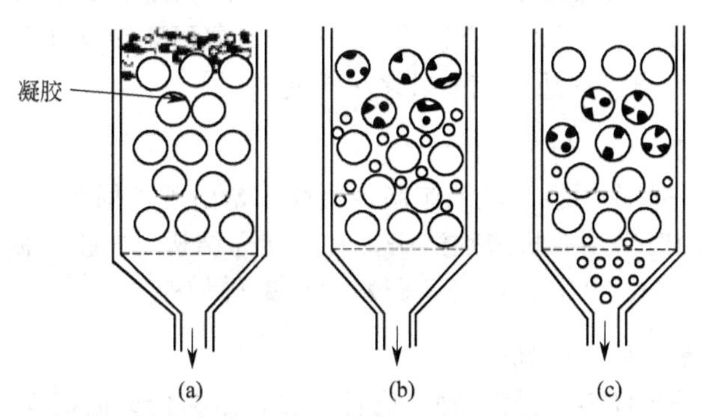

图12-8 分子排阻色谱分离示意图

谱柱。

可见，在这一色谱过程中，大分子的流程短，移动速度快，先流出色谱柱；小分子的流程长，移动速度慢，后流出色谱柱；而中等分子居两者之间，这种现象叫分子筛效应。利用分子筛效应，可使分子大小不一样的混合组分分离。

12.4.2 常用凝胶及其性质

商品凝胶是干燥的颗粒状物质，只有吸收大量溶剂溶胀后方称为凝胶。吸水量大于7.5g/g 的凝胶，称为软胶，吸水量小于7.5g/g 的凝胶，称为硬胶。常用凝胶主要有以下几种。

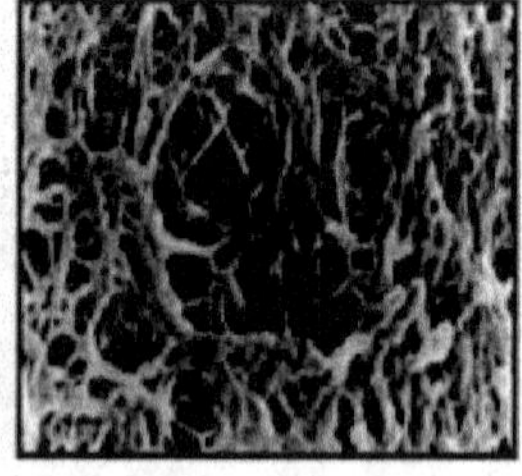

图 12-9 葡聚糖凝胶

(1) 葡聚糖凝胶

葡聚糖凝胶是由葡聚糖和交联剂甘油通过醚桥（$—O—CH_2—CHOH—CH_2—O—$）相互交联而形成的多孔性网状结构，如图 12-9 所示，外形呈球形，颗粒状，商品名为 Sephndex。控制交联剂和葡聚糖的量，可以得到不同程度的交联度和多孔性。不同规格型号的葡聚糖多用英文字母 G 表示，G 后面的阿拉伯数为凝胶吸水量的 10 倍。例如，G-25 为每克凝胶膨胀时吸水 2.5g。葡聚糖凝胶的种类有 G-10、G-15、G-25、G-50、G-75、G-100、G-150 和 G-200。因此，“G” 反映了凝胶的交联程度、膨胀程度及分布范围。由于分子内含有大量羟基，所以葡萄糖凝胶具有极性，在水和其他极性溶剂如乙二醇、甲酰胺、二甲基酰胺、二甲亚砜中溶胀成凝胶颗粒。

(2) 琼脂糖凝胶

琼脂糖凝胶为乳糖的聚集体，依靠糖链之间的次级链如氢键来维持网状结构，网状结构的疏密依靠琼脂糖的浓度。一般情况下，它的结构是稳定的，可以在许多条件下使用（如水，pH 4～9 范围内的盐溶液）。琼脂糖凝胶在 40℃以上开始熔化，不能高压消毒，可用化学灭菌法处理。它的优点是分子量使用范围宽，最大分子量可达 10^8，商品名很多，常见的有 Sepharvose（瑞典，Pharmacia）、Bio-Gel-A（美国，Bio-Rad）、Sagavc（英国）和 Gelarose（丹麦）等。

(3) 聚丙烯酰胺凝胶

聚丙烯酰胺凝胶是由丙烯酰胺与 N,N'-亚甲基二丙烯酰胺交联聚合而成，商品名为生物胶-P（Bio-Gel P），以颗粒干粉供应，用时需溶胀。聚丙烯酰胺不耐酸，因此使用范围是 pH 2～11。它可用于分离蛋白质、核酸及多糖等物质。

(4) 聚苯乙烯凝胶

聚苯乙烯凝胶是一直应用很广泛的亲脂性凝胶，是由苯乙烯和二乙烯苯聚合而成。它的商品名为 Styragel，用时需用有机溶剂溶胀，有大网孔结构，凝胶机械强度好。它具有分子量工作范围大的优点，适用于合成高分子材料的分离与分析。

(5) 羟丙基葡聚糖凝胶 LH-20

羟丙基葡聚糖凝胶 LH-20 是另一种亲脂性凝胶，是在葡聚糖凝胶 G-25 分子中引入羟丙基以代替羟基的氢，呈醚键结合状态：$R—OH \longrightarrow R—O—CH_2—CH_2—CH_2—OH$，因而具有了一定程度的亲脂性，在许多有机溶剂中也能溶胀。它适用于分离亲脂性的物质，如黄酮、蒽醌、色素等。

(6) 无机凝胶

无机凝胶有多孔性硅胶和多孔性玻璃。无机凝胶不会溶胀或收缩，适合所有溶剂，且其孔径精确，机械性能好，选择性高。但因其吸附性较强，不适合极性大的组分分离。

12.4.3 操作方法

(1) 凝胶的选择

凝胶应具备以下基本要求：①化学性质惰性，不与溶剂和溶质发生反应，可重复使用而不改变其色谱性质；②不带电荷，以防止发生离子交换作用；③颗粒大小均匀；④机械强度尽可能高。

除以上基本要求外，可根据分离对象和分离要求选择适当型号的凝胶。

① 组别分离　从小分子物质（$K=1$）中分离大分子物质（$K=0$）或从大分子物质中分离小分子物质，即对于分配系数（渗透系数）有显著差别的分离叫组别分离。如制备分离中的脱盐，大多采用硬胶（G-75型以下的凝胶，如葡聚糖凝胶G-25、G-50），既容易操作，又可得到满意的流速；小肽和低分子量物质（1000～5000）的脱盐可采用葡聚糖凝胶G-10、G-25及聚丙烯酰胺凝胶P-2和P-4。

② 分级分离　当被分离物质之间分子量比较接近时，根据其分配系数的分布和凝胶的工作范围，把某一分子量范围内的组分分离开来，这种分离称为分级分离，常用于分子量的测定。分级分离的分辨率比组别分离高，但流出曲线间容易重叠。例如，将纤维素部分水解，后用葡聚糖凝胶G-25可以分离出1～6个葡萄糖单位纤维糊精的低聚糖，它们的分子量范围为180～990，正好在葡聚糖G-25的工作范围（100～5000）之内。

在选用凝胶型号时，如果几种型号都可使用，应根据具体情况来考虑。例如要从大分子蛋白质中除去氨基酸，最好选用交联度大的G-25或G-50，因为这样易于装柱且流速快，如果想把氨基酸收集于一较小体积内，并与大分子蛋白质完全分离，最好选用交联度小的凝胶，如G-10、G-15，这样可以避免由于吸附作用而使氨基酸扩散。

(2) 装柱

将所需的干凝胶浸入相当于其吸水量10倍的溶剂中，缓慢搅拌使其分散在溶液中，防止结块。但不能用机械搅拌器，避免颗粒破碎。溶胀时间依交联度而定，交联度小的吸水量大，需要时间长，也可加热溶胀。所制备的凝胶匀浆不宜过稀，否则装柱时易造成大颗粒下沉，小颗粒上浮，致使填充不均匀。

在分子排阻色谱中，影响分离度最重要的因素是柱长、颗粒直径及填充的均匀性。虽然理论上认为用足够长的柱可以获得不同程度的分离度，如柱长加倍，分离度增加约40%，但流速至少降低50%，因此实际应用中柱长一般不超过100cm。当分离K值较接近的组分时，为提高效率，可采用多柱串联的方法。

分子排阻色谱的上样量可比其他色谱形式大些，如果是组别分离，上样量可以是柱床体积的25%～30%；如果分离K值相近的物质，上样量为柱床体积的2%～5%。柱床体积指每克干凝胶溶胀后在柱中自由沉积所占的柱内容积。

(3) 洗脱

一般要求洗脱剂应与浸泡溶胀凝胶所用的溶剂相同，否则，凝胶体积会发生变化，从而影响分离效果。除非含有较强吸附的溶质，一般洗脱剂用量仅需一个柱体积。完全不带电荷的物质可用纯溶剂如蒸馏水洗脱；若分离物质有带电基团，则需要用具有一定离子强度的洗脱剂如缓冲溶液等洗脱，浓度至少为 0.02mol/L。

对吸附较强的组分也可使用水与有机溶剂的混合液，如水-甲醇、水-乙醇、水-丙酮等，以降低吸附。

12.4.4 应用

空间排阻色谱主要用于脱盐、浓缩、混合物的分离和纯化、缓冲液的转换及分子量的测定，也可应用于放射免疫测定、细胞学研究、蛋白质和酶的研究等。它不仅在分离大分子物质方面卓有成效，而且在分离小分子物质方面也取得了进展。

12.5 聚酰胺色谱法

以聚酰胺为固定相的色谱法叫聚酰胺色谱法。

12.5.1 聚酰胺的结构与性质

聚酰胺是由酰胺聚合而成的一类高分子化合物，既可装柱又可制成薄膜。聚己内酰胺是由己内酰胺聚合而成，又称为锦纶-6，结构可用下式表示：

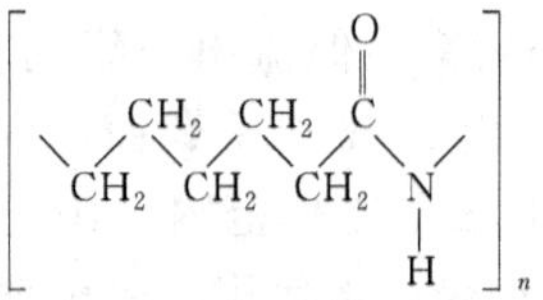

$$\left[\ \mathrm{-CH_2-CH_2-CH_2-CH_2-CH_2-\overset{\displaystyle O}{\overset{\|}{C}}-\underset{\displaystyle H}{\underset{|}{N}}-}\ \right]_n$$

锦纶-66 是由己二酰氯（或己二酸）与己二胺聚合而成。

锦纶-6 和锦纶-66 是两种最为常见的色谱用聚酰胺，它们亲水亲脂性都好，是当前一种既能分离极性物质又能分离非极性物质，应用广泛的色谱材料。

聚酰胺色谱法可用于分离黄酮类、酚类、醌类、有机酸、生物碱、萜类、甾体、苷类、糖类、氨基酸衍生物、核苷类等物质，尤其对黄酮类、酚类、醌类等物质的分离，要比其他方法优越。其特点是：对黄酮等物质的分离是可逆的，分离效率高，可分离极性相近的类似化合物。方法简便，速度快，且样品容量大，适于制备色谱。

锦纶-6 和锦纶-66 可溶于浓盐酸、甲酸，微溶于乙酸、苯酚等溶剂，不溶于水、甲醇、乙醇、丙酮、乙醚、氯仿、苯等常用溶剂，对碱较稳定，对酸特别是无机酸稳定性差，温度高时更敏感。分子量的大小对聚酰胺的理化性质及色谱性能有影响。锦纶-6 和锦纶-66 的分子量在 16000～20000 较好。其熔点在 200℃以上。

12.5.2 基本原理

关于聚酰胺的色谱机理目前有两种解释。

(1) 氢键吸附

聚酰胺分子内有许多酰胺键，可与酚类、酸类、醌类、硝基化合物形成氢键，因而对这些物质产生了吸附作用，如图 12-10 所示。

不同结构的化合物由于与聚酰胺形成氢键的能力不同，从而聚酰胺对它们的吸附力不同，用适当的溶剂洗脱或展开，可将它们分离开来。

(2) 双重层析

随着聚酰胺色谱应用的发展，有许多现象难以用氢键吸附解释，如对萜类、甾类、生物碱等也可以用聚酰胺分离；又如黄酮苷元与苷的分离，若以甲醇-水作洗脱剂，黄酮苷比苷元先被洗脱，而用非极性溶剂作洗脱剂，结果恰恰相反。

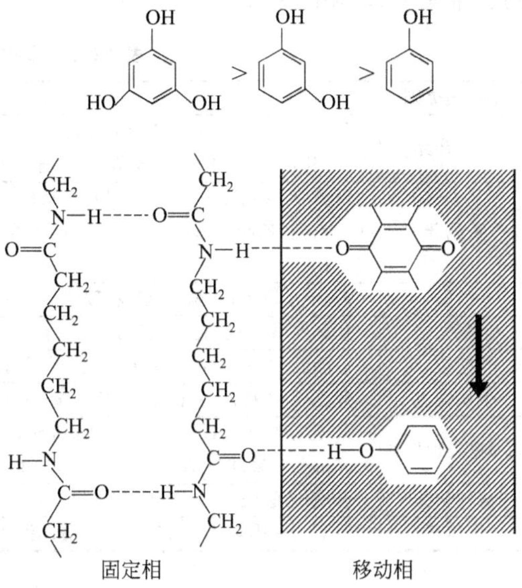

固定相 移动相

图 12-10 聚酰胺吸附作用

聚酰胺分子中既有亲水基团又有亲脂基团，当用极性溶剂（如含水溶剂）作流动相时，聚酰胺中的烷基作为非极性固定相，其色谱行为类似于反相分配色谱，而黄酮苷的极性大于苷元，所以黄酮苷比苷元易于洗脱；当用非极性流动相（如氯仿-甲醇）时，聚酰胺作为极性固定相，其色谱行为类似于正相分配色谱。黄酮苷元的极性小于黄酮苷，因而黄酮苷易于被洗脱。此即是聚酰胺色谱的双重层析。

双重层析只适用于难与聚酰胺形成氢键或形成氢键能力弱的化合物，如萜类、甾类、生物碱、糖类、某些酚类、黄酮类、酸类等。它对于指导寻找这些化合物的聚酰胺色谱溶剂系统及推测这些化合物的结构特征有一定的意义。

12.5.3 操作方法

(1) 柱色谱

① 装柱　将聚酰胺颗粒研磨成小于 100 目的细粉，并预先将聚酰胺粉混悬于溶剂中湿法装柱。

② 加样　聚酰胺的样品容量较大。每 100mL 聚酰胺粉可上样 1.5～2.5g。若利用聚酰胺除去鞣质，样品上样量可大大增加。通常观察鞣质在柱上形成橙色色带移动，当样品加到该色带移至柱的近底端时，停止加样。样品常用洗脱剂溶解，含量为 20%～30%，不溶样品可用甲醇、乙醇、丙酮、乙醚等挥发性溶剂溶解，拌入聚酰胺干粉中，拌匀后将溶剂减压蒸去，以洗脱剂浸泡装入柱中。

③ 洗脱　聚酰胺色谱的洗脱剂常用水、由稀至浓的乙醇液（10%、30%、50%、70%、95%），或氯仿、氯仿-甲醇（19∶1、10∶1、5∶1、2∶1、1∶1），依次洗脱。若仍有物质没有被洗脱，可采用 3.5%的氨水洗脱。洗脱剂的更换、溶剂性质改变不宜太快，一般根据洗脱液的颜色，当颜色变为很淡时更换下一种溶剂。若用锦纶分离芳香硝基化合物或 DNP-氨基酸，因锦纶的吸附很牢，上述洗脱剂很难洗脱，可用二甲基甲酰胺-乙酸-水-乙醇（5∶10∶30∶20）混合液洗脱。

(2) 聚酰胺薄膜

聚酰胺薄膜是将锦纶在涤纶片基或玻璃片上涂一层薄膜而制成，但涂在涤纶片基上更便于操作和保存。国内有聚酰胺薄膜成品出售。聚酰胺薄膜色谱操作方法与液固吸附色谱相同。常用展开剂见表 12-2。

表 12-2 聚酰胺色谱常用的展开剂

化合物类别	溶剂系统
黄酮苷元	氯仿-甲醇(94∶6 或 96∶4),氯仿-甲醇-丁酮(12∶2∶1),苯-甲醇-丁酮(90∶6∶4 或 84∶8∶8),氯仿-甲醇-甲酸(60∶38∶2),氯仿-甲醇-吡啶(70∶22∶8),氯仿-甲醇-苯酚(64∶28∶8)
黄酮苷	甲醇-乙酸-水(90∶5∶5),甲醇-水(4∶1),乙醇-水(1∶1),丙酮-水(1∶1),异丙醇-水(3∶2),30%～60%乙酸,乙酸乙酯-95%乙醇(6∶4),氯仿-甲醇(7∶3),正丁醇-乙醇-水(1∶4∶5),氯仿-甲醇-丁酮(65∶25∶10)
酚类	丙酮-水(1∶1),苯-甲醇-乙酸(45∶8∶4),环己烷-乙酸(93∶7),10%乙酸
醌类	10%乙酸,正己烷-苯-乙酸(4∶1∶0.5),石油醚-苯-乙酸(10∶10∶5)
糖类	乙酸乙酯-甲醇(8∶1),正丁醇-丙酮-水-乙酸(6∶2∶1∶1)
生物碱类	环己烷-乙酸乙酯-正丁醇-二甲胺(30∶2.5∶0.9∶0.1),水-乙醇-二甲胺(88∶12∶0.1)
氨基酸类衍生物	苯-乙酸(8∶2 或 9∶1),50%乙酸,甲酸-水(1.5∶100 或 1∶1),乙酸乙酯-甲醇-乙酸(20∶1∶1),0.05mol/L 磷酸三钠-乙醇(3∶1),二甲基甲酰胺-乙酸-水-乙醇(5∶10∶30∶20),氯仿-乙酸(8∶2)
甾体萜类	己烷-丙酮(4∶1),氯仿-丙酮(4∶1)
甾体苷	甲醇-水-甲酸(60∶35∶5),乙酸乙酯-甲醇-水-甲酸(50∶20∶25∶5)

12.5.4 应用

聚酰胺色谱是分离黄酮类和酚类的有效方法。用柱色谱可将植物粗提物中的黄酮与非黄酮、黄酮苷元与苷分开。聚酰胺对鞣质的吸附特别强，高分子鞣质对聚酰胺的吸附是不可逆的，因此可利用聚酰胺将植物粗提物中的鞣质除去。聚酰胺薄膜色谱广泛应用于黄酮、香豆素及氨基酸衍生物等酚性物质的分离。

【本章小结】

经典液相色谱法是在常温、常压下依靠重力和毛细管作用输送流动相的色谱方法。按操作形式不同可分为柱色谱、薄层色谱法、纸色谱法。按分离原理可分为吸附色谱法、分配色谱法、离子交换色谱法、分子排阻色谱法、聚酰胺色谱法等。

① 吸附色谱法是以吸附剂为固定相，有机溶剂为流动相（洗脱剂、展开剂），利用不同组分在吸附剂上吸附性能的差异，进行分离分析的方法。在一定温度下，某一组分在固定相和流动相之间达到平衡时，以组分在固定相中的浓度 c_s 为纵坐标，以组分在流动相中的浓度 c_m 为横坐标得到的曲线，称为吸附等温线。等温线的形状是重要的色谱特性之一，反映了一定温度下，吸附剂对溶液中某一组分的吸附能力。它有三种类型：线性、凸形和凹形。通常在低浓度时，每种等温线均呈线性，而高浓度时，等温线则呈凸形或凹形。最常用的吸附剂是硅胶和氧化铝，其吸附活性与含水量相关，含水量越低，活度级别越小，其吸附力越强。选择色谱分离条件时，必须从吸附剂、被分离物质、流动相（洗脱剂或展开剂）三方面进行综合考虑。常用的操作方法有柱色谱法和薄层色谱法。吸附色谱法主要是用于亲脂性样品的分离和分析，柱色谱主要用于制备性分离，薄层色谱法主要用于样品的定性定量分析。

② 液液分配色谱法是将某种溶剂（固定液）涂布在多孔微粒的表面或纸纤维上，形成一层液膜，构成固定相。多孔微粒或纸纤维称为支持剂或载体、担体。溶质在固定相和流动相之间分配。各组分因分配系数 K 不同而获得分离。常用的载体有硅胶、硅藻土和纤维素。分配色谱根据固定液和流动相的相对极性，可以分为两类：一类称为正相分配色谱，其固定相的极性大于流动相，即以强极性溶剂作为固定液，以弱极性的有机溶剂作为流动相；另一类为反相分配色谱，其固定液的极性小于流动相，即以弱极性溶剂作为固定相，以强极性的

有机溶剂作为流动相。常用的操作方式有柱色谱和纸色谱。分配柱色谱主要用于制备性分离，纸色谱多用于定性鉴别。

③ 离子交换色谱法是利用离子交换剂对各组分交换性能的差异使其分离分析的方法。离子交换树脂主要是由高分子聚合物的骨架和活性基团组成。根据活性基团的性质以及所交换离子的电荷可分为阳离子交换树脂和阴离子交换树脂。选择离子交换树脂进行色谱分离时，树脂的颗粒大小、密度、机械强度、多孔性、溶胀特性、交换容量和交联度等因素均应考虑。

④ 分子排阻色谱法是根据溶质分子大小的不同即分子筛效应而进行分离的。从小分子物质（$K=1$）中分离大分子物质（$K=0$）或从大分子物质中分离小分子物质，即对于分配系数（渗透系数）有显著差别的分离叫组别分离。当被分离物质之间分子量比较接近时，根据其分配系数的分布和凝胶的工作范围，把某一分子量范围内的组分分离开来，这种分离称为分级分离，常用于分子量的测定。

⑤ 以聚酰胺为固定相的色谱法叫聚酰胺色谱法。聚酰胺是由酰胺聚合而成的一类高分子化合物。聚酰胺色谱可用于分离黄酮类、酚类、醌类、有机酸、生物碱、萜类、甾体、苷类、糖类、氨基酸衍生物、核苷类等物质，尤其对黄酮类、酚类、醌类等物质的分离，要比其他方法优越。其特点是：对黄酮等物质的分离是可逆的，分离效率高，可分离极性相近的类似化合物。

【习题】

一、问答题

1. 经典液相色谱柱按分离原理可分为哪几种？分别适用于哪些物质的分离？

2. 混合样品用吸附柱色谱分离时，出柱顺序是否能预测？哪种组分最先出柱？

3. 什么是 R_f 值？影响 R_f 值的因素有哪些？

4. 什么是正相分配色谱？什么是反相分配色谱？

5. 离子交换树脂如何处理和再生？

6. 试简述分子排阻色谱法的原理。

7. 何谓聚酰胺色谱中的氢键吸附和双重层析？

二、计算题

1. 经薄层分离后，组分A的 R_f 值为0.35，组分B的 R_f 值为0.56，展开距离为10.0cm，求组分A和B两组分色谱斑点之间的距离。 (2.1cm)

2. 某组分在薄层色谱体系中的分配比 $k=3$，经展开后样品斑点距原点3.0cm，组分的 R_f 值为多少？此时溶剂前沿距原点多少厘米？ (0.25，12.0cm)

第13章

高效液相色谱法

【本章教学要求】

- 掌握高效液相色谱法分离机理；各种检测器的原理和特性；常用固定相、流动相特性及选用原则。
- 熟悉高效液相色谱条件的选择。
- 了解高效液相色谱仪的主要部件和结构流程。

【导入案例】

苏丹红是一种人工合成的偶氮类、油溶性的化工染色剂，1896年科学家达迪将其命名为苏丹红并沿用至今。国际癌症研究机构（IARC）将苏丹红归为第3类可致癌物质，这类物质虽缺乏足够的直接使人类致癌的证据，但是具有潜在的致癌危险。

2005年2月2日，英国第一食品公司（Premier Foods）向英国环境卫生部门报告，该公司从印度进口的辣椒粉中含有苏丹红一号染料，并已生产为辣椒酱等调料销往众多下游食品商。2月18日英国食品标准署确认了这个污染，并追查了使用Premier Foods公司供应的原料的食品商，列举了575种含有苏丹一号的食品，并警告消费者不要冒险食用以减少可能导致癌症的风险。英国食品标准署称这是英国历史上最大规模的食品召回事件。在英国发出食品警告之后，中国在许多食品中也发现了苏丹红成分。中国国家质量监督检验检疫总局发布了《关于加强对含有苏丹红（一号）食品检验监管的紧急通知》，要求清查在国内销售的食品（特别是进口食品），防止含有苏丹红一号的食品被销售及食用。3月29日，中国紧急制定了食品中苏丹红染料检测方法——高效液相色谱法，作为国家标准开始正式实施。具体方法是：将液体、浆状样品混合均匀，固体样品磨细后用正己烷提取、过滤，必要时加入无水硫酸钠脱水后稍加热溶解，用旋转蒸发仪蒸发浓缩，然后慢慢加入氧化铝色谱柱中萃取净化后用丙酮转移定容待测。溶剂采用甲酸、乙腈和丙酮的混合溶液，采用梯度流动相，用反相高效液相色谱-紫外可见光检测器进行色谱分析，外标法定量。检测波长为：Sudan Ⅰ 478nm，Sudan Ⅱ、Sudan Ⅲ、Sudan Ⅳ 520nm。检测温度：30℃。

高效液相色谱法（high performance liquid chromatography，HPLC）是20世纪60年代末期，在经典液相色谱法和气相色谱法的基础上，发展起来的以液体作为流动相的新型色谱分离分析技术。

从分析原理上讲，高效液相色谱法与经典液相（柱）色谱没有本质区别，但由于它采用了新型高压输液泵、高灵敏度检测器和高效微粒固定相，从而具有在短的分析时间内获得高柱效和高分离度的能力。因具有高压、高速、高效、高灵敏度的特点，所以又称之为高压液相色谱法、高速液相色谱法或现代液相色谱法。

与气相色谱法仅适用于挥发性、热稳定性好的样品不同，高效液相色谱法不受这些限制，应用范围更加广泛，适用于分析高沸点不易挥发的、受热不稳定易分解的、分子量大、不同极性的有机化合物；生物活性物质和多种天然产物；合成的和天然的高分子化合物等。它们涉及石油化工产品、食品、合成药物、生物化工产品及环境污染物等，约占全部有机物的80%。其余20%的有机化合物，包括永久性气体，易挥发、低沸点及中等分子量的化合物，只能用气相色谱法进行分析。

13.1 高效液相色谱仪

13.1.1 仪器组成

虽然高效液相色谱仪型号、配置多种多样，但其基本工作原理和基本流程是相同的，主要包括高压输液系统、进样系统、色谱柱分离系统、检测器系统、数据记录处理系统等，如图13-1所示。流动相（溶剂）由高压泵系统吸入并以恒定流量输出，样品由进样器导入，随流动相进入色谱柱进行分离，色谱柱通常放置于恒温箱里，被分离组分由流动相携带进入检测器，所产生的信号经数据处理系统采集、记录、处理，获得色谱图和分析结果。除了用于分析用途以外，HPLC系统也可以特别设置成低流速（微量分析）、高流速（制备型）或者是高压的应用系统。如果是制备色谱，可用组分收集器将流出液根据信号自动分段收集，得到目标化合物。目前常见的HPLC仪生产厂家，国外有Waters公司、Agilent公司、SHIMADZU公司等，国内有大连依利特公司、上海分析仪器厂、北京分析仪器厂等。

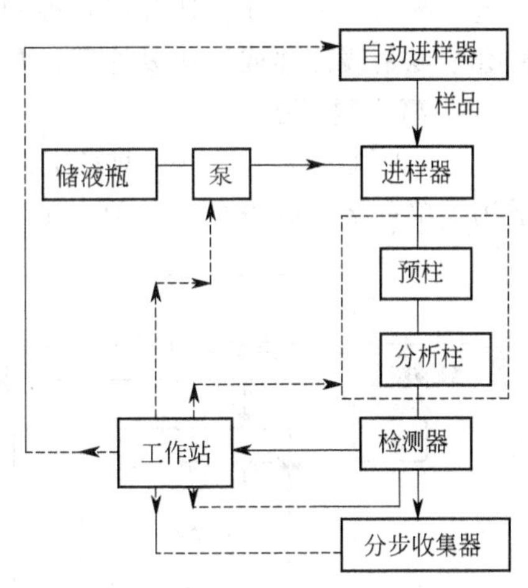

图13-1 高效液相色谱仪基本组成

13.1.2 输液系统

(1) 流动相储器与流动相处理

① 溶剂储液器　溶剂储液器又称储液瓶，用来储存流动相溶剂，其材质应耐腐蚀，一般为玻璃或塑料瓶，容积约为0.5～2.0L，无色或棕色，棕色瓶可起到避光作用，盛放水溶液时可减缓细菌生长。储液瓶的位置应高于泵，以保持一定的输液静压差。需要用盖子保护储液瓶防止灰尘污染，以及减少流动相的蒸发，但是储液瓶的盖子不能盖紧，否则在流动相泵出时会导致容器内真空。

② 流动相的过滤　如果HPLC系统中存在颗粒杂质，系统中比例阀、止回阀、管路和

色谱柱的滤头等部件不能良好运行，甚至堵塞。所有流动相组分必须在加入储液瓶之前过滤。流动相很容易通过真空-过滤器装置来过滤，如图 13-2 所示。将薄膜滤器（0.45μm 有机相或水相滤膜）放置在漏斗和真空烧瓶之间的支撑滤头上，把溶剂倒入漏斗然后在抽真空的帮助下收集过滤后的溶剂。

此外，还在插入储液瓶内的输液管路顶端连有不锈钢或玻璃制成的在线微孔滤头，如图 13-3 所示。

图 13-2　抽滤装置图

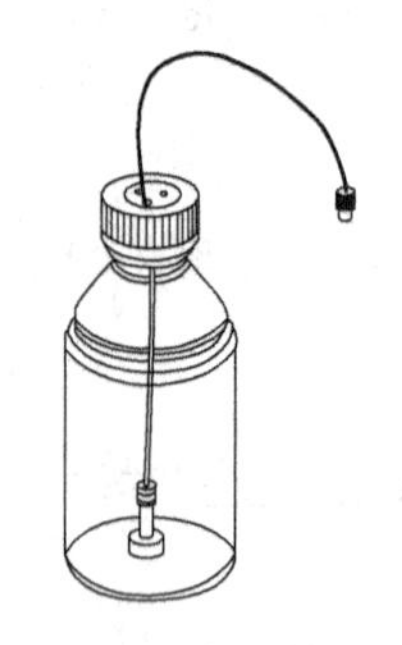

图 13-3　溶剂储液瓶

③ 流动相脱气　HPLC 系统流动相使用前必须进行脱气处理，否则容易在系统内逸出气泡，影响泵的工作；还会影响检测器的灵敏度、基线稳定性，甚至无法检测；在梯度洗脱时会造成基线漂移或形成鬼峰等。常用的脱气方法有：

a. 离线脱气法

ⅰ. 抽真空脱气　用微型真空泵，降压至 0.05～0.07MPa 即可除去溶解的气体。此法适用于单一溶剂的脱气。对于多元溶剂体系，每种溶剂应预先脱气后再进行混合，以保证混合后的比例不变。

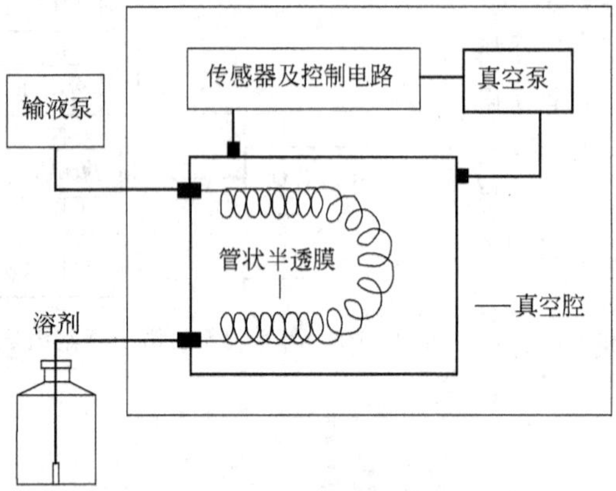

ⅱ. 超声波振荡脱气　将欲脱气的流动相置于超声波清洗机中，用超声波振荡 10～30min，即可。

ⅲ. 吹氦脱气　使用在液体中比空气中溶解度低的氦气，在 0.1MPa 压力下，以 60mL/min 的流速缓缓地通过流动相 10～15min，除去溶于流动相中的气体。此法适用于所有的溶剂，脱气效果较好，但因价格昂贵，使用较少。

图 13-4　HPLC 在线真空脱气机原理示意图

b. 在线脱气法　离线脱气法不能维持溶剂的脱气状态，在停止脱气后，气体又开始回到溶剂中，而在线真空脱气机可实现流动相在进入输液泵前的连续真空脱气，脱气效果优于其他方法，适用于多元溶剂系统，其结构示意图见图 13-4。当溶剂流经管状半透膜时，溶剂中的气体可渗透出来而脱去。

(2) 高压输液泵及梯度洗脱装置

① 高压输液泵

a. 构造和性能　输液泵是 HPLC 系统中最重要的部件之一。泵的性能好坏直接影响整个系统的质量和分析结果的可靠性。输液泵应具备如下性能：密封性好，耐腐蚀；流量范围宽，分析型应在 0.1～10mL/min 范围内连续可调，制备型应能达到 100mL/min；能在高压下连续工作，通常要求耐压 40～50MPa，能连续工作 8～24h；流量稳定，重复性高，HPLC 系统使用的检测器，大多对流量变化敏感，高压输液泵应提供无脉冲流量，这样可以降低基线噪声并获得较好的检测下限，流量控制的精密度和重复性最好小于 0.5%，其 RSD 应<0.5%，这对定性定量的准确性至关重要；液缸容积小，适于梯度洗脱。

泵的种类很多，目前应用最多的是柱塞往复泵，见图 13-5。

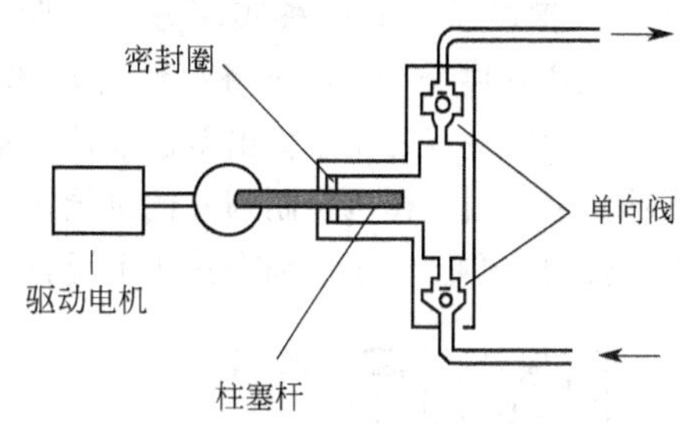

图 13-5 柱塞往复泵结构示意图

柱塞往复泵的泵腔容积小，易于清洗和更换流动相，特别适合于再循环和梯度洗脱；能方便地调节流量，流量不受柱阻影响；泵压可达 $400kgf/cm^2$（$1kgf/cm^2 \approx 0.1MPa$，下同）。其主要缺点是输出的脉动性较大，现多采用双泵补偿法及脉冲阻尼器来克服。双泵补偿按连接方式不同可分为并联泵和串联泵。串联泵是将两个柱塞往复泵串联，其结构见图 13-6。

串联泵工作时两个柱塞杆运动方向相反，柱塞 1 的行程是柱塞 2 的 2 倍，即吸液和排液的流量是柱塞 2 的 2 倍。当柱塞 1 吸液时，柱塞 2 排液，入口单向阀打开，出口单向阀关闭，液体由泵腔 2 经清洗阀输出；当柱塞 1 排液时，柱塞 2 吸液，入口单向阀关闭，出口单向阀打开，其排出的液体 1/2 被柱塞 2 吸取到泵腔 2，1/2 经清洗阀输出；如此往复运动，由清洗阀输出恒定流量的流动相。

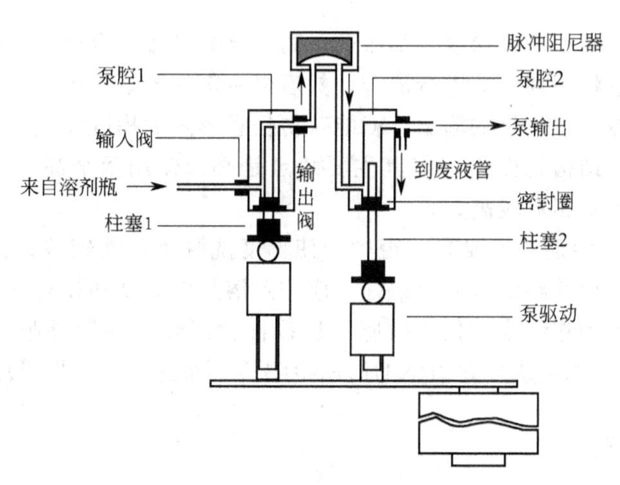

图 13-6 HPLC 单元泵结构示意图

b. 使用和维护 防止任何固体微粒进入泵体，因此应过滤流动相。流动相不应含有任何腐蚀性物质，含有缓冲液的流动相不应停泵过夜或保留在泵内更长时间。必须泵入纯水将泵充分清洗后，再换成适合于保存色谱柱和有利于泵维护的溶剂。防止流动相耗尽空泵运转，导致柱塞磨损、缸体或密封损坏，最终产生漏液。输液泵的工作压力不能超过规定的最高压力，否则会使高压密封环变形，产生漏液。流动相应脱气，以免在泵内产生气泡，影响流量的稳定性，如果有大量气泡，泵就无法正常工作。

② 梯度洗脱装置 高效液相色谱有等度（isocratic）和梯度（gradient）洗脱两种方式。等度洗脱是在同一分析周期内流动相组成保持恒定，适合于组分数目较少，性质差别不

大的样品。梯度洗脱是使流动相中含有两种或两种以上不同极性的溶剂，在洗脱过程中连续或间断改变流动相组成，以调节极性，使每个流出组分都有合适的容量因子 k'，用于分析组分数目多、组分 k'值差异较大的复杂样品，以缩短分析时间、提高分离度、改善峰形、提高检测灵敏度，缺点是常常引起基线漂移，重现性较差。

a. 梯度洗脱有两种实现方式：低压梯度（外梯度）和高压梯度（内梯度）。

低压梯度是在常压下将两种或多种溶剂按一定比例输入泵前的比例阀中混合后，再用高压泵将流动相以一定的流量输出至色谱柱。常见的是四元泵，其结构见图 13-7。其特点是只需一个高压输液泵，由计算机控制四元比例阀来改变溶剂的比例，即可实现二元至四元梯度洗脱，成本低廉、使用方便。由于溶剂在常压下混合，易产生气泡，故需要良好的在线脱气装置。

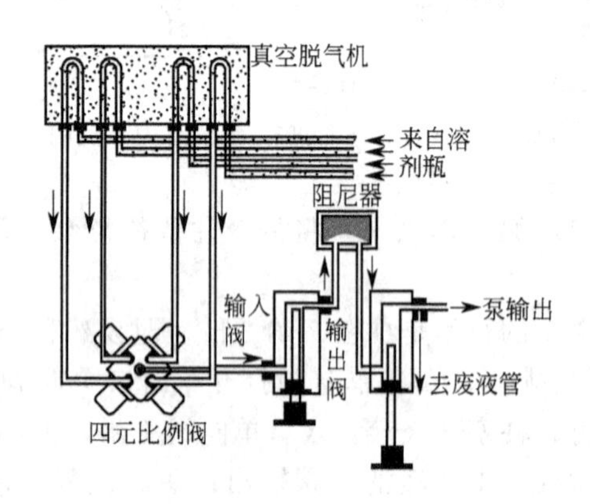

图 13-7 HPLC 四元泵（低压梯度）结构示意图

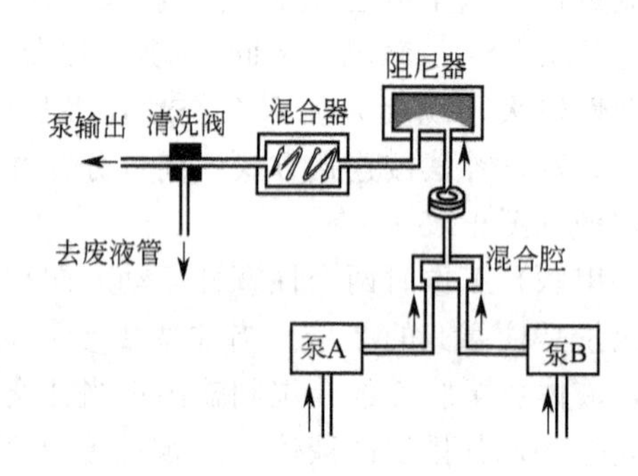

图 13-8 二元高压梯度示意图

高压梯度一般只用于二元梯度，即用两个高压泵分别按设定比例输送两种不同溶液至混合器，在高压状态下将两种溶液进行混合，然后以一定的流量输出。其主要优点是，只要通过梯度程序控制器控制每个泵的输出，就能获得任意形式的梯度曲线，而且精度很高，易于实现自动化控制，其结构见图 13-8。其主要缺点是必须使用两个高压输液泵，因此仪器价格比较昂贵，故障率也相对较高。

b. 使用与维护 溶剂纯度要高，否则会使梯度洗脱重现性较差。梯度混合的溶剂互溶性要好，应防止不互溶的溶液进入色谱柱。应注意溶剂的黏度和相对密度对混合流动相组成的影响。应使用对流动相组成变化不敏感的选择性检测器（如紫外吸收检测器或荧光检测器），而不使用对流动相组成变化敏感的通用检测器（如折射率检测器）。

13.1.3 进样系统

进样系统的作用是将试样引入色谱柱，装在高压泵和色谱柱之间。在 HPLC 中如何保持柱塞式进样是一个重要的关键操作，进样时应将样品在定量的瞬间注入色谱柱的上端填料中心，形成集中的一点。常用的是六通阀手动进样器及自动进样器。

（1）六通阀手动进样器

六通阀手动进样器的结构原理见图 13-9。六通阀有 6 个口，1 和 4 之间接样品环（又称定量环），2 接高压泵，3 接色谱柱，5 接废液管。进样时先将阀切换到“采样位置”(load)，针孔与 6 相连，用微量注射器将样品溶液由针孔注入样品环中，充满后多余的从 5 处排出，后将进样器阀柄顺时针转动 60°至“进样位置”(inject)，流动相与样品环接通，样品被流动相带到色谱柱中进行分离，完成进样。样品环常见的体积有 5μL、10μL、20μL、

50μL 等，可以根据需要更换不同体积的样品环。六通阀进样器具有进样重现性好、耐高压的特点。使用时要注意必须用 HPLC 专用平头微量注射器，不能使用气相色谱尖头微量注射器，否则会损坏六通阀。

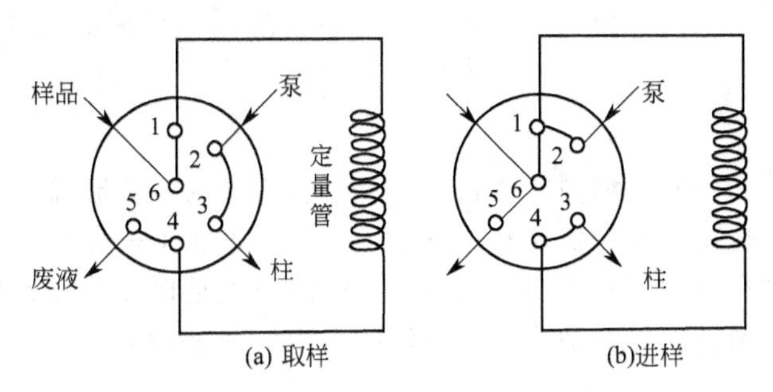

图 13-9 六通阀手动进样器原理示意图

六通阀的进样方式有部分装液法和完全装液法（满阀进样）两种。用部分装液法进样时，注入的样品体积应不大于定量环体积的 50%，并要求每次进样体积准确、相同。此法进样的准确度和重现性决定于注射器的精度与取样的熟练程度。用完全装液法进样时，注入的样品体积应不小于定量环体积的 5～10 倍（最少 3 倍），这样才能完全置换定量环内的流动相，消除管壁效应，确保进样的准确度及重现性。

（2）自动进样器

自动进样器由计算机自动控制进样六通阀、计量泵和进样针的位置，按预先编制的进样操作程序工作，自动完成定量取样、洗针、进样、复位等过程。进样量连续可调，进样重现性好，可自动按顺序完成几十至上百个样品的分析，适合于大量样品的分析。

13.1.4 分离系统

色谱分离系统包括色谱柱、保护柱、柱温箱等。

（1）色谱柱

色谱柱是分离好坏的关键。色谱柱由固定相、柱管、密封环、筛板（滤片）、接头等组成。固定相将在后面章节分类型详述。柱管材料多为不锈钢，其内壁要求镜面抛光。在色谱柱两端的柱接头内装有筛板，由不锈钢或钛合金烧结而成，孔径 0.2～10μm，孔径取决于填料粒度，目的是防止填料漏出。

由于在装填固定相时是有方向的，因此色谱柱在使用时，流动相的方向应与柱的填充方向一致。色谱柱的柱管外壁都以箭头显著地标示了该柱的使用方向，安装和更换色谱柱时一定要使流动相按箭头所指方向流动。

色谱柱按用途不同有分析型和制备型色谱柱两类。常用分析柱的内径为 2～ 4.6mm，柱长 10～30cm；毛细管柱内径为 0.2～0.5mm，柱长 310cm；实验室用制备柱内径为 20～40mm，柱长 10～30cm。

色谱柱的正确使用和维护十分重要，稍有不慎会降低柱效、缩短使用寿命甚至损坏色谱柱。应避免压力、温度和流动相的组成比例急剧变化及任何机械震动。经常用溶剂冲洗色谱柱，清除保留在柱内的杂质，如硅胶柱用正己烷（或庚烷）、二氯甲烷和甲醇依次冲洗，然后再以相反顺序依次冲洗，所有溶剂都必须严格脱水。甲醇能洗去残留的强极性杂质，正己烷能使硅胶表面重新活化。反相柱用水、甲醇、乙腈、一氯甲烷（或三氯甲烷）依次冲洗，再以相反顺序依次冲洗。如果下一步分析用的流动相不含缓冲液，那么可以省略最后用水冲洗这一步。一氯甲烷能洗去残留的非极性杂质，在甲醇（乙腈）冲洗时重复注射 100～200μL 四氢呋喃数次，有助于除去强疏水性杂质。四氢呋喃与乙腈或甲醇的混合溶液能除去类脂。有时也注射二甲基亚砜数次。此外，用乙腈、丙酮和三氟乙酸（0.1%）梯度洗脱能除去蛋白质污染。

(2) 保护柱

保护柱通常填充和分析柱相同的填料，可看作分析柱的缩短形式，安装在分析柱前。其作用是收集、阻断来自进样器的机械和化学杂质，以保护和延长分析柱使用寿命。一支 1cm 的保护柱就可以提供充分的保护作用。选择保护柱的原则是在满足分离要求的前提下，尽可能选用对分离样品保留低的短保护柱。保护柱的结构见图 13-10。

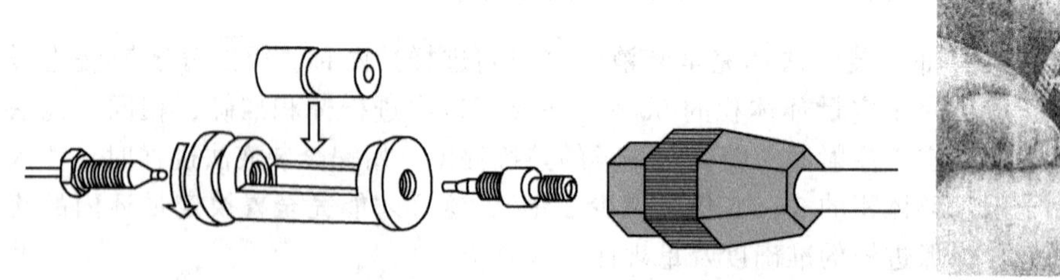

(a)保护柱与色谱柱的连接

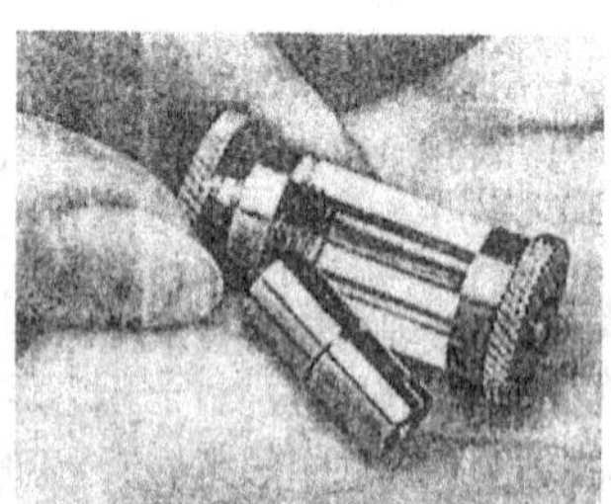

(b)保护柱实物图

图 13-10 保护柱

(3) 柱温箱

柱温是高效液相色谱法的重要参数，精确控制柱温可提高保留时间的重复性。提高柱温有利于降低流动相的黏度，提高样品溶解度，改变分离度。所以对色谱柱温度的控制十分重要。柱温箱是用来使色谱柱恒温的装置，一般其控温范围高于室温，也可低于室温。

有些柱温箱还具有柱切换装置，一些复杂样品在单一色谱柱不能实现完全分离，需要使用二维色谱技术时，利用柱切换，使两根色谱柱在不同柱温下操作，以实现多组分完全分离。

13.1.5 检测器

高效液相色谱检测器的作用是将每一组分流出色谱柱的总量定量地转化为可供检测的信号。理想的高效液相色谱检测器应灵敏度高、适用范围广、可做梯度洗脱、死体积小、线性范围宽、不破坏样品。实际上很难找到满足上述全部要求的检测器，但可以根据待测组分的性质选择合适的检测器。高效液相色谱检测器有通用型和专用型检测器之分，通用型检测器常见的有示差折光检测器、蒸发光散射检测器等，专用型检测器主要有紫外检测器、荧光检测器、安培检测器等。

(1) 紫外检测器

紫外检测器是目前高效液相色谱中应用最广泛、配置最多的检测器，适用于有共轭结构的化合物的检测，具有灵敏度高、精密度好、线性范围宽、对温度及流动相流速变化不敏感、可用于梯度洗脱等特点。缺点是不适用于无紫外吸收的组分的检测，不能使用有紫外吸收的溶剂作流动相（如有吸收，溶剂的截止波长须小于检测波长）。目前常用的有可变波长紫外检测器和二极管阵列检测器。

① 可变波长紫外检测器（variable wavelength detector，VWD） 光路见图 13-11。此检测器采用氘灯作光源，波长在 190～600nm 范围内可连续调节，光源发射的光经透镜、滤光片、入射狭缝、反射镜 1 到达光栅产生单色光，单色光经反射镜 2 至光束分裂器，其中透过光束分裂器的光通过样品流通池，到达样品光电二极管；被光束分裂器反射的光到达参比光电二极管；比较两束光的光强即可以获得样品的信号（吸光度 A），目的是消除光源光强波动造成的影响。

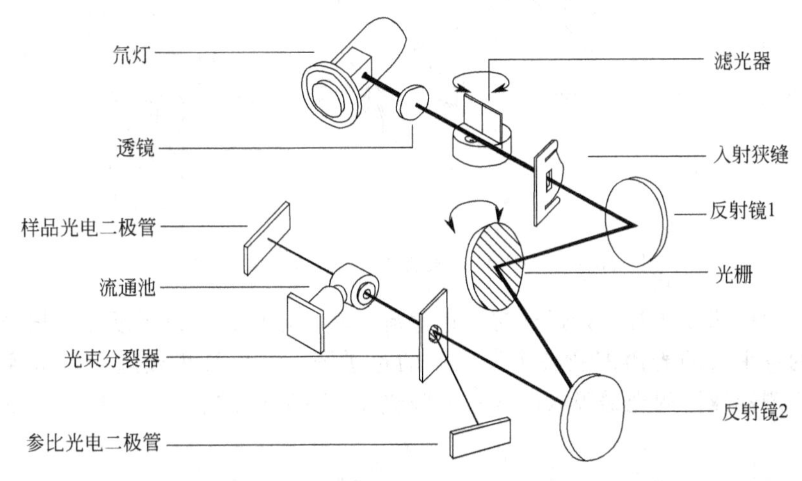

图 13-11 HPLC 可变波长紫外检测器光路示意图

这种可变波长紫外检测器在某一时刻只能采集某一波长的吸收信号，可预先编制采集信号程序，控制光栅的偏转，在不同时刻根据不同组分的最大吸收波长改变检测波长，使色谱分离过程洗脱出的每个组分都获得最高灵敏度的检测。它还有停流扫描功能，可绘制出组分的光谱吸收图，以进行波长选择。

在紫外检测器中，与普通紫外-可见光分光光度计完全不同的部件是流通池。一般标准流通池体积为 5～8μL，光程长为 5～10mm，内径小于 1mm。

紫外检测器要求样品必须有紫外吸收，通常结构式中有双键、三键或共轭，紫外吸收强度会比较强。对于没有紫外的样品，可根据其沸点来选择气相色谱法或蒸发光散射检测器，沸点低于 250℃，且对热稳定的化合物可以使用 GC，沸点高于 250℃可以选用蒸发光散射检测器。

② 二极管阵列检测器 二极管阵列检测器（diode array detector，DAD；photo-diode array detector，PDAD）是 20 世纪 80 年代发展起来的一种新型紫外吸收检测器，其光路见图 13-12。光源采用钨灯和氘灯组合光源，发出的复合光经消除色差透镜系统聚焦后，照射到流通池上，透过光经全息凹面衍射光栅色散后，使含有吸收信息的全部波长投射到一个由 1024 个二极管组成的二极管阵列上而被同时检测，每一个二极管各自测量某一波长下的光强，并用电子学方法及计算机技术对二极管阵列快速扫描采集数据。此光路中唯一的运动部件是光闸，它有三个动作位置：光闸将入射光束全部遮挡，进行暗电流补偿；将氧化钬滤片插入光路，对衍射后的波长进行精确校正；打开光闸使入射光通过样品流通池照在光栅上。

可见，与紫外检测器不同，进入流通池的不再是单色光，获得的检测信号不是在单一波长上的，而是全部紫外光波长上的色谱信号。这样它不仅可以从获得的数据中提取出各个色谱峰光谱图，利用色谱保留值及光谱特征综合进行定性分析；还可以根据需要提取出不同波长下的色谱图做色谱定量检测。此外，还可对每个色谱峰的不同位置（峰前沿、峰顶点、峰后沿等）的光谱图进行比较，若色谱峰分离良好、纯度高（仅有一个组分）则不同位置的光谱图应一致，因此通过计算不同位置光谱间的相似度即可判断色谱峰的纯度及分离状况。

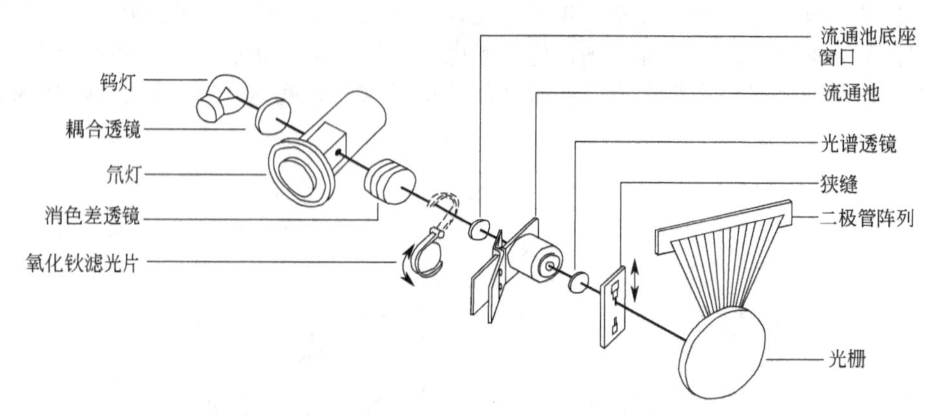

图 13-12　HPLC 二极管阵列检测器光路示意图

并且由于扫描速度非常快，远远超过色谱流出峰的速度，所以无须停流扫描即可获得柱后流出物质的各个瞬间光谱图及各个波长下的色谱图，经计算机处理后可得到随时间（t）的变化进入检测器液流的光谱吸收曲线——吸光度（A）随波长（λ）变化的曲线，因而可

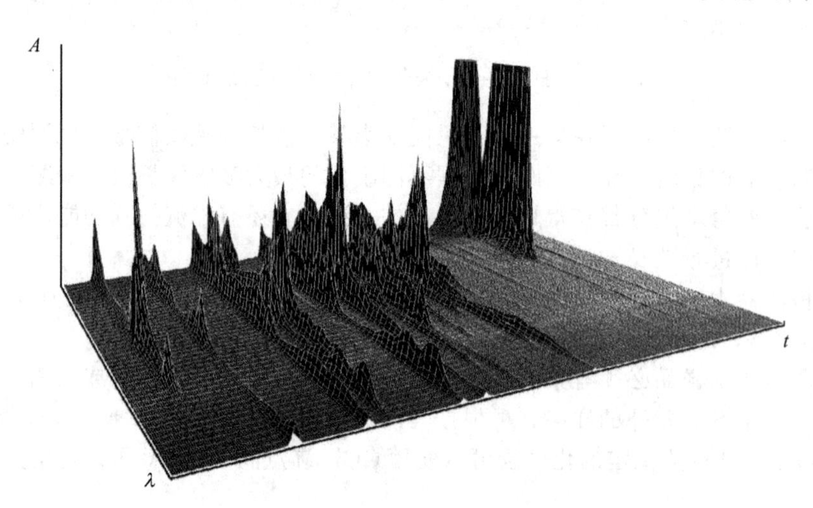

图 13-13　多组分混合物的三维图谱

由获得的 A、λ、t 信息绘制出具有三维空间的立体色谱图，如图 13-13 所示。

(2) 荧光检测器

荧光检测器（fluorescence detector，FLD）是利用某些物质在受紫外光激发后，能发射可见光（荧光）的性质来进行检测的。它是一种具有高灵敏度和高选择性的浓度型检测器，其光路见图 13-14。由光源（氙灯）发出的 250～600nm 连续波长的强激发光经透镜、激发单色器后，分离出特定的激发波长的光通过流通池，流动相中的荧光组分受激发后产生荧光。为避免激发光的干扰，在与激发光呈 90°方向上经发射单色器选择特定波长的荧光，到达光电倍增管测定荧光强度，其荧光强度与产生荧光物质的浓度成正比。

荧光检测器适用于能发出荧光的组分，对不发生荧光的物质，可利用柱前或柱后衍生化技术，使其与荧光试剂反应，制成可产生荧光的衍生物后再进行测定。其灵敏度比紫外检测器高1～2个数量级，对痕量组分进行选择性检测时，它是一种有力的检测工具。它可用于梯度洗脱，测定中不能使用可熄灭、抑制或吸收荧光的溶剂作流动相。

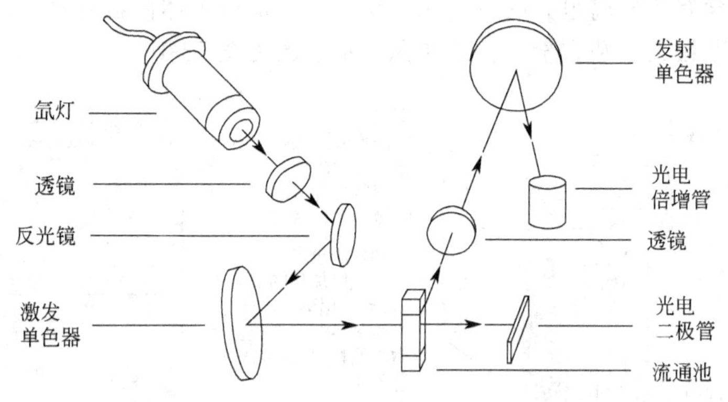

图 13-14　HPLC 荧光检测器光路示意图

(3) 折射率检测器

折射率检测器（refractive index detector，RID）又称示差折光检测器，是一种通用检测器。其通用性在于，每种物质都具有与其他物质不同的折射率，如果选择合适的溶剂，几乎所有的物质都可进行检测。

根据工作原理其可分为反射式、偏转式和干涉式三种。目前，多数示差折光检测器是偏转式的，当一束光透过折射率不同的两种物质时，此光束会发生一定程度的偏转，其偏转程度正比于两物质折射率之差，其光路示意图见图 13-15。

进样前先用流动相冲洗样品流通池和参比流通池，调节“零点调节镜”使照射到光接收器（光电二极管）上的光强差为零。进样后，流动相只经过样品流通池，当有组分进入时，样品流通池内不再是纯流动相，折射率改变，光发生偏转，其光强差不为零，产生信号。含有组分的流动相和流动相本身之间折射率之差反映了组分在流动相中的浓度。

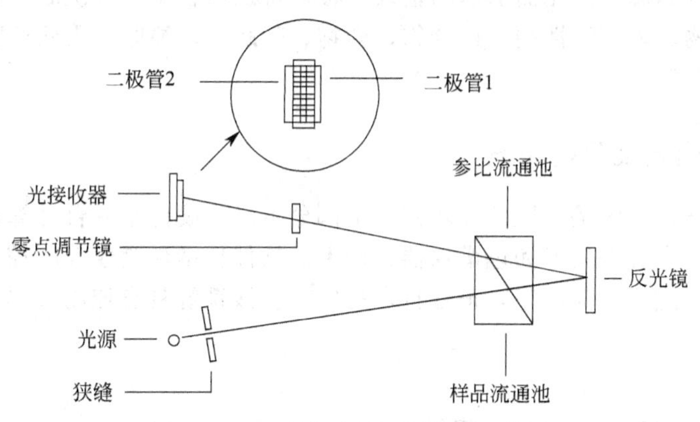

图 13-15　示差折光检测器光路示意图

RID 通用性强，但灵敏度较低，不适用于痕量分析；对温度、压力等变化敏感，色谱柱和检测器均需恒温；流动相组成的变化会使折射率变化很大，流动相须预先配好并充分脱气；不适用于梯度洗脱。

(4) 蒸发光散射检测器

在高效液相色谱分析中，人们一直希望能有一台能对各种物质均有响应，响应因子基本相同，检测不依赖样品分子中的官能团、并且可用于梯度洗脱的通用检测器。目前最能接近满足这些要求的就是蒸发光散射检测器（evaporative light scattering detector，ELSD）。

它是利用将含有待分离组分的流动相雾化、蒸发形成固体微粒后对光的散射现象来检测色谱流出组分的颗粒大小和数量的。工作原理示意图见图 13-16。

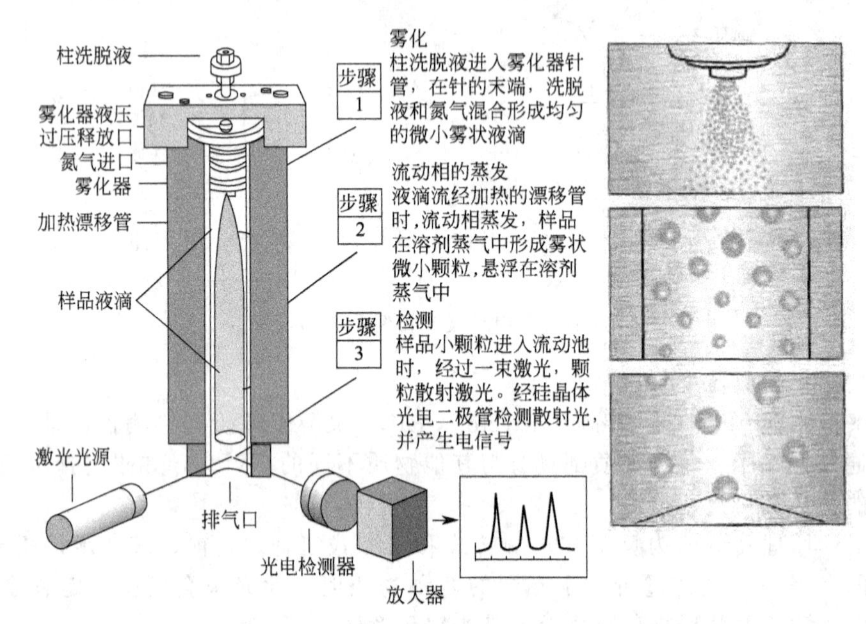

图 13-16 蒸发光散射检测器原理示意图

蒸发光散射检测器的响应值与样品的质量成正比，对于几乎所有样品给出接近一致的响应因子，因此可在没有标准品和未知化合物结构参数的情况下检测未知化合物，并可通过与内标物比较定量测定未知物的含量。蒸发光散射检测器与紫外检测器和示差折光检测器比较，消除了因溶剂和温度变化而引起的基线漂移，特别适合于梯度洗脱，并可以高灵敏度准确检测碳水化合物、表面活性剂、聚合物、药物、脂肪酸、油脂、天然产物（草药）等多种样品。

13.1.6 数据记录及分析系统

数据记录及分析系统是由硬件和软件两个部分组成。硬件是一台计算机，来实时控制色谱仪器，还有色谱数据采集卡和色谱仪器控制卡。软件包括色谱仪实时控制程序，峰识别和峰面积积分程序、定量计算程序，报告打印程序等。该系统具有控制仪器和记录分析数据双重作用。

13.2 高效液相色谱基本理论

高效液相色谱法的塔板理论与气相色谱法完全相同，速率理论（柱内色谱峰展宽）略有差异。此外，跟气相色谱相比，由于高效液相色谱的色谱柱在整个管路系统中所占的比例小，故存在不可忽略的柱外效应（柱外色谱峰展宽）。

(1) 柱内展宽

1958 年 Giddings 等提出了液相色谱速率方程，由于液体和气体性质的差异，液相色谱的速率方程式在纵向扩散项（B/u）和传质阻力项（Cu）上与气相色谱有所差异，见式(13-1)。

$$H=A+B/u+(C_m+C_{sm}+C_s)u \tag{13-1}$$

式中，C_{sm} 为静态流动相传质阻力项系数，其余各项与 Van Deemter 方程含义相同。

① 涡流扩散项 A　当样品注入由全多孔微粒固定相填充的色谱柱后，在液体流动相驱动下，样品分子会遇到固定相颗粒的阻碍，不可能沿直线运动，而是不断改变方向，形成紊乱类似涡流的曲线运动。由于样品分子运行路径的长短不一，加上在不同流路中受到的阻力不同，其在柱中的运行速度不同，从而使到达柱出口的时间不同，导致色谱峰展宽（图13-17 中“b”）。

由于涡流扩散项 $A=2\lambda d_p$，该项仅与固定相的粒度和柱填充的均匀程度有关。为降低涡流扩散影响，高效液相色谱中一般使用 3～10μm 的小颗粒固定相，目前还有 2μm 以下的固定相。为填充均匀，减少填充不规则因子，常采用球形固定相，要求粒度均匀（RSD＜5%）。此外，色谱柱以匀浆高压填充。

② 纵向扩散项 B/u　样品分子在色谱柱中沿着流动相前进的方向产生扩散，所引起的色谱峰展宽，称为纵向扩散 B，纵向扩散系数 $B=2\gamma D_m$。γ 为柱中填料的弯曲因子，$\gamma\approx0.6$。D_m 与流动相的黏度 η 成反比，与温度成正比。在高效液相色谱中，流动相是液体，其黏度比气体大得多（约 10^2 倍），并常在室温下操作，因此组分在流动相中的扩散系数 D_m 比气相色谱中要小得多（约 10^{-5} 倍）。且高效液相色谱的流速一般都在最佳流速之上，所以，大多数情况下此项可忽略不计。

③ 传质阻抗

a. 移动流动相的传质阻力项 $C_m u$　在固定相颗粒间移动的流动相，对处于不同层流的流动相分子具有不同的流速，溶质分子在紧挨颗粒边缘的流动相层流中的移动速度要比在中心层流中的慢，因而引起峰形展宽（图 13-17 中“c”）。与此同时，也会有些溶质分子从移动快的层流向移动慢的层流扩散（径向扩散），这会使不同层流中的溶质分子的移动速度趋于一致而减少峰形扩散。这种传质阻力与固定相颗粒粒度 d_p 的平方成正比，与组分分子在

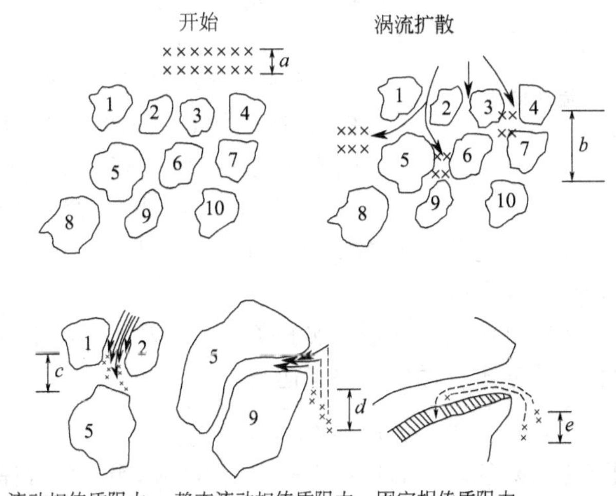

图 13-17　涡流扩散与各种传质阻力对色谱峰展宽的影响
（图中“×”表示组分分子，a 为原始样品带宽，b、c、d、e 分别为各影响因素造成的谱带展宽）

流动相中的扩散系数 D_m 成反比：

$$C_m=\frac{\omega_m d_p^2}{D_m} \tag{13-2}$$

式中，ω_m 是由色谱柱及其填充情况决定的因子。

b. 静态流动相的传质阻力项 $C_{sm}u$　液相色谱柱中装填的无定形或球形全多孔微粒固定相，其颗粒内部的孔洞充满了静态流动相，组分分子在静态流动相中受到传质阻力。对于扩散到孔洞表层静态流动相中的组分分子，只需移动很短的距离，就能很快地返回到颗粒间流动的主流路之中；而扩散到孔洞较深处静态流动相中的组分分子，就需要更多的时间才能返回到颗粒间流动的主流路之中，这也会使色谱峰展宽（图 13-17 中“d”）。

静态流动相传质阻力也与固定相粒度 d_p 的平方成正比，与组分分子在流动相中的扩散系数 D_m 成反比。因此，为了降低流动相传质阻力，也需要使用细颗粒的固定相。又由于组分在流动相中的扩散系数 D_m 与流动相的黏度 η 成反比，与温度 T 成正比，为提高柱效，需要选用低黏度的流动相。例如，实践中通常使用低黏度的甲醇（η=0.54mPa·s）或乙腈（η=0.34mPa·s），而很少用乙醇（η=1.08mPa·s）。值得注意的是，两种黏度不同溶剂混合时，其黏度变化不呈线性。例如，水和甲醇混合时，含 40%甲醇的混合液黏度最大，达 1.84mPa·s，进行梯度洗脱时，这种变化不仅会影响柱压，还会影响柱效。

c. 固定相的传质阻力项 $C_s u$　组分分子从液固界面进入固定相内部，并从固定相内部重新返回液固界面的传质过程中，会受到固定相的阻力，引起色谱峰的展宽（图 13-17 中“e”）。当载体上涂布的固定液液膜比较薄，且载体无吸附效应时，都可减少由于固定相传质阻力所引起的峰展宽。由于目前大都采用化学键合相，其“固定液”是键合在载体表面的单分子层化合物，传质阻力很小，所以 C_s 可以忽略不计。

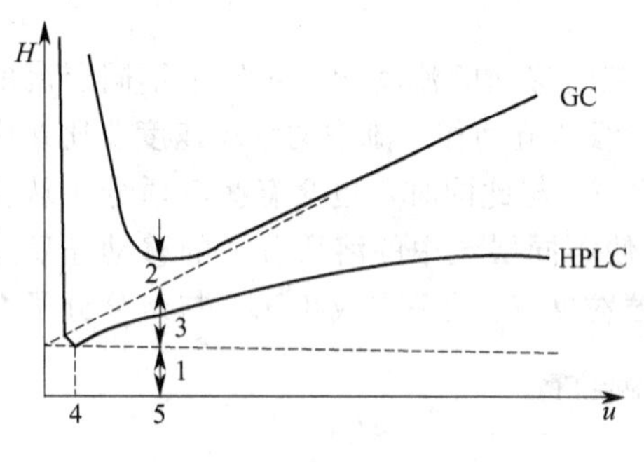

图 13-18　板高-流速曲线

1—A；2—B/u；3—Cu；

4—HPLC 的 u_{opy}；5—GC 的 u_{opt}

在 HPLC 中，当使用键合固定相时，速率方程的表现形式为：

$$H=A+(C_m+C_{sm})u \tag{13-3}$$

将 H 对 u 作图，可绘制出和气相色谱相似的板高-流速曲线，如图 13-18 所示。曲线的最低点对应着最低理论塔板高度 H_{min} 和流动相的最佳线速 u_{opt}。在 HPLC 中，H-u 曲线具有平稳的斜率，这表明采用高流动相流速时，色谱柱柱效无明显的损失。因此，实际应用中可以采用高流速，缩短分析时间，进行快速分析。

综上所述，高效液相色谱法速率理论，实验条件应尽量满足：小粒度、均匀的球形化学键合相；低黏度流动相，速率不应过快；柱温适当。

（2）柱外展宽

从进样器到检测器之间除柱本身的体积之外，所有的体积（如进样器、接头、连接管路和检测池等处的体积）称为柱外死体积。在这些死体积区域由于没有固定相，处于流动相中的组分不仅得不到分离，反而会产生扩散，导致色谱峰展宽，柱效下降。

为了减小柱外展宽的影响，应当尽可能减小柱外死体积。所以各部件连接时，一般使用所谓“零死体积接头”；管道对接宜呈流线形；检测器流通池应采用尽可能小的池体积等。

13.3　高效液相色谱法的主要类型

高效液相色谱法的主要类型与经典液相色谱相似。按固定相的聚集状态包括液液色谱法和液固色谱法两大类。按分离机制则包括吸附色谱法、分配色谱法、离子色谱法、分子排阻色谱法、亲和色谱法等，前四种为基本类型色谱法。本节主要介绍吸附色谱法、化学键合相色谱法、离子对色谱法、分子排阻色谱法。

13.3.1　吸附色谱法

(1) 分离原理

吸附色谱（adsorption chromatography）是以固体吸附剂为固定相，基于其对不同组分吸附能力的差异进行混合物的分离。吸附剂是一些多孔性的固体颗粒，如氧化铝、硅胶等。

(2) 固定相

吸附色谱固定相可分为极性和非极性两大类。极性固定相主要有硅胶、氧化镁和硅酸镁分子筛等。非极性固定相有高强度多孔微粒活性炭和近来开始使用的 5～10μm 的多孔石墨化炭黑、高交联度苯乙烯-二乙烯基苯共聚物的多孔微球（5～10μm）与碳多孔小球等。其中应用最广泛的是极性固定相硅胶，主要有表面多孔型硅胶、无定形全多孔硅胶、球形全多孔硅胶、堆积硅珠等类型，如图 13-19 所示。

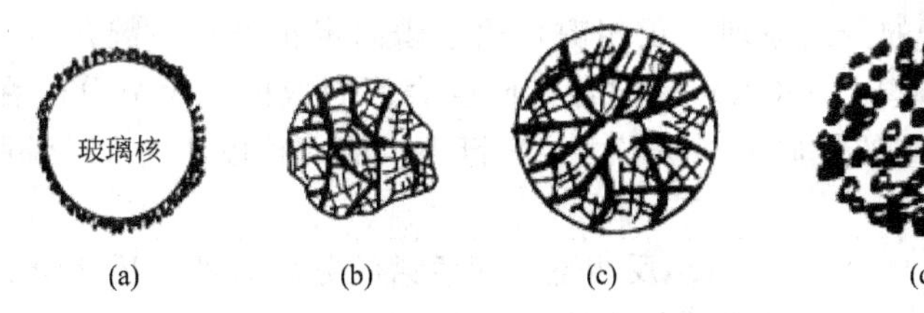

图 13-19　各种类型硅胶示意图

(a) 表面多孔型硅胶；(b) 无定形全多孔硅胶；(c) 球形全多孔硅胶；(d) 堆积硅珠

其中表面多孔型硅胶粒度约为 30～70μm，出峰快，适用于极性范围较宽的混合样品的分析，缺点是样品容量小，现在已很少应用。无定形全多孔硅胶常用粒度为 5～10μm，柱效高、样品容量大，但涡流扩散大、渗透性差。球形全多孔硅胶外形为球形，常用粒度为 3～10μm，除具有无定形全多孔硅胶的优点外，还有涡流扩散小、渗透性好的优点，是化学键合相的理想载体。堆积硅珠与球形全多孔硅胶类似，常用粒度为 3～5μm。

硅胶的主要性能参数有：形状、粒度、粒度分布、比表面积、平均孔径等。

硅胶是应用范围很广的吸附色谱固定相，主要用于能溶于有机溶剂的极性与弱极性混合物及异构体的分离。

(3) 流动相

在吸附高效液相色谱中，流动相通常为混合溶剂，主体溶剂为正己烷或环己烷，以一氯甲烷、二氯甲烷、三氯甲烷或丙酮等作为调节性溶剂，用于调整流动相的极性。

13.3.2 液-液分配色谱法与化学键合相色谱法

液-液分配色谱法是根据物质在两种互不相溶的液体中溶解度不同，有不同的分配系数从而实现分离的方法。其固定相由固定液与载体构成，将固定液机械涂渍在载体上。由于使用时固定相容易流失，该方法已基本淘汰。

化学键合相色谱法是由液液分配色谱法发展起来的。为了解决液液分配色谱中固定液流失的问题，人们将各种不同的有机基团通过化学反应共价键合到硅胶（载体）表面游离羟基上。这种采用化学反应的方法将固定液的官能团键合在载体表面上形成的固定相，称为化学键合相（chemical bounded phase），简称键合相；以化学键合相为固定相的液相色谱法称为化学键合相色谱法（chemical bounded phase chromatography）或键合相色谱法（bounded phase chromatography，BPC）。

化学键合固定相对各种极性溶剂都有良好的化学稳定性和热稳定性。由其制备的色谱柱柱效高、使用寿命长、重现性好，几乎对各类型的有机化合物都呈现良好的选择性，特别适用于具有宽范围 k' 值的样品的分离，并可用于梯度洗脱。至今，在高效液相色谱法中，键合相色谱法已逐步取代液液分配色谱法，获得日益广泛的应用。

根据键合相与流动相相对极性的强弱，可将键合相色谱法分为正相键合相色谱法和反相键合相色谱法。在正相键合相色谱法中，键合固定相的极性大于流动相的极性，适用于分离极性或强极性化合物。在反相键合相色谱法中，键合固定相的极性小于流动相的极性，适用于分离非极性至中等极性的化合物，其应用范围比正相键合相色谱法广泛得多。在高效液相色谱法中，约 70%～80%的分析任务是由反相键合相色谱法来完成的。

(1) 分离原理

① 正相键合相色谱的分离原理　正相键合相色谱固定相是极性键合相，以极性有机基团如氨基（$—NH_2$）、氰基（—CN）等键合在硅胶表面制成的，组分分子在此类固定相上的分离主要靠范德华力中的定向力、诱导力及氢键力。流动相极性增大，洗脱能力增强，组分的 K 值减小。

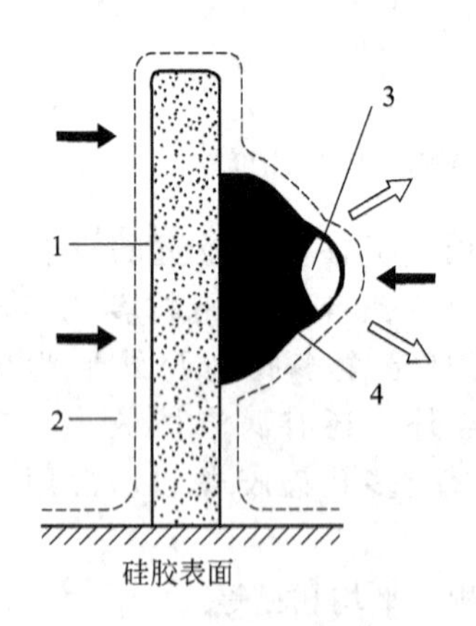

图 13-20　疏溶剂缔合作用示意图
➡表示疏溶剂作用；
⇨表示极性溶剂的解缔作用
1—烷基键合相；2—溶剂膜；
3—组分分子极性部分；
4—组分分子非极性部分

② 反相键合相色谱的分离原理　反相键合相色谱固定相是极性较小的键合相，以极性较小的有机基团如苯基、烷基等键合在硅胶表面制成的，流动相的极性大于固定相，其分离机理可用疏溶剂作用理论来解释。这种理论认为：键合在硅胶表面的非极性或弱极性基团具有较强的疏水性，当用极性溶剂作流动相时，组分分子中的非极性部分与极性溶剂相接触相互产生排斥力（疏溶剂斥力），促使组分分子与键合相的疏水基团产生疏水缔合作用，使其在固定相上产生保留作用；另外，当组分分子中有极性官能团时，极性部分受到极性溶剂的作用，促使它离开固定相，产生解缔作用并减小其保留作用，如图 13-20 所示。所以，不同结构的组分在键合固定相上的缔合和解缔能力不同，决定了不同组分分子在色谱分离过程中的迁移速度是不一致的，从而使得各种不同组分得到了分离。

烷基键合固定相对每种组分分子缔合作用和解缔作用能力之差，就决定了组分分子在色谱过程中的保留值。每

种组分的容量因子 k 与它和非极性烷基键合相缔合过程的总自由能的变化 ΔG 值相关，可表示为

$$\ln k=\ln\frac{1}{\beta}-\frac{\Delta G}{RT},\beta=\frac{V_m}{V_s} \tag{13-4}$$

式中，β 为相比；ΔG 与组分的分子结构、烷基固定相的特性和流动相的性质密切相关。

① 组分分子结构对保留值的影响　在反相键合相色谱中，组分的分离是以它们的疏水结构差异为依据的，组分的极性越弱，疏水性越强，保留值越大。根据疏溶剂理论，组分的保留值与其分子中非极性部分的总表面积有关，总表面积越大，与烷基键合固定相接触的面积越大，保留值也越大。

② 烷基键合固定相的特性对保留值的影响　烷基键合固定相的作用在于提供非极性作用表面，因此键合到硅胶表面的烷基数量决定着组分 k 的大小。随碳链的加长，烷基的疏水特性增强，键合相的非极性作用的表面积增大，组分的保留值增加，其对组分分离的选择性也增加。

③ 流动相性质对保留值的影响　流动相的表面张力越大、介电常数越大，其极性越强，此时组分与烷基键合相的缔合作用越强，流动相的洗脱强度越弱，组分的保留值越大。

(2) 化学键合固定相

由于键合相表面的固定液官能团一般多是单分子层，类似于“毛刷”，因此也称具有单分子层官能团的键合相为“刷子”型键合相。键合相的优点：①使用过程中不流失；②化学性能稳定，一般在 pH 2～8 的溶液中不变质；③热稳定性好，一般在 70℃ 以下不变性；④载样量大，比硅胶约高一个数量级；⑤适于做梯度洗脱。

目前，化学键合相广泛采用全多孔硅胶为基体，按固定液（基团）与载体（硅胶）相结合的化学键类型，可分为 Si—O—C、Si—N、Si—C 及 Si—O—Si—C 键型键合相。其中 Si—O—Si—C 键型键合相稳定性好，容易制备，是目前应用最广的键合相。制备方法是：用氯代硅烷或烷氧基硅烷与硅胶表面的游离硅醇基反应，形成 Si—O—Si—C 键型的键合相。键合相按极性可分为非极性、中等极性与极性三类。

① 非极性键合相　十八烷基键合相（octadecylsilane；简称 ODS 或 C_{18}）是最常用的非极性键合相。十八烷基氯硅烷试剂与硅胶表面的硅醇基经多步反应脱 HCl 生成 ODS 键合相。键合反应简化如下

$$\equiv Si—OH + Cl—\underset{R^2}{\overset{R^1}{Si}}—C_{18}H_{37} \longrightarrow \equiv Si—O—\underset{R^2}{\overset{R^1}{Si}}—C_{18}H_{37} + HCl$$

由于不同生产厂家所用的硅胶、硅烷化试剂和反应条件不同，具有相同键合基团的键合相，其表面有机官能团的键合量往往差别很大，使其产品性能有很大的不同。键合相的键合量常用含碳量（%）来表示，按含碳量的不同，可分为高碳、中碳及低碳型 ODS 键合相。若 R^1、R^2 是两个甲基，构成高碳 ODS 键合相［$Si—O—Si(CH_3)_2—C_{18}H_{37}$］，高碳 ODS 键合相载样量大、保留能力强；若 R^1 是氢，R^2 是氯，氯与硅胶的另一个硅醇基脱 HCl，则生成中碳 ODS 键合相［$(Si—O—)_2Si(H)—C_{18}H_{37}$］；若 R^1、R^2 都是氯，与硅胶的另两个硅醇基再脱两分子 HCl，生成低碳 ODS 键合相［$(Si—O—)_3Si—C_{18}H_{37}$］。含碳量与键合反应及表面覆盖度有关。

所谓覆盖度是指参与反应的硅醇基数目占硅胶表面硅醇基总数的比例。在硅胶表面，每平方纳米约有 5 或 6 个硅醇基可供化学键合。由于键合基团的立体结构障碍，这些硅醇基不

能全部参加键合反应。参加反应的硅醇基数目，占硅胶表面硅醇基总数的比例，称为该固定相的表面覆盖度。覆盖度的大小决定键合相是分配还是吸附占主导。Partisil 5-ODS 的表面覆盖度为 98%，即残存 2%的硅醇基，分配占主导。Partisil 10-ODS 的表面覆盖度为 50%，既有分配又有吸附作用。

残余的硅醇基对键合相的性能有很大影响，特别是对非极性键合相，它可以减小键合相表面的疏水性，对极性组分（特别是碱性化合物）产生次级化学吸附，从而使保留机制复杂化，使组分在两相间的平衡速度减慢，降低了键合相填料的稳定性，使碱性组分的峰形拖尾等。为尽量减少残余硅醇基，一般在键合反应后，用三甲基氯硅烷（TMCS）或六甲基二硅胺（HMDS）进行钝化处理，称封尾（或称遮盖、封端、end-capping），封尾后的 ODS 吸附性能降低，稳定性增加，这种键合相只有分配作用，具有强疏水性。有时为了使 ODS 与含水流动相有较好的润湿性，有些 ODS 填料是不封尾的。

其他非极性键合相：常见的有八烷基及苯基键合相，这两种键合相常见的产品有 Zorbax-C_8（球形 4～6μm）、YWG-C_6H_5 等。八烷基键合相（C_8）与十八烷基键合相类似，但载样量有差别。键合基团的链长增加，载样量增大、K 值增大。

② 中等极性键合相　常见的有醚基键合相。这种键合相既可作正相色谱的固定相又可作反相色谱的固定相，视流动相的极性而定。进口产品如 Permaphase-ETH（载体为表面多孔硅胶）；国内产品 YWG-ROR′。这类固定相应用较少。

③ 极性键合相　常用的氨基、氰基键合相为极性键合相。它们是分别将氨丙硅烷基［$-Si-(CH_2)_3-NH_2$］及氰乙硅烷基［$-Si(CH_2)_2CN$］键合在硅胶上而制成的，可用作正相色谱的固定相。氨基键合相是分离糖类最常用的固定相，常用乙腈-水为流动相；氰基键合相与硅胶类似，但极性比硅胶弱，对双键异构体有良好的分离选择性。国内产品有：YWG-CN 及 YWG-NH_2（5μm、10μm），YQG-CN 及 YQG-NH_2（5μm、10μm）。进口产品有：Nucleosil CN 或 Nucleosil NH_2（球形，5μm）、Zorbax-CN（球形，4～6μm），Lichrosorb NH_2（无定形，10μm）等。

（3）流动相

在正相键合相色谱中，主体溶剂为正己烷或环己烷，以一氯甲烷、二氯甲烷、三氯甲烷或丙酮等为调节性溶剂，调整流动相的极性。

在反相键合相色谱中，主体溶剂为水或缓冲盐的水溶液，再加一定比例的能与水混溶的甲醇、乙腈或四氢呋喃等调节性溶剂。

13.3.3 离子对色谱法

在流动相中加入与组分分子带相反电荷的离子对试剂，分离分析离子型或可离子化的化合物的方法称为离子对色谱法（ion pair chromatography，IPC；或 paired ion chromatography，PIC）。本法是由离子对萃取发展而成的一种分离分析方法，离子对萃取是一种液-液分配分离离子型化合物的技术。这种萃取方法是选择合适的反电荷离子加入水相中，与水相中被分离化合物形成离子对，离子对表现为非离子性的中性物质，被萃取到有机相中，使离子型化合物与其他化合物相互分离，这种分离技术被用于反相键合相色谱中，分离保留值很低的完全离子化的强极性化合物。所以，现在最常用的是反相离子对色谱法，即使用反相色谱中常用的固定相（如 ODS），同时分离离子型化合物和中性化合物。

（1）原理

将一种（或数种）与样品离子（A^+）带相反电荷的 B^-（称为反离子或对离子）加入

流动相中，使其与样品离子结合生成弱极性的离子对 A^+B^-（中性缔合物）。此离子对不易在水中离解而迅速进入有机相中，存在以下平衡

$$A_W^+ + B_W^- \rightleftharpoons (A^+B^-)_O \tag{13-5}$$

式中，下标 W 为水相，O 为有机相，反应平衡常数 E_{AB} 为

$$E_{AB} = \frac{[A^+B^-]_O}{[A^+]_W[B^-]_W} \tag{13-6}$$

当用非极性键合相为固定相时，就构成反相离子对色谱，则组分 A 的 K 值为

$$K = \frac{C_s}{C_m} = \frac{[A^+B^-]_O}{[A^+]_W} = E_{AB}[B^-]_W \tag{13-7}$$

由此可见，当流动相的 pH 值、离子强度、离子对试剂的种类、浓度及温度保持恒定时，K 与离子对试剂的浓度 $[B^-]_W$ 成正比。因此通过调节对离子的浓度，可改变被分离样品离子的保留时间 t_R。不同组分的 E_{AB} 不同，K 值不同。

（2）影响保留值及分离选择性的因素

① 溶剂极性的影响　在反相离子对色谱中，当增加甲醇或乙腈比例，降低水的比例时，流动相的洗脱强度会增大，组分的 K 值会减小。

② 离子强度的影响　在反相离子对色谱中，增加含水流动相的离子强度，会使组分的 K 值降低。

③ pH 值的影响　在离子对色谱中，改变流动相的 pH 值是改善分离选择性很有效的方法。在反相离子对色谱中，当 pH 值接近 7 时，组分的 K 值最大，此时样品分子完全电离，最容易形成离子对。当流动相的 pH 值降低时，样品阴离子 X^- 开始形成不离解的酸 HX，从而导致固定相中样品离子对减少。因此对阴离子样品来讲，其 K 值随体系的 pH 值降低而减小。

④ 离子对试剂的性质和浓度的影响　在离子对色谱中，分析有机碱的常用离子对试剂为高氯酸盐和烷基磺酸盐。分析有机酸的离子对试剂为叔胺盐和季铵盐。

在反相离子对色谱中，离子对试剂的烷基链越长，分子量与疏水性越大，生成的离子对缔合物的 K 值越大；若使用无机盐离子对试剂，因其疏水性减弱，则缔合物的 K 值显著降低；由式(13-7) 可知，离子对试剂的浓度越高，组分的 K 值越大。

13.3.4　分子排阻色谱法

分子排阻色谱法（size exclusion chromatography，SEC）是根据被分离样品中各组分分子大小的不同导致在固定相上渗透程度不同使组分分离。该方法适合于分离大分子组分和组分的分子量的测定。目前使用的固定相有微孔硅胶、微孔聚合物等，流动相是能够溶解样品、还必须能润湿固定相、黏度也低的溶剂。

13.4　高效液相色谱法分析条件的选择

高效液相色谱法分析条件的选择通常首先是根据试样的性质来选择合适的分离模式，确定应采用的色谱柱、流动相及检测器。当以上条件确定后，改变流动相组成、极性是改善分离效果的最直接方式。高效液相色谱中，一般不会通过改变柱温来改善传质，柱温通常在室温状态保持恒定。高效液相色谱中的流速变化对柱效的影响较大，流速增加还会使分离柱压

力迅速增高，在实际操作中，流速是调整分离度和出峰时间重要的可选参数。

13.4.1 分离模式选择

高效液相色谱法分析条件的选择首先要考虑分析样品的性质，如样品是大分子还是小分子，分子量的范围，是离子状态还是非离子状态，是水溶性的还是非水溶性的等。不同的样品分离方法的选择可参考表 13-1。

表 13-1 HPLC 分析条件选择表

样品特性			色谱类型	固定相	流动相
分子量<2000	水溶	离子型	离子交换色谱	$—SO_3H$、$—NR_3Cl$	缓冲溶液
		可离子化	反相离子对色谱	$—C_{18}$、$—C_8$	甲醇-水、乙腈-水(含离子对试剂)
		非离子型	反相分配色谱	$—C_{18}$、$—C_8$、—CN	甲醇-水、乙腈-水(含缓冲溶液)
	非水溶	极性	正相分配色谱	—CN、$—NH_2$	有机溶剂
		中等极性、异构体	吸附色谱	硅胶	有机溶剂
		弱极性	反相分配色谱	$—C_{18}$、$—C_8$、—CN	甲醇-水、乙腈-水
分子量>2000	水溶	—	凝胶过滤色谱	多孔微珠	水溶液
	非水溶	—	凝胶渗透色谱	有机凝胶	有机溶剂

13.4.2 流动相的选择

(1) 对流动相的基本要求

① 纯度高、化学惰性好；②必须与检测器匹配，如用紫外吸收检测器，就不能用在检测波长处有紫外吸收的溶剂；③对样品有适宜的溶解能力，要求 k 在 1～10 范围内，最好在 2～5 最佳范围内；④有低的黏度和适当低的沸点，低黏度流动相可以降低柱压，提高柱效；⑤应使用低毒性的溶剂，以保证操作人员的安全。

现将能够满足这些要求的溶剂择要列于表 13-2 中。

表 13-2 高效液相色谱适用的溶剂

溶剂	UV 截止波长/nm	折射率(25℃)	沸点/℃	黏度(25℃)/mPa·s	P'	ε^0	介电常数(20℃)	选择性分组
正庚烷	195	1.385	98	0.40	0.2	0.01	1.92	—
正己烷	190	1.372	69	0.30	0.1	0.01	1.88	—
乙醚	218	1.350	35	0.24	2.8	0.38	4.3	Ⅰ
1-氯丁烷	220	1.400	78	0.42	1.0	0.26	7.4	Ⅵ
四氢呋喃	212	1.405	66	0.46	4.0	0.57	7.6	Ⅲ
丙胺	—	1.385	48	0.36	4.2	—	5.3	Ⅰ
乙酸乙酯	256	1.370	77	0.43	4.4	0.53	6.0	Ⅵ
三氯甲烷	245	1.443	61	0.53	4.1	0.40	4.8	Ⅷ
甲乙酮	329	1.376	80	0.38	4.7	0.51	18.5	Ⅵ
丙酮	330	1.356	56	0.3	5.1	0.56	—	Ⅵ
乙腈	190	1.341	82	0.34	5.8	0.65	37.8	Ⅵ
甲醇	205	1.326	65	0.54	5.1	0.95	32.7	Ⅱ
水	—	1.333	100	0.89	10.2	—	80	Ⅷ

(2) 流动相的极性

高效液相色谱中的流动相在两相分配过程中起着重要作用，流动相溶剂的洗脱能力（即溶剂强度）与它的极性有关，在正相色谱中，溶剂的强度随极性的增强而增加；在反相色谱中，溶剂的强度随极性的增强而减弱。

溶剂极性常用的是 Synder 提出的溶剂极性参数 P'，它是根据 Rohrschneider 的溶解度数据推导出来的，它表示溶剂与三种极性物质——乙醇（质子给予体）、二氧六环（质子受体）和硝基甲烷（强偶极体）相互作用的度量。Synder 将溶剂极性参数 P'定义为：

$$P'=\lg(K''_g)_{乙醇}+\lg(K''_g)_{二氧六烷}+\lg(K''_g)_{硝基甲烷} \tag{13-8}$$

式中，K''_g 为溶剂在乙醇、二氧六环、硝基甲烷中的极性分配系数。

表 13-2 中列出了常用溶剂的 P'，其中水的极性参数最大。在正相色谱中，P'越大，洗脱能力越强。选择适当的溶剂极性参数以调整 k 值在适宜范围是十分重要的。在色谱分析中流动相常常由两种或两种以上不同的溶剂组成，这种混合溶剂的极性是由它的各种组分根据其所占份额而贡献的极性之和构成，其极性参数可由下式计算：

$$P'=\sum_{i=1}^{n}\varphi_i P'_i \tag{13-9}$$

式中，φ_i 为溶剂 i 在混合溶剂中所占的体积分数；P'_i 为溶剂 i 的极性参数。二元混合溶剂的 P'_{AB}则为：

$$P'_{AB}=\varphi_A P'_A+\varphi_B P'_B \tag{13-10}$$

式中，φ_A、φ_B 分别为二元混合溶剂中溶剂 A 和溶剂 B 的体积分数。

色谱分析需要调节流动相极性使试样组分的容量因子 k 的数值在适宜范围内。对于正相色谱，二元溶剂的极性参数 P'和组分 k 值存在如下关系：

$$\frac{k_2}{k_1}=10^{(P'_1-P'_2)/2} \tag{13-11}$$

对于反相色谱，二元溶剂的极性参数 P'和组分 k 值存在如下关系：

$$\frac{k_2}{k_1}=10^{(P'_2-P'_1)/2} \tag{13-12}$$

式中，P'_1、P'_2 分别为初始和调节后二元溶剂的极性参数；k_1、k_2 为组分相应的容量因子。

【例 1】 在一反相液相色谱柱上，当流动相为 30%甲醇：70%水（体积分数）时，某组分的保留时间为 25.6min，死时间为 0.35min，如何调节溶剂配比使组分容量因子为 5?

解：查表 13-2 得，$P'_{甲醇}=5.1$，$P'_{水}=10.2$，则

$$k_1=\frac{25.6-0.35}{0.35}=72.1$$

$$P'_1=0.30\times5.1+0.70\times10.2=8.7$$

由式(13-11) 得

$$\frac{5}{72.1}=10^{(P'_2-8.7)/2}$$

$$-1.16=\frac{P'_2-8.7}{2}$$

$$P'_2=6.38$$

由式(13-10) 得 $6.38=\varphi\times5.1+(1-\varphi)\times10.2$

$$\varphi=0.75$$

即调整比例为 75%甲醇和 25%水可使组分的 k 值为 5。

在高效液相色谱分析中，为获得良好分离，通常希望被分离组分的容量因子 k 保持在 1～10 范围内。目前化学键合固定液被广泛使用，对于正相键合固定相来说，固定相极性

P'_s 大于流动相极性 P'_m，若流动相的极性为 P'_{m1}、被分离组分 x 的 $k_x>10$ 时，可增加流动相的极性至 P'_{m2}，使 $P'_{m2}>P'_{m1}$，则可使 k_x 位于 1～10 之间，反之则需要减小流动相极性。对于反相键合固定相色谱，由于固定相极性小于流动相极性，若被分离组分 x 的 $k_x>10$，则需要降低流动相极性使 k_x 位于 1～10 之间。实验证明，当流动相的 P'改变 2 倍时，被分离组分的 k 值越改变 10 倍。

Synder 将溶剂和样品分子间的作用力作为溶剂选择性分类的依据，将选择性参数定义为：

$$X_e=\frac{\lg(K''_g)_{乙醇}}{P'},X_d=\frac{\lg(K''_g)_{二氧六烷}}{P'},X_n=\frac{\lg(K''_g)_{硝基甲烷}}{P'} \tag{13-13}$$

式中，X_e、X_d、X_n 分别表示溶剂的质子接受能力、质子给予能力和偶极作用力。

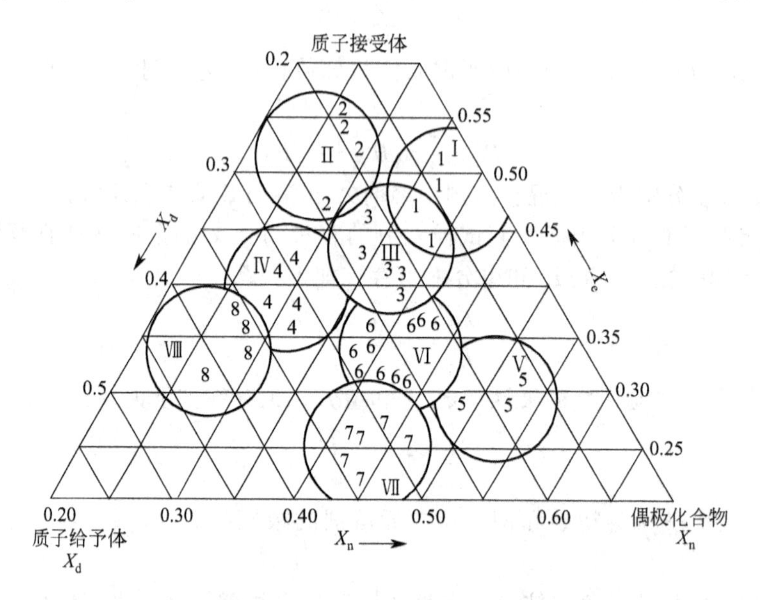

图 13-21 溶剂选择分类三角形

根据 X_e、X_d、X_n 的相似性，Synder 将常用溶剂分为 8 组，见表 13-3，并得到溶剂选择性分类三角形，如图 13-21 所示。由图可知，Ⅰ组溶剂的 X_e 较大，属于质子接受体溶剂；Ⅴ组溶剂的 X_n 较大，属于偶极中性化合物；Ⅷ组溶剂的 X_d 较大，属于质子给予体溶剂。同一组中不同溶剂在分离中具有相似的选择性，不同组的溶剂，其选择性差别较大。因此，采用不同组的溶剂，可显著改变溶剂的选择性。

表 13-3 Synder 的部分溶剂选择性分组

组别	溶剂
Ⅰ	脂肪醚、三烷基胺、四甲基胍、六甲基磷酰胺
Ⅱ	脂肪醇
Ⅲ	吡啶衍生物、四氢呋喃、酰胺(甲酰胺除外)、乙二醇醚、亚砜
Ⅳ	乙二醇、苄醇、乙酸、甲酰胺
Ⅴ	二氯甲烷、二氯乙烷
Ⅵ	①三甲苯基磷酸酯、脂肪族酮和酯、聚醚、二氧六环； ②砜、腈、碳酸亚丙酯
Ⅶ	芳烃、卤代芳烃、硝基化合物、芳醚
Ⅷ	氯代醇、间苯甲酚、水、三氯甲烷

在固液吸附色谱分离模式中，也常用溶剂强度参数 ε^0 来定量表示溶剂洗脱能力。它被定义为溶剂分子在单位吸附剂表面积上的吸附自由能，表征了溶剂分子对吸附剂的亲和程度。并规定戊烷在 Al_2O_3 吸附剂上的 $\varepsilon^0=0$，对于硅胶吸附剂，$\varepsilon^0_{SiO_2}=0.77\varepsilon^0_{Al_2O_3}$。$\varepsilon^0$ 越大，表明溶剂与吸附剂之间的亲和能力越强，则越容易从吸附剂上将被吸附组分洗脱下来，即对组分的洗脱能力越强，组分容量因子 k 越小。各种溶剂的 ε^0 值可参见表 13-2。二元混合溶剂的溶剂强度参数 ε^0 与强溶剂的体积分数之间不呈线性变化，而是体积分数越大，ε^0 值增加越缓慢。

13.5 定性与定量分析

高效液相色谱法主要用于复杂成分混合物的分离、定性、定量，其定性定量方法与气相色谱法基本相同。由于灵敏度、专属性和快速性等方面的独特优点，其已成为体内药物分析、药物研究及临床检验的重要手段。

13.5.1 定性分析

由于液相色谱过程中影响组分迁移的因素较多，定性的难度更大。常用的定性方法有如下几种：

（1）利用标准品对照定性

利用标准样品对未知化合物定性是最常用的液相色谱定性方法。

① 利用保留时间的一致性定性　由于每一种化合物在特定的色谱条件下（流动相组成、色谱柱、柱温等相同）保留值具有特征性，因此可以利用保留值进行定性。

② 利用加入标准品增加峰高法定性。

（2）利用检测器的选择性定性

同一种检测器对不同种类的化合物的响应值是不同的，而不同的检测器对同一种化合物的响应也是不同的。所以当某一被测化合物同时被两种或两种以上检测器检测时，两检测器或几个检测器对被测化合物检测灵敏度比值是与被测化合物的性质密切相关的，可以用来对被测化合物进行定性分析，这就是双检测器定性的基本原理。

（3）利用色谱-光谱联用技术定性

DAD 检测器可得到三维色谱-光谱图（HPLC-UV 联用），可以对比待测组分及标准物质的光谱图并结合保留时间进行定性鉴别。此外，还可利用 HPLC-MS、HPLC-NMR、HPLC-FTIR 等联用技术进行定性分析。

13.5.2 定量分析

高效液相色谱的定量方法与气相色谱定量方法类似，主要有面积归一化法、外标法和内标法。

13.5.3 应用实例

随着高效液相色谱技术的发展，其在药物分析中的应用日益广泛，主要包括药物的含量测定、杂质检查、药物反应的监控、中药成分研究、制剂分析、药物代谢研究等方面。

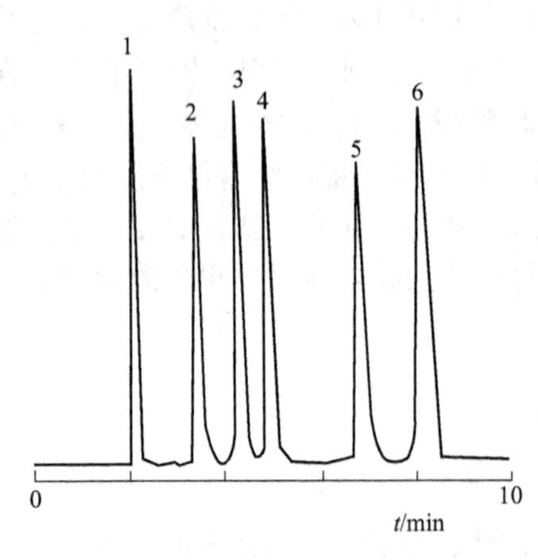

图 13-22 磺胺类药物的高效液相色谱图

1—磺胺；2—磺胺嘧啶；3—磺胺噻唑；
4—磺胺甲基嘧啶；5—磺胺二甲基嘧啶；
6—琥珀酰磺胺噻唑

【例 2】 磺胺类药物的分析。

色谱柱：Symmetry C_8　3.9mm×150mm。

流动相：水-甲醇-冰醋酸（79∶20∶1）。

流速：1.0mL/min。

检测波长：254nm。

在上述色谱条件下，磺胺类药物的高效液相色谱图见图 13-22。

【例 3】 分别用内标对比法和校正因子法测定牡丹皮中丹皮酚的含量。

① 测定条件　色谱柱 C_{18} 柱；流动相 甲醇 - 1 % 冰醋酸（45∶55）；检测波长 254nm。

② 内标溶液的制备　精密称取醋酸地塞米松适量，加流动相配制成 1.0mg/mL 的溶液，作为内标储备液。

③ 标准品溶液的制备　精密称取丹皮酚标准品适量，加流动相配制成 0.5mg/mL 的溶液，作为标准储备液；精密吸取 1mL 置于 10mL 量瓶中，加内标溶液 1mL，用流动相定容，即得标准品溶液。

④ 样品溶液的制备　取牡丹皮粗粉 1.5g，提取分离后，定容为 50mL，过滤，精密量取滤液 1mL，置于 10mL 容量瓶中，加内标溶液 1mL，加甲醇稀释至刻度，摇匀即可。

⑤ 测定　分别吸取标准品溶液和样品溶液各 10μL，注入液相色谱仪中，测得标准品溶液中醋酸地塞米松和丹皮酚峰面积分别为 4500、4140，样品溶液中醋酸地塞米松和丹皮酚峰面积分别为 4350、3321。分别用内标对比法和校正因子法计算牡丹皮中丹皮酚的含量。

解：(1) 内标对比法

$$(c_{丹})_{样}=\frac{(A_{丹}/A_{醋})_{样}}{(A_{丹}/A_{醋})_{标}}(c_{丹})_{标}=\frac{(3321/4350)}{(4140/4500)}\times 0.05\text{mg/mL}=0.0415\text{mg/mL}$$

$$w_{丹}=\frac{m_{丹}}{m_{总}}\times 100\%=\frac{0.0415\text{mg/mL}\times 10\times 50\text{mL}}{1.5\text{g}\times 10^3}\times 100\%=1.38\%$$

(2) 校正因子法

从标准品溶液中计算校正因子：

由$\frac{m_i}{m_s}=\frac{f_iA_i}{f_sA_s}$得$\frac{f_i}{f_s}=\frac{m_iA_s}{m_sA_i}$

$$\frac{f_{丹}}{f_{醋}}=\frac{m_{丹}\ A_{醋}}{m_{醋}\ A_{丹}}=\frac{0.05\times 0.01\times 4500}{0.1\times 0.01\times 4140}=0.543$$

样品溶液中丹皮酚浓度：

已知 $m=cV$，当进样体积相同时，

$$c_{丹}=\frac{f_{丹}\ A_{丹}}{f_{醋}\ A_{醋}}c_{醋}=0.543\times\frac{3321}{4350}\times 0.1=0.0415(\text{mg/mL})$$

牡丹皮中丹皮酚的含量：

$$w_{丹}=\frac{m_{丹}}{m_{总}}\times 100\%=\frac{0.0415\text{mg/mL}\times 10\times 50\text{mL}}{1.5\text{g}\times 10^3}\times 100\%=1.38\%$$

13.6 液相色谱-质谱联用技术简介

高效液相色谱-质谱联用（high performance liquid chromatography-mass spectrometry，HPLC-MS）又称为液相色谱-质谱联用（liquid chromatography-mass spectrometry，LC-MS），其研究开始于20世纪70年代。液相色谱有高的分离能力，质谱具有鉴定和测定能力，通过接口将二者连接起来，将液相色谱的高分离能力与质谱的高灵敏度、高选择性及较强的结构解析能力结合起来。该技术具有适用范围广、高灵敏度、能提供多种信息的特点，适用于GC-MS分析存在一定困难的极性、热不稳定、难汽化和大分子化合物的分析，在医药、生物、农业、化工等许多领域得到了广泛应用。

13.6.1 液相色谱-质谱联用的原理

LC-MS的工作原理是以液相色谱作为分离系统，质谱作为检测系统，通过适当接口（interface）连接在一起。样品通过液相色谱分离，而后进入接口，接口的主要作用是去除溶剂并使组分离子化，然后进入质谱的质量分析器中，根据质荷比的大小对离子进行分离，用检测器接收分离后的离子，并将离子信号转变为电信号放大后输出，输出的信号经过计算机采集和处理后，可以得到总离子流色谱图、质量色谱图、质谱图等。

13.6.2 液相色谱-质谱联用仪器简介

液相色谱-质谱联用仪由液相色谱单元、接口、质谱单元等部分组成。

(1) 色谱单元

在LC-MS联用中，LC必须与MS匹配。ESIMS的灵敏度很大程度上取决于色谱柱的内径、流动相的溶剂组成和流速。因此，色谱单元应满足以下要求：应控制流动相的流速在较低的范围，通常不能超过1mL/min；LC必须提供高精度的输液泵，以保证在低流速下输液的稳定性；使用可在较低流量下有效工作的微型LC柱，从根本上减轻LC-MS接口去除溶剂的负担。LC-MS对流动相的基本要求是不含非挥发性和低挥发性的磷酸盐、酸、碱及强离子对试剂，所用的溶剂为色谱纯，采用低浓度的挥发性酸、碱及缓冲盐。反相液相色谱（RPLC）与ESIMS联用是应用较广泛的LC-MS技术。

(2) 接口

LC-MS联用的关键是LC和MS之间的接口。接口装置既要满足LC-MS在线联用的真空匹配的要求，又要实现被分析组分的离子化。早期使用过的接口装置如直接液体导入接口、移动带接口、热喷雾接口、粒子束接口等都存在一定缺陷使其应用受到限制。20世纪80年代LC-MS联用仪大都使用大气压电离源作为接口装置。大气压电离源（atmosphere pressure ionization，API）包括电喷雾电离源（electrospray ionization，ESI）和大气压化学电离源（atmospheric pressure chemical，APCI）两种，其中电喷雾电离源应用最为广泛。

① 电喷雾电离源接口　ESI是将溶液中样品离子转化为气相离子的一种接口（图13-23），是一种软电离方式。电喷雾离子化包括以下步骤：LC柱后流出物从毛细管顶端（喷嘴）喷射出去，由于毛细管上加有2～8kV的电压，LC流出物喷出毛细管顶端时，会在高压电场的作用下形成含有溶剂和样品离子的雾滴，在干燥器作用下，溶剂蒸发，带电雾滴体积缩小，离子向雾滴表面移动，当雾滴缩小至一定的半径，电荷间的斥力克服了表面张

力，雾滴发生分裂，这个过程反复进行，直到生成气相离子。在强电位差的作用下，离子流经取样孔进入质谱真空区，通过一个加热的金属毛细管进入第一个负压区，在毛细管的出口形成超声速喷射流，待测组分带电荷获得较大动能，通过低电位的锥形分离器的小孔进入第二个负压区，再经聚焦后进入质量分析器。

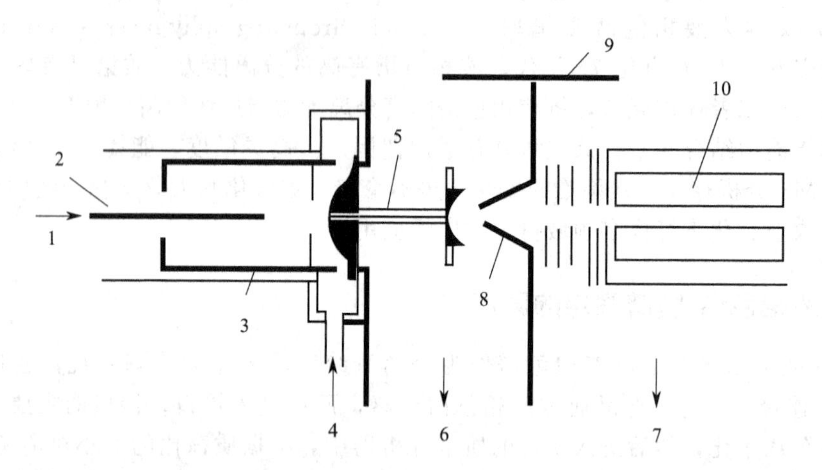

图 13-23 电喷雾电离源接口示意图

1—LC 柱后流出物；2—毛细管喷雾；3—圆柱形电极；4—干燥器；5—金属毛细管；6—第一负压区；7—第二负压区；8—锥形分离区；9—静电聚集；10—质量分析器

ESI 常用于强极性、热不稳定及高分子化合物的测定，但是只能接受非常小的液体流量。这一缺点已被离子喷雾接口（ISP）所克服。离子喷雾接口是一种借助气动的电喷雾接口，它能够处理含水量高的流动相，并且可用梯度洗脱系统进行工作。

② 大气压化学电离源接口　APCI 是将溶液中组分的分子转化为气相离子的一种接口(图 13-24)，其电离原理是 LC 柱后流出物进入具有雾化气套管的毛细管后，被氮气流雾化，在毛细管出口前被加热管汽化进入 API 源，在加热管端口用电晕放电针进行电晕尖端放电，使溶剂分子电离，离子与组分气态分子发生离子-分子反应，使组分分子离子化，然后经筛选狭缝进入质谱仪。整个过程在大气压条件下完成。APCI 适用于小分子、极性较低的化合物的测定。它的主要优点是使 LC 与 MS 有很高的匹配度，可以使用高流速及高含水量的流动相。因此，APCI 和 ESI 是互补的。

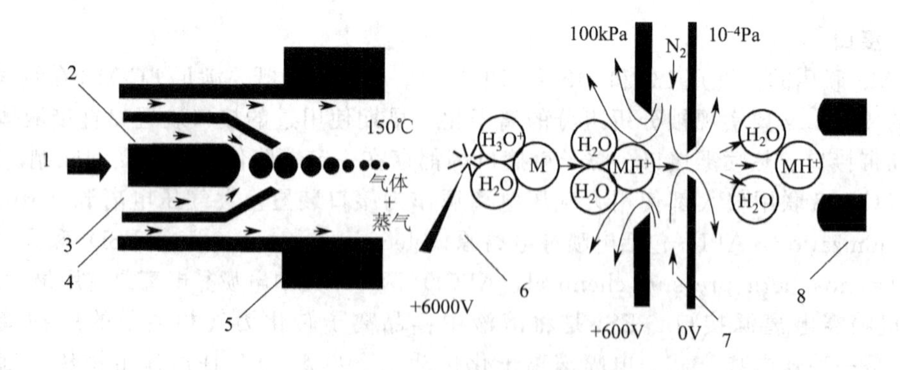

图 13-24 大气压化学电离源接口示意图

1—LC 柱后流出物；2—毛细管喷雾；3—雾化气；4—辅助气；5—加热管；6—电晕放电针；7—氮气；8—质量分析器

(3) 质谱单元

LC-MS 对质谱仪部分的要求：质谱仪真空系统必须具备很高的效率、大的排空容量，以利于将溶剂气最大限度地抽出质谱仪，避免引入质量分析器，对待测组分的分析造成干扰；应当有较宽的质量测定范围，利于大分子化合物的分析；应匹配多种接口，利于互换以适应不同的待测试样分析需求；最好多级 MS 串联使用，以获得更丰富的结构信息。

LC-MS 中使用的质量分析器有四极质量分析器、飞行时间质量分析器、离子阱质量分析器等。

13.6.3 分析条件的选择

LC-MS 分析条件的选择有如下几个方面：

(1) 流动相的选择

常用的流动相有水、甲醇、乙腈及其它的混合物，如需调节 pH 值时，还可用乙酸、甲酸或它们的铵盐溶液，应避免使用磷酸盐及离子对试剂，流动相的流速对 LC-MS 分析也有较大的影响，要根据色谱柱内径和接口来选择。

(2) 接口的选择

不同的接口有不同的特点，实验中应根据实际情况选择适宜的接口，如电喷雾电离接口适用于强极性、热不稳定及高分子化合物的测定，不适用于非极性化合物的测定。

(3) 离子测定模式的选择

一般仪器可选择正、负离子测定模式，碱性样品选择正离子测定模式，酸性样品选择负离子测定模式。

(4) 温度的限制

接口的干燥气体温度会影响 APCI 和 ESI 接口仪器的分析效果。接口的干燥气体温度应高于待分析组分的沸点 20℃左右，同时要考虑组分的热稳定性和流动相中有机溶剂的比例。

13.6.4 应用示例

液相色谱-质谱联用技术已经在药物、化工、临床医学、分子生物学等许多领域中获得了广泛的应用。有机合成中间体、药物代谢物、基因工程产品的大量分析结果为生产和科研提供了许多有价值的数据，解决了许多在此之前难以解决的分析问题。

【例 4】 清开灵注射液中胆酸的液相色谱-质谱分析。

胆酸是清开灵注射液中的主要成分，采用 HPLC/MS/MS 技术，通过保留时间、分子量、二级质谱的信息对清开灵注射液中的胆酸进行定性。

液相色谱条件：色谱柱 Kromasil C_{18} 柱，5μm，4.6mm×250mm；流动相 甲醇-乙腈-2%乙酸水（85∶5∶10）；流速 1mL/min，进样量 20μL。

质谱条件：采用 ESI（电喷雾）离子源，电喷雾电压 −3800V；雾化气（N_2）0.87mL/min。

液相色谱-质谱联用条件：离子源温度 300℃；分流比为 10∶1；辅助气流 4mL/min。

标准品溶液的配制：精密称取适量胆酸用甲醇溶解后配制成浓度为 0.56mg/mL 的溶液。

样品的制备：取清开灵注射液用甲醇稀释 50000 倍。

质谱分析方法：负离子扫描方式，选择胆酸负离子 m/z 407 进行监测，通过保留时间、分子量、二级质谱的信息（图 13-25）可以对清开灵注射液中的胆酸进行定性鉴别。

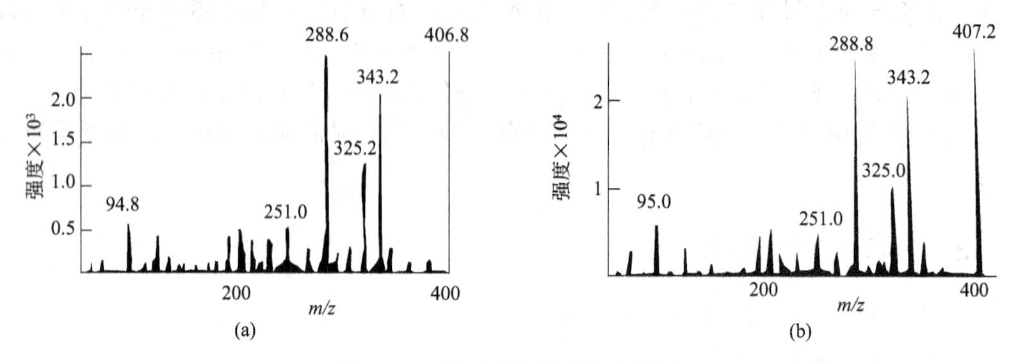

图 13-25 清开灵注射液的质谱图

13.7 超高效液相色谱法简介

超高效液相色谱法（ultra performance liquid chromatography，UPLC）借助于 HPLC 的理论及原理，利用小颗粒固定相（1.7μm）非常低的系统体积及快速检测手段等全新技术，使分离度、分析速度、检测器灵敏度及色谱峰容量等大大提高，从而全面提升了液相色谱的分离效能，拓宽了液相色谱的应用范围。

13.7.1 理论基础

在高效液相色谱的速率理论中，如果仅考虑固定相粒度 d_p 对板高 H 的影响，其简化方程式可表达为：

$$H = A(d_p) + \frac{B}{u} + C(d_p)^2 u \qquad (13\text{-}14)$$

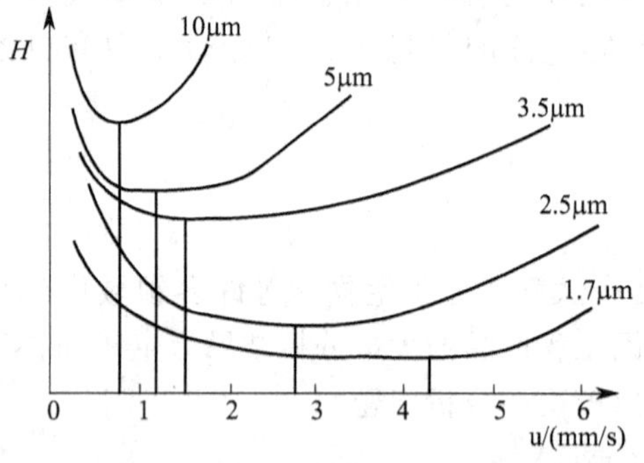

图 13-26 不同粒度 d_p 的 H-u 曲线

所以，减小固定相粒度 d_p，可显著减小板高 H。不同粒度 d_p 的固定相的 H-u 曲线见图 13-26。

由式(13-14) 可明显看出，随色谱柱中装填固定相粒度 d_p 的减小，色谱柱的 H 减小，柱效提高。因此，色谱柱中装填固定相的粒度是对色谱柱性能产生影响的最重要的因素。具有不同粒度固定相的色谱柱，都对应各自最佳的流动相的线速度，在图 13-26 中，不同粒度的 H-u 曲线对应的最佳线速度为：

d_p/μm	10	5	3.5	2.5	1.7
u/(mm/s)	0.79	1.20	1.47	2.78	4.32

由上述数据表明，随色谱柱中固定相粒度的减小最佳线速度向高流速方向移动，并且有更宽的优化线速度范围。因此，降低色谱柱中固定相的粒度，不仅可以增加柱效，同时还可增加分离速度。但是，在使用小颗粒的固定相时，会使柱压（Δp）大大增加，使用更高的流速会受到固定相的机械强度和色谱仪系统耐压性能的限制。然而，只有当使用很小粒度的

固定相，并达到最佳线速度时，它具有的高柱效和快速分离的特点才能显现出来。因此要实现超高效液相色谱分析，还必须提供高压溶剂输送单元、低死体积的色谱系统、快速的检测器、快速自动进样器以及高速数据采集、控制系统等。上述这几个单独领域最新成果的组合，才促成超高效液相色谱的实现。

13.7.2　实现超高效液相色谱的必要条件

①解决小颗粒填料的耐压问题；②解决小颗粒填料的装填问题，包括颗粒度的分布以及色谱柱的结构；③高压溶剂输送单元；④完善的系统整体性设计，降低整个系统的体积，特别是死体积，并解决超高压下的耐压及渗漏问题；⑤快速自动进样器，降低进样的交叉污染；⑥高速检测器，优化流动池以解决高速检测及扩散问题，由于出峰速度非常快，所以要使用高速检测器，保证数据采集频率满足要求；⑦系统控制及数据管理，解决高速数据的采集、仪器的控制问题。

13.7.3　应用前景

与传统的 HPLC 相比，UPLC 和 RRLC 的速度、灵敏度及分离度分别是 HPLC 的 9 倍、3 倍及 1.7 倍，因此大大节约分析时间，节省溶剂，在很多领域里将会得到广泛应用。①在组合化学和各种化学库的合成中，可用于对合成的大量化合物进行快速高通量筛选。②在蛋白质、多肽、代谢组学分析及其他一些生化分析时，大量的样品需要在很短的时间内完成，这时 UPLC 和 RRLC 与质谱联用发挥重要作用。③用于在新药合成中作为候选药物的先导化合物的筛选、确定药物破坏性试验的分析方法等，可在短时间内获得大量信息。④在天然产物的分析方面，使用 UPLC 和 RRLC 与质谱检测器联用，对天然产物分析，特别是中药研究领域的发展是一个极大的促进。⑤用于通用、常规 HPLC 分析方法的开发，可大大提高开发速度，节省开发时间。

13.8　超临界流体色谱法简介

超临界流体色谱法（supercritical fluid chromatography，SFC）是以超临界流体作为流动相的一种色谱方法，是 20 世纪 80 年代发展起来的一种崭新的色谱技术。它具有气相色谱和液相色谱所没有的优点，与气相色谱比可处理高沸点、不挥发样品，与高效液相色谱法相比则流速快，具有较高的柱效和分离效率及多样化的检测方式，得到了广泛的应用，发展迅速。

13.8.1　超临界流体色谱的特点与原理

(1) 超临界流体的特性

所谓超临界流体，是指在高于临界压力与临界温度（图 13-27）时物质的一种存在状态，其性质介于液体与气体之间，即具有气体的低黏度、液体的高密度以及介于气、液之间较高的扩散系数等特征。由于超临界流体的流动阻力要比液体小很多，故在超临界流体色谱中常使用毛细管柱，对沸点高、大分子样品

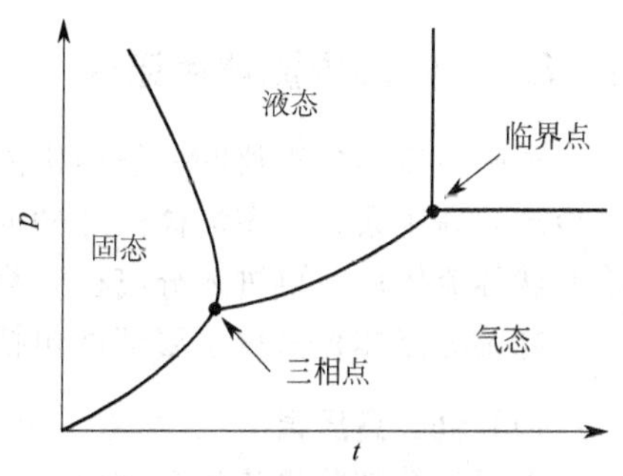

图 13-27　纯物质三相图

的分离效率大大提高，这在气相、液相色谱中是难以实现的。三种色谱流动相性质比例如表13-4所示。

表13-4 色谱流动相气体、超临界流体和液体的性质

性质	气体	超临界流体	液体
密度/(g/cm^3)	$(0.6\sim2)\times10^{-3}$	$0.2\sim0.5$	$0.6\sim2$
黏度/$[g/(cm\cdot s)]$	$(1\sim3)\times10^{-4}$	$(1\sim3)\times10^{-4}$	$(0.2\sim3)\times10^{-2}$
扩散系数/(cm^2/s)	$(1\sim4)\times10^{-1}$	$10^{-4}\sim10^{-3}$	$(0.2\sim2)\times10^{-5}$

SFC常用的超临界流体有CO_2、N_2O、NH_3、C_4H_{10}、SF_6、Xe、CCl_2F_2、甲醇、乙醇、乙醚等。其中CO_2无色、无味、无毒、易得，对各类有机物溶解性好，在紫外区无吸收，应用最为广泛。CO_2的缺点是极性太弱，可加入少量甲醇等改性，一些常见超临界流体的性质如表13-5所示。

表13-5 超临界流体色谱中流动相的临界值

流体	温度 t_k/℃	压力 p_k/MPa	密度 ρ_k/(g/cm^3)
CO_2	31.3	7.39	0.468
N_2O	36.5	7.27	0.457
NH_3	132.5	11.40	0.235
甲醇	239.5	8.10	0.272
正丁烷	152.0	3.80	0.228
二氯二氟甲烷	111.8	4.12	0.558
乙醚	195.6	3.64	0.265

(2) 超临界流体色谱法的原理

超临界流体色谱可分为填充柱SFC和毛细管柱SFC。填充柱的固定相有固定吸附剂或键合到载体上的高聚物，也可只用液相色谱的柱填料。毛细管柱SFC必须使用耐超临界流体萃取的特制柱，固定液通常键合交联到毛细管壁上。

SFC的分离机理与气相、液相色谱法相同，组分在两相间分配系数不同而被分离，在超临界色谱分析过程中，通过调节流动相压力（程序升压），可改变流动相密度，使组分在两相间的分配比例发生变化，从而调整组分的保留值，提高分离效果，类似于气相色谱中的程序升温和液相色谱中的梯度洗脱。

在超临界流体色谱中，分离柱的柱压降比较大，比毛细管色谱大30倍，对分离产生较大的影响，即在分离柱前段与柱末端，组分分配系数相差很大，产生压力效应。超临界流体的密度受压力影响，在临界压力处最大，超过该点影响小，当超过临界压力20%时，柱压降对分离影响较小。

13.8.2 超临界流体色谱仪

超临界流体色谱仪的一般结构流程图，见图13-28。超临界流体在进入高压泵之前需要预冷却，高压泵将液态流体经脉冲抑制器注入恒温箱中预柱，进行压力和温度平衡，形成超临界状体流体后，再进入分离柱，为保持柱系统压力，还需在流体出口处安装限流器。

超临界流体色谱仪主要部件包括：

(1) SFC高压泵

在毛细管超临界流体色谱仪中，通常使用低流速、无脉冲的注射泵；通过电子压力传感器和流量检测器，用计算机来控制流动相密度和流量。

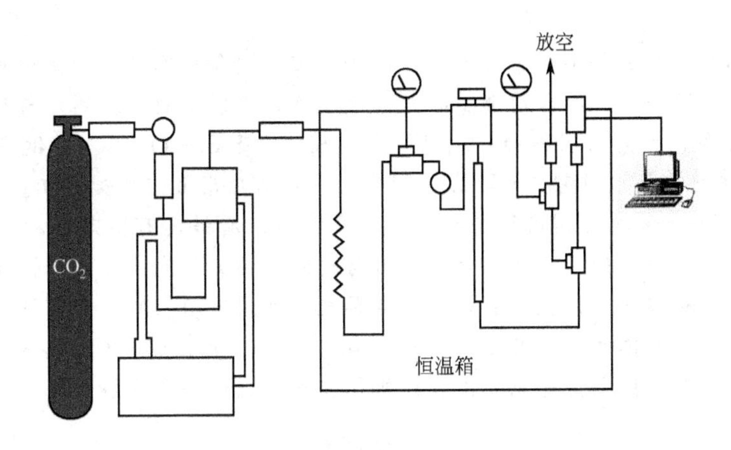

图 13-28　超临界流体色谱仪流程

（2）SFC 固定相

在超临界流体色谱仪中，SFC 毛细管柱内径为 50μm 和 100μm，长度 10～25m，内部涂渍的固定液必须交联形成高聚物，或键合到毛细管壁上，有专用的商品 SFC 毛细管柱出售。

（3）限流器

限流器是超临界色谱仪中独有的部件，它的作用是让流体在其两端保持不同的相状态，并通过它实现相的瞬间转换，可采用长 2～10cm，内径 5～10μm 的毛细管作为限流器。限流器位于检测器前面还是后面要根据检测器的特性决定。

（4）检测器

在高效液相色谱仪中经常采用的检测器，如紫外检测器、荧光检测器、火焰光度检测器等都能在 SFC 仪中很好应用。如果在检测器之前通过限流器将超临界状态转变为液态，即可使用液相色谱的检测器，其中以紫外检测器使用较多。如果在检测器之前将超临界状态转变为气态，则可以使用气相色谱检测器，其中以 FID 检测器应用较多。使用 FID 检测器对分子量小的化合物可得到很好的结果，对分子量大的化合物常得不到单峰，而是得到一簇峰，如把检测器加热，可使分子量大于 2000 的化合物获得较好的结果。

13.8.3　超临界流体色谱的应用

超临界流体色谱的分离特性及在使用检测器方面的更大灵活性，使不能转化为气相、热不稳定化合物等气相色谱无法分析的样品，以及不具有任何活性官能团、无法检测也不便使用液相色谱分析的样品，均可方便地采用超临界流体色谱分析，在天然物质、药物活性物质、食品、农药、表面活性剂、高聚物、炸药及原油分析中均可应用。

【本章小结】

高效液相色谱法是以高压液体为流动相，采用高效固定相和高灵敏度检测器的液相色谱，具有高压、高效、高速、高灵敏度的特点，适用于分析高沸点不易挥发的、受热不稳定易分解的、分子量大、不同极性的有机化合物。

高效液相色谱仪一般由高压输液系统、进样系统、色谱柱分离系统、检测器、数据记录及处理系统等组成。检测器分为通用型和专用型检测器，通用型检测器常见的有示差折光检测器、蒸发光散射检测器等，专用型检测器主要有紫外检测器、荧光检测器、安培检测器等。

高效液相色谱法的主要类型有：吸附色谱法、化学键合相色谱法、离子对色谱法、分子排阻色谱法。化学键合相广泛采用全多孔硅胶为基体，按固定液（基团）与载体（硅胶）相结合的化学键类型，可分为Si—O—C、Si—N、Si—C及Si—O—Si—C键型键合相。其中Si—O—Si—C键型键合相稳定性好，容易制备，是目前应用最广的键合相。

高效液相色谱-质谱联用液相色谱有高的分离能力，质谱具有鉴定和测定能力，通过接口将二者连接起来，将液相色谱的高分离能力与质谱的高灵敏度、高选择性及较强的结构解析能力结合起来。超临界流体色谱法是以超临界流体作为流动相的一种色谱方法。所谓超临界流体，是指既不是气体也不是液体的一些物质，它们的物理性质介于气体和液体之间，具有气相和液相所没有的优点，并能分离和分析气相和液相色谱不能解决的一些对象。

【习题】

1. 高效液相色谱仪由哪几大系统组成？各有什么作用？

2. 高效液相色谱中常用的检测器有哪些？各有什么特点？哪些适合梯度洗脱？

3. 采用梯度洗脱的优点是什么？

4. 对比填充气相色谱与高效液相色谱速率方程中三项的变化。解释气相色谱法和高效液相色谱的 H-u 曲线的不同。

5. 何为化学键合相？有哪些类型？

6. 试述各种定量分析方法及其优缺点。什么情况下才可用内标或者外标一点法？

7. 高效液相色谱法中，对流动相有何要求？如何选择流动相？

8. 分离下列物质，宜采用何种分离模式：

①稠环芳烃混合物；②脂肪醇混合物；③有机酸；④聚合物。

9. 指出下列物质分别在正相色谱柱和反相色谱柱上的流出顺序：

① 乙酸乙酯，乙醚，硝基丁烷；②正己烷，正己醇，苯。

10. 称取决明子药材粉末1.3017g，用甲醇提取，提取液转移至25mL容量瓶中，加甲醇定容至刻度，摇匀，作为样品溶液。分别吸取样品溶液和橙黄决明素标准品溶液（c=40μg/mL）各10μL，注入高效液相色谱仪，测得 $A_{样}=2471$，$A_{标}=2845$。计算决明子中橙黄决明素的含量。（4.02%）

第14章 高效毛细管电泳

【本章教学要求】

- 掌握高效毛细管电泳的基本原理及仪器的基本结构。
- 熟悉电泳淌度、电渗、电渗淌度、表观淌度的概念；毛细管电泳的分离模式。
- 了解影响毛细管电泳柱效和分离度的因素；毛细管电泳的应用。

【导入案例】

高效毛细管电泳（high performance capillary electrophoresis，HPCE）简称毛细管电泳（capillary electrophoresis，CE），是一类以毛细管为分离通道、以高压直流电场为驱动力的液相分离分析技术。该技术具有以下优点：所需设备简单，易于使用和维护；极高的分离效率，理论塔板数高达几十万块/m，甚至数百万块/m；试样用量少，达到nL级水平；分离类型多样，适用于离子化合物、中性化合物、两性化合物、生物大分子、细胞等的分析。

1980年国际奥林匹克委员会把阿片、可卡因、麦角酰二乙胺（LSD）、苯丙胺、大麻、苯二氮卓和促蛋白合成类固醇列为禁用药物，这些药物在体内主要以代谢产物形式存在。例如阿片类含有酚羟基或醇基等，很容易与人体内的葡萄糖醛酸结合，合成类固醇在体内以睾酮形式代谢。兴奋剂、毒品检测主要是根据尿液或血液中相当代谢产物的测定浓度，高效毛细管电泳在兴奋剂和毒品检测方面被证明是一个有力的工具。以胶束电动毛细管电泳法为例：选用27cm×50μm毛细管柱，工作电压20kV，紫外检测器检测波长210nm，以8.5mmol/L磷酸盐+8.5mmol/L硼砂+85mmol/L SDS+15%乙腈为背景电解质溶液，可在40min内完成西洛西宾、吗啡、苯巴比妥、二甲基-4-羟色胺、可待因、安眠酮、麦角酰二乙胺、海洛因、苯丙胺、利眠宁、可卡因、去氧麻黄碱、氯羟去甲安定、安定、芬太尼、五氯酚、大麻二酚、四氢大麻酚18种违禁药物的分析，且分离效果优于HPLC法。有些吸毒者虽然在短期内停止吸毒，在其尿样或血清中检测不出毒品，但头发中痕量的可卡因、吗啡仍可用毛细管区带电泳检测出，以确定其有无吸毒史。

14.1 高效毛细管电泳的基本原理

14.1.1 概述

电泳是指在电解质溶液中，带电颗粒在电场力作用下，向着与其电性相反的电极移动。不同的离子由于所带电荷的多少和性质的不同，在电场中的移动速率不同，从而实现离子分离。

1937 年，瑞典科学家 Tiselius 用经典电泳法从人血清中分离出白蛋白、α-球蛋白、β-球蛋白和 γ-球蛋白。高效毛细管电泳是经典电泳技术与现代微柱分离技术相结合的产物。经典的电泳分析多以滤纸、U 形管等作为分离通道，以溶液、琼脂作为介质（装置见图 14-1），这种分析方法操作烦琐，分离效率低，分离速度慢，定量困难。增大电压可以提高分离效率，但随着电压增加产生的焦耳热效应对分离效果的影响反而更加严重，这一矛盾限制了传统电泳分析的发展和应用。

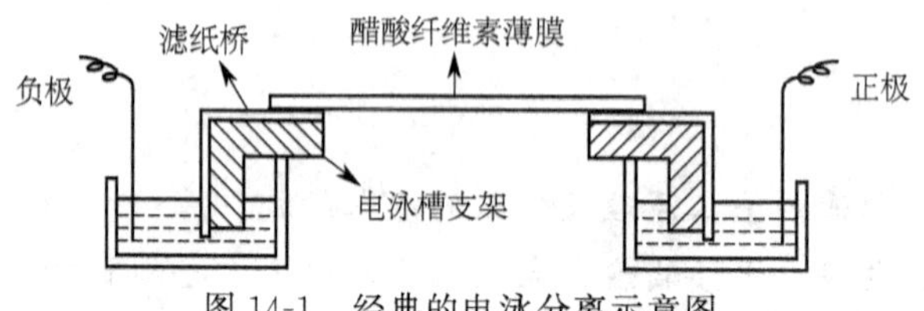

图 14-1 经典的电泳分离示意图

1981 年 Jorgenson 和 Luckas 以 75μm 内径石英毛细管作为分离通道，并在毛细管两端用高电压进行电泳，理论塔板数高达 40 万块/m，创立了现代毛细管电泳（装置如图 14-2 所示）。与经典电泳法比，现代毛细管电泳在技术上进行了以下改进：一是采用细内径的毛细管，毛细管散热效率高，可以让电泳产生的热量较快散发，减少焦耳热效应；二是采用高压电场，增加推动力，由于焦耳热效应降低，施加的电压可以提高，电场推动力增加。后者又可使毛细管柱径变小，柱长增加，从而提高分离效率。所以，现代毛细管电泳又称高效毛细管电泳。

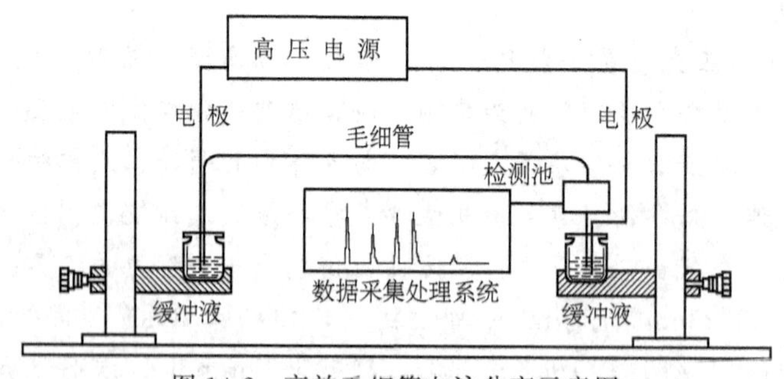

图 14-2 高效毛细管电泳分离示意图

14.1.2 高效毛细管电泳的基本原理

高效毛细管电泳法和色谱法有许多相似之处，都是差速迁移过程，可用相同的理论来描述。所以色谱中的一些名词概念和基本理论，如保留值、塔板理论和速率理论、分离度等都可用于毛细管电泳。两者主要的区别在于分离原理不同。高效毛细管电泳中带电颗粒受到的推动力有两种：电泳力和电渗力。

(1) 电泳和电泳淌度

电泳(electrophoresis)是指在电解质溶液中,带电颗粒在电场力作用下,向着与其电性相反的电极移动,它是推动粒子运动的第一种动力。当带电粒子以速度 u_{ep} 在电场中移动时,受到电场推动力和摩擦阻力的作用。电场力 F_E 是粒子所带的有效电荷 q 与电场强度 E 的乘积:$F_E=qE$;摩擦力 F_f。F_f 是摩擦系数 f 与粒子在电场中的迁移速度 u_{ep} 的乘积:$F_f=fu_{ep}$。当平衡时,电场力 F_E 和摩擦力 F_f 大小相等、方向相反,即

$$qE=fu_{ep} \tag{14-1}$$

则

$$u_{ep}=qE/f \tag{14-2}$$

式中,f 的大小与带电粒子的大小、形状以及介质黏度有关。对于球形粒子,$f=6\pi\eta\gamma$。其中 γ 是粒子的有效半径;η 是电泳介质的动力学黏度。所以式(14-2)又可表示成:

$$u_{ep}=\frac{q}{6\pi\mu\gamma}E \tag{14-3}$$

E 为电场强度,$E=\frac{V}{L}$,V 为毛细管柱两端的电压,L 为毛细管柱的总长度。所以式(14-3)又可表示成:

$$u_{ep}=\frac{qV}{6\pi\eta\gamma L} \tag{14-4}$$

从式(14-4)可以看出,当毛细管长度一定,带电粒子的迁移速率与粒子所带电荷、电场电压成正比,与介质黏度及粒子的大小成反比。当电场一定,不同粒子由于所带电荷和大小不同在介质中的迁移速率存在差异,这就是电泳分离的基本原理。

带电粒子在单位电场强度下的平均迁移速率称为电泳迁移率,也称电泳淌度 μ_{ep}。

$$\mu_{ep}=u_{ep}/E \tag{14-5}$$

则

$$u_{ep}=\mu_{ep}E \tag{14-6}$$

(2) 电渗和电渗淌度

当固体与液体接触时,固体表面由于某种原因带一种电荷,则因静电引力使其周围的液体带有相反电荷,在液-固界面形成双电层,二者之间存在电位差。当在液体两端施加电压时,液体会相对于固体表面移动,这种现象叫作电渗现象。电渗现象中整体移动的液体叫作电渗流(electroosmotic flow,EOF)。

毛细管中的电渗流是怎样产生的?由于用作毛细管材料的石英或玻璃的等电点较低,在常用缓冲溶液pH>3条件下,毛细管内壁的硅醇基(Si—OH)离解为硅氧基(Si- O—),使管壁带负电,并依靠静电作用力吸引溶液中的阳离子而形成双电层,使溶液表层带正电。当在毛细管两端加电压时,溶液表层聚集的正电荷向阴极移动,由于溶剂化作用,将带动毛细管中整体溶液向阴极移动,形成电渗流(见图14-3)。

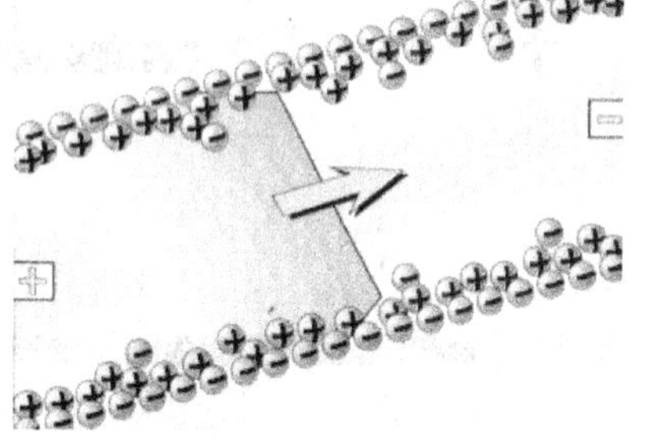

图14-3 毛细管中的电渗流

电渗流可以用电渗淌度 μ_{eo} 和电渗流的迁移速率 u_{eo} 来表示。电渗淌度 μ_{eo} 的大小与 ξ_{eo} 电位成正比,即

$$\mu_{eo}=\frac{\varepsilon\xi_{eo}}{\eta} \tag{14-7}$$

式中，ε 为介质的相对介电常数；ξ_{eo} 为毛细管壁的 Zeta 电势；η 为介质的黏度。则

$$u_{eo}=\mu_{eo}E=\frac{\varepsilon\xi_{eo}}{\eta}E \tag{14-8}$$

从式(14-8) 可以看出，电渗流速率 u_{eo} 与介质的相对介电常数 ε、双电层的 ξ_{eo} 及电场强度 E 成正比，与介质的黏度 η 成反比。

(3) 表观淌度

毛细管中带电粒子实际的移动速度称为表观淌度 u_{app}。其大小等于粒子的电泳迁移速率 u_{ep} 与电渗流迁移速率 u_{eo} 的和，即

$$u_{app}=u_{ep}+u_{eo} \tag{14-9}$$

带电粒子实际的电泳迁移率称为表观迁移率 μ_{app}。其大小等于粒子的电泳淌度 μ_{ep} 与电渗淌度 μ_{eo} 的和，即

$$\mu_{app}=\mu_{ep}+\mu_{eo} \tag{14-10}$$

一般，电渗流的速率约等于电泳速率的 5～7 倍，所以在毛细管电泳分离中电渗流起着非常重要的作用。在通常的毛细管电泳条件下，电渗流的方向从阳极流向阴极。当试样从阳极端注入毛细管时，阳离子受电场力作用向阴极移动，与电渗流方向相同，所以阳离子的表观迁移速率是电泳迁移速率与电渗流速率的和（$u_{ep}+u_{eo}$）（见图 14-4 中的 A^{2+} 和 B^{+}）；中性分子不带电，只随电渗流向阴极移动，其表观迁移速率等于电渗流速率 u_{eo}（见图 14-4 中的 C)；阴离子受电场力作用向阳极移动，与电渗流方向相反，由于电渗流速率大于电泳速率，所以阴离子的表观迁移速率是电渗透流速率与电泳迁移速率的差（$u_{eo}-u_{ep}$）（见图 14-4 中的 D^{-}）。在阴极端检测时，由于表观淌度的不同，粒子的出峰先后次序是：阳离子、中性分子和阴离子。

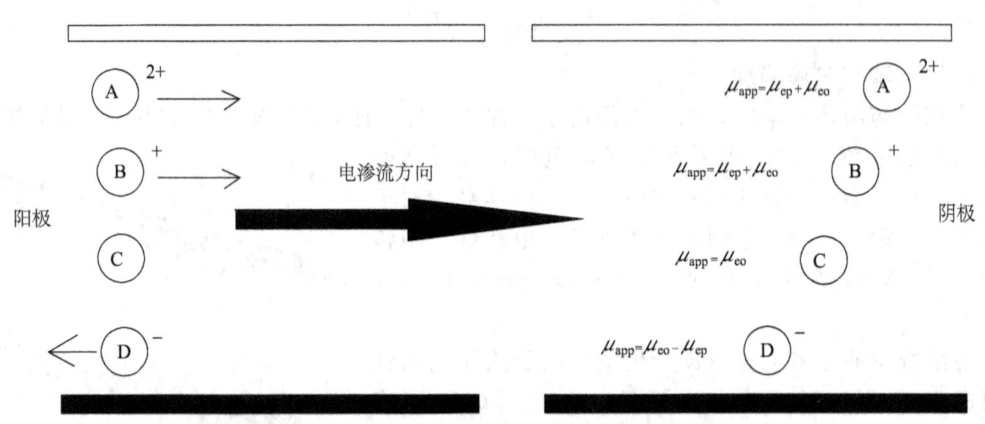

图 14-4　不同粒子的毛细管电泳分离原理示意图

实际毛细管电泳分析中，u_{eo} 可通过实验测定相应参数后，按式(14-11) 进行计算

$$u_{eo}=L_{ef}/t_{eo} \tag{14-11}$$

式中，L_{ef} 为毛细管有效长度即进样口到检测器的距离；t_{eo} 为中性物质的迁移时间。通过施加的电压 V 或测量电场强度 E，可计算表观淌度，即

$$\mu_{app}=\frac{u_{app}}{E}=\frac{L_{ef}/t}{V/L} \tag{14-12}$$

式中，L 为毛细管总长度；t 为粒子迁移时间。

(4) 电渗流的流形

高效毛细管电泳采用内径很小的毛细管为分离通道，电荷均匀分布，整个流体呈均匀塞子状的扁平流形，谱带展宽很小。而在高效液相色谱中，采用泵驱动，流体为层流，呈抛物线流形，管壁处流速为零，管中心处的速度为平均速度的2倍，引起谱带展宽较大。两种流形和峰形的比较如图14-5所示。

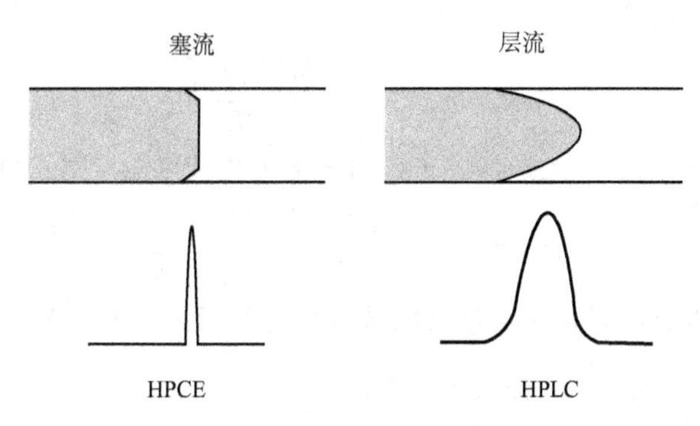

图14-5 HPCE与HPLC的流形和峰形比较

(5) 分离柱效和分离度

如果毛细管电泳中无固定相，则色谱速率方程中不存在涡流扩散项和传质阻力项，只有分子扩散项，即

$$H=2D/u_{\mathrm{app}}=\frac{2D}{\mu_{\mathrm{app}}E} \tag{14-13}$$

则理论塔板数为

$$n=\frac{L_{\mathrm{ef}}}{H}=\frac{\mu_{\mathrm{app}}EL_{\mathrm{ef}}}{2D}=\frac{\mu_{\mathrm{app}}VL_{\mathrm{ef}}}{2DL} \tag{14-14}$$

从式(14-14)可以看出，理论塔板数n与外加电压V成正比，与组分在流动相中的扩散系数D成反比。因为分子越大，扩散系数D越小，所以毛细管电泳特别适合分离生物大分子如蛋白质、肽及核酸等。

毛细管电泳的理论塔板数也可按色谱柱效理论表示，直接从电泳谱图中求得

$$n=\left(\frac{L_{\mathrm{ef}}}{\sigma}\right)^2 \tag{14-15}$$

与色谱中的定义相同，具有不同迁移速率的两种组分的分离度R表示为

$$R=\frac{2(t_2-t_1)}{W_2+W_1}=\frac{\Delta L}{4\sigma} \tag{14-16}$$

式中，ΔL为两峰间的距离差；W为两峰峰底宽的平均值；σ为两峰的标准偏差的平均值。因为ΔL正比于两组分的迁移速率差Δu，则

$$\frac{\Delta L}{L_{\mathrm{ef}}}=\frac{\Delta u}{\overline{u}} \tag{14-17}$$

$$\overline{u}=\frac{u_{\mathrm{app1}}+u_{\mathrm{app2}}}{2}$$

将式(14-17)代入式(14-16)，则

$$R=\frac{L_{\mathrm{ef}}}{4\sigma}\times\frac{\Delta u}{\overline{u}} \tag{14-18}$$

将式(14-15) 代入式(14-18)，得

$$R=\frac{\sqrt{n}}{4}\times\frac{\Delta u}{\overline{u}}=\frac{\sqrt{n}}{4}\times\frac{\Delta\mu}{\overline{u}} \tag{14-19}$$

$$\overline{\mu}=\frac{\mu_{\mathrm{app1}}+\mu_{\mathrm{app2}}}{2}$$

将式(14-14) 代入式(14-19)，得

$$R=0.177\,\frac{\Delta\mu}{\overline{\mu}}\sqrt{\frac{\mu_{\mathrm{app}}VL_{\mathrm{ef}}}{DL}} \tag{14-20}$$

将组分的表观淌度 μ_{app} 看成近似等于两组分的平均淌度 $\overline{\mu}$，则式(14-20) 可整理得

$$R=0.177\Delta\mu\sqrt{\frac{VL_{\mathrm{ef}}}{D(\mu_{\mathrm{ep}}+\mu_{\mathrm{eo}})L}} \tag{14-21}$$

从式(14-21) 可以看出，影响毛细管电泳分离度的因素有电压 V，毛细管的有效长度与总长度的比 $\frac{L_{\mathrm{ef}}}{L}$，电泳迁移率 μ_{ep} 和电渗迁移率 μ_{eo}。

14.2 高效毛细管电泳仪

毛细管电泳仪装置简单，主要由高压电源、电极与电极槽、缓冲溶液、进样系统、填灌清洗装置、毛细管柱、检测器及工作站等部分组成（图 14-6）。样品从毛细管一端导入，当两端加上电压后，带电颗粒朝着与其电荷相反的电极移动，由于各组分间的表观淌度不同，经过一定时间后，各组分依次流过检测器被检出，绘制出按时间分布的电泳图谱。图谱上的迁移时间可作为定性参数，峰高或峰面积可作为定量参数。

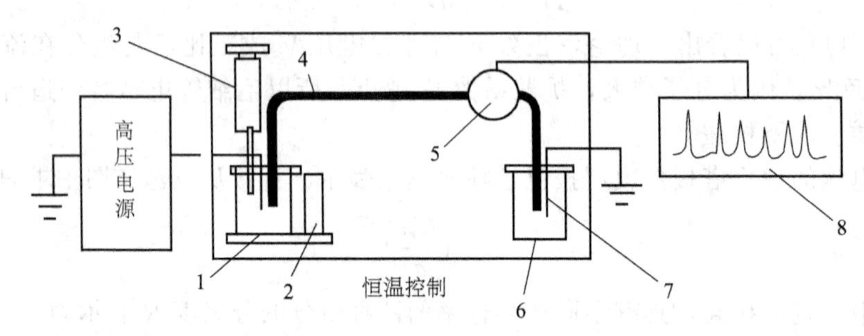

图 14-6 毛细管电泳仪的基本结构

1—高压电极槽与缓冲液；2—进样系统；3—填灌清洗装置；4—毛细管柱；5—检测器；6—低压电极槽与缓冲液；7—铂丝电极；8—工作站

(1) 高压电源

提高工作电压可提高柱效、增大分离度和缩短分析时间，但过高的电压会导致产生过多的焦耳热。一般采用 0～±30kV 连续可调的直流高压电源。为获得迁移时间的高重现性，要求电压输出稳定在±0.1%。为方便操作，要求电源极性应容易转换。实际测定时，可通过实验绘制电流-电压曲线来确定最佳的工作电压。

(2) 电极与电极槽

电极通常由直径 0.5～1mm 的铂丝制成；电极槽通常是带螺口的小玻璃瓶或塑料瓶，

便于密封。

(3) 缓冲溶液

缓冲溶液是毛细管电泳的分离介质，主要由缓冲试剂、溶剂和添加剂组成。选择缓冲溶液时，要考虑以下几方面：①在所选择的 pH 值范围内有较大的缓冲容量；②缓冲溶液中的组分本身的电泳淌度要小，如带电少而体积大的电解质（硼酸盐、组氨酸、三羟甲基氨基甲烷等），从而减小工作电流产生的焦耳热；且尽量选择与溶质电泳淌度相近的物质组成缓冲溶液，从而减少电分散作用引起的区带展宽；③对目标物的检测影响小，如选用紫外检测器时，要求缓冲溶液组分在所用检测波长处的紫外吸收小，以减少背景吸收，从而提高检测灵敏度；④为了获得合适的电泳淌度，缓冲液的 pH 值至少比分析物质的等电点 pI 高或低 1 个 pH 单位；⑤尽可能选择酸性缓冲液，在低 pH 值下，吸附和电渗流都很小，毛细管涂层的寿命较长。

(4) 毛细管柱

在相同的电压下，毛细管柱的孔径愈小，电流愈小，产生的焦耳热愈少；且孔径愈小，散热效果愈好。目前常用的毛细管柱比较稳定的内径为 20～75μm，外径为 350～400μm，长度为 30～100cm，在满足分离要求的前提下尽量使用短柱。毛细管柱的材质可以是玻璃、石英、聚乙烯等，为提高其柔韧性，外壁涂聚酰亚胺涂层，同时为了实现柱上检测，需在毛细管上制作检测窗口。另外，如果毛细管柱内壁对被分离样品具有较大的吸附力，需对内壁进行惰性化处理。有时为了改变电渗的大小和方向，也需使用内壁具有涂层的毛细管柱。

(5) 填灌清洗装置

毛细管内径很细，为方便清洗和充满毛细管，需使用填灌清洗装置，方式有加压、抽吸等。

(6) 进样系统

由于毛细管非常细，柱体积一般只有 4～5μL，而进样量仅需数纳升。色谱分析中的进样方式存在较大的死体积，因而不能在毛细管电泳中使用。毛细管电泳一般采用无死体积进样，让毛细管直接与样品接触，通过重力、电场力或其他动力驱动样品进入柱内。进样量可以通过调节驱动力的大小或进样时间来控制。所以进样系统必须包含动力控制、计时控制、电极槽或毛细管移位控制等机构。进样方式主要有三种：电动进样、虹吸进样、压力进样。虹吸进样和压力进样统称为流体力学进样。

电动进样是将毛细管的进样端直接插入样品并在短时间内加上电压，样品受到电泳和电渗的作用进入管内。此法对毛细管内的填充介质没有特别限制，属于普适性方法。但对样品中的离子存在进样偏向，迁移速率大的多进，小的少进或不进，会降低分析的准确性和可靠性。

采用电动进样时，实际进样量 Q 可通过式(14-22) 计算：

$$Q=\frac{\mu_{\mathrm{app}}V\pi r^{2}c}{L}t \tag{14-22}$$

式中，μ_{app} 为分析组分的表观淌度；L 为毛细管长度；r 为毛细管内半径，c 为样品待测组分的浓度；t 为进样时间；V 为进样电压。通过改变进样电压和时间控制进样量。

当毛细管电泳仪没有压力进样功能时可采用虹吸进样。一般先将毛细管插入样品溶液中，然后将试样池水平抬起 5～10cm 的高度，维持 10～30s 的时间，管子两端的液体势能差能够推动液体向另一端排放。

当毛细管中填充介质具有较好的流动性时，可采用压力进样，将毛细管的两端置于不同的压力环境中，包括两种方法：进样端加压和出口端抽真空。由于没有电场作用，不存在进样偏向，但选择性差，对后续分离可能产生影响。

采用压力进样，实际进样量 Q 可通过式(14-23) 计算：

$$Q=\frac{\Delta p r^4 \pi c}{8\eta L}t \tag{14-23}$$

(7) 检测器

由于毛细管内径很小，进样量非常少，因此要求检测器具有较低的检测限和对峰宽影响小。为了有效减小区带展宽，可采用柱上检测。毛细管电泳中使用的检测方法有光谱法、电化学法、电导法和质谱法等。其中紫外检测器和荧光检测器是目前最常用的检测器。紫外检测器的通用性较好，但因毛细管很细，所以柱上检测的灵敏度较低。荧光检测器具有较高的灵敏度，如果用激光代替普通荧光激发光源称为激光诱导荧光检测，检出限可达 10^{-21} mol。但试样通常需要进行衍生化处理后才能发射荧光，属于非通用性方法。

14.3 毛细管电泳的分离模式

根据分离原理和毛细管内分离介质的不同，CE 有多种分离模式。其中最基本模式是利用不同性质粒子在电场中电泳淌度的差异来分离物质。以下介绍常见的几种分离模式。

14.3.1 毛细管区带电泳

(1) 分离原理

毛细管区带电泳（capillary zone electrophoresis，CZE）采用缓冲溶液作为电泳介质，其分离原理是根据试样中不同带电粒子在外加电场作用下电泳淌度的差异而实现分离（如图 14-4 所示）。CZE 是应用最多、最基本的一种分离模式，也是其他分离模式的基础，可用于分离有机、无机的阴、阳离子。

(2) 分离条件的选择

在电泳分离过程中，电极反应不断改变阴、阳两极附近电泳介质的 H^+ 或 OH^- 的浓度，使电泳介质的 pH 值发生变化。电极反应如下：

阳极反应：$4OH^- = 2H_2O + O_2\uparrow + 4e$

阴极反应：$2H^+ + 2e = H_2\uparrow$

结果导致阳极端 OH^- 被消耗而 H^+ 量相对增加，阴极端 H^+ 被消耗而 OH^- 量相对增加。电泳时间越长，两极溶液的 pH 值差越大。电渗流受 pH 条件的影响很大，容易发生变化，从而影响溶质迁移时间的重现性及分离状况。为维持电泳介质的 pH 值稳定，必须在缓冲溶液中进行电泳。

组成缓冲溶液的物质应满足本章 14.2.1 中所列要求，最常用的缓冲溶液是磷酸盐溶液。在 pH 4～7 范围内，玻璃、石英毛细管的电渗流随 pH 值的增加而增大，电渗流增大则表观淌度增大，从而可以缩短分离时间，提高分离效率。同时，缓冲溶液 pH 值改变可能改变溶质所带电荷的性质和数量，从而改变分离的选择性。有人认为，HPCE 分离的最适宜 pH 值可以按式(14-24) 计算：

$$pH = pK_a - \lg 2 \tag{14-24}$$

式中，K_a 为被分离化合物的解离常数。当分离表观淌度相近的化合物时，可以选择pH值略小于其解离常数的缓冲溶液，诱导产生电荷差异。

缓冲溶液的浓度对电渗流也会产生影响，浓度增大，离子强度增大，电渗流减小，迁移时间延长。

有时为提高分离效果，可以在缓冲溶液中加入添加剂，如表面活性剂、有机溶剂、中性盐类、两性物质和手性选择剂等，可以改善柱效，改变选择性，进而改善分离度。最简单的添加剂是NaCl、KCl等。但要注意添加的浓度，较高浓度可抵制物质在毛细管壁的吸附，可以压缩区带，高浓度则容易导致溶液过热，使分离效率下降。

14.3.2 胶束电动毛细管色谱

（1）分离原理

胶束电动毛细管色谱（micellar electrokinetic capillary chromatography，MEKC）是电泳技术和色谱技术相结合的一种分离模式。它是在CZE基础上，往电泳介质中加入超过临界胶束浓度的表面活性剂，形成胶束相。在电场作用下，毛细管中溶液的电渗流和胶束的电泳，使胶束和水相有不同的迁移速率。溶质像色谱分离一样，在水相和胶束相间进行多次分配，在电渗流和分配过程的双重作用下实现分离。这种模式既能分离带电粒子又能分离中性化合物。

表面活性剂的分子结构具有两亲性：一端为亲水基团，另一端为憎水基团。当它在水中的浓度达到临界胶束浓度时，疏水性的一端避开亲水性的缓冲溶液，聚在一起朝向里，亲水端朝向缓冲溶液，分子缔合而形成胶束（如图14-7所示）。

MEKC中最常用的表面活性剂是十二烷基硫酸钠（SDS），当浓度在8～9mmol/L时，SDS单个分子因疏水作用聚集形成网状结构的带负电胶束。负电胶束不溶于水，在毛细管中向阳极迁移。由于在中性或碱性条件下电渗流淌度大于胶束的电泳淌度，所以SDS胶束的实际移动方向和电渗流相同，最终在阴极端流出。中性物质按其疏水性的强弱，在缓冲溶液和胶束相之间进行分配。疏水性强、亲水性弱的溶质分配到胶束中的量多，分配到缓冲溶液中的量少；反之，亲水性强、疏水性弱的溶质分配到胶束中的量少，分配到缓冲溶液中的量多。当溶质进入胶束时，以胶束的速度向阴极迁移；溶质进入缓冲溶液时，以电渗流的速度迁移。所以，在胶束中分配系数越大的溶质迁移时间越长，在缓冲溶液中分配系数越大的溶质迁移时间越短，从而实现中性物质的分离（如图14-8所示）。

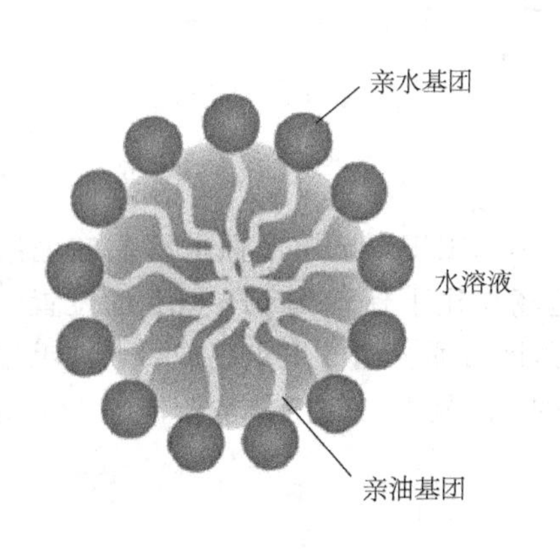

图14-7 胶束示意图

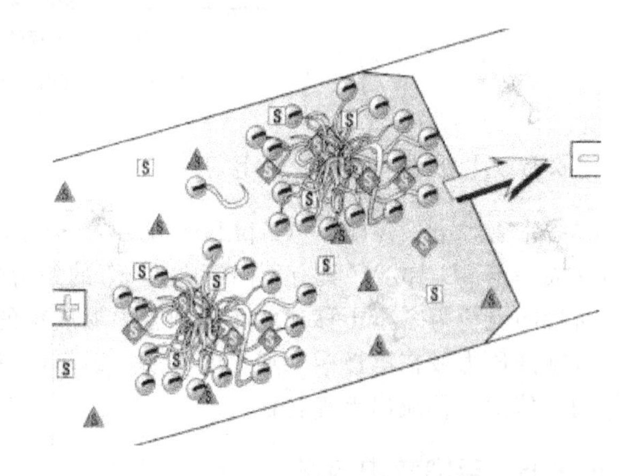

图14-8 胶束电动毛细管色谱分离示意图

(2) 分离条件的选择

MEKC分离条件的关键在于表面活性剂的选择，包括种类、性质及浓度。常用的表面活性剂有阴离子表面活性剂、阳离子表面活性剂、非离子表面活性剂和两性表面活性剂。可单用一种表面活性剂，也可组合形成混合胶束。对表面活性剂的要求：①有足够的稳定性；②水溶性高；③背景的紫外吸收低；④不破坏样品；⑤中性样品需选用离子型表面活性剂。

14.3.3 毛细管凝胶电泳

毛细管凝胶电泳（capillary gel electrophoresis，CGE）是毛细管内填充一定大小孔径分布的凝胶作支持物进行电泳，不同体积的溶质分子在电泳、电渗及凝胶的筛分作用下实现分离。

14.3.4 毛细管等速电泳

毛细管等速电泳（capillary isotachophoresis，CITP）也是根据样品电泳淌度的差别进行分离的一项电泳技术。与 CZE 的区别在于，CZE 中整个系统都充满同一种电解质，而 CITP 中不加入这样的背景电解质，使用了两种电解质。一种是前导电解质，加入检测端电解槽中，其有效淌度比样品中任何离子的有效淌度都大；另一种是尾随电解质，加入起始端电解槽中，其有效淌度比样品中任何离子的有效淌度都小。样品加在前导电解质和尾随电解质之间（如图 14-9 所示）。施加电场后，样品组分夹在前导电解质和尾随电解质间移动，各组分由于淌度的不同被分离（如图 14-10 所示）。当达到恒稳态时，所有区带具有相同的移动速度，故称为等速电泳。

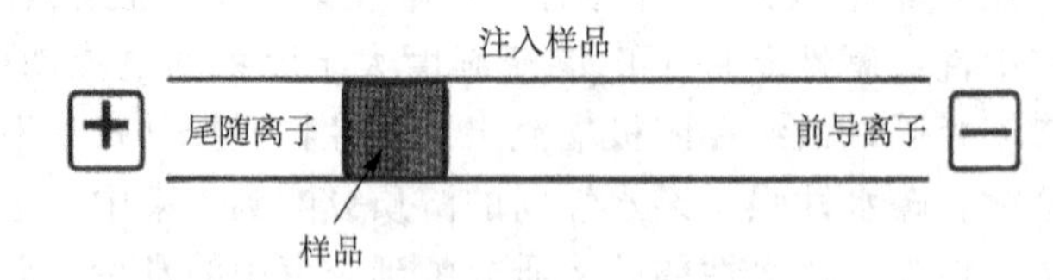

图 14-9 通电前 CITP 中缓冲溶液与样品在毛细管中的分布示意图

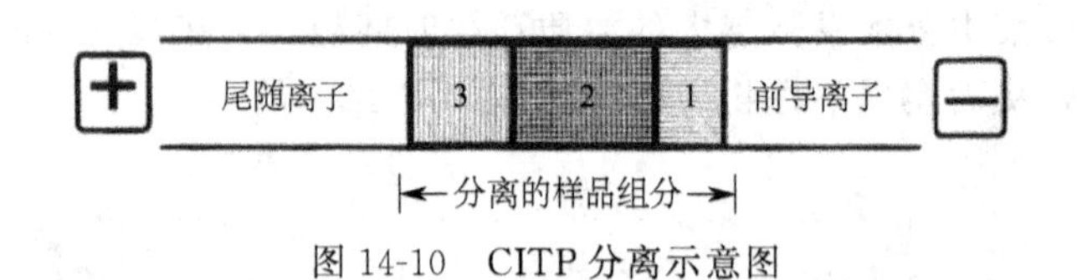

图 14-10 CITP 分离示意图

14.3.5 毛细管等电聚焦电泳

毛细管等电聚焦电泳（capillary isoelectric focusing，CIEF）选用两性电解质在毛细管内形成一定 pH 梯度，具有不同等电点 pI 的组分在电场作用下迁移到 pH＝pI 的位置，组分所带净电荷为零不再移动，在毛细管中形成窄的聚焦区带而分离。聚焦完成后，向毛细管一端施加压力或在电极槽中加入电解质，破坏已形成的 pH 梯度，使组分重新带电，在电场作用下依次迁移流出毛细管柱。

14.3.6 毛细管电色谱

毛细管电色谱（capillary electric chromatography，CEC）是 CE 和 HPLC 相结合的一

种分离模式。毛细管柱中填充（或涂）固定相，与 HPLC 的区别在于以电渗流或电渗流与压力联合作驱动力，使样品在两相间进行分配。

14.4 毛细管电泳的应用

毛细管电泳具有极高的分离效率和多种分离模式，适用于离子化合物、中性化合物、两性化合物、生物大分子、细胞等多种对象的分析，具有重要的实用价值。在分析化学、生命科学、药学、临床医学、法医学、环境科学及食品科学等领域有着十分广泛的应用。《中华人民共和国药典》（2010 版）已将毛细管电泳列为法定方法，用于中西药品、生物制品的定性定量检测以及中药材的鉴定。

14.4.1 离子化合物的分析

阳离子分析，采用阳极进样，阴极检测，阳离子的电泳方向和电渗流方向一致。对于阴离子，其电泳方向和电渗流方向相反，各离子迁移速率接近，造成分析时间长及分离效率低，可加入电渗流改性剂，使电泳方向和电渗流方向一致，采用阴极进样，阳极检测。石美等以 15mmol/L 咪唑和乙酸为背景电解质（pH 3.7），以 214nm 为检测波长，在 18kV 下 8.5min 内分离检测了 10 种金属离子，图 14-11 中 1～10 分别代表 K^+、Ba^{2+}、Ca^{2+}、Na^+、Mg^{2+}、Mn^{2+}、Zn^{2+}、Cd^{2+}、Li^+ 和 Cu^{2+}。与目前常用的离子色谱和原子吸收光谱法相比，高效毛细管电泳具有试剂和样品消耗小，分离效率高，不需复杂的样品预处理过程等优点，适合大量样品的分析处理。其在环境科学、农学、食品科学等领域具有较为广阔的应用前景。

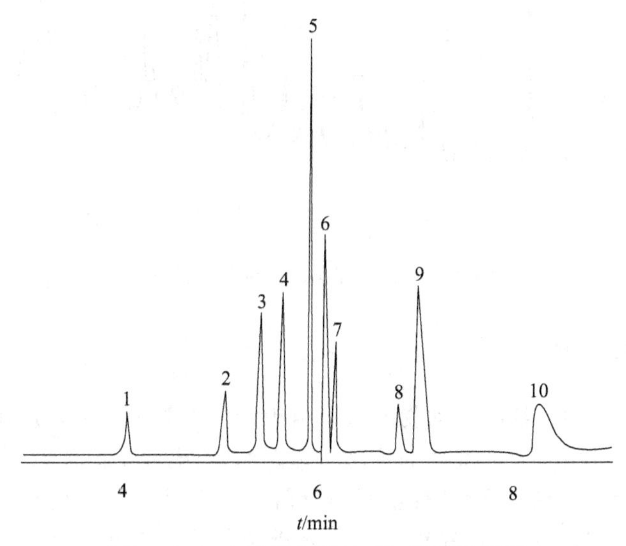

图 14-11 10 种阳离子的毛细管电泳谱图

14.4.2 药物的分析

毛细管电泳在西药、手性药物、生物体液样品、中药的分析中也发挥了重要作用。中药指纹图谱基于中药总体识别的观念，以系统的化学成分结合药理学研究为基础，采用一定的分析手段将中药的药效和化学成分的相关性以图谱的形式表示出来，以鉴别真伪。孙沂等以60%甲醇溶液为提取液，石英毛细管66.5cm（有效长度58cm）×50μm，检测波长210nm，进样5kPa，5s，操作电压24kV，柱温20℃，缓冲液为50mmol/L硼砂（pH 7.5）并含有18%甲醇，建立了不同产地红花药材的毛细管电泳指纹图谱，可作为红花药材的质量控制方法。图14-12为河南封丘红花的毛细管电泳图谱，图14-13为四川红花的毛细管电泳图谱。

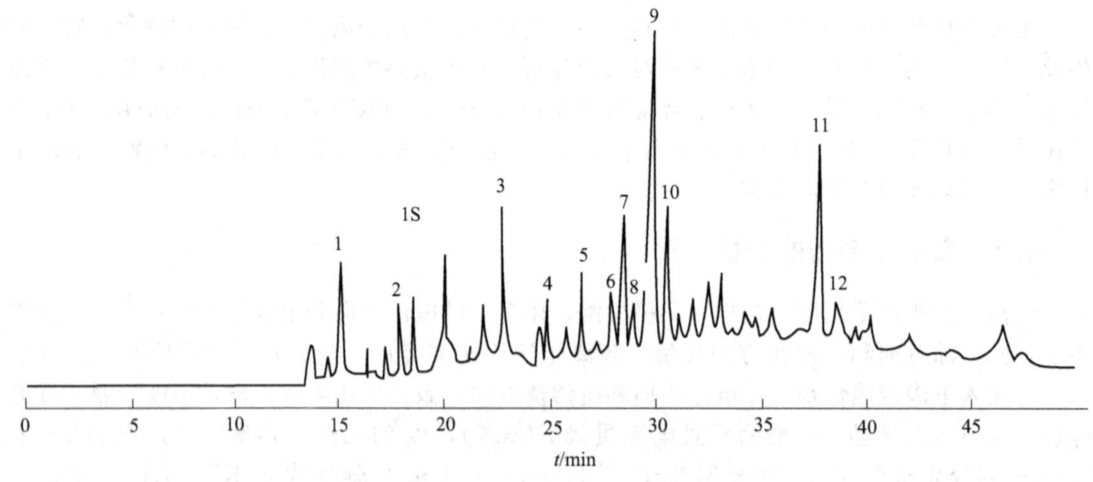

图14-12 河南封丘红花的毛细管电泳图谱

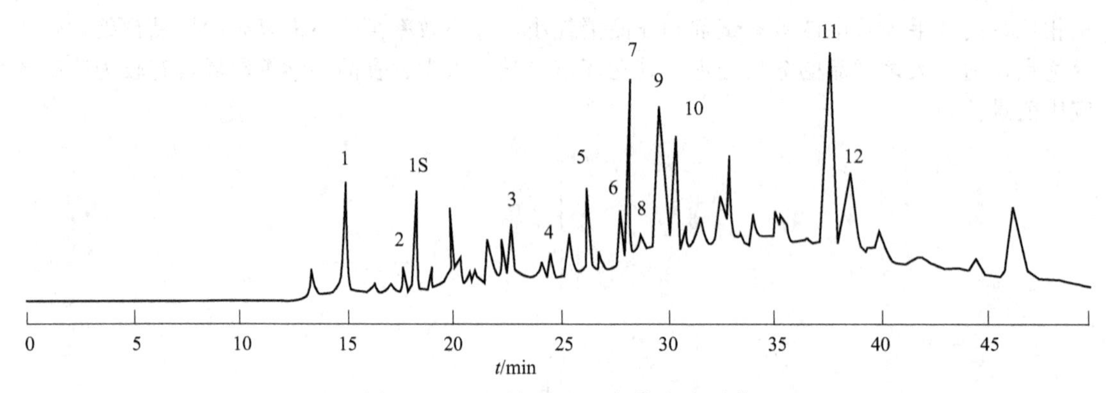

图14-13 四川红花的毛细管电泳图谱

14.4.3 生物制品分析

生物制品是以微生物、细胞、动物或人源组织和体液等为原料，应用传统技术或现代生物技术制成的药物，可用于人类疾病的预防、治疗和诊断。如尿微量清蛋白（Alb）与肌酐（Cr）比值的测定对糖尿肾病诊断具有重要的价值，已广泛应用于临床。赵绍林等采用高效毛细管电泳法同时测定尿液清蛋白和肌酐。分析条件为：石英毛细管有效长度47.5cm×75μm，检测波长214nm，进样1psi（1psi＝6.895kPa）、4s，操作电流79μA，柱温25℃，缓冲液为20mmol/L、pH 9.3硼砂-NaOH（含6mmol/L SDS）（图14-14）。

【本章小结】

毛细管电泳是一类以毛细管为分离通道、以高压直流电场为驱动力的液相分离分析技术。它具有以下几个显著特点：一是采用细内径的毛细管，毛细管散热效率高，可以

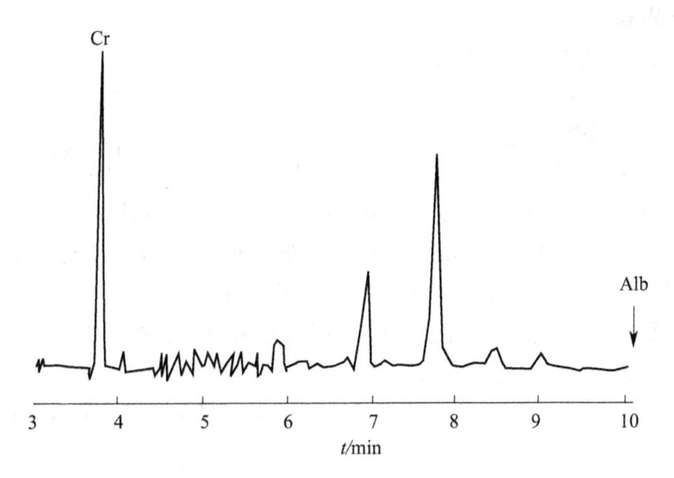

图 14-14　尿标本清蛋白与肌酐的毛细管电泳图谱

让电泳产生的热量较快散发，减少焦耳热效应；二是采用高压电场，增加推动力；三是分离类型多样，适用于离子化合物、中性化合物、两性化合物、生物大分子、细胞等多对象的分析。

本章重点在于理解毛细管电泳的分离原理：基于带电颗粒在电场中受到电泳力和电渗力的推动。由于受到的电泳力的大小和方向不同，以及电渗力的方向不同，不同颗粒在电场中的移动速度出现差异而分离。毛细管电泳仪由高压电源、电极与电极槽、缓冲溶液、进样系统、毛细管柱、检测器及工作站等部分组成。

本章难点在于影响毛细管电泳柱效和分离度的因素；如何根据被分离组分的性质选择适宜的分离模式。

【习题】

一、名词解释

1. 电泳　2. 电渗　3. 表观淌度　4. 毛细管区带电泳　5. 胶束电动毛细管色谱

二、选择题

1. 在 CZE 中，阴、阳离子迁移，中性分子也向阴极迁移，是靠（　　）作用力推动。

A. 电压　B. 液压　C. 电渗流　D. 电泳流

2. 影响毛细管电泳分离效率的主要因素是（　　）。

A. 电渗流大小　B. 电渗流方向

C. 分离过程中产生的焦耳热　D. 毛细管性质

3. 在（　　）情况下，某离子无法从毛细管柱中流出。

A. 电泳流与电渗流的速度和方向相等　B. 电泳流速度大于电渗流速度

C. 电泳流方向与电渗流方向相反　D. 电泳流速度与电渗流的速度相等，方向相反

4. 毛细管电泳中，组分能够被分离的基础是（　　）。

A. 分配系数的不同　B. 迁移速率的差异

C. 分子大小的差异　D. 电荷的差异

5. 提高毛细管电泳的分离效率的有效途径是（　　）。

A. 增大分离电压和增大电渗流　B. 减小分离电压和增大电渗流

C. 减小分离电压和减小电渗流　D. 增大分离电压和减小电渗流

三、简答与计算题

1. 判断下列化合物在CZE中的出峰顺序：

HO_2C CO_2^- CO_2H ^-O_2C CO_2H CO_2^- ^-O_2C CO_2^- CO_2^-

2. 采用什么毛细管电泳分离模式可以使中性分子分离？为什么？

3. CZE系统的毛细管长度$L=60$cm，由进样端至检测器的长度为55cm，分离电压$V=$ 20kV，已知某中性分子A的迁移时间为10s，其扩散系数$D=5.0\times10^{-9}m^2/s$。①求出该系统的电渗淌度；②求电泳淌度为$2.0\times10^{-9}m^2/(V\cdot s)$的阴离子B的迁移时间；③以A计算理论塔板数；④求A与B的分离度。

（$1.65\times10^{-6}m^2\cdot V^{-1}\cdot S^{-1}$，10S，$3.025\times10^7$，1.67）

第15章

电化学分析法

【本章教学要求】

- 掌握电位分析法的基本原理，直接电位法、电位滴定法的基本原理和应用。
- 熟悉离子选择性电极的结构及测定原理，电重量分析、库仑分析、极谱分析的特点及应用。
- 了解电导法、电化学生物传感器、光谱电化学分析法等的应用。

【导入案例】

在一些铝厂、磷肥厂的生产过程中，如果将含氟的粉尘或气体散入空气中，环境会受到污染，从而直接危害到动物、植物以及人类。高浓度的氟会使植物叶片焦黄脱落至死亡，造成农作物减产；人类饮用水中氟浓度过高，会损害牙齿和骨骼，出现牙齿变色、牙釉质损失等，增加骨折的风险。因此，我国规定饮用中水氟浓度的限量为0.5～1mg/L。饮用水中氟含量的测定，以氟离子选择性电极作为指示电极，以饱和甘汞电极作为参比电极，浸入试液中组成工作电池，利用电动势与氟离子浓度的线性关系，测定饮用水中氟的含量。该方法属于电化学分析法中的电位分析法。

电化学分析法（electrochemical analysis）是利用电化学原理和物质的电化学性质对物质组成及含量进行分析的一类方法。具体来说是利用待测试液及合适的电极构成一个化学电池，测定电池的电化学参数如电流、电位、电量、电导等，根据电化学参数与试液中待测组分含量的关系进行定性和定量分析。根据所测电化学参数的不同，电化学分析法可分为如下几类：

① 电位分析法（potentiometry） 根据电池电动势或指示电极电位的变化来分析试液中待测组分的分析方法，包括直接电位法和电位滴定法。

② 电导分析法（conductometry） 根据试液的电导值与电解质浓度的关系进行分析的方法称为电导分析法，分为直接电导法和电导滴定法。

③ 伏安分析法（voltammetry） 根据电解待测试液所得到的电流-电压曲线对电解质的组成和含量进行分析的方法。若所用工作电极为液态电极如滴汞电极，则称为极谱分析法（polarography analysis）。这一类方法包括经典极谱法、单扫描极谱法、极谱催化法、溶出伏安法等。

④ 电解分析法（electrolytic analysis） 根据电解原理而建立的电化学分析方法，包括电重量分析法、控制阴极电位库仑分析法和恒电流库仑滴定分析法。利用外加电源电解试液，

根据电极上析出并沉积在电极表面的待测物的质量进行分析的方法，称为电重量分析法（electrogravimetry）；根据电解试液所消耗的电量进行分析的方法称为控制阴极电位库仑法（coulometry）；利用电解过程中的电极生成物作为滴定剂，和溶液中的待测组分作用，根据滴定终点消耗的电量确定待测组分含量的方法称为恒电流库仑滴定法（coulometric titration）。

其他电化学分析法还有电化学生物传感器、光谱电化学分析法等，电化学分析法是仪器分析中应用最广泛的技术之一，具有仪器简单、操作方便、准确度和灵敏度高、重现性好、选择性高等特点。随着现代科学技术水平的提高，电化学分析法发展迅速，在自动控制、连续实时分析、微量分析及活体检测等方面的优势明显，目前已广泛应用于化工、生物医药、食品、环境科学、海洋探测、材料科学等领域。

15.1 电化学分析基础

15.1.1 电化学电池

化学电池是实现化学能和电能相互转化的装置，由电解质溶液、两个电极及外界电路构成。根据化学电池中的反应能否自发进行，化学电池可分为原电池、电解池和电导池。如果化学电池中的反应能够自发进行，在外电路接通时产生电流，这种将化学能转变为电能的化学电池为原电池；如果电池中的反应不能够自发进行，必须由外电源提供电能才能发生化学反应，这种将外电源的电能转变为化学能的化学电池为电解池；如果只研究化学电池中电解质溶液的导电特性，这种化学电池就是电导池。原电池和电解池在改变实验条件的情况下可以相互转化。

无论是原电池还是电解池，在同一个化学电池中，根据电极电动势的大小将两个电极分为正极和负极，电动势大的为正极，电动势小的为负极；根据电极反应的性质又可分为阳极和阴极，其中发生氧化反应的电极为阳极，发生还原反应的电极为阴极。每个电极发生的化学反应为半电池反应，两个电极的半电池反应就是电池的总反应。

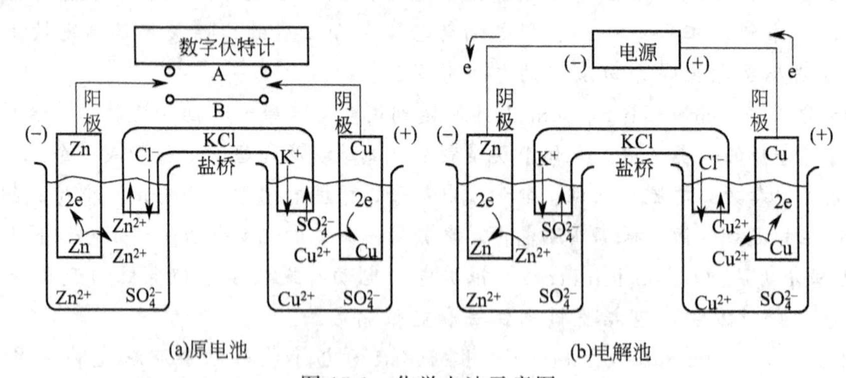

图 15-1 化学电池示意图

如图 15-1(a) 所示为 Cu-Zn 原电池（Daniell 电池），将 Zn 片插入 $ZnSO_4$(0.1mol/L) 溶液中，Cu 片插入 $CuSO_4$(0.1mol/L) 溶液中，两个半电池的电解质溶液间用饱和 KCl 盐桥相连，用导线将两个电极接通，电流计中有电流通过，表明该电池中发生了自发化学反应，化学能转变为电能。在 Zn 极，金属 Zn 失去电子，被氧化为 Zn^{2+}，电子通过外电路流向 Cu 极。在 Cu 极，溶液中的 Cu^{2+} 接受电子，被还原为金属 Cu。电子由 Zn 极流向 Cu 极，因此在该原电池中铜极为正极，锌极为负极。

半电池反应为：锌极 $Zn \rightleftharpoons Zn^{2+} + 2e$（负极、阳极、氧化反应）

铜极 $Cu^{2+} + 2e \rightleftharpoons Cu$（正极、阴极、还原反应）

电池总反应为：$Cu^{2+} + Zn \rightleftharpoons Cu + Zn^{2+}$

原电池图解表达式为：$(-)Zn|ZnSO_4(0.1mol/L) \| CuSO_4(0.1mol/L)|Cu(+)$

电池图解表达式中一般规定：写在左边的电极发生氧化反应，写在右边的电极发生还原反应；以单竖线“|”表示半电池中的相界面，以双竖线“‖”表示盐桥；电池中的溶液标明活（浓）度，气体标明温度、压力等。

当在Cu-Zn原电池上接上一外加电源，电源的负极和Zn极相连，电源的正极和Cu极相连，当外加电压大于原电池的电动势时，Zn极发生还原反应，Zn^{2+}被还原为金属Zn，Cu极发生氧化反应，金属Cu被氧化Cu^{2+}，电能转变为化学能，原电池就变成电解池，见图15-1(b)。

半电池反应为：锌极 $Zn^{2+} + 2e \rightleftharpoons Zn$（负极、阴极、还原反应）

铜极 $Cu - 2e \rightleftharpoons Cu^{2+}$（正极、阳极、氧化反应）

电池总反应为：$Cu + Zn^{2+} \rightleftharpoons Cu^{2+} + Zn$

电解池图解表达式为：$(-)Cu|CuSO_4(0.1mol/L) \| ZnSO_4(0.1mol/L)|Zn(+)$

15.1.2 电池电动势

电池电动势是不同物体在相互接触过程中，相界面上产生的电位差引起的，主要由以下三部分组成：

(1) 电极和溶液的相界面电位差（电极电位 φ）

电解质溶液中由于阳离子和阴离子的存在使其呈电中性。电极一般都是由金属导体构成，金属晶体中含有自由电子和金属离子。当把金属电极放入含有该金属离子的溶液中时，金属离子进入溶液中，使金属表面带负电，同时由于静电的吸引，金属表面的负电荷与进入溶液中的金属离子的正电荷形成双电子层；另外，溶液中存在的易接受自由电子的金属离子也能在金属表面沉积，使金属表面带正电荷，同样由于静电的吸引，金属表面的正电荷与溶液中过剩的阴离子形成双电子层。这两种情况下形成的双电子层达到动态平衡时，都会产生一个稳定的相界面电位差，也就是金属电极和溶液的相界面电位差，即电极电位。

(2) 液体和液体的相界面电位差（液接电位 φ_L）

当两种组成或浓度不同的电解质溶液相互接触时，会发生扩散，由于正、负离子扩散速率的不同，在两溶液接触的相界面的两侧分别累积较多的正电荷和负电荷，形成双电子层。当扩散达到平衡时，就产生稳定的相界面电位差，称为液接电位。

液接电位难以准确计算和测量，对电池电动势的测定造成一定影响，实际工作中，常用“盐桥”将两种电解质溶液连接，以便消除或忽略液接电位对电动势的影响。盐桥一般由装有电解质溶液（如KCl、KNO_3等）和3%琼脂凝胶的U形玻璃管构成。当盐桥与两溶液接触时，液接电位主要是盐桥中的电解质产生的，由于盐桥中电解质的正、负离子扩散方向相反，扩散速率相近，因此盐桥与两溶液界面产生的液接电位可以相互抵消，基本消除了液接电位对电动势的影响。

(3) 电极和导线间的相界面电位差（接触电位 φ_c）

两电极和导线接触时，由于不同金属的电子脱离金属表面的难易程度不一样，在接触的相界面会产生双电子层，达到平衡时，产生稳定的相界面电位差，称为接触电位。电极的接触电位是很小的常数值，一般忽略不计。

以上所述表明，电池的电动势 E 即为电池中各相界面电位差的代数和，其中液接电位 φ_L 和接触电位 φ_c 可忽略不计，实际上电池的电动势就是电极和溶液的相界面电位差（电极电位 φ）。在零电流条件下两电极间的电位差即为电池的电动势 E：

$$E=\varphi_{+}-\varphi_{-} \tag{15-1}$$

15.2 电位分析法

15.2.1 基本原理

电位分析法是以测量原电池的电动势为基础的分析方法，通常在含有待测离子的电解质溶液中，插入两支电极，用导线相连组成原电池。其中一支电极为指示电极，指示电极的电极电位随电解质溶液中待测离子的活度（或浓度）的改变而发生变化；另一支电极为参比电极，其电极电位值在测定过程中基本恒定不变。电位分析法中常用离子选择性电极作为指示电极，甘汞电极或银-氯化银电极作为参比电极。如果参比电极为正极，指示电极为负极，则电池电动势 $E=\varphi_{+}-\varphi_{-}=\varphi_{参}-\varphi_{指}$。

电位分析法包括直接电位法和电位滴定法，直接电位法是根据 Nernst 方程，比较待测溶液与标准溶液的电位来确定待测离子的活度（或浓度）。电位滴定法是根据加入滴定剂的体积与电池电动势的变化确定滴定终点，通过消耗滴定剂的体积，计算出试样中待测离子的活度（或浓度）。

15.2.2 电位分析法的实验方法

(1) 直接电位法

直接电位法主要应用于溶液 pH 值的测定和溶液中其他离子活度（或浓度）的测定。

① 溶液 pH 值的测定　pH 玻璃电极是测量 H^+ 活度（或浓度）的常用指示电极，它和饱和甘汞电极（参比电极）一起插入试液中，组成原电池，该原电池可表示为：

$$(-)\underbrace{\mathrm{Ag,AgCl}|\mathrm{HCl}(a)|玻璃膜}_{\varphi_{玻}}|试液(a_{\mathrm{H^+}})\underbrace{\|}_{\varphi_{液接}}\underbrace{\mathrm{KCl(sat.)}|\mathrm{Hg_2Cl_2,Hg}}_{\varphi_{\mathrm{Hg_2Cl_2/Hg}}}(+)$$

电池的电动势为

$$E=\varphi_{\mathrm{Hg_2Cl_2/Hg}}-\varphi_{玻}+\varphi_{液接}+\varphi_{不对称} \tag{15-2}$$

根据 Nernst 方程，温度为 25℃时，有 $\varphi_{玻}=K-0.0592\mathrm{pH}$

则

$$E=\varphi_{\mathrm{Hg_2Cl_2/Hg}}-\mathrm{K}+0.0592\mathrm{pH}+\varphi_{液接}+\varphi_{不对称} \tag{15-3}$$

通常在测定条件下，饱和甘汞电极（参比电极），Ag-AgCl 电极，液接电位 $\varphi_{液接}$ 和不对称电位 $\varphi_{不对称}$ 及玻璃电极常数 K 都是常数项，可合并在一起用 K^0 表示，则

$$E=K^0+0.0592\mathrm{pH} \tag{15-4}$$

因此，电池电动势与溶液的 pH 值呈线性关系。实际测定中，以已知 pH 值的标准缓冲溶液为基准，与待测试液的 pH 值相比较，从而确定待测试液的 pH 值。

溶液 pH 值的测定过程中，分别测定 pH 值已知的标准缓冲液和待测试液的电动势，依次为 E_s、E_x。

25℃时

$$E_s=K_s^0+0.0592\mathrm{pH}_s$$

$$E_x=K_x^0+0.0592\mathrm{pH}_x$$

在测定条件完全一致的情况下，可认为 $K_s^0=K_x^0$，上两式相减，有

$$pH_x=pH_s+\frac{E_x-E_s}{0.0592} \tag{15-5}$$

式中，pH_s 已知，只要测出 E_x 和 E_s，就能计算出待测试液的 pH_x。为减小测定结果的误差，应严格配制标准 pH 缓冲液，所选用标准 pH 缓冲液的 pH 值应尽量接近待测试液的 pH 值，并且保持温度恒定。

测定溶液 pH 值的 pH 计在使用时需要用标准 pH 缓冲液进行校准，然后在相同条件下用校准后的 pH 计测定待测试液，从 pH 计上能够直接读出待测试液的 pH 值。

② 其他离子活度（或浓度）的测定　测定溶液中某种离子的活度（或浓度），将对该离子有响应的离子选择性电极作为指示电极，与参比电极一起插入试液中组成原电池。25℃时，该电池的电动势为

$$E=K^0\pm\frac{0.0592}{n}\lg a_M \tag{15-6}$$

式中，K^0 为常数；待测离子为阳离子时，取“+”；待测离子为阴离子时，取“−”。式(15-6) 表明，在一定温度下，电池的电动势与待测离子的活度（或浓度）的对数呈线性关系。测定方法包括：

a. 标准曲线法　配制与待测试液基本组成相近的一系列不同浓度的待测离子的标准溶液，分别测定各溶液的电动势 E。以测得的电动势 E 为纵坐标，离子浓度的对数值 $\lg c$ 为横坐标，绘制标准曲线，如图 15-2 所示。在同样条件下测定待测试液的电动势 E_x，标准曲线上 E_x 所对应的浓度值即为待测离子的浓度 c_x。标准曲线法适用于大批样品的分析。采用标准曲线法测定待测离子的浓度时，通常在标准溶液和待测试液中都要加入总离子强度调节缓冲溶液（total ionic strength adjustment buffer，TISAB）。

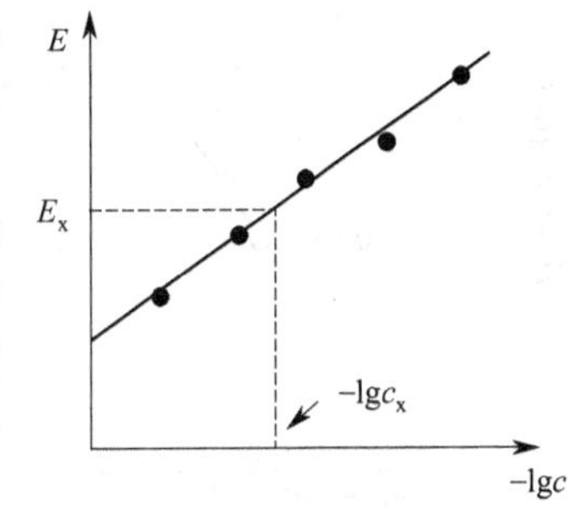

图 15-2　标准曲线图

b. 标准加入法　标准加入法是首先测定试液的电动势，将一定浓度和体积的标准溶液加入试液后再测定该试液的电动势，根据电动势的变化可求出试液中待测离子的浓度，又称增量法。

设试液体积为 V_x，待测离子浓度为 c_x，测得的电池电动势为 E_1，有

$$E_1=K_1^0\pm\frac{2.303RT}{nF}\lg c_x \tag{15-7}$$

再向试液中加入体积为 V_s（约为 V_x 的 1/100）、浓度为 c_s（约为 c_x 的 100 倍）的待测离子的标准溶液，测得电池的电动势为 E_2，有

$$E_2=K_2^0\pm\frac{2.303RT}{nF}\lg\frac{c_xV_x+c_sV_s}{V_x+V_s} \tag{15-8}$$

由于 $V_s=0.01V_x$，加入的标准溶液对试液的离子强度的影响可忽略不计，可认为 $V_x+V_s\approx V_x$，$K_1^0\approx K_2^0$。将上两式相减，有

$$\Delta E=E_2-E_1=\pm\frac{2.303RT}{nF}\lg\frac{c_xV_x+c_sV_s}{c_xV_x}$$

若令 $\pm\frac{2.303RT}{nF}=S$，则

$$\Delta E=S\lg\frac{c_xV_x+c_sV_s}{c_xV_x}$$

经数学整理后，

$$c_x=\frac{c_sV_s}{V_x}(10^{\Delta E/S}-1)^{-1} \tag{15-9}$$

式中，c_s、V_s、V_x 均已知，Nernst 响应斜率 S 可计算得出，通过实验测出 E_1、E_2 可求出 ΔE，则可求得试液中待测离子的浓度 c_x。

标准加入法不用添加 TISAB，仅需一种标准溶液，不用绘制标准曲线，操作简便快速，可用于组成复杂的试液的测定，但不适合大批试样的分析。为保证测定结果的准确度，通常要求 $V_x \geqslant 100V_s$，$c_s \geqslant 100c_x$、ΔE 在 15～50mV 范围内。

c. 格氏作图法　格氏作图法是在试样中多次加入标准溶液，通过图解法求出待测离子的浓度，准确度更高。多次加入标准溶液后，标准溶液的总体积为 V_s，电动势 E' 为

$$E'=K'+S\lg\frac{c_xV_x+c_sV_s}{V_x+V_s}$$

$$(V_x+V_s)\times 10^{E/S}=(c_xV_x+c_sV_s)\times 10^{K'/S} \tag{15-10}$$

以 $(V_x+V_s)\times 10^{E/S}$ 对 V_s 作图，如图 15-3 所示。将直线向下延长，与横坐标轴的相交于 V_e 点，有

$$(c_xV_x+c_sV_e)\times 10^{K'/S}=0$$

$$c_x=-\frac{c_sV_e}{V_x} \tag{15-11}$$

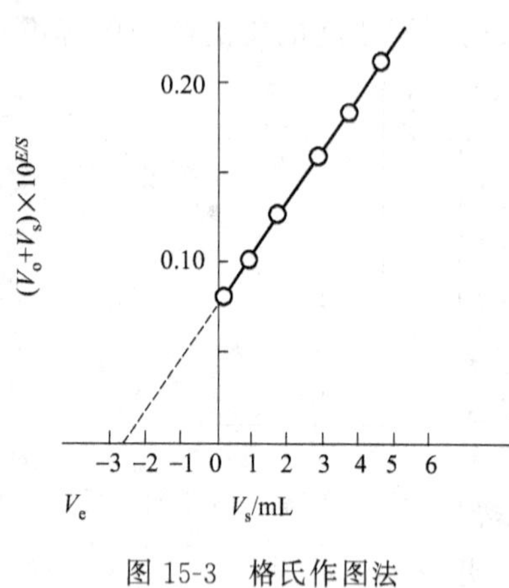

图 15-3　格氏作图法

格式作图法采用特制的格氏作图坐标纸，很容易通过作图外推得到 V_e，根据式(15-11) 可求出试样中待测离子的浓度 c_x。

③ 测量误差　影响电位法测定的因素有很多，如工作电池的稳定性、测量温度、溶液的特性、响应时间、线性范围等。这些影响因素使测量的电池电动势存在误差 ΔE(mV)，ΔE 将引起待测离子的浓度误差 Δc。对式 $E=K^0+\frac{RT}{nF}\ln c$ 进行微分，有 $\mathrm{d}E=\frac{RT}{nF}\frac{\mathrm{d}C}{C}$

以 ΔE、Δc 代替 $\mathrm{d}E$、$\mathrm{d}c$，有

$$\Delta E=\frac{RT}{nF}\times\frac{\Delta c}{c}$$

则 25℃时，浓度测定的相对误差为

$$\frac{\Delta c}{c}=0.039n\Delta E\times 100\% \tag{15-12}$$

根据式(15-12)，当电动势的测量误差 $\Delta E=\pm 1$mV，对于一价离子，待测离子浓度的相对误差为 3.9%，对于二价离子，其相对误差为 7.8%，因此待测离子的价态越高，产生的误差越大，这就是直接电位法适合于测定低价态离子的原因。对于某些高价态的离子，将其转化为低价态的络合离子可减小误差，如 B^{3+} 转化为 BF_4^- 后可用 BF_4^- 液膜电极测定。

(2) 电位滴定法

① 电位滴定的基本方法和装置　电位滴定法是利用滴定过程中电池电动势的变化来确定滴定终点的分析方法。电位滴定法可用于无法用指示剂判断终点的浑浊体系或有色溶液的滴定、非水溶液的滴定和指示剂滴定突跃不明显的弱酸、弱碱及低浓度试样的分析，电位滴

定法测量准确度高，容易实现自动化、连续化滴定。

电位滴定装置如图 15-4 所示。图 15-4(a) 为手动电位滴定装置，图 15-4(b) 为自动电位滴定装置，全自动化操作，该装置按照预先设定的程序自动控制滴定剂加入的体积和速度，并自动记录测量结果和绘制滴定曲线。自动电位滴定装置比手动电位滴定装置操作更加方便，测量的准确度和精密度更高。

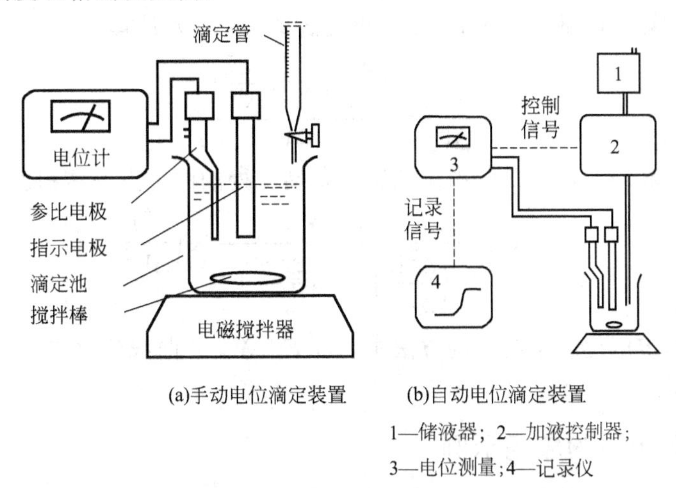

图 15-4 电位滴定装置

② 滴定终点的判断 电位滴定终点的确定方法有如下三种：

a. E-V 曲线法 以电池的电动势（E）为纵坐标，滴定剂体积（V）为横坐标，作图得到滴定曲线，如图 15-5(a) 所示。曲线上的拐点即为滴定终点，拐点对应的体积即为滴定终点时所消耗的滴定剂的体积。拐点的求法是：作两条与滴定曲线相切的平行切线，在两条切线之间作一条与两切线等距离的平行直线，该平行直线与滴定曲线的交点即为拐点。

该法应用简便，但要求滴定突跃非常明显，否则准确度不高。当滴定曲线平坦，滴定突跃不明显时，可用一阶或二阶微商法。

b. $\Delta E/\Delta V$-V 曲线法 $\Delta E/\Delta V$-V 曲线法又称一阶微商法。$\Delta E/\Delta V$ 是电动势的增量与滴定剂体积的增量之比，表示在 E-V 曲线上体积改变一微小值引起的电动势的增量。以 $\Delta E/\Delta V$ 对滴定剂体积 V 作图，得到 $\Delta E/\Delta V$-V 曲线，如图 15-5(b) 所示。该峰形曲线的最高点即为滴定终点。在微分函数中，该点对应的横坐标应与 E-V 曲线拐点对应的横坐标一致，即峰值横坐标为滴定终点消耗的滴定剂的体积。

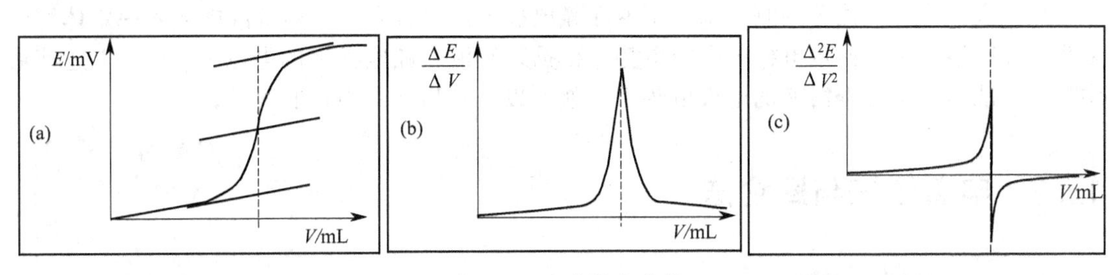

图 15-5 电位滴定曲线

因为极值点较拐点更加容易判断，所以 $\Delta E/\Delta V$-V 曲线法确定终点的准确度很高。但该法中的峰值是通过实验点的边线外推得到，仍然存在一定的误差。

c. $\Delta^2E/\Delta V^2$-V 曲线法　$\Delta^2E/\Delta V^2$-V 曲线法又称二阶微商法。$\Delta^2E/\Delta V^2$ 表示 E-V 曲线的二级微商。在微分函数中，二阶微商等于零处对应的拐点为一阶微商的极值。以 $\Delta^2E/\Delta V^2$ 对 V 作图，曲线如图 15-5(c) 所示。该二阶微商图上 $\Delta^2E/\Delta V^2=0$ 时的横坐标即滴定终点的体积，通过内插法计算得到滴定终点的体积。该法比一阶微商法的准确度更高。

在滴定终点附近找出一对 $\Delta^2E/\Delta V^2$ 数值（$\Delta^2E/\Delta V^2$ 由正到负），通过后点数据减前点数据的方法逐点计算二阶微商。$\Delta^2E/\Delta V^2$ 可通过式(15-13) 计算：

$$\frac{\Delta^2E}{\Delta V^2}=\frac{\left(\frac{\Delta E}{\Delta V}\right)_2-\left(\frac{\Delta E}{\Delta V}\right)_1}{\Delta V} \tag{15-13}$$

通过内插法计算终点，设二阶微商的正、负转化处的两个点的体积值为 V_+，V_-，有

$$V_{终}=V_+ +\frac{V_- - V_+}{\left(\frac{\Delta^2E}{\Delta V^2}\right)_+ +\left(\frac{\Delta^2E}{\Delta V^2}\right)_-}\times\left(\frac{\Delta^2E}{\Delta V^2}\right)_+ \tag{15-14}$$

在以上三种确定电位滴定终点的方法中，$\Delta^2E/\Delta V^2$-V 曲线法（二阶微商法）的准确度最高，应用最为普遍。

15.2.3 电位分析法的应用示例

电位滴定法应用时根据不同的反应类型选择合适的指示电极。滴定反应类型和指示电极见表 15-1。

表 15-1　电位滴定中常用的指示电极

滴定反应类型	指示电极
酸碱反应	pH 玻璃电极
沉淀反应	银电极
氧化还原反应	铂电极
络合反应	根据不同的络合反应选择不同的指示电极。如用 EDTA 滴定金属离子时，可以用离子选择性电极作指示电极

例如：牙膏中氟含量的测定。

采用氟离子选择性电极作为指示电极分析牙膏中的氟是一种简便快捷的方法，氟离子选择性电极是一种由 LaF_3 单晶制成的电化学传感器。LaF_3 单晶经切片抛光后将其封在塑料管的一端，管内封有 Ag-AgCl 银丝作为内参比电极，0.1mol/L NaCl 溶液和 0.001mol/L NaF 溶液作为内参比溶液。氟电极浸入被测试溶液后，与饱和甘汞电极形成原电池，当控制测定体系的离子强度为一定值时，电池的电动势与氟离子浓度的对数值呈线性关系。

用一次标准加入法分别测定未知试液在氟电极上的电位和在未知试液中加入一定体积的氟离子标准溶液后该指示电极的电极电势。根据未知液在氟电极上的电位 E_x 及在上述溶液中加入标准氟离子标准溶液的电极电势 E，就可以计算出牙膏中氟的含量。

15.3 电重量法与库仑法

15.3.1 电解基本原理

(1) 理论分解电压与实际分解电压

电解是利用外部电源使化学反应向非自发方向进行的过程。在电解池的两个电极上施加

一直流电压，直至电极上发生氧化还原反应，此时电解池中有电流流过，该过程称为电解。

例如用Pt电极在100mL 1.0mol/L H_2SO_4 介质中，电解1.0mol/L $CuSO_4$ 溶液。实验时连续记录逐渐增加的外加直流电压V以及相应的电流i。电解开始的瞬间，在电极表面产生少量的Cu和O_2，使两支铂电极分别成为铜电极（$Cu|Cu^{2+}$）和氧电极（$Pt|O_2,H_2O$），构成了一个原电池，反应方向刚好与电解反应相反。因此产生一个与外加电压方向相反的反电动势E_b（或称反电压），它阻止电解作用的进行。继续增加外加电压，对抗外加电压的反电动势也不断增加。当电极上有氧气泡逸出的时候，反电动势E_b将达到最大值。这是某电解质溶液能够连续发生电解所需要的最小外加电压，称为电解质溶液的分解电压。理论上的分解电压等于原电池的电动势：

$$E_{理分}=\varphi_+-\varphi_-$$

电解上述$CuSO_4$溶液的理论分解电压为：

$$E(Cu/Cu^{2+})=0.337+\frac{0.059}{2}\lg[Cu^{2+}]=0.337(V)$$

$$E(O_2/H_2O)=1.229+\frac{0.059}{4}\lg\frac{[O_2][H^+]^4}{[H_2O]^2}=1.22(V)$$

电池电动势为：$E_{理分}=1.22-0.337=0.883(V)$

如果不考虑其他因素的影响，当外加电压E稍大于理论分解电压0.883V时，就能发生电解反应。然而实际上，外加电压稍大于0.883V时，并没有析出Cu，也就是电解反应并没有开始。实际分解电压为1.35V。

实际分解电压包括理论分解电压、超电压及电解池回路的电压降IR。因此实际分解电压为：

$$E_{实分}=E_{理分}+\eta+IR=(\varphi_+-\varphi_-)+(\eta_+-\eta_-)+IR$$

$$E_{实分}=(\varphi_++\eta_+)-(\varphi_-+\eta_-)+IR \tag{15-15}$$

式中，η_+为阳极超电位，是正值；η_-为阴极超电位，是负值。一般情况下，IR很小，可以忽略不计。

(2) 极化现象

电极电位偏离平衡电极电位的现象即电极的极化现象。根据极化产生的原因，极化分为浓差极化和电化学极化。

浓差极化由电解过程中电极表面附近溶液的浓度与溶液本体的浓度之间的差异引起。由于电极电位决定于阳离子在电极表面附近的浓度，所以电解时阴极的电极电位与其平衡时的电极电位出现偏差，电极电位更小，这种现象叫作浓差极化。阳极极化后的电极电位高于其平衡时的电极电位。增大电极表面积、减小电流密度、加快搅拌速度等方法能够减小浓差极化。

电化学极化由电极反应迟缓引起。电极反应过程是分步进行的，限制了其反应速率。施加外加电压时，由于电极反应速率不快，电极表面所积聚的较大数量的电荷不能及时被交换，使电极表面的电荷量比平衡时多。阴极积聚过多的负电荷，使电极电位负移；阳极积聚过多的正电荷，使电极电位正移，偏离了平衡电位，这种现象即电化学极化。

超电位是评价电极极化程度的参数，电流密度、温度、电极材料及析出物形态等都能影响超电位的大小。超电位只能通过实验测定，是电解分析时必须要考虑的一个重要因素。

15.3.2 电重量分析法

(1) 恒电流电重量分析法

恒电流电重量分析法是在恒定的电流条件下进行电解，然后直接称量电极上析出物质的质量来进行分析，这种方法也可用于分离。该法通常保持电流在 2～5A 之间恒定，外加电压发生变化，最终稳定在 H^+ 还原为 H_2 的电位。该法只能分离电动序中氢以上与氢以下的金属离子。电解测定时，氢以下的金属离子先在阴极上析出，当其完全析出后若继续电解，将会析出氢气。所以，在酸性溶液中，氢以上的金属就不能析出。

如电解 $CuSO_4$ 溶液过程中，阴极表面附近溶液中的 Cu^{2+} 浓度逐渐减小，使阴极电位逐渐变负。Cu^{2+} 浓度下降到一定程度后，阴极电位改变速率减慢，同时电流也不断降低。为保持电流的恒定，需增大外加电压，使 Cu^{2+} 能加快迁移到阴极表面发生电极反应以维持电流的恒定。随着外加电压的增大，阴极电位降低，当达到 H^+ 的实际分解电位时，H^+ 也能在阴极还原，稳定了阴极电位，维持了电流的恒定。当 H^+ 在阴极还原的同时，Cu^{2+} 继续还原析出，直至电解完全。

恒电流电解时，一般外加电压一次加到足够大的数值，因此电解速率快，分析时间短。但该方法选择性差，当溶液中有多种离子共存时，一种金属还未完全析出时，另一种有可能开始沉淀。为了防止干扰，可使用阳极或阴极去极剂（也称电位缓冲剂）以维持电极电位不变，防止发生干扰的氧化还原反应。加入的去极剂在阴极上发生反应为阴极去极剂，在阳极上发生反应为阳极去极剂。如恒电流电重量分析法分析 Cu^{2+} 和 Pb^{2+} 的混合溶液时，在试液中加入阴极去极剂 NO_3^- 能防止 Pb 的沉积，这是因为 NO_3^- 还原电位比 Pb^{2+} 更正，所以在铅离子沉淀之前 NO_3^- 在阴极上还原为 NH_4^+，确保铜完全析出而铅不沉淀。由于共存离子的干扰问题，恒电流电重量分析法的应用受到限制。

（2）控制阴极电位电重量分析法

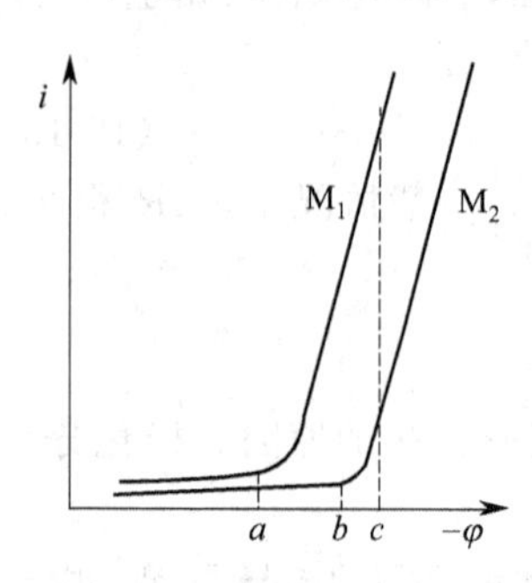

图 15-6　电流-电位曲线

控制阴极电位是将阴极的电位控制在某一合适的电位值或某一个小范围内，使待测离子在阴极上析出，其他离子则留在溶液中，以达到分离和测定的目的，可有效解决试样中共存离子的干扰问题。

若溶液中含有金属离子 M_1 和 M_2，要使金属离子 M_1 在 Pt 电极上析出，M_2 仍留在溶液中，也就是 M_1 完全析出时，阴极电位还未达到 M_2 的析出电位，阴极电位应控制在 a～b 的范围内，见图 15-6。温度为 25℃，两种金属开始析出时的电极电位为：

$$\varphi_{M_1}=\varphi^0+\frac{0.0592}{n_1}\lg c_{M_1}+\eta_{M_1}$$

$$\varphi_{M_2}=\varphi^0+\frac{0.0592}{n_2}\lg c_{M_2}+\eta_{M_2}$$

假定当 M_1 金属离子的浓度降至原浓度的 0.01% 或 10^{-6} mol/L 时为完全分离，若不考虑超电位的影响，此时 M_1 金属离子的电位为：

$$\varphi'_{M_1}=\varphi^0+\frac{0.0592}{n_1}\lg(c_{M_1}\times10^{-4})+\eta_{M_1}=\varphi_{M_1}-\frac{0.0592}{n_2}\times4$$

若此时 φ_{M_1} 还比 φ_{M_2} 正，则将电位控制在 φ'_{M_1} 和 φ_{M_2} 之间，可使 M_1、M_2 两种金属离子定量地分离完全。则电解分离的条件为：

$$\varphi_{M_1}-\frac{0.0592}{n_1}\times4\geqslant\varphi_{M_2}$$

$$\varphi_{M_1}-\varphi_{M_2}\geqslant\frac{0.0592}{n_2}\times4 \tag{15-16}$$

通常，若均为一价的两种金属完全分离时，析出电位差应大于0.35V，若均为二价的两种金属完全分离时，析出电位差应大于0.20V。

电解过程中，随着电解的进行，金属离子浓度越来越小，电极反应速率逐渐变慢，电流不断减小，IR 降也减小，因此需要降低外加电压来维持恒定的阴极电位，补偿 IR 降的减小。为保持阴极电位恒定，应不断改变外加电压。当电流趋近于零时，电解完成。控制阴极电位电解过程中，电解电流与时间的关系见图15-7。电解电流趋近于零时，i-t 关系为：

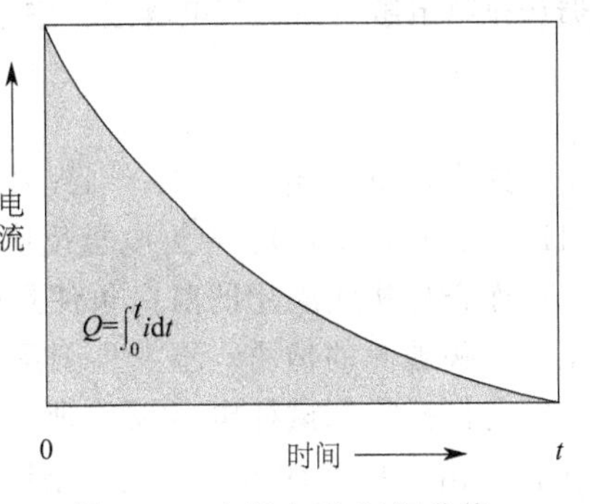

图 15-7 电解电流-时间曲线

$$i_t=i_0\times10^{-Kt} \tag{15-17}$$

其中 $K=\dfrac{0.434AD}{V\delta}$，式中 A 为电极面积；D 为扩散系数；V 为溶液体积；δ 为扩散层厚度。

i 与 c 成正比，则浓度与时间的关系为：

$$c_t=c_0\times10^{-Kt} \tag{15-18}$$

电解 t s后，被测物质留在溶液中的分数为：

$$\frac{c_t}{c_0}=10^{-Kt} \tag{15-19}$$

则被测物沉积的分数 x 为：

$$x=1-10^{-Kt} \tag{15-20}$$

由上式可知，电解完成的程度与起始浓度无关，但与 A、D、V、δ 和 t 有关。

控制电位电解分析法主要用于物质的分离，常用的工作电极有铂网电极和汞阴极。目前多采用具有恒电位器的自动控制电解装置，电解池中需插入参比电极。如图15-8所示为控制阴极电位电解常采用的三电极装置，采用甘汞电极作为参比电极与阴极组成电位测量子系统。当阴极电位发生变化时，电流流过电阻 R，并产生信号。根据信号的大小将外加电压调节在一定的范围内，从而保持阴极电位恒定，使干扰离子不在阴极上析出。

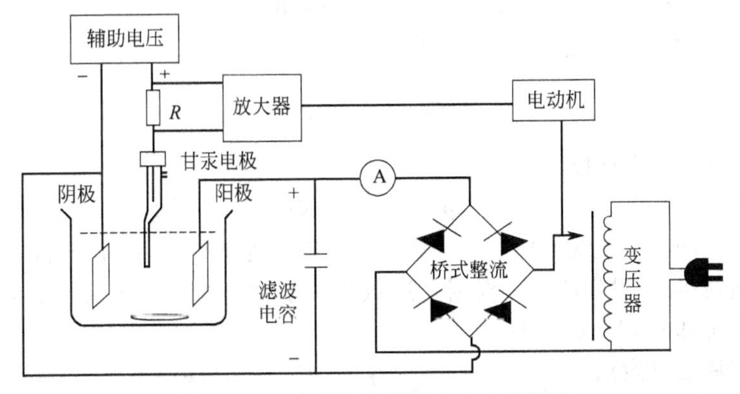

图 15-8 三电极控制阴极电位电解装置

15.3.3 库仑分析法

库仑分析法是根据电解过程中消耗的电量，由法拉第定律来确定被测物质含量的方法。根据法拉第电解定律，在电解过程中电极上析出的物质的量 m 与通过电解池的电荷量 Q 成正比。

$$m=\frac{Q}{nF}M=\frac{it}{96487}\times\frac{M}{n} \tag{15-21}$$

式中，Q 为电量（1C＝1A×1s）；M 为物质的摩尔质量，g/mol；F 为法拉第常数（1F＝96487C/mol）；n 为电极反应中转移的电子数。

库仑分析法应用的前提条件是保证电流效率 100%，也就是通过电解池的电流必须全部用于电解被测的物质，不发生副反应和漏电现象。在一定的外加电压条件下，通过电解池的总电流包括待测试样电极反应所产生的电解电流（$i_{样}$）、溶剂及其离子电解所产生的电流（$i_{溶}$）、溶液中参加电极反应的杂质所产生的电流（$i_{杂}$），则电流效率为：

$$电流效率=\frac{i_{样}}{i_{样}+i_{溶}+i_{杂}}=\frac{i_{样}}{i_{总}} \tag{15-22}$$

为保证 100%的电流效率，库仑分析电解装置中可用盐桥，或将产生干扰的电极用烧结玻璃或离子交换膜的玻璃套管等方式隔离。在库仑分析法中，只有电流效率为 100%，工作电极上只发生单一的电极反应，才能根据所消耗的电量准确求得待测物质的含量。

常用的库仑分析法有控制阴极电位库仑分析法和恒电流库仑滴定法。

(1) 控制阴极电位库仑分析法

在电解过程中，控制工作电极的电位保持恒定，使待测物质以 100%的效率进行电解。当电解电流趋向于零时，指示该物质已被电解完全。测量电解过程中消耗的电量，可求出被测物质的含量。控制阴极电位库仑分析法的装置与控制电位电解法装置相似，只是在电路中串联确定电量的库仑计。图 15-9 为控制阴极电位库仑分析装置，由电解池、库仑计、电极、电位计组成。

控制阴极电位的电解过程中，电流随时间而变化，消耗的电量常采用库仑计或电流-时间积分仪（电子库仑计）进行测量。常用的库仑计有银库仑计、氢氧库仑计等。现在多采用电子库仑计确定电量，电子库仑计以电流对时间积分可直接得到电量，则电解过程中所消耗的电量为：

$$Q=\int_0^t i_t\,\mathrm{d}t \tag{15-23}$$

$$Q=\int_0^t i_0\times 10^{-Kt}\,\mathrm{d}t=\frac{i_0}{2.303K}(1-10^{-Kt})$$

当 t 较大时，10^{-Kt} 可以忽略不计，则

$$Q=\frac{i_0}{2.303K} \tag{15-24}$$

对 $i_t=i_0\times 10^{-Kt}$ 取对数，有：

$$\lg i_t=\lg i_0-Kt \tag{15-25}$$

以 $\lg i_t$ 对 t 作图得一直线，如图 15-10 所示，斜率为 K，截距为 $\lg i_0$，根据 K 和 i_0 值可求出电量。电流-时间积分仪就是根据上述数学关系设计的，可直接显示电解过程中消耗的电量值，精度可达 0.01～0.001μC。

(2) 恒电流库仑滴定法

恒电流库仑滴定法是在恒定的电流下，以 100%的电流效率进行电解，使电解池中产生一种物质（电生滴定剂），该物质能够与待测物质进行定量的化学反应，借助于指示剂或其他电化学方法来确定反应的化学计量点。根据电解过程中产生的电量计算电生滴定剂的量，利用其与待测物质的化学计量关系求得待测物质的含量。

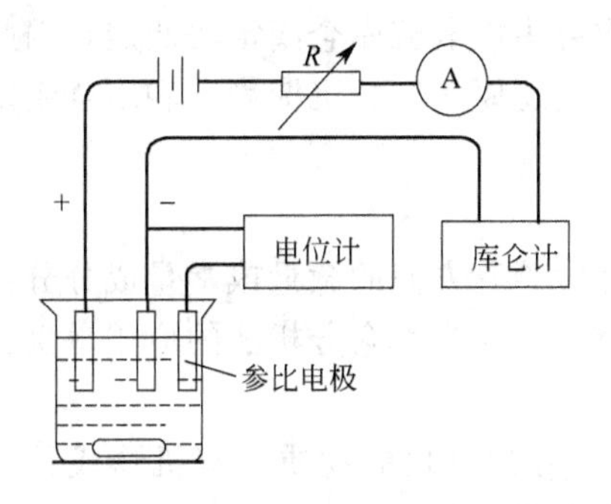

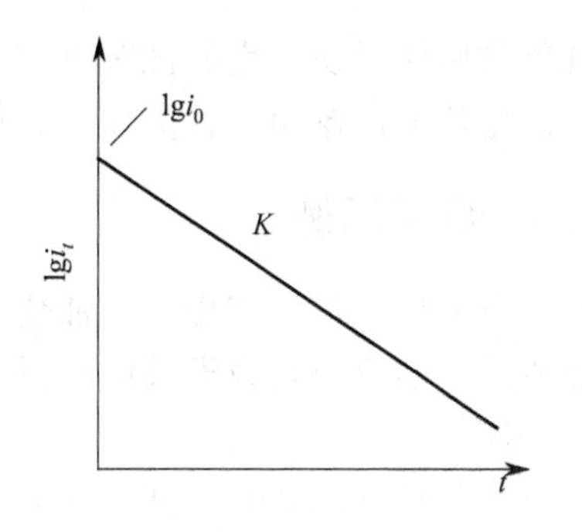

图 15-9 控制阴极电位库仑分析装置示意图

图 15-10 lgi_t-t 曲线

典型的库仑滴定装置如图 15-11 所示。该装置包括电解系统和指示终点系统。电解系统中，工作电极是电生滴定剂产生的电极；辅助电极浸在另一种电解质中，底部用多孔陶瓷与试液隔开，防止辅助电极产生的反应对工作电极或滴定产生干扰。指示终点系统中，指示电极和参比电极与电位计相连，用以指示滴定终点。若用指示剂指示终点则不需要指示电极和参比电极。由于是用恒定的电流进行电解，电解过程所消耗的电量，可以简单地由电流与时间的乘积求得，或由库仑仪直接显示电量或被测物质的含量。

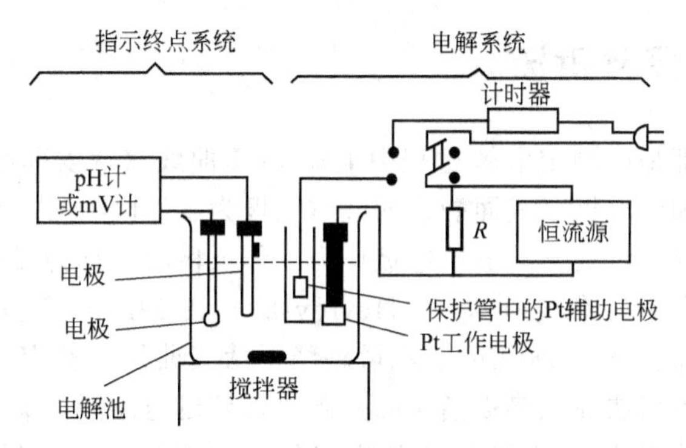

图 15-11 库仑滴定装置示意图

恒电流库仑滴定终点的指示可根据待测溶液的性质选择合适的方法，常用的指示终点的方法有电位法、化学指示剂法和电流法。①电位法指示终点：与电位滴定法确定终点的方法相似，在库仑滴定过程中可以记录电位（或 pH 值）与时间的关系曲线，用作图法或微商法求出终点，或用 pH 计或离子计，指针发生突变表示终点到达。②化学指示剂法指示终点：装置简单，无须库仑滴定装置中的指示终点系统，但灵敏度较低。应注意所选化学指示剂不能在电极上同时发生反应，且指示剂与电生滴定剂的反应速率要比被测物质与电生滴定剂的反应慢。如：用甲基橙为指示剂，以电生 Br_2 测定 NH_2NH_2、NH_2OH 等，化学计量点后溶液中过量的 Br_2 使甲基橙褪色。③电流法指示终点：根据待测物质或滴定剂在指示电极上进行反应所产生的电流与电活性物质的浓度成比例，滴定终点可从指示电极电流的变化来确定。电流法可分为单指示电极电流法和双指示电极电流法。前者常称为极谱滴定法，后者又称为永停终点法。

恒电流库仑滴定分析法具有如下特点：不需要配制标准溶液，操作过程简单；所用滴定剂由电解产生，边产生边滴定，因此可使用不稳定的滴定剂，如 Cu^{2+}、Br_2、Cl_2，使滴定范围扩大；电解过程中的电量容易控制和准确测量，准确度较高，RSD 约为 0.5%；方法准确度高，可检测出物质量达 10^{-5}～10^{-9} g/mL；容易实现自动滴定。

凡能与电解时所产生的试剂迅速反应的物质，均可用恒电流库仑滴定法测定，因此恒电流库仑滴定法能广泛用于各类滴定，如酸碱滴定、氧化还原滴定、沉淀滴定和络合滴定等。

15.3.4 应用示例

库仑分析法可广泛应用于石油化工、环保、食品检验等方面的微量或常量成分分析，而且还能用于化学反应动力学及电极反应机理等的研究。下述为库仑分析法的应用举例：化学需氧量的测定。

化学需氧量（COD）是指在一定条件下，1L 水中可被氧化的物质（有机物或其他还原性物质）氧化时所需要的氧的量，是评价水质污染的重要指标之一。

在 10.2mol/L 硫酸介质中，以重铬酸钾为氧化剂，将水样回流消化 15min。通过 Pt 阴极电解产生的亚铁离子与剩余的 $K_2Cr_2O_7$ 作用。由消耗的电量计算 COD 值：

$$\mathrm{COD}=\frac{i(t_0-t_1)}{96487V}\times\frac{32}{4}\times1000(\mathrm{mg/L})$$

式中，i 为恒电流强度，mA；t_0 为电解产生的 Fe^{2+} 标定电解池中重铬酸钾浓度所需要的电解时间，s；t_1 为测定剩余重铬酸钾所需要的电解时间，s；V 为水样体积，mL。

15.4 极谱与伏安分析法

伏安法和极谱法都是以测定电解过程中电流-电压曲线（伏安曲线）为基础的一大类电化学分析方法。使用固体电极或表面静止的液体电极为工作电极时，称为伏安法。使用滴汞电极或其他表面能够周期性更新的液体电极作为工作电极时，称为极谱法。

极谱法是捷克科学家海洛夫斯基（J. Heyrovsky）在 1922 年创立的，1934 年尤考维奇（Ilkovic）提出扩散电流方程，从理论上定量解释了伏安曲线，奠定了经典极谱法分析的理论基础。自此以后，极谱法在经典极谱法的基础上得到迅速发展，涌现出了许多新方法和新技术，使极谱和伏安分析法成为电化学分析中的重要方法之一。目前极谱法不仅用于微（痕）量物质的测定，也可用于电极动力学及其相关化学反应机理的研究。

15.4.1 极谱分析基本原理

(1) 极谱法的基本装置

在极谱分析法中，以大面积的饱和甘汞电极为阳极（参比电极），其电极电位在电解过程中保持恒定；以小面积的滴汞电极为阴极（工作电极），其电位完全由外加电压控制。基本装置如图 15-12 所示。通过改变滑线触点上的位置可调节加在电解池两级间的电压，用伏特计测得电压的大小，用电路中的检流计测量电解过程中电流的变化。

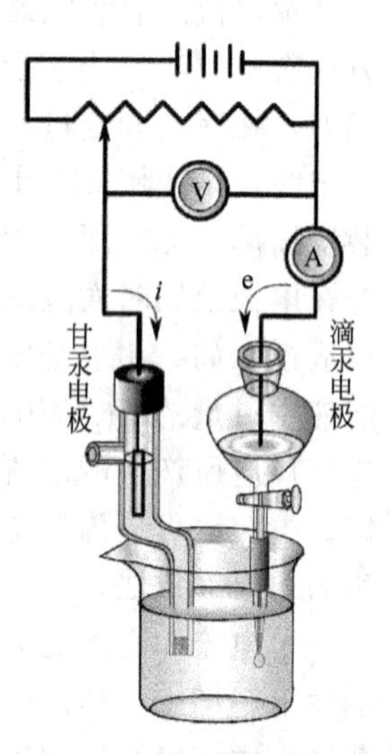

图 15-12 极谱法装置示意图

滴汞电极的上部为储汞瓶，下接一根厚壁塑料管，塑料管的下端接一支毛细管，管内径大约为 0.05mm。汞滴在电极毛细管出口处很小，容易形成浓差极化。汞滴不断滴落，使电极表面不断更新，储汞瓶中大量的汞保持滴汞周期和汞柱高度相对稳定。受汞滴周期性滴落的影响，汞滴面积的变化使电流呈快速锯齿形改变。

滴汞电极的电位完全由外加电压控制，通过无限小的电流，便引起电极电位发生很大变化，此类电极称为极化电极；甘汞电极或大面积汞层的电极电位不随电流变化，此类电极称为去极化电极。

(2) 极谱波的形成

极谱波的产生就是由于在极化电极上出现浓差极化现象而引起的。以 Cd^{2+} 为例说明极谱波的形成过程。当外加电压小于待测离子 Cd^{2+} 分解电压时，不会发生电解反应，只有微弱电流通过，称为残余电流，如图 15-13 中①～②段。当外加电压增加，达到 Cd^{2+} 的分解电压时，Cd^{2+} 开始在滴汞电极上析出 Cd，并与汞结合为镉汞齐，电极反应为：

滴汞电极：$Cd^{2+}+2e+Hg \rightleftharpoons Cd(Hg)$

甘汞电极：$2Hg-2e+2Cl^- \rightleftharpoons Hg_2Cl_2$

外加电压再稍微增大，电解反应继续进行，此时由于汞滴面积很小且溶液保持在静止状态，使滴汞电极汞滴周围的 Cd^{2+} 浓度迅速下降，低于溶液本体中的 Cd^{2+} 浓度，于是溶液本体中 Cd^{2+} 向电极表面迅速扩散，产生浓差极化现象，电解池中的电流快速增加，如图中②～④段。当外加电压增加到一定数值时，扩散速率达到最大，在溶液本体与滴汞电极表面之间形成一扩散层，产生浓度梯度，电流大小完全由浓度扩散决定。当扩散达到平衡时，图中④处，电流不再增加而达到极限值，称为极限电流。图 15-13 所示的电流-电压曲线为极谱曲线，也称为极谱波。极谱波的高度即极限电流与残余电流的差值，称为极限扩散电流 i_d。极限扩散电流与溶液中 Cd^{2+} 的浓度成正比，这是极谱法定量分析的依据。图中③处的电流大小为极限扩散电流的一半，此时的滴汞电极电位大小称为半波电位 $\varphi_{1/2}$。当溶液的组分和温度一定时，半波电位 $\varphi_{1/2}$ 是一定的，与待测离子的浓度无关，因此半波电位 $\varphi_{1/2}$ 可作为极谱法定性分析的依据。

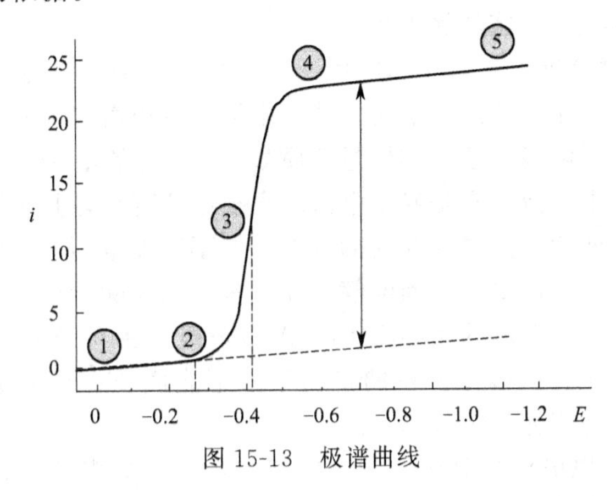

图 15-13 极谱曲线

(3) 扩散电流方程及其影响因素

① 扩散电流方程 极谱分析法是通过测量待测物质产生的扩散电流来进行定量分析的，扩散电流方程（尤考维奇公式）反映的是在一定实验条件下，扩散电流与溶液中待测物质浓度之间的定量关系。扩散电流方程表达式为：

$$i_d=607nD^{1/2}m^{2/3}t^{1/6}c \tag{15-26}$$

式中，i_d 为每滴汞上的平均电流，μA；n 为电极反应中转移的电子数；D 为扩散系数；t 为滴汞周期 s；c 为待测物原始浓度，mmol/L；m 为汞流速度，mg/s。

扩散电流方程中，在一定的实验条件下，n、D、m、t 均为常数。将这些常数合并，用 K 表示。则

$$i_d = Kc \tag{15-27}$$

即扩散电流与试液中待测离子的浓度成正比，这就是极谱法定量分析的基础。

极谱波方程是描述极谱电流与滴汞电极电位之间关系的数学表达式，对于直流极谱中简单金属离子的可逆波，其极谱方程为：

$$\varphi = \varphi_{1/2} + \frac{RT}{nF}\ln\frac{i_d - i}{i} \tag{15-28}$$

② 影响因素　扩散电流方程中，扩散电流与试液中待测离子的浓度呈线性关系的前提条件是 K 为常数，影响 K 值的因素主要有以下几项：

a. 溶液的组成　溶液的组成尤其是溶液的黏度会影响扩散系数，而扩散电流 i_d 与扩散系数 $D^{1/2}$ 成正比，因此溶液组成会影响扩散电流。所以，在极谱分析中，应尽量使标准试液的组成接近待测试液。

b. 毛细管的特性　扩散电流方程表明，i_d 与 $m^{2/3}$、$t^{1/6}$ 成正比，m、t 均为毛细管特性，通常将 $m^{2/3}t^{1/6}$ 称为毛细管特性常数。而毛细管特性常数为汞柱高度的函数，因此在极谱分析中应保持汞柱高度不变，在测量标准试液和待测试液时，应使用同一支毛细管，并在相同的汞柱高度下进行测定。

c. 温度的影响　在扩散电流方程中除电子转移数 n 以外，其余各项都受温度的影响，尤其是扩散系数 D。室温下，温度每增加 1℃，扩散电流增加约 1.3%，故温度变化应控制在±0.5℃范围内。

(4) 干扰电流与消除方法

在极谱分析中，除扩散电流外，还存在与待测物质的浓度无关的其他原因所引起的电流，如残余电流、迁移电流、极谱极大和氧波等，统称为干扰电流。干扰电流的存在会影响极谱分析，因此应采取相应措施消除干扰。

① 残余电流　极谱分析中，当外加电压还未达到待测离子的分解电压时，就有微小的电流通过电解池，这种电流称为残余电流。残余电流包括电解电流和电容电流。电解电流是由溶液中存在的易在滴汞电极上还原的微量杂质如水中微量铜、溶液中未除尽的氧等所引起的电流；电容电流即充电电流，它是残余电流的主要组成部分，是由于汞滴的不断生长和落下，滴汞电极与溶液的两相界面之间存在的双电子层不断充电而产生的电流。

通常电解电流可通过试剂提纯、预电解、除氧等方法消除；而充电电流在经典直流极谱中基本上无法消除，由于其电流的大小为 10^{-7}A 数量级，相当于 10^{-5}mol/L 待测物质所产生的扩散电流，因此经典直流极谱分析的检测下限不能低于 10^{-5}mol/L。残余电流一般可采取作图法或使用残余电流补偿装置扣除。

② 迁移电流　由于电极对待测离子的静电引力而导致更多离子移向电极表面，并在电极上还原产生电流，该电流称为迁移电流。例如 Cd^{2+} 在滴汞电极上还原，由于浓度梯度，Cd^{2+} 从溶液本体向电极表面扩散，产生扩散电流；此外，作为滴汞电极的阴极对阳离子的静电吸引力，也会使 Cd^{2+} 移向滴汞电极表面发生还原反应，产生迁移电流。因此，实际测量的电流比扩散电流大。迁移电流与待测物质的浓度无定量关系，故应设法消除。

迁移电流的消除方法是加入大量支持电解质。支持电解质为具有导电性能但在测定条件下不发生电解反应的惰性电解质。由于大量支持电解质的存在，静电引力将作用到溶液中所有的离子上，则溶液中待测离子所受到的静电引力明显减弱，且支持电解质在待测离子发生还原反应的电位范围内并不起反应，导致迁移电流趋近于零。KCl、NH_4Cl、HCl、H_2SO_4 等都是常用的支持电解质，其浓度通常比待测离子高 100 倍以上。

③ 极谱极大 极谱分析中经常会出现一种特殊现象，在电解开始后，由于电压的增加电流迅速地增加到一极大值，然后下降到极限扩散电流区域，这种在极谱曲线上出现的远大于极限扩散电流的不正常的电流峰称为极谱极大，如图 15-14 所示。极谱极大是由于滴汞电极毛细管末端汞滴上部的屏蔽作用而引起溪流运动，使待测离子依靠非扩散快速移动到汞滴表面所产生的。极谱极大会影响半波电位及扩散电流的测量，因此必须加以消除。通常在待测溶液中加入少量表面活性物质即极大抑制剂可抑制极大现象，如动物胶、聚乙烯醇、TritonX-100 等。极大抑制剂不可加入过多，一般为电解液的 0.002%～0.01%。

④ 氧波 在试样中溶解的少量氧在滴汞电极上被还原，形成氧极谱电流，即氧波。氧的还原反应分两步进行：

$$O_2 + 2H^+ + 2e \longrightarrow H_2O_2$$

$$H_2O_2 + 2H^+ + 2e \longrightarrow 2H_2O$$

在中性溶液中，这两步还原反应的半波电位分别为 −0.1V 和 −0.9V。见图 15-15 曲线 1。由于这两个极谱波的半波电位范围较宽，影响其他很多电活性物质的极谱测定，因此必须消除氧波的干扰，也就是要除去溶液中的氧。

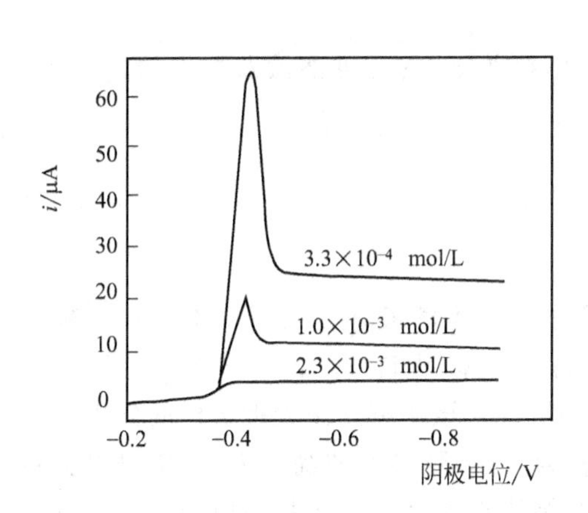

图 15-14 极谱极大现象

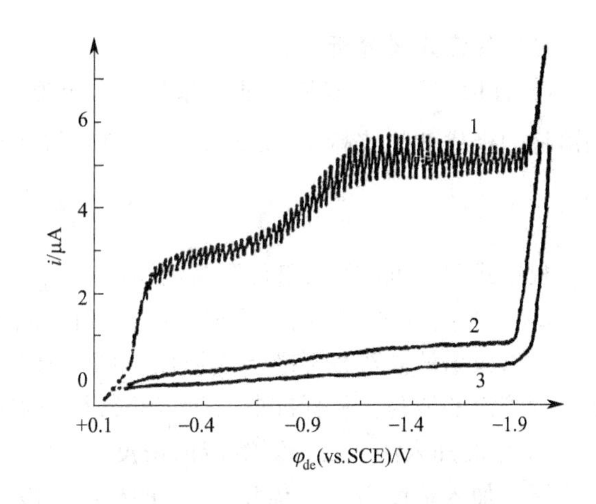

图 15-15 0.1mol/L KCl 溶液的极谱图

1—用空气饱和的 KCl 溶液；2—部分除氧后；3—完全除氧后

除氧常用的方法有：将惰性气体氮气或氩气通入溶液中 10min 左右以驱除溶解氧；在中性或碱性溶液中加入 Na_2SO_3 发生还原反应溶解氧；在酸性溶液中可加入 Na_2CO_3 释放出 CO_2，或加入铁粉生成 H_2，均可除去溶解氧；弱酸性溶液中可用抗坏血酸除氧。

15.4.2 极谱定量分析方法

(1) 波高的测量

根据扩散电流方程可知，只要测出极限扩散电流的大小和比例常数 K，就可以计算出待测溶液的浓度。在极谱分析中，常用极谱波高来代替极限扩散电流值，而不必测量极限扩散电流的绝对值。比例常数 K 可通过校正曲线获得。常用的波高测量方法为平行线法和三切线法。

对于波形良好的极谱波，残余电流和极限电流的延长线基本平行，两平行线间的垂直距离 h 即为波高，如图 15-16(a) 所示。但在实际工作中，许多极谱波的极限电流和残余电流并不平行，因此不能用平行线法测波高，可采用三切线法。

对于波形不规则的极谱波，采用三切线法测定波高，分别作残余电流切线 AB 和极限电流切线 CD，与波的切线 EF 交于 O、P 两点，过 O、P 两点作平行于横坐标轴的平行线，两条平行线间的垂直距离 h 即为波高，如图 15-16(b) 所示。

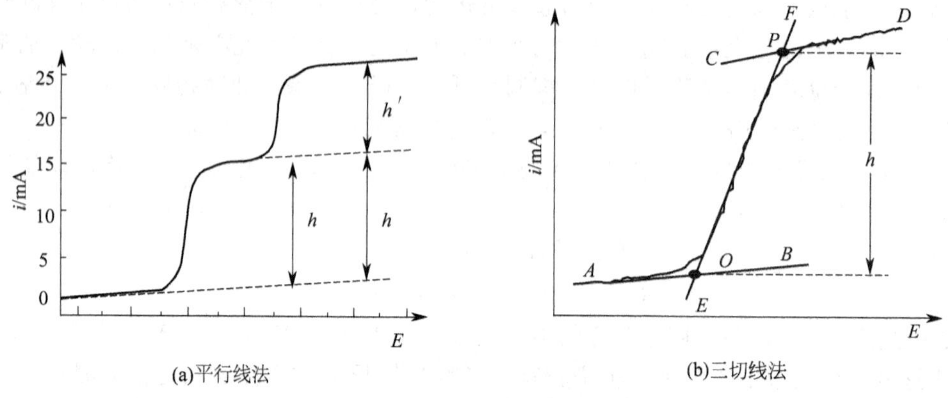

图 15-16 波高的测量方法

(2) 极谱定量分析方法

① 直接比较法 在同一实验条件下，分别测定浓度为 c_s 的标准溶液及浓度为 c_x 的待测溶液的极谱波的波高 h_s 及 h_x，由于波高与待测离子浓度成正比，有

$$c_x=\frac{h_x}{h_s}c_s \tag{15-29}$$

根据式(15-29) 可求出待测溶液的浓度 c_x。

② 标准曲线法 配制一系列不同浓度的待测离子的标准溶液，在相同实验条件下测量波高，以极谱波高对各标准溶液浓度作图，绘制波高-浓度标准曲线。在相同实验条件下测量待测溶液的波高，从标准曲线上可获得待测溶液的浓度。该法可用于大批试样的分析。

③ 标准加入法 设待测溶液的浓度为 c_x、体积为 V_x，测得其波高为 h_x，在相同实验条件下，加入浓度为 c_s、体积为 V_s 的标准溶液，测得其波高为 h_s，由扩散电流方程，有

$$h_x=Kc_x \tag{15-30}$$

$$h_s=K'\left(\frac{c_xV_x+c_sV_s}{V_x+V_s}\right) \tag{15-31}$$

由于所加入的标准溶液的体积一般很小，不会影响试液基体的组成，因此 $K=K'$，则上两式相除，待测溶液的浓度 c_x 为

$$c_x=\frac{c_sV_sh_x}{h_s(V_x+V_s)-h_xV_x} \tag{15-32}$$

15.4.3 极谱与伏安分析新方法

经典极谱分析的应用对电化学分析的发展起到了很大的促进作用，但其自身所存在的不足限制了它的应用，如灵敏度较低，检测下限一般在 $10^{-4}\sim10^{-5}$mol/L 范围内，受难以消除的电容电流的影响较大；分辨能力低，两种物质的半波电位需相差 100mV 以上才能分辨；分析速度较慢，一般的分析过程需要 5～15min。为解决上述困难，在经典极谱的基础上发展了一些新的极谱与伏安分析方法，如单扫描示波极谱法、脉冲极谱法、溶出伏安法等，这些方法被广泛应用。

(1) 单扫描示波极谱法

单扫描示波极谱法也称为直流示波极谱法，该法是在单个汞滴生长的后期，将一线性变化的直流电压施加于电解池上，电解待测物质，利用阴极射线示波器或数字显示器检测电信号，以获得单个汞滴的电流-电压曲线即极谱波。该法与经典极谱法相似，不同之处在于电解池两极上所施加电压的扫描速度和方式不同。经典极谱法电压扫描速度慢，大约为 0.2V/min，需扫描几十滴汞才能形成振荡的阶梯形极谱曲线；而单扫描示波极谱法是在单个汞滴形成后期施加锯齿波脉冲，扫描速度快，大约为 0.25V/s，极谱曲线为平滑无振荡呈尖峰状曲线，如图 15-17 所示。

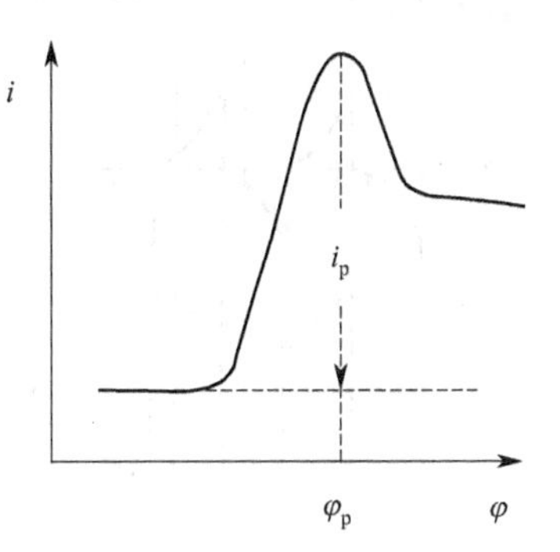

图 15-17 单扫描极谱图

单扫描极谱图之所以呈峰形，是因为在快速扫描时，汞滴附近的待测物质迅速被还原，产生较大的电流，随着电压继续增加，溶液中的待测物质还来不及扩散至电极表面，电极表面待测物质的浓度降低又会引起电流下降，当扩散达到平衡时，电流稳定，因而形成峰形曲线。

单扫描极谱图上曲线峰对应的电流称为峰电流（i_p），对于可逆极谱波，有如下峰电流方程：

$$i_p = 2.69\times10^5 n^{3/2} D^{1/2} V^{1/2} Ac \tag{15-33}$$

式中，i_p 为峰电流；V 为极化速度；n 为转移电子数；D 为扩散系数；A 为电极面积；c 为待测物浓度。在一定的实验条件下，峰电流 i_p 与待测物浓度 c 成正比，这是单扫描极谱法定量分析的基础。可逆波的峰电位与经典极谱波的半波电位之间的关系为：

$$\varphi_p = \varphi_{1/2} - 1.1\frac{RT}{nF} = \varphi_{1/2} - \frac{0.028}{n}(25℃) \tag{15-34}$$

可见峰电位是与半波电位有关的常数，也是待测物质的特征常数，因此根据峰电位可进行定性分析。

在单扫描极谱装置中使用三电极体系，见图 15-18，即在滴汞电极和参比电极之外，还增加了一个辅助电极（铂电极），极谱电流在滴汞电极（工作电极）和辅助电极之间流过，参比电极与工作电极组成一个电位监控回路，以保证滴汞电极的电位完全由外加电压控制，而参比电极电位保持恒定。

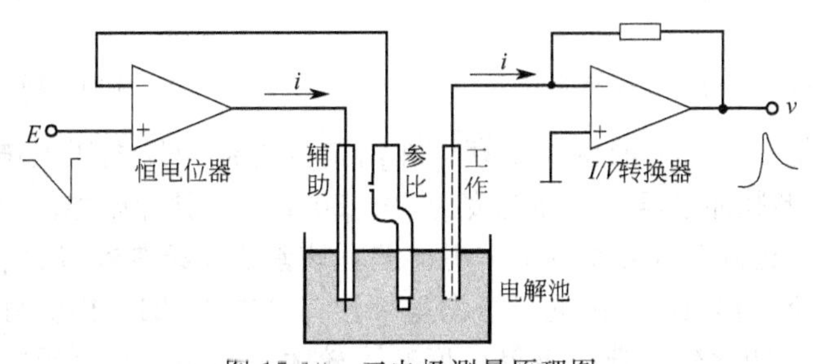

图 15-18 三电极测量原理图

单扫描极谱与经典极谱相比，灵敏度较高，检测下限可达 1×10^{-7} mol/L，能够消除部分电容电流的干扰；分析速度快，只需数秒钟便可完成一次测定；分辨能力强，两物质的峰电位相差 0.1V 以上便能分开。

(2) 方波和脉冲极谱法

方波极谱是交流极谱法的一种，它是向电解池施加直流电压的同时，再叠加一个振幅很

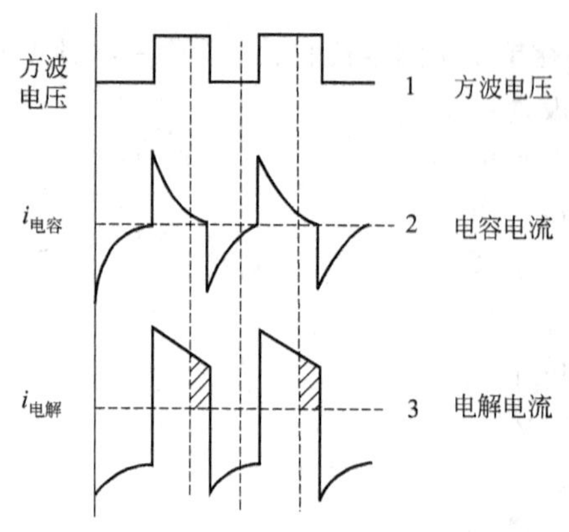

图 15-19 方波极谱法消除电容电流原理图

小的交流方波形电压。利用方波电压通过电解池产生的电容电流随时间而衰减的特性，即在特定的时刻方波电位能够引起电容电流大大降低，可提高分析的灵敏度。如图 15-19 所示。

方波极谱能够比较彻底消除电容电流的干扰，提高灵敏度，但是灵敏度的进一步提高受到毛细管噪声的影响，只有消除了毛细管的噪声才能使灵敏度进一步提高。此外，为使电容电流迅速衰减，一般要在高浓度的支持电解质条件下进行测定。为此，发展了脉冲极谱法。

脉冲极谱法在每一滴汞滴生长后期，在直流线形扫描电压上叠加一个小振幅的周期性脉冲电压，记录脉冲电解电流与电压的关系曲线。脉冲极谱法基本消除了电容电流和毛细管噪声的干扰，并能在低浓度的支持电解质条件下分析，有利于降低痕量分析的空白值，是极谱法中灵敏度较高的方法之一。根据施加脉冲电压方式和记录电解电流方式的不同，分为常规脉冲极谱和微分脉冲极谱。

常规脉冲极谱是在每滴汞的生长末期，在给定的直流扫描电压上叠加一个振幅随时间而逐渐增加并且在 0～2V 范围内的矩形脉冲电压，脉冲宽度为 40～60ms，两个脉冲间的电压回复至起始电压。在脉冲后期测量电解电流，电容电流和毛细管噪声电流均很快衰减，极谱图呈台阶状，见图 15-20。

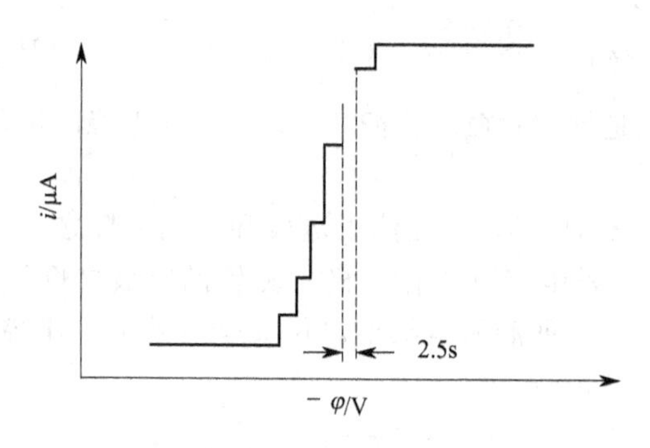

图 15-20 常规脉冲极谱波

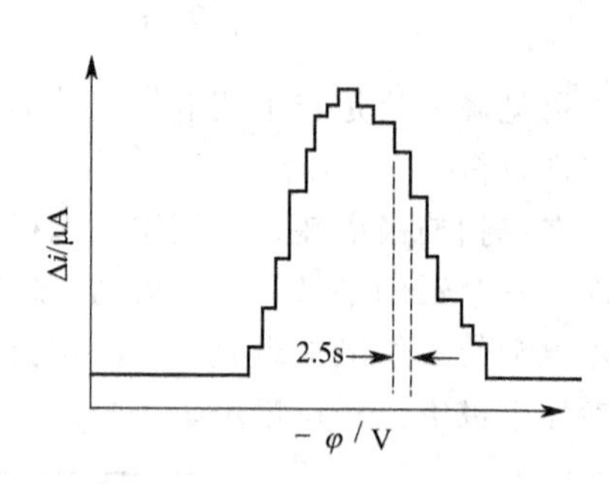

图 15-21 微分脉冲极谱波

微分脉冲极谱是在每滴汞的生长末期，在给定的直流扫描电压上施加一个振幅在 5～100mV 范围内的矩形脉冲电压，脉冲宽度为 40～80ms，在脉冲施加前 20ms 和终止前 20ms 分别测量电解电流，记录两次测量的电解电流差，该差值在经典极谱的半波电位处最大，在极限电流和残余电流处都很小，因此极谱图呈峰形，见图 15-21。微分脉冲极谱基本上消除了电容电流的干扰，相比较经典极谱灵敏度有了较大的提高，检测限降低 2～3 个数量级，可达 10^{-8}～10^{-9}mol/L。

(3) 极谱催化法

极谱催化法是在电化学和化学动力学的理论基础上发展起来的一种方法。该法共存元素干扰少，有较好的选择性，且灵敏度较高。极谱催化法中的催化电流形成的极谱波称为极谱催化波，基于如下反应：

$$
\begin{array}{c}
A + ne \longrightarrow B\text{（电极反应）} \\
B + X \xrightarrow{k_1} A + Z\text{（化学反应）}
\end{array}
$$

活性物质A在电极反应中被还原为B，若溶液中存在另一氧化剂X，X可将B氧化为A，A又在电极上发生还原反应，化学反应和电极反应平行进行，形成循环。在该反应中，可以看出A的浓度几乎不变，相当于催化剂，催化了X的还原，由于催化反应电流将增大，增大的这一部分电流即催化电流。催化电流除受A、B、X的扩散速度控制外，还受k_1控制，k_1愈大，反应速率愈快，催化电流也愈大。在一定范围内，催化电流与A的浓度成正比，这是极谱催化法定量分析的基础。催化电流通常比扩散电流大得多，因此极谱催化法具有较高的灵敏度，检测下限可达10^{-8}～10^{-11}mol/L。

极谱催化波中常作为氧化剂X的物质有过氧化氢、氯酸盐、高氯酸及其盐、硝酸盐、亚硝酸盐等。适用于极谱催化波分析的金属离子多为具有变价性质的高价离子，如Mo（Ⅵ）、W（Ⅵ）、V（Ⅴ）等。

（4）溶出伏安法

溶出伏安法又称反向溶出伏安法，该方法是将电解富集与电解溶出相结合的电化学分析技术，使用的是固定汞滴的悬汞电极或镀汞的汞膜电极。溶出伏安分析可分为两个步骤，首先使待测物质在适当的条件下电解一定的时间，待测离子还原后沉积在阴极上，然后反向扫描电极电位，使富集在电极上的物质重新溶出，根据溶出过程中所得到的伏安曲线来进行定量分析。溶出伏安曲线的峰高受待测离子的浓度、电解富集时间、电解时溶液的搅拌速度、悬汞电极的大小、溶出时的电位变化速率等的影响。在一定的实验条件下，溶出伏安曲线中峰电流的大小与待测物质浓度成正比，这是溶出伏安法定量分析的依据。

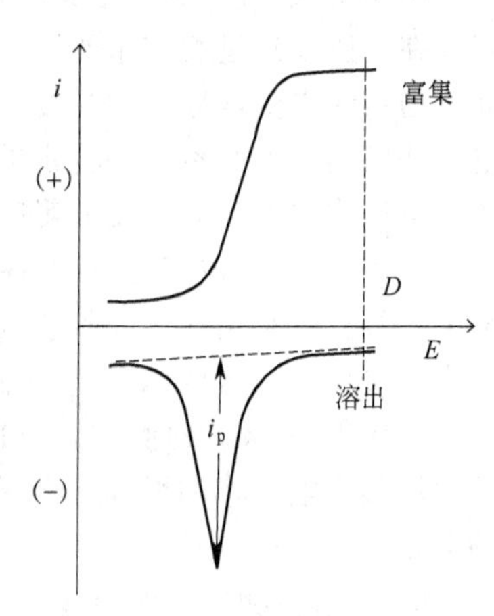

图15-22 阳极溶出伏安曲线

根据溶出时电极电位的扫描方向，溶出伏安法可分为阳极溶出伏安法和阴极溶出伏安法。阳极溶出伏安法即在电解富集过程中，工作电极作为阴极，溶出过程中向阳极方向扫描，该法多用于金属离子的定量分析，阳极溶出伏安曲线见图15-22；阴极溶出伏安法即工作电极作为阳极电解富集，溶出时向阴极方向扫描，该法适用于某些阴离子的测定。

溶出伏安法具有较高的灵敏度，检测下限可达10^{-8}～10^{-9}mol/L，有时甚至达到10^{-11}mol/L，主要用于痕量金属离子的测定，特别是能与汞形成汞齐的金属元素。此外，卤素、硫等阴离子能与汞形成难溶盐，也可用溶出伏安法分析。

15.4.4 应用示例

【例】 单扫描示波极谱法测定尿液中的Zn。

测定条件：Zn在NH_4Cl-$NH_3 \cdot H_2O$介质中，在单扫描示波极谱仪上的还原波较好，峰电位在－1.48V；Zn在10^{-7}～10^{-4}g/mL浓度范围内，Zn的浓度与峰电流呈线性关系；Co、V、Ni、Mn对测定会产生影响；试液应预先蒸干除去NO_3^-，消除NO_3^-对测定结果的影响；用Na_2SO_3除O_2，消除氧波的影响，用动物胶抑制极谱极大。

分析结果：试样中Zn的质量浓度ρ_x(g/L)的计算式为

$$\rho_x=\frac{h_x}{h_s}\rho_s$$

式中，ρ_s 为 Zn 标准溶液的质量浓度 g/L；h_x、h_s 分别为试样和标准溶液平行测定 3～5 次的平均峰高。

15.5 其他电化学分析法

15.5.1 电导分析法

携带不同电荷的微粒在外电场作用下向相反的方向移动产生电流的现象称为导电。电导分析法是基于电解质溶液中正负离子的迁移而产生电流传导的一种电化学分析方法，即通过测量电解质溶液的电导值来确定物质含量。电导分析法包括直接电导法和电导滴定法。

(1) 直接电导法

直接电导法通过直接测定溶液的电导以求得溶液中电解质的含量，主要应用在以下几方面。

① 水质监测　由于纯水中的主要杂质是一些可溶性的无机盐类，它们在水中以离子状态存在，所以通过测定水的电导率，可以鉴定水的纯度，并以电导率作为水质纯度的指标。如普通蒸馏水的电导率约为 2×10^{-6} S/cm，离子交换水的电导率小于 5×10^{-6} S/cm。直接电导法常用于实验室和环境水的监测，但是不能测定水中的细菌、悬浮杂质和某些有机物等非导电性物质对水质纯度的影响。

② 大气污染物测定　由各种污染源排放的大气污染气体主要有 SO_2、CO、CO_2 及 N_xO_y 等。可利用气体吸收装置，将这些气体通过一定的吸收液，利用反应前后电导率的变化来间接反映气体的浓度。该法操作简单，并可自动连续获得读数，在环境监测中广泛应用。如大气中 SO_2 的测定，SO_2 气体可用 H_2O_2 吸收，SO_2 被 H_2O_2 氧化为 H_2SO_4 后电导率增加，电导率的增加量在一定范围内与 SO_2 的浓度成正比，由此可计算出大气中 SO_2 的含量。

③ 色谱检测器　电导池里含有能吸收气体形成离子溶液或沉淀的物质，常使用双电导池，其一为参比池，不通气体；另一为检测池，通过气体，根据两池的电导率之差来测定气体含量。

直接电导法还能用于钢铁中碳和硫的快速测定，合成氨中一氧化碳与二氧化碳的自控监测以及弱电解质电离度、溶度积等物理常数的测定等。

(2) 电导滴定法

电导滴定法通过滴定过程中溶液电导率的变化来确定滴定终点，然后根据到达滴定终点时所消耗的滴定剂的体积和浓度计算出待测物质的含量。在滴定过程中，滴定剂与溶液中待测离子生成水、沉淀或难离解的化合物，使溶液的电导率发生变化，而在计量点时滴定曲线上出现转折点，指示滴定终点。

电导滴定过程中，溶液中所存在的离子，无论是否参加反应，都对电导率值有影响。因此，为保证测量结果准确，待测溶液中不应该含有不参加反应的电解质。此外，由于滴定剂的加入使溶液不断稀释，为减小稀释效应的影响，所使用滴定剂的浓度应十倍于待测溶液的浓度。电导滴定时，待测溶液的温度还要保持恒定。

电导滴定可用于酸碱滴定、沉淀滴定、配位滴定和氧化还原滴定。其中酸碱电导滴定的主要特点是能用于滴定极弱的酸或碱（$K=10^{-10}$），如硼酸、苯酚、对苯二酚等，也能滴定弱酸盐或弱碱盐以及强、弱混合酸，这些用普通滴定分析或电位滴定分析都无法进行。

15.5.2 电化学生物传感器

生物传感器（biosensor）是指用固定化的生物体成分或生物体本身作为敏感元件的传感器，是一种将生物化学反应能转换成电信号的分析测试装置。其工作原理是待测物扩散进入固定化生物敏感膜，经分子识别，发生生物学反应，产生的信息继而被相应的化学信号转换器或物理信号转换器转变成可定量和可处理的电信号，再经检测放大器放大并输出，由此可测定待测物的浓度。

电化学生物传感器是生物传感器的一个分支，由敏感元件（分子识别元件）和信号转换器件组成，其中敏感元件是敏感物质如酶、核酸、微生物、抗原、抗体等固定在非水溶性载体（膜或柱）或金属（电极）表面上而形成的；信号转换器主要是电化学电极，电化学电极分为电位型和电流型，离子选择性电极、氧化还原电极等属于电位型电极，氧电极等是电流型电极。目前用得最多的氧电极是电解式 Clark 氧电极，由铂阴极、Ag/AgCl 阳极、KCl 电解质和透气膜构成。电化学生物传感器中目前已逐渐采用电流型电极为信号转换器，主要是因为该类电极和电位型电极相比具有如下优点：①电极的输出直接和待测物浓度呈线性关系，而电位型电极输出是和待测物浓度的对数呈线性关系；②电极输出值的读数误差所对应的待测物浓度的相对误差比较小；③电极的灵敏度较高。

根据敏感元件的不同，电化学生物传感器中可分为酶传感器、微生物传感器、细胞传感器、组织传感器和免疫传感器。这几类电化学生物传感器的应用涉及医学、食品科学、环境监测、发酵工业等多个领域。例如在食品工业中，酶电极生物传感器可用来分析食物中的葡萄糖含量，亚硫酸盐氧化酶为敏感材料制成的电流型二氧化硫酶电极，可用于测定食品中的亚硫酸盐的含量，免疫生物传感器可用于进行食物中微生物和毒素的测定。例如在环境监测领域，微生物传感器可测定生物需氧量（BOD），该传感器一般是将微生物膜固定在溶解氧的探头上，当样品溶液通过传感器检测系统时，渗透通过多孔膜的有机物被固定化的微生物吸收，消耗氧，引起膜周围溶解氧减少，使氧电极电流随时间延长急剧减小。例如在临床医学中，酶电极是最早研制且应用最多的一种传感器，可应用于血糖、乳酸、维生素 C、尿酸、尿素、谷氨酸等物质的检测；DNA 传感器可用于临床疾病诊断，能够从 DNA、RNA、蛋白质及其相互作用层次上了解疾病的发生、发展过程，有助于对疾病的及时诊断和治疗。例如在发酵工业中，微生物传感器可用于测量原材料和代谢产物，测量的装置基本上都是由适合的微生物电极与氧电极组成，原理是利用微生物的同化作用耗氧，通过测量氧电极电流的变化量来测量氧气的减少量，从而达到测量底物浓度的目的。

电化学生物传感器专一性好，只对特定的底物起反应，不受颜色和浊度的影响，一般不需进行样品的预处理；分析速度快，通常 20s 内就能获得准确的分析结果；成本相对较低，样品用量少，分析试剂可以重复应用，使分析成本大幅度降低；稳定性好，分析精度高；操作简单，容易实现自动和连续分析。随着科学技术的不断发展以及人们对生物体认识的不断深入，电化学生物传感器的应用将更为广泛。

15.5.3 光谱电化学分析

光谱电化学分析法是在 1964 年由 T. Kuwana 创建的，他第一次使用具有导电性的玻璃

(Nesa 玻璃）作为光透电极（optically transparent electrodes，OTE)，该光透电极是在玻璃片上镀一薄层掺杂 Sb 的 SnO_2 而制成，该电极同时还可以测量电解池液层中电活性物质的浓度对光的吸收，由此开创了光谱电化学分析的研究。

光谱电化学就是光谱分析方法和电化学分析方法联用的技术。在传统的电化学反应的研究中，根据所测定的电极电势或电流来研究该电化学反应的机理及动力学参数，得到的是电化学体系各种微观信息的总和，不能准确地反映出电极、电解质溶液界面的反应过程，反应产物和中间体的浓度、形态等对于反应机理产生的影响。而光谱电化学技术能够获得有关反应中间体，电极表面的性质的相关信息，并且能够在分子水平阐明电化学反应动力学原理。

光谱电化学分析装置中最重要的两个部分为光透电极和电解池。理想的光透电极应具有良好的透光性和尽可能低的电阻，实际分析时应按要求选择合适的电极。常用的光透电极有氧化锡和氧化铟电极（ITO)、金属及碳膜电极、金属网栅电极、多孔玻碳电极和超微电极等。光谱电化学的电解池随方法不同而异，理想的电解池可用光谱范围较宽，光学灵敏度较高，易于除氧，且能适用于各类溶剂以及具有较小的池时间常数。

光谱电化学技术按测试方式可分为非现场和现场两种。非现场是在电化学反应发生之前和之后探测反应物和产物的结构信息以及界面信息的一种测试方法，非现场测试方法不利于电化学反应机理的研究，这是因为在电化学反应终止后或者从电解池中取出电极时，一些电化学产物和中间体的结构和界面性质等都有可能发生变化，具有不稳定性，使其不利于电化学反应机理的研究；现场光谱电化学的优点是能够在电极反应进行的同时，采用光谱技术研究电化学反应，并能获得分子水平的实时信息，迅速得到准确的结果。

光谱电化学法按入射方式可分为透射法、反射法和平行入射法，其中反射法又分为内反射法和外反射法。透射法是入射光束垂直横穿光透电极及其邻近溶液；内反射法是入射光通过光透电极的背面并渗射入电极-溶液界面，使其入射角刚好大于反射角，于是光线发生反射；外反射法是让光从溶液的一侧入射达到电极表面后被电极表面反射，又称为镜面反射法。平行入射法是使光束平行或近似平行地擦过电极及其表面附近的溶液。

按电极附近溶液层的厚度分为薄层光谱电化学法和半无限扩散光谱电化学法。按照光学性质分为紫外可见光谱电化学、红外光谱电化学、拉曼光谱电化学、核磁共振电化学等。

随着科学技术的发展，40 多年来光谱电化学也得到了迅速发展，已成为电化学领域中研究最活跃的新技术之一，由于各种新的光谱技术与电化学相结合，在同一个电解池内可以获得电化学和光谱学的信息，从而使这一新的方法成为研究电极过程机理、电极表面特性，监测反应中间体、产物及测定电化学动力学和热力学参数的新手段。

【本章小结】

(1) 电位分析法

① 电位分析法通过测量原电池的电动势求出待测物质的浓度。在电位法分析中，一支指示电极和一支参比电极插入待测溶液中构成原电池，常用 Ag/AgCl 电极和甘汞电极作为参比电极，离子选择性电极作为指示电极。

② 电位分析法包括直接电位法和电位滴定法。

a. 直接电位法可用于溶液 pH 值的测定，常用 pH 玻璃电极作为指示电极，测定依据为电池电动势与溶液的 pH 值呈线性关系，$E=K^0+0.0592\text{pH}$ (25℃)。

直接电位法还可用于其他离子活度（或浓度）的测定，常用对该离子有响应的离子选择性电极作为指示电极，测定依据为电池的电动势与待测离子的活度（或浓度）的对数呈线性关系，电池的电动势与待测离子活度（或浓度）的关系为 $E=K^0\pm\frac{0.0529}{n}\lg a_M$（25℃）。离子活度（或浓度）测定的定量方法有标准曲线法、标准加入法和格氏作图法。

b. 电位滴定法根据溶液中加入滴定剂的体积与电池电动势的变化曲线，通过化学计量点时消耗滴定剂的体积，计算出试样中待测离子的活度（或浓度）。电位滴定终点的确定方法有 E-V 曲线法、$\Delta E/\Delta V$-V 曲线法和 $\Delta^2E/\Delta V^2$-V 曲线法，其中 $\Delta^2E/\Delta V^2$-V 曲线法准确度最高，应用最为普遍。

（2）电重量法与库仑法

① 电重量分析法包括恒电流电重量分析法和控制阴极电位电重量分析法。恒电流电重量分析法在物质分离时，由于共存离子的干扰问题，其应用受到限制。控制阴极电位是将阴电极的电位控制在某一合适的电位值或某一个小范围内，使待测离子在阴极上析出，其他离子则留在溶液中，以达到分离和测定的目的，可有效解决试样中共存离子的干扰问题。溶液中金属离子 M_1 和 M_2 的电解分离条件为：$\varphi_{M_1}-\varphi_{M_2}\geqslant\frac{0.0592}{n_1}\times4$（25℃）。控制阴极电位电解过程中，电解电流趋近于零时，电解电流 i 与时间 t 关系为：$i_t=i_0\times10^{-Kt}$。

② 库仑分析法是根据电解过程中消耗的电量，由法拉第定律来确定被测物质含量的方法。其应用的前提条件是保证电流效率为100%，且工作电极上只发生单一的电极反应。常用的库仑分析法有两种：

a. 控制阴极电位库仑分析法　电解过程中，电流随时间而变化，消耗的电量常采用库仑计或电流-时间积分仪（电子库仑计）进行测量，电解过程中所消耗的电量为：$Q=\int_0^t i_t\,\mathrm{d}t$。

b. 恒电流库仑滴定法　在恒定的电流下，以100%的电流效率进行电解，根据电解过程中产生的电量计算电生滴定剂的量，利用其与待测物质的化学计量关系求得待测物质的含量。常用的滴定终点指示方法有电位法、化学指示剂法和电流法。恒电流库仑滴定法能广泛用于酸碱滴定、氧化还原滴定、沉淀滴定和络合滴定等各类滴定。

（3）极谱与伏安分析法

① 伏安法和极谱法都是通过测定电解过程中电流-电压曲线（伏安曲线）进行分析的电化学分析方法。伏安法使用固体电极或表面静止的液体电极为工作电极，极谱法使用滴汞电极或其他表面能够周期性更新的液体电极为工作电极。

② 极谱波的产生是由于极化电极上出现了浓差极化现象，极谱波上有残余电流、极限电流和扩散电流。极限扩散电流的一半处所对应的滴汞电极电位大小称为半波电位 $\varphi_{1/2}$，半波电位 $\varphi_{1/2}$ 为极谱法定性分析的依据。极谱法定量分析的基础是扩散电流与试液中待测离子的浓度成正比，即 $i_d=Kc$。

极谱分析中除扩散电流外，还存在残余电流、迁移电流、极谱极大和氧波等，统称为干扰电流，干扰电流与待测物质的浓度无关，其存在会影响极谱分析，因此应采取相应措施消除干扰。

③ 极谱定量分析是以测量波高为基础的，常采用三切线法测定。极谱定量分析方法有直接比较法、标准曲线法、标准加入法。

由于经典极谱灵敏度不高，分辨能力低，分析速度慢，在其基础上发展了新的极谱分析方法，如单扫描示波极谱法、脉冲极谱法、溶出伏安法等。

（4）电导分析法

电导分析法包括直接电导法和电导滴定法。直接电导法是通过直接测定溶液的电导率以求得溶液中电解质的含量，可应用于水质监测、大气污染物测定、色谱检测器、钢铁中碳和硫的快速测定、合成氨中一氧化碳与二氧化碳的自控监测以及弱电解质电离度、溶度积等物理常数的测定等方面；电导滴定法是根据滴定过程中溶液电导率的变化来确定滴定终点，然后根据滴定终点所消耗的滴定剂的体积和浓度计算待测物质的含量，电导滴定可用于酸碱滴定、沉淀滴定、配位滴定和氧化还原滴定等。

（5）电化学生物传感器

电化学生物传感器由敏感元件（分子识别元件）和信号转换器件组成，其中敏感元件是敏感物质如酶、核酸、微生物、抗原、抗体等固定在非水溶性载体（膜或柱）或金属（电极）表面上而形成的；信号转换器主要是电化学电极。电化学生物传感器可分为酶传感器、微生物传感器、细胞传感器、组织传感器和免疫传感器，其应用涉及医学、食品科学、环境监测、发酵工业等多个领域。

（6）光谱电化学分析

光谱电化学就是光谱分析和电化学分析联用的技术。光谱电化学分析装置中最重要的两个部分为光透电极和电解池，常用的光透电极有氧化锡和氧化铟电极（ITO）、金属及碳膜电极、金属网栅电极、多孔玻碳电极和超微电极等。光谱电化学分析技术已成为研究电极过程机理、电极表面特性、监测反应中间体、产物及测定电化学动力学和热力学参数的新手段。

【习题】

一、简答题

1. 电位测定法的根据是什么？

2. 控制电位库仑分析法与库仑滴定法在分析原理上有什么不同？

3. 在库仑分析法中，为何要以100%的电流效率电解待测物质？

4. 在极谱分析中为何要使用滴汞电极？

5. 普通极谱和单扫描极谱的电流-电压曲线图形是否有差别？为什么？

二、计算题

1. 当下述电池中的溶液是pH值等于4.00的缓冲溶液时，在298K时用毫伏计测得下列电池的电动势为0.209V：

玻璃电极|$H^+(a=x)$‖饱和甘汞电极

当缓冲溶液由三种未知溶液代替时，毫伏计读数如下：（a）0.312V；（b）0.088V；（c）−0.017V。试计算每种未知溶液的pH值。

[pH(a)=5.75；pH(b)=1.95；pH(c)=0.17]

2. 用标准加入法测定离子浓度时，在100mL铜盐溶液中加入0.1mol/L $Cu(NO_3)_2$ 1mL后，电动势增加4mV，求铜离子原来的总浓度。（$c_x=2.73\times10^{-3}$ mol/L）

3. 采用格氏（Gran）作图法测定某试样中Cu^{2+}的浓度，当Cu^{2+}标准溶液浓度为5.0×10^{-4} mol/L时，其电池电动势为0.00mV，格氏计算图上得$V_s=-3.84$mL，$V_{空白}=-0.048$mL。计算该试样中Cu^{2+}的浓度。（1.89×10^{-5} mol/L）

4. 控制电位电解某一物质，试液体积为200mL，电极的表面积为150cm^2，被电解物质的扩散系数为$7\times10^{-5}cm^2/s$，扩散层厚度为2×10^{-3}cm，若以电流降至起始值的0.1%时为电解完全，需要多长时间？（$t=4.38$min）

5. 库仑滴定法测定某有机酸溶液中的H^+浓度，取试样10.00mL，以电解产生的OH^-

进行滴定，经过236s后达到终点。电池的电阻为48.0Ω，测定的电压降为0.545V。试求该有机酸中H^+的浓度。　　(2.78×10^{-3} mol/L)

6. 某两价阳离子在滴汞电极上还原为金属并生成汞齐，产生可逆极谱波。滴汞流速为1.64mg/s，滴下时间为4.25s，该离子的扩散系数为7.8×10^{-6} cm^2/s，其浓度为6.0×10^{-3} mol/L。试计算极限扩散电流及扩散电流常数。　　(23.9μA;3.39)

7. 在3mol/L盐酸介质中，Pb(Ⅱ)和In(Ⅲ)还原成金属产生极谱波，它们的扩散系数相同，半波电位分别为−0.46V和−0.66V。当1.00×10^{-3} mol/L的Pb(Ⅱ)与未知浓度的In(Ⅲ)共存时，测得它们的极谱波高分别为30mm和45mm。计算In(Ⅲ)的浓度。

($c_{In(Ⅲ)}=1.0\times10^{-3}$ mol/L)

8. Pb(Ⅱ)在3mol/L盐酸溶液中还原时，所产生的极谱波的半波电位为−0.46V，今在滴汞电极电位为−0.70V时(已达完全浓差极化)，测得各溶液的电流值如下：

溶　液	电流/μA
① 6mol/L HCl 25mL，稀释至50mL	0.15
② 6mol/L HCl 25mL，加样品溶液10.00mL，稀释至50mL	1.23
③ 6mol/L HCl 25mL，加1×10^{-3} mol/L Pb^{2+}标准溶液5.00mL，稀释至50mL	0.94

计算样品溶液中的铅含量(以mg/mL计)。　　($c_{样}=0.142$ mg/mL)

9. 采用标准加入法测定某试样中的微量锌。取试样1.000g溶解后，加入NH_3-NH_4Cl底液，稀释至50mL，取试液10.00mL，测得极谱波高为10格，加入锌标准溶液(含锌1mg/mL)0.50mL后，波高则为20格。计算试样中锌的含量。　　(0.23%)

参考文献

[1] 梁生旺．仪器分析［M］．北京：中国中医药出版社，2012.

[2] 刘志广．仪器分析［M］．第2版．北京：高等教育出版社，2011.

[3] 李发美．分析化学［M］．第7版．北京：人民卫生出版社，2011.

[4] 吴立军．有机化合物波谱解析［M］．北京：中国医药科技出版社，2009.

[5] 董慧茹．仪器分析［M］．第2版．北京：化学工业出版社，2010.

[6] 孙凤霞．仪器分析［M］．第2版．北京：化学工业出版社，2011.

[7] 易洪潮．无机及分析化学［M］．武汉：华中科技大学出版社，2011.

[8] 朱明华．仪器分析［M］．第3版．北京：高等教育出版社，2000.

[9] 蔡宏伟．分析化学［M］．北京：化学工业出版社，2008.

[10] 胡胜水．仪器分析习题精解［M］．北京：科学出版社，2006.

[11] 高向阳．新编仪器分析［M］．北京：科学出版社，2011.

[12] 冯玉红．现代仪器分析实用教程［M］．北京：北京大学出版社，2008.

[13] 高俊杰．仪器分析［M］．北京：国防工业出版社，2005.

[14] 刘约权．现代仪器分析［M］．北京：高等教育出版社，2005.

[15] 刘志广．分析化学［M］．北京：高等教育出版社，2008.

[16] 方惠群．仪器分析［M］．北京：科学出版社，2002.

[17] 赵藻藩．仪器分析［M］．北京：高等教育出版社，1990.

[18] 常建华．波谱原理及解析［M］．北京：科学出版社，2006.

[19] 钟梁．质谱技术研究进展及其在药物分析中的应用［J］．重庆医科大学学报，2006（31）：110-113.